油气藏酸化压裂数值模拟计算

李勇明　等著

石油工业出版社

内容提要

本书针对油气藏酸化压裂增产改造相关模拟计算问题，介绍了裂缝性储层水平井起裂压力计算，探讨了砂砾岩储层压裂液滤失数值模拟和裂缝延伸规律，基于复杂裂缝中固液两相紊流数学模型分析了平面裂缝中自悬浮支撑剂的运移规律，分析了压裂液返排单相和两相流压力递减规律，建立了低渗透油藏压裂水平井产能模型、页岩气藏压裂水平井产能模型、碳酸盐岩储层酸化井筒和近井区域温度场半解析模型以及地层温度场模型，研究了转向酸化酸蚀蚓孔模拟和水平井暂堵酸化模拟模型，并进行了大量的实例计算分析。

本书可作为高等院校油气田开发相关专业研究生的教学参考书，也可供从事油气藏酸化压裂相关工作的管理人员和技术人员参考。

图书在版编目（CIP）数据

油气藏酸化压裂数值模拟计算 / 李勇明等著 .—北

京：石油工业出版社，2020.9

ISBN 978-7-5183-4069-9

Ⅰ.①油… Ⅱ.①李… Ⅲ.①油气藏－酸化压裂－数

值模型 Ⅳ.① TE357.2

中国版本图书馆 CIP 数据核字（2020）第 106727 号

出版发行：石油工业出版社

（北京安定门外安华里 2 区 1 号　100011）

网　　址：www.petropub.com

编辑部：（010）64523541　　图书营销中心：（010）64523633

经　　销：全国新华书店

印　　刷：北京晨旭印刷厂

2020 年 9 月第 1 版　2020 年 9 月第 1 次印刷

787×1092 毫米　开本：1/16　印张：19

字数：420 千字

定价：132.00 元

　　水力压裂和酸化是目前油气勘探评价、试油、试采、开发、增产等各环节广泛应用的工程技术，其设计计算方法是油气增产领域学术界和工业界共同关心的问题，尤其是高等院校相关专业的研究生从事论文、课题研究的热点选题。20 世纪 90 年代末，我国著名的采油工程专家王鸿勋教授和著名水力压裂专家张士诚教授合作编著的《水力压裂设计数值计算方法》成为高等院校酸化压裂数值模拟方向研究生的必备用书。但 20 多年过去了，鲜有系统介绍油气藏酸化压裂数值模拟方面的著作出版。笔者曾多次有过出版此方面专著的想法，但总感诚惶诚恐，没有落笔。而今，我们在大量研究生论文研究的基础上，撰写了这本酸化压裂数值模拟方面的专著，也算是对已故王鸿勋教授的缅怀和对经典的致敬。

　　本书针对油气藏酸化压裂增产改造相关模拟计算问题，系统介绍了裂缝性储层水平井起裂压力计算模型、砂砾岩储层压裂液滤失模型与裂缝延伸模型、复杂裂缝中固液两相紊流数学模型、压裂液返排模拟模型、低渗透油藏压裂水平井产能模型和页岩气藏压裂水平井产能模型，建立了碳酸盐岩储层酸化井筒和近井区域温度场半解析模型，以及地层温度场模型、转向酸化酸蚀蚓孔模拟模型和水平井暂堵酸化模拟模型，给出了模型的解析解或数值求解方法，并进行了大量的实例计算。

　　本书是对笔者长期油气藏酸化压裂研究生教学和科研攻关实践的系统总结。本书撰写分工如下：第 1 章由余汪根和李勇明撰写，

第 2 章和第 3 章由罗攀和李勇明撰写，第 4 章和第 5 章由邓琪和李勇明撰写，第 6 章和第 7 章由王琰琛和李勇明撰写，第 8 章由周文武和李勇明撰写，第 9 章由吴磊和李勇明撰写，第 10 章和第 11 章由胡晋阳和李勇明撰写，第 12 章由廖毅和李勇明撰写，第 13 章由周莲莲和李勇明撰写。研究生贾靖对全书进行了细致校对，石油工业出版社编辑王瑞不辞辛劳对本书进行编排，本书也参考、引用了众多学术同行专家的成果，在此一并致谢。

由于笔者水平有限，书中难免存在不足甚至错误之处，恳请各位同行和读者批评指正。

目录

第 1 章

裂缝性储层水平井起裂压力计算

考虑天然裂缝与孔眼相交,分析水力裂缝可能的起裂模式;根据井筒和孔眼壁面的应力分布及近井天然裂缝影响,建立了裂缝在不同起裂模式下的起裂压力计算模型。模拟分析了射孔孔眼深度、井筒方位角及射孔方位角、天然裂缝走向及倾角、天然裂缝内聚力及内摩擦角等对起裂压力的影响。

1.1 水平井井筒围岩应力分布

通过受力分析,根据水平井井筒及射孔孔眼应力影响因素,建立井筒和孔眼壁面应力分布模型。考虑近井天然裂缝的影响,根据不同起裂方式下的破裂压力计算模型,分析井筒方位、天然裂缝参数与射孔参数等因素对破裂压力的影响。

1.1.1 井轴方位和坐标变换

一般情况下,深部地层的岩石处于压应力状态,地下某岩石单元体受三向主应力作用,包括最大水平主应力 σ_H、最小水平主应力 σ_h 和上覆地层垂向主应力 σ_v。水平井不同于直井,其井眼方向偏离铅垂方向,由于水平井筒可能不在最大或最小水平主应力方位上,因此需要进行坐标转换,方便进行计算。令坐标系(1,2,3)分别与三个主应力 σ_H、σ_h 和 σ_v 方向一致。假设水平井筒与水平最大主应力 σ_H 的夹角为 α,通过旋转坐标系,将 σ_H,σ_h 和 σ_v 对应的坐标系(1,2,3)转换到坐标系(x,y,z),形成以水平井筒为轴线的 xyz 坐标系,如图 1.1 所示。

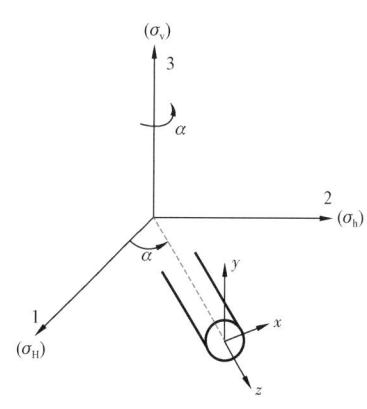

图 1.1 井轴方位及原地应力坐标变换图

坐标系(1,2,3)到坐标系(x,y,z)的转换过程如下:以 3 为轴,将坐标系(1,2,3)按右手定则旋转 α 角度,变成(x,y,z)坐标系。就地主应力坐标系(1,2,3)与坐标系(x,y,z)之间的转换关系可通过下列变换矩阵给出:

$$\begin{bmatrix} x \\ y \\ z \end{bmatrix} = \begin{bmatrix} -\sin\alpha & \cos\alpha & 0 \\ 0 & 0 & 1 \\ \cos\alpha & \sin\alpha & 0 \end{bmatrix} \cdot \begin{bmatrix} 1 \\ 2 \\ 3 \end{bmatrix} \tag{1.1}$$

令

$$L = \begin{bmatrix} -\sin\alpha & \cos\alpha & 0 \\ 0 & 0 & 1 \\ \cos\alpha & \sin\alpha & 0 \end{bmatrix}$$

则可得水平井筒应力在坐标系(x,y,z)中的表达式为:

$$\begin{bmatrix} \sigma_{xx} & \tau_{xy} & \tau_{xz} \\ \tau_{yx} & \sigma_{yy} & \tau_{yz} \\ \tau_{zx} & \tau_{zy} & \sigma_{zz} \end{bmatrix} = L \cdot \begin{bmatrix} \sigma_H & 0 & 0 \\ 0 & \sigma_h & 0 \\ 0 & 0 & \sigma_v \end{bmatrix} \cdot L^T \qquad (1.2)$$

因此可得到:

$$\left. \begin{aligned} \sigma_{xx} &= \sigma_H \cdot \sin^2\alpha + \sigma_h \cdot \cos^2\alpha \\ \sigma_{yy} &= \sigma_v \\ \sigma_{zz} &= \sigma_H \cdot \cos^2\alpha + \sigma_h \cdot \sin^2\alpha \\ \tau_{xy} &= 0 \\ \tau_{xz} &= (\sigma_h - \sigma_H) \cdot \sin\alpha \cdot \cos\alpha \\ \tau_{yz} &= 0 \end{aligned} \right\} \qquad (1.3)$$

式中 $\sigma_{xx},\sigma_{yy},\sigma_{zz},\tau_{xy},\tau_{xz},\tau_{yz}$——经过坐标变换后的应力分量,MPa;

$\sigma_v,\sigma_H,\sigma_h$——垂向主应力、最大水平主应力和最小水平主应力,MPa;

α——井筒方位角(水平井筒与最大水平主应力方向的夹角),(°)

式(1.3)6个应力分量中,若井眼轨迹沿着最小水平主应力方向,井筒方位角$\alpha = 90°$;若井眼轨迹沿最大水平主应力时,井筒方位角$\alpha = 0°$。

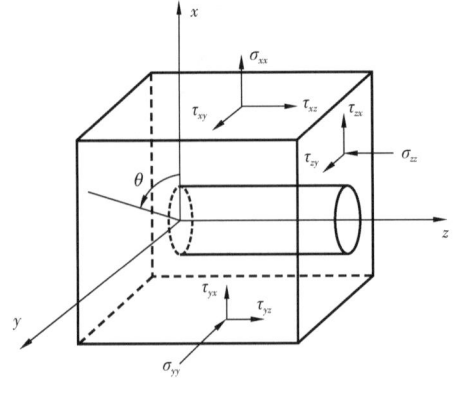

图 1.2 转换坐标系后的原地应力分量图

1.1.2 井筒围岩应力模型

基于对储层的假设,考虑原地应力分量和井筒流体压力,建立水平井井筒围岩应力分布模型。在受力分析过程中,规定压应力为正、拉应力为负。根据储层均质、各向同性和线弹性等特点,结合叠加原理,通过先研究各应力分量对井筒围岩的影响,而后再以叠加的方法获得井筒围岩总应力状态。

(1)原地应力分量引起的应力。

在均质、各向同性和线弹性地层中,上述转换坐标系的 6 个原地应力分量(图 1.2)对井筒围岩应力影响为:

① 根据弹性力学中无限大平面内的圆孔应力问题的研究,可得原地应力分量 σ_{xx} 引起的井筒围岩应力为:

$$\left.\begin{aligned}
\sigma_{rw} &= \frac{\sigma_{xx}}{2}\left(1 - \frac{R^2}{r^2}\right) + \frac{\sigma_{xx}}{2}\left(1 + \frac{3R^4}{r^4} - \frac{4R^2}{r^2}\right) \cdot \cos 2\theta \\
\sigma_{\theta w} &= \frac{\sigma_{xx}}{2}\left(1 + \frac{R^2}{r^2}\right) - \frac{\sigma_{xx}}{2}\left(1 + \frac{3R^4}{r^4}\right) \cdot \cos 2\theta \\
\tau_{r\theta w} &= -\frac{\sigma_{xx}}{2}\left(1 - \frac{3R^4}{r^4} + \frac{2R^2}{r^2}\right) \cdot \sin 2\theta
\end{aligned}\right\} \tag{1.4}$$

式中　θ——井壁上任意一点径向与 x 轴之间的夹角。

② 原地应力分量 σ_{yy} 引起的井筒围岩应力分布与 σ_{xx} 引起的井筒围岩应力分布情况完全类似,不同的是两者相差 90°,所以只需将 σ_{xx} 引起的井周向应力中的 θ 换成 $\theta + \frac{\pi}{2}$ 即可。则由 σ_{yy} 引起的井筒围岩应力为:

$$\left.\begin{aligned}
\sigma_{rw} &= \frac{\sigma_{yy}}{2}\left(1 - \frac{R^2}{r^2}\right) - \frac{\sigma_{yy}}{2}\left(1 + \frac{3R^4}{r^4} - \frac{4R^2}{r^2}\right) \cdot \cos 2\left(\theta + \frac{\pi}{2}\right) \\
\sigma_{\theta w} &= \frac{\sigma_{yy}}{2}\left(1 + \frac{R^2}{r^2}\right) + \frac{\sigma_{yy}}{2}\left(1 + \frac{3R^4}{r^4}\right) \cdot \cos 2\left(\theta + \frac{\pi}{2}\right) \\
\tau_{r\theta w} &= \frac{\sigma_{yy}}{2}\left(1 - \frac{3R^4}{r^4} + \frac{2R^2}{r^2}\right) \cdot \sin 2\left(\theta + \frac{\pi}{2}\right)
\end{aligned}\right\} \tag{1.5}$$

③ 原地应力分量 τ_{xz} 引起的井筒围岩应力为:

$$\left.\begin{aligned}
\tau_{rzw} &= \tau_{xz}\left(1 - \frac{R^2}{r^2}\right) \cdot \cos\theta \\
\tau_{\theta zw} &= -\tau_{xz}\left(1 + \frac{R^2}{r^2}\right) \cdot \sin\theta
\end{aligned}\right\} \tag{1.6}$$

④ 原地应力分量 σ_{zz} 引起的井筒围岩应力为:

$$\sigma_{zw} = \sigma_{zz} - 2\nu'(\sigma_{xx} - \sigma_{yy}) \cdot \frac{R^2}{r^2} \cdot \cos 2\theta \tag{1.7}$$

以上公式中的第二个下标 w 代表井筒围岩的应力分析。综上,则可得原地应力分量引起的井筒围岩应力分布为:

$$\sigma_{rw} = \frac{\sigma_{xx} + \sigma_{yy}}{2}\left(1 - \frac{R^2}{r^2}\right) + \frac{\sigma_{xx} - \sigma_{yy}}{2}\left(1 + 3\frac{R^4}{r^4} - 4\frac{R^2}{r^2}\right) \cdot \cos2\theta$$

$$\sigma_{\theta w} = \frac{\sigma_{xx} + \sigma_{yy}}{2}\left(1 + \frac{R^2}{r^2}\right) - \frac{\sigma_{xx} - \sigma_{yy}}{2}\left(1 + 3\frac{R^4}{r^4}\right) \cdot \cos2\theta$$

$$\sigma_{zw} = \sigma_{zz} - 2\nu'(\sigma_{xx} - \sigma_{yy})\frac{R^2}{r^2} \cdot \cos2\theta$$

$$\tau_{r\theta w} = \frac{\sigma_{yy} - \sigma_{xx}}{2}\left(1 - 3\frac{R^4}{r^4} + 2\frac{R^2}{r^2}\right) \cdot \sin2\theta$$

$$\tau_{\theta zw} = -\tau_{xz}\left(1 + \frac{R^2}{r^2}\right) \cdot \sin\theta$$

$$\tau_{rzw} = \tau_{xz}\left(1 - \frac{R^2}{r^2}\right) \cdot \cos\theta$$

(1.8)

式中　σ_{rw},$\sigma_{\theta w}$,σ_{zw}——分别为井筒围岩的径向应力、周向应力和轴向应力,MPa;

　　　$\tau_{r\theta w}$,$\tau_{\theta zw}$,τ_{rzw}——井筒围岩各个方向的剪切应力,MPa;

　　　R——井眼半径,m;

　　　r——与井筒轴线的径向距离,m。

（2）井筒流体压力引起的应力。

Fallahzadeh 等研究起裂压力影响因素时,认为套管对起裂压力的影响不容忽视。假设下套管之后注入的水泥浆性能非常良好,不考虑因水泥环问题出现微环空的情况,且地层和水泥浆的弹性常数相等。由于套管和地层的材料性质不同,不符合均匀性的假设条件,即属于两个弹性体在边界上相互接触的问题,因此必须考虑交界面的接触条件。

根据弹性力学理论,可得轴对称物体在轴对称应力状态下的位移分量为:

$$u_r = \frac{-(1+\nu)\dfrac{A}{r} + 2Br(1-\nu)(\ln r - 1) + Br(1-3\nu) + 2Cr(1-\nu)}{E} + I\cos\theta + K\sin\theta$$

$$u_\theta = \frac{4Br\theta}{E} + Hr - I\sin\theta + K\cos\theta$$

(1.9)

式中　A,B,C,H,I,K——待定系数;

　　　r——无限大弹性体内所套圆筒的半径。

其应力分量为:

$$\sigma_r = \frac{A}{r^2} + B(1 + 2\ln r) + 2C$$

$$\sigma_\theta = -\frac{A}{r^2} + B(3 + 2\ln r) + 2C$$

$$\tau_{r\theta} = \tau_{\theta r} = 0$$

(1.10)

将套管外的水泥环和储层看成无限大弹性体,如图 1.3 所示,该无限大弹性体可视为内半径为 R_e 而外半径为无限大的圆筒。水平井井筒内半径为 R_i 而外半径为 R_e。显然,水平井井筒和无限大弹性体的应力分布都为轴对称的,可分别引用轴对称应力解答式(1.10)和相对应的位移解答式(1.9)。取水平井井筒应力分量和位移分量的一般性解答中的系数为 A,B,C,而无限大弹性体中系数分别为 A',B',C'。由多连体的位移单值条件,可得 $B=0,B'=0$。

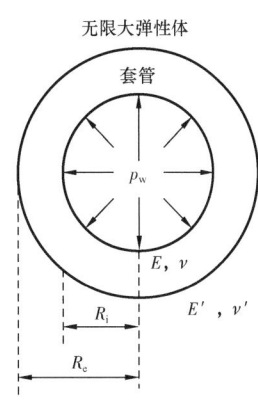

图 1.3　套管及储层对应力影响的物理模型

取圆筒的应力表达式为:

$$\sigma_r = \frac{A}{r^2} + 2C, \sigma_\theta = -\frac{A}{r^2} + 2C \tag{1.11}$$

同理,则无限大弹性体的应力表达式为:

$$\sigma'_r = \frac{A'}{r^2} + 2C', \sigma'_\theta = -\frac{A'}{r^2} + 2C' \tag{1.12}$$

现在考虑边界条件和接触条件求解常数 A,C,A',C'。

首先,在圆筒内面,根据边界条件 $(\sigma_r)_{r=R_i} = p_w$,由此可得:

$$(\sigma_r)_{r=R_i} = \frac{A}{R_i^2} + 2C = p_w \tag{1.13}$$

其次,在圆筒无限远处,按照圣维南原理,井筒应当几乎没有应力,则有:

$$\left.
\begin{aligned}
(\sigma'_r)_{r\to\infty} &= \left(\frac{A'}{r^2} + 2C'\right)_{r\to\infty} = 0 \\
(\sigma'_\theta)_{r\to\infty} &= \left(-\frac{A'}{r^2} + 2C'\right)_{r\to\infty} = 0
\end{aligned}
\right\} \tag{1.14}$$

因此可得 $C'=0$。

再者,考虑接触条件,在井筒和无限大弹性体的接触面,应当有:

$$(\sigma_r)_{r=R_e} = (\sigma'_r)_{r=R_e} \tag{1.15}$$

结合式(1.11)和式(1.12)可得:

$$\frac{A}{R_e^2} + 2C = \frac{A'}{R_e^2} \tag{1.16}$$

水平井井筒和无限大弹性体的接触属于平面应变的情况,因此应对轴对称应力状态下的位移分量进行适当的变化。变化后的井筒和无限大弹性体的径向位移表达式为:

$$\left.
\begin{aligned}
u_r &= \frac{1-\nu^2}{E}\left[-\frac{A}{r}\left(1+\frac{\nu}{1-\nu}\right) + 2Cr\left(1-\frac{\nu}{1-\nu}\right)\right] + I\cos\theta + K\sin\theta \\
u'_r &= \frac{1-\nu'^2}{E}\left[-\frac{A'}{r}\left(1+\frac{\nu'}{1-\nu'}\right) + 2C'r\left(1-\frac{\nu'}{1-\nu'}\right)\right] + I'\cos\theta + K'\sin\theta
\end{aligned}
\right\} \tag{1.17}$$

整理后可得:

$$u_r = \frac{1+\nu}{E}\left[-\frac{A}{r} + 2Cr(1-2\nu)\right] + I\cos\theta + K\sin\theta$$

$$u'_r = -\frac{A'(1+\nu')}{E'r} + I'\cos\theta + K'\sin\theta$$

(1.18)

在井筒和无限大弹性体接触面上,两者应具有相同的位移,因此:

$$(u_r)_{r=R_e} = (u'_r)_{r=R_e}$$

(1.19)

将式(1.18)代入式(1.19),可得:

$$\frac{(1+\nu)}{E}\left[-\frac{A}{R_e} + 2CR_e(1-2\nu)\right] + I\cos\theta + K\sin\theta = -\frac{A'(1+\nu')}{E'R_e} + I'\cos\theta + K'\sin\theta$$

(1.20)

井筒和无限大弹性体在接触面上的任一点都应当满足式(1.20),即 θ 为任何数值时欲使该式成立,方程两边自由项必须相等,且两边 $\cos\theta$ 和 $\sin\theta$ 的系数也必须相等。由此可得:

$$\frac{(1+\nu)}{E}\left[-\frac{A}{R_e} + 2CR_e(1-2\nu)\right] = -\frac{A'(1+\nu')}{E'R_e}$$

$$I = I'$$

$$K = K'$$

(1.21)

经简化可得:

$$n\left[2C(1-2\nu) - \frac{A}{R^2}\right] + \frac{A'}{R^2} = 0$$

(1.22)

其中

$$n = \frac{E'(1+\nu)}{E(1+\nu')}$$

(1.23)

式中　E——套管存在时,圆筒的弹性模量,MPa;

　　　ν——套管存在时,圆筒的泊松比;

　　　E'——套管存在时,无限大弹性体的弹性模量,MPa;

　　　ν'——套管存在时,无限大弹性体的泊松比。

结合式(1.13)、式(1.16)和式(1.22)求出 A,C 及 A',然后代入式(1.11)及式(1.12),可得圆筒及无限大弹性体的应力分量表达式为:

$$\left.\begin{aligned}
\sigma_r &= p_w \frac{\left[1+(1-2\nu)n\right] \cdot \dfrac{R_e^2}{r^2} - (1-n)}{\left[1+(1-2\nu)n\right] \cdot \dfrac{R_e^2}{R_i^2} - (1-n)} \\[3em]
\sigma_\theta &= -p_w \frac{\left[1+(1-2\nu)n\right] \cdot \dfrac{R_e^2}{r^2} + (1-n)}{\left[1+(1-2\nu)n\right] \cdot \dfrac{R_e^2}{R_i^2} - (1-n)} \\[3em]
\sigma'_r &= -\sigma'_\theta = p_w \frac{2n(1-\nu) \cdot \dfrac{R_e^2}{r^2}}{\left[1+(1-2\nu)n\right] \cdot \dfrac{R_e^2}{R_i^2} - (1-n)}
\end{aligned}\right\} \tag{1.24}$$

式中　σ_r,σ_θ——套管存在时,水平井井筒的应力分量,MPa;

$\quad\quad\ \sigma'_r,\sigma'_\theta$——套管存在时,无限大弹性体(井筒围岩)的应力分量,MPa;

$\quad\quad\ R_i,R_e$——分别为井筒的内、外半径,m;

$\quad\quad\ r$——与井眼轴线的距离,m。

通过对原地应力分量和井筒流体压力的分析,结合叠加原理,则可得水平井井筒围岩的应力分布为:

$$\left.\begin{aligned}
\sigma_{rw} &= \frac{\sigma_{xx}+\sigma_{yy}}{2}\left(1-\frac{R^2}{r^2}\right) + \frac{\sigma_{xx}-\sigma_{yy}}{2}\left(1+3\frac{R^4}{r^4}-4\frac{R^2}{r^2}\right) \cdot \cos2\theta + \\[1em]
&\quad\ p_w \frac{2n\dfrac{R^2}{r^2}(1-\nu')}{\left[1+(1-2\nu')n\right]\dfrac{R^2}{r^2}-(1-n)} \\[2em]
\sigma_{\theta w} &= \frac{\sigma_{xx}+\sigma_{yy}}{2}\left(1+\frac{R^2}{r^2}\right) - \frac{\sigma_{xx}-\sigma_{yy}}{2}\left(1+3\frac{R^4}{r^4}\right) \cdot \cos2\theta - \\[1em]
&\quad\ p_w \frac{2n\dfrac{R^2}{r^2}(1-\nu')}{\left[1+(1-2\nu')n\right]\dfrac{R^2}{r^2}-(1-n)} \\[2em]
\sigma_{zw} &= \sigma_{zz} - 2\nu'(\sigma_{xx}-\sigma_{yy})\frac{R^2}{r^2} \cdot \cos2\theta \\[1em]
\tau_{r\theta w} &= \frac{\sigma_{yy}-\sigma_{xx}}{2}\left(1-3\frac{R^4}{r^4}+2\frac{R^2}{r^2}\right) \cdot \sin2\theta \\[1em]
\tau_{\theta zw} &= -\tau_{xz}\left(1+\frac{R^2}{r^2}\right) \cdot \sin\theta \\[1em]
\tau_{rzw} &= \tau_{xz}\left(1-\frac{R^2}{r^2}\right) \cdot \cos\theta
\end{aligned}\right\} \tag{1.25}$$

式中　$\sigma_{xx}, \sigma_{yy}, \sigma_{zz}, \tau_{xz}$——经过坐标变换后的应力分量,MPa;

　　　R——井眼半径,m;

　　　r——与井筒轴线的径向距离,m;

　　　ν'——套管存在时,无限大弹性体的泊松比。

1.2　射孔孔眼围岩应力分布

　　根据一些学者的研究,射孔可以较大程度降低裂缝起裂压力。射孔弹射穿套管和水泥环,且在产层形成一定深度的孔眼,这样就建立起油气流入井筒的通道。另外,射孔完井可选择性地打开产层,实现分层测试、分层开采和分层增产等作业,所以射孔在国内外被广泛采用。

　　射孔完井水平井井筒围岩的应力分布情况比裸眼井复杂得多。为便于计算,射孔孔眼围岩的应力分布是在以下假设条件下建立的:

　　(1)岩石处于线弹性状态;

　　(2)岩石均质各向同性;

　　(3)忽略岩石与压裂液的物理化学作用引起的力学变化;

　　(4)井筒壁面与射孔孔眼垂直相交且连通性良好,作用在井筒壁面和孔眼壁面处的流体压力相等。

　　水平井射孔孔眼围岩应力分布如图 1.4 所示。射孔孔眼可视为和井筒壁面相连的小裸眼井筒,其在孔眼轴向上受水平应力 σ_{rw} 作用,水平方向受力为 σ_{zw} 和 $\sigma_{\theta w}$。如图 1.5 所示,设射孔半径为 r_p,以孔眼轴线为基准,建立柱坐标系 (ρ, φ, a),且定义 $\sigma_{\theta w}$ 方向为射孔周向角 φ 的起始方位。与上述分析水平井井筒围岩应力分布的方法相同,将井筒围岩应力分量看作孔眼的远场应力。计算出射孔孔眼各应力分量后,应用叠加原理,即可得到射孔孔眼围岩应力分布模型。

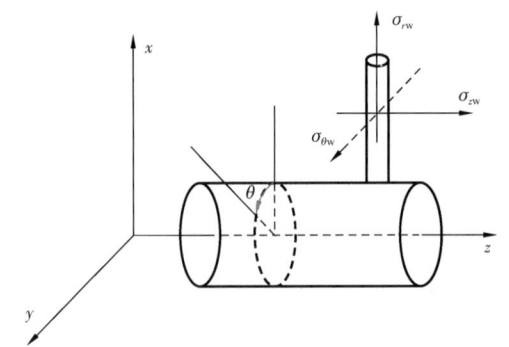

图 1.4　水平井射孔孔眼围岩应力分析图

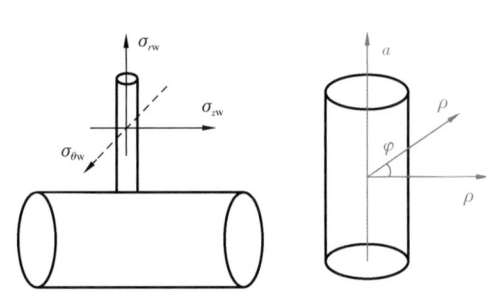

图 1.5　射孔孔眼柱坐标系图

　　(1)应力分量 $\sigma_{\theta w}$ 引起的孔眼围岩应力为:

$$\sigma_{\rho p} = \frac{\sigma_{\theta w}}{2}\left(1 - \frac{r_p^2}{\rho^2}\right) + \frac{\sigma_{\theta w}}{2}\left(1 + \frac{3r_p^4}{\rho^4} - \frac{4r_p^2}{\rho^2}\right)\cdot \cos2\varphi$$

$$\sigma_{\varphi p} = \frac{\sigma_{\theta w}}{2}\left(1 + \frac{r_p^2}{\rho^2}\right) - \frac{\sigma_{\theta w}}{2}\left(1 + \frac{3r_p^4}{\rho^4}\right)\cdot \cos2\varphi \qquad (1.26)$$

$$\tau_{\rho\varphi p} = -\frac{\sigma_{\theta w}}{2}\left(1 - \frac{3r_p^4}{\rho^4} + \frac{2r_p^2}{\rho^2}\right)\cdot \sin2\varphi$$

（2）应力分量 σ_{zw} 引起的孔眼围岩应力为：

$$\sigma_{\rho p} = \frac{\sigma_{zw}}{2}\left(1 - \frac{r_p^2}{\rho^2}\right) - \frac{\sigma_{zw}}{2}\left(1 + \frac{3r_p^4}{\rho^4} - \frac{4r_p^2}{\rho^2}\right)\cdot \cos2\varphi$$

$$\sigma_{\varphi p} = \frac{\sigma_{zw}}{2}\left(1 + \frac{r_p^2}{\rho^2}\right) + \frac{\sigma_{zw}}{2}\left(1 + \frac{3r_p^4}{\rho^4}\right)\cdot \cos2\varphi \qquad (1.27)$$

$$\tau_{\rho\varphi p} = \frac{\sigma_{zw}}{2}\left(1 - \frac{3r_p^4}{\rho^4} + \frac{2r_p^2}{\rho^2}\right)\cdot \sin2\varphi$$

（3）应力分量 $\tau_{\theta zw}$ 引起的孔眼围岩应力为：

$$\sigma_{\rho p} = \tau_{\theta zw}\left(1 + \frac{3r_p^4}{\rho^4} - \frac{4r_p^2}{\rho^2}\right)\cdot \sin2\varphi$$

$$\sigma_{\varphi p} = -\tau_{\theta zw}\left(1 + \frac{3r_p^4}{\rho^4}\right)\cdot \sin2\varphi \qquad (1.28)$$

$$\tau_{\rho\varphi p} = \tau_{\theta zw}\left(1 - \frac{3r_p^4}{\rho^4} + \frac{2r_p^2}{\rho^2}\right)\cdot \cos2\varphi$$

（4）应力分量 σ_{rw} 引起的孔眼围岩应力为：

$$\sigma_{ap} = \sigma_{rw} - \nu'\left[2(\sigma_{\theta w} - \sigma_{zw})\frac{r_p^2}{\rho^2}\cdot \cos2\varphi + 4\tau_{\theta zw}\frac{r_p^2}{\rho^2}\cdot \sin2\varphi\right] \qquad (1.29)$$

（5）应力分量 $\tau_{r\theta w}$ 和 τ_{rzw} 引起的孔眼围岩应力为：

$$\tau_{\rho ap} = (\tau_{r\theta w}\sin\varphi + \sigma_{rzw}\cos\varphi)\left(1 - \frac{r_p^2}{\rho^2}\right) \qquad (1.30)$$

$$\tau_{\varphi ap} = (-\tau_{r\theta w}\sin\varphi + \tau_{rzw}\cos\varphi)\left(1 + \frac{r_p^2}{\rho^2}\right) \qquad (1.31)$$

（6）孔眼流体压力引起的孔眼围岩应力为：

$$\sigma_{\rho p} = \frac{r_p^2}{\rho^2}p_w$$

$$\sigma_{\varphi p} = -\frac{r_p^2}{\rho^2}p_w \qquad (1.32)$$

（7）孔眼内部压裂液滤失引起的孔眼围岩应力变化为：

$$
\left.
\begin{aligned}
\sigma_{\rho p} &= \left[\frac{\alpha(1-2\nu')}{2(1-\nu')}\left(1-\frac{r_p^2}{\rho^2}\right)-\varphi \right](p_w - p_p) \\
\sigma_{\varphi p} &= \left[\frac{\alpha(1-2\nu')}{2(1-\nu')}\left(1+\frac{r_p^2}{\rho^2}\right)-\varphi \right](p_w - p_p) \\
\sigma_{ap} &= \left[\frac{\alpha(1-2\nu')}{(1-\nu')}-\varphi \right](p_w - p_p)
\end{aligned}
\right\}
\tag{1.33}
$$

（8）压裂施工过程中较低温度的压裂液接触地层时，孔眼围岩温度明显降低使得岩石发生形变（在高温井中尤其明显）。压裂液滤失进入储层，孔眼围岩温度变化引起的应力为：

$$
\sigma_{\varphi p} = \sigma_{ap} = \frac{\alpha_T E'(T_w - T_0)}{1-\nu'}
\tag{1.34}
$$

式中 α_T——岩石线性膨胀系数，$℃^{-1}$；

E'——杨氏模量，MPa；

$T_w - T_0$——岩石温度变化值，℃。

通过上述分析，已求得孔眼围岩各应力分布。在孔眼流体压力和井筒主应力联合作用下，考虑了液体的滤失及岩石的温度变化效应，运用叠加原理，则可得水平井孔眼围岩的总应力分布为：

$$
\left.
\begin{aligned}
\sigma_{\rho p} &= \frac{\sigma_{\theta w}+\sigma_{zw}}{2}\left(1-\frac{r_p^2}{\rho^2}\right)+\frac{\sigma_{\theta w}-\sigma_{zw}}{2}\left(1+3\frac{r_p^4}{\rho^4}-4\frac{r_p^2}{\rho^2}\right)\cos2\varphi+\tau_{\theta zw}\left(1+3\frac{r_p^4}{\rho^4}-4\frac{r_p^2}{\rho^2}\right)\sin2\varphi+ \\
&\quad \frac{r_p^2}{\rho^2}p_w+\left[\frac{\alpha(1-2\nu')}{2(1-\nu')}\left(1-\frac{r_p^2}{\rho^2}\right)-\varphi\right](p_w-p_p) \\
\sigma_{\varphi p} &= \frac{\sigma_{\theta w}+\sigma_{zw}}{2}\left(1+\frac{r_p^2}{\rho^2}\right)-\frac{\sigma_{\theta w}-\sigma_{zw}}{2}\left(1+3\frac{r_p^4}{\rho^4}\right)\cos2\varphi-\tau_{\theta zw}\left(1+3\frac{r_p^4}{\rho^4}\right)\sin2\varphi- \\
&\quad \frac{r_p^2}{\rho^2}p_w+\left[\frac{\alpha(1-2\nu')}{2(1-\nu')}\left(1+\frac{r_p^2}{\rho^2}\right)-\varphi\right](p_w-p_p)+\frac{\alpha_T E'(T_w-T_0)}{1-\nu'} \\
\sigma_{ap} &= \sigma_{rw}-\nu\left[2(\sigma_{\theta w}-\sigma_{zw})\frac{r_p^2}{\rho^2}\cdot\cos2\varphi+4\tau_{\theta zw}\frac{r_p^2}{\rho^2}\cdot\sin2\varphi\right]+\frac{r_p^2}{\rho^2}p_w+ \\
&\quad \left[\frac{\alpha(1-2\nu')}{(1-\nu')}-\varphi\right](p_w-p_p)+\frac{\alpha_T E'(T_w-T_0)}{1-\nu'} \\
\tau_{\rho\varphi p} &= \frac{\sigma_{zw}-\sigma_{\theta w}}{2}\left(1-3\frac{r_p^4}{\rho^4}+2\frac{r_p^2}{\rho^2}\right)\sin2\varphi+\tau_{\theta zw}\left(1-3\frac{r_p^4}{\rho^4}+2\frac{r_p^2}{\rho^2}\right)\cos2\varphi \\
\tau_{\rho ap} &= (\tau_{r\theta w}\sin\varphi+\tau_{rzw}\cos\varphi)\left(1-\frac{r_p^2}{\rho^2}\right) \\
\tau_{\varphi ap} &= (-\tau_{r\theta w}\sin\varphi+\tau_{rzw}\cos\varphi)\left(1+\frac{r_p^2}{\rho^2}\right)
\end{aligned}
\right\}
$$

$$
\tag{1.35}
$$

式(1.26)至式(1.35)中的下标 p 表示孔眼围岩的受力状况。为求得孔眼壁面的应力分布，只需令式(1.35)中 $\rho = r_p$，则可得水平井射孔孔眼壁面的应力分布为：

$$
\left.
\begin{aligned}
\sigma_{\rho p} &= p_w - \phi(p_w - p_p) \\
\sigma_{\varphi p} &= \tau_{\theta w} + \tau_{zw} - 2(\tau_{\theta w} - \tau_{zw}) \cdot \cos 2\varphi - 4\tau_{\theta zw} \cdot \sin 2\varphi - p_w + \\
&\quad \left[\frac{\alpha(1 - 2\nu')}{(1 - \nu')} - \phi \right](p_w - p_p) + \frac{\alpha_T E'(T_w - T_0)}{1 - \nu'} \\
\sigma_{ap} &= \sigma_r - \nu'[2(\tau_{\theta w} - \tau_{zw}) \cdot \cos 2\varphi + 4\tau_{\theta zw} \cdot \sin 2\varphi] + p_w + \\
&\quad \left[\frac{\alpha(1 - 2\nu')}{(1 - \nu')} - \phi \right](p_w - p_p) + \frac{\alpha_T E'(T_w - T_0)}{1 - \nu'} \\
\tau_{\rho\varphi p} &= \tau_{\rho a p} = 0 \\
\tau_{\varphi a p} &= 2(-\tau_{r\theta w} \cdot \sin\varphi + \tau_{rzw} \cdot \cos\varphi)
\end{aligned}
\right\}
\tag{1.36}
$$

式(1.36)中的 $\tau_{\rho\varphi p} = \tau_{\rho a p} = 0$，即 ρ 面上无切应力，只有主应力，所以 $\sigma_{\rho p}$ 为孔眼壁面围岩的一个主应力。类似研究其余两个面，φ—a 面上既有主应力，也有切应力。可通过平面复合应力理论计算得到另外两个主应力，φ—a 平面内主应力为：

$$
\left.
\begin{aligned}
\sigma_1 &= \sigma_{\rho p} \\
\sigma_2 &= \frac{1}{2}\left[(\sigma_{\varphi p} + \sigma_{ap}) - \sqrt{(\sigma_{\varphi p} - \sigma_{ap})^2 + 4\tau_{\varphi a p}^2} \right] \\
\sigma_3 &= \frac{1}{2}\left[(\sigma_{\varphi p} + \sigma_{ap}) + \sqrt{(\sigma_{\varphi p} - \sigma_{ap})^2 + 4\tau_{\varphi a p}^2} \right]
\end{aligned}
\right\}
\tag{1.37}
$$

根据最大拉应力强度准则，上述三个主应力中只要任意一个主应力超过岩石抗张强度时，裂缝便会在孔眼壁面处起裂。根据断裂力学理论，初始断裂应该位于 φ—a 平面内，可见 σ_2 和 σ_3 对裂缝起裂起主导作用。通过比较可得，最大拉伸应力应为 σ_2，因此表达式为：

$$
\sigma_{\max}(\varphi) = \sigma_2 = \frac{1}{2}\left[(\sigma_{\varphi p} + \sigma_{ap}) - \sqrt{(\sigma_{\varphi p} - \sigma_{ap})^2 + 4\tau_{\varphi a p}^2} \right]
\tag{1.38}
$$

裂缝起裂压力为孔眼壁面围岩发生破裂时的井眼流体压力，裂缝起裂角为孔眼轴线与裂缝面的夹角(规定从井轴面沿逆时针方向转向裂缝面时为正)。水平井压裂射孔孔眼围岩裂缝起裂方位和起裂角如图1.6所示。

射孔完井时裂缝起裂角 γ 可由式(1.39)计算得出：

$$
\tan 2\gamma = \frac{2\tau_{\varphi a p}}{\sigma_{\varphi p} - \sigma_{ap}}
\tag{1.39}
$$

根据反三角函数，裂缝起裂角 γ 存在两个可能解：

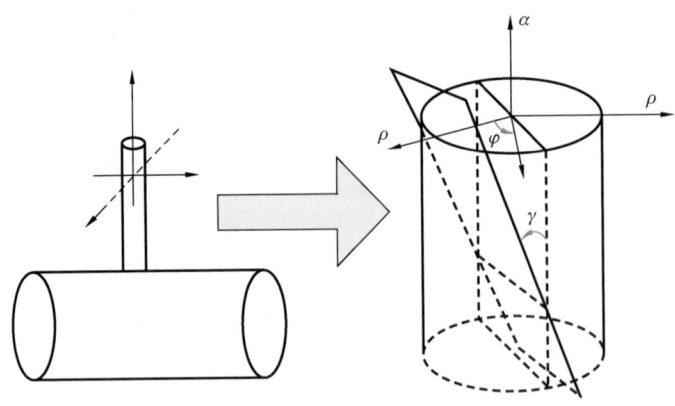

图 1.6　射孔孔眼围岩裂缝起裂方位和起裂角

$$\left.\begin{array}{l} \gamma_1 = \dfrac{1}{2}\arctan\dfrac{2\tau_{\varphi ap}}{\sigma_{\varphi p} - \sigma_{ap}} \\[3mm] \gamma_2 = \dfrac{\pi}{2} + \dfrac{1}{2}\arctan\dfrac{2\tau_{\varphi ap}}{\sigma_{\varphi p} - \sigma_{ap}} \end{array}\right\} \tag{1.40}$$

式(1.40)中求得的起裂角只有一个产生最大拉应力,最大拉应力函数为:

$$\sigma_{\max}(\gamma) = \frac{1}{2}(\sigma_{\varphi p} + \sigma_{ap}) + \frac{1}{2}(\sigma_{\varphi p} - \sigma_{ap})\cos 2\gamma + \tau_{\varphi ap}\sin 2\gamma \tag{1.41}$$

为便于确定真正的裂缝起裂角,可对式(1.41)求二阶导数:

$$F(\gamma) = \sigma''_{\max}(\gamma) = -2(\sigma_{\varphi p} - \sigma_{ap})\cos 2\gamma - 4\tau_{\varphi ap}\sin 2\gamma \tag{1.42}$$

根据函数极值定义,只有二阶导数小于零函数才有极大值,因此使式(1.42)小于零的 γ 方为裂缝起裂角的真实值。

1.3　水平井压裂裂缝起裂模式

在计算裂缝性地层裂缝起裂压力时,除了考虑上述孔眼围岩应力分布外,还应考虑在天然裂缝面与孔眼相交的情况下,受天然裂缝走向和倾角以及射孔孔眼方位的影响,因此水力裂缝在孔眼壁面处起裂可能存在三种方式:沿孔眼围岩本体起裂;沿天然裂缝张性起裂;沿天然裂缝剪切起裂。

1.3.1　沿孔眼围岩本体起裂

对于不含天然裂缝的地层,前人们提出了裂缝的诸多起裂准则,但使用最广泛的破裂准则是最大拉应力准则。当岩石中存在的拉伸应力达到岩石的抗张强度时,岩石将沿着垂直于拉伸应力的方向起裂,并形成初始裂缝。

由于 $\sigma_{\max}(\varphi)$ 是关于周向角的函数,欲求最大值只需要对式(1.38)求导,数学表达式为:

$$\frac{\mathrm{d}\sigma_{\max}(\varphi)}{\mathrm{d}\varphi} = 0 \tag{1.43}$$

$$\frac{\mathrm{d}^2\sigma_{\max}(\varphi)}{\mathrm{d}^2\varphi} > 0 \tag{1.44}$$

根据裂缝起裂准则,当井壁处平面上的最大有效拉伸应力(是指平面上最大主应力减去孔隙压力后的有效应力)达到岩石的抗张强度时,岩石发生断裂。沿射孔孔眼岩石本体起裂的条件为:

$$\sigma_{\max}(\varphi) - \alpha p_{\mathrm{p}} \leqslant -\sigma_{\mathrm{t}} \tag{1.45}$$

式中 φ——裂缝起裂方位角,(°);

α——有效应力系数;

σ_{t}——岩石抗张强度,MPa。

φ 为射孔井眼壁面发生拉伸破裂时的裂缝起裂方位角。可见对于任意一个给定的射孔方位 θ,总可以确定在给定射孔方位下的井眼裂缝起裂压力和起裂角。因此,给定某一射孔区间,对所有射孔方位确定相对应的射孔井眼裂缝起裂压力和起裂角,优选出最优起裂压力和起裂角对应的最优射孔方位 θ,根据水平井的裂缝起裂要求,将射孔作业与压裂施工要求有机结合在一起,对射孔方案的确定具有一定的指导意义。

组成了射孔完井裂缝起裂压力、起裂角计算数学模型。公式之间的变量关系很复杂,无法直接求出关于地层起裂压力的解析表达式。为此,本书结合 Matlab 软件编程求解,计算步骤如下:

(1)输入和确定基本参数,主要有地应力、井筒方位角、射孔孔眼方位角、井眼及孔眼半径、岩石的抗张强度、孔隙度、孔隙压力以及岩石力学相关参数等。

(2)假设井筒内流体压力初值为 p_{w}。为使计算效率提高,应使井筒内流体压力初值 p_{w} 等于孔隙压力 p_{p}。

(3)针对水平井压裂,先给定初始孔深值和射孔方位角,由式(1.37)计算射孔孔眼壁面的应力场。

(4)根据式(1.38)和式(1.42),计算孔眼壁面最大拉应力及起裂方位角。根据式(1.45)判断是否满足裂缝起裂条件。如果不满足则重新对井底流体压力 p_{w}(按一定步长)赋值,重复步骤(2)～步骤(4),直到满足裂缝起裂条件为止,求得在给定孔深的起裂压力;

(5)按一定的步长增加孔眼孔深,重复步骤(2)～步骤(4),计算在新的孔深情况下的破裂压力。对比不同孔深条件下的起裂压力,选择最小值为该射孔方位下的岩石本体起裂的起裂压力。

1.3.2 沿天然裂缝张性起裂

水平井压裂时,当天然裂缝内的流体压力大于作用在天然裂缝面上的有效正应力时,天然裂缝发生张性起裂,此时岩石抗张强度为零。因此沿天然裂缝张性起裂的起裂条件可表示为:

$$\sigma - \alpha p_{\mathrm{p}} \leqslant 0 \tag{1.46}$$

式中　σ——天然裂缝面上的正应力，MPa；

　　　α——有效应力系数；

　　　p_p——岩石抗张强度。

在空间直角坐标系中，天然裂缝面的法线与坐标轴的夹角分别为 ζ_1，ζ_2 和 ζ_3，可求得裂缝面上的正应力为：

$$\sigma = \sigma_1 \cos^2\zeta_1 + \sigma_2 \cos^2\zeta_2 + \sigma_3 \cos^2\zeta_3 \tag{1.47}$$

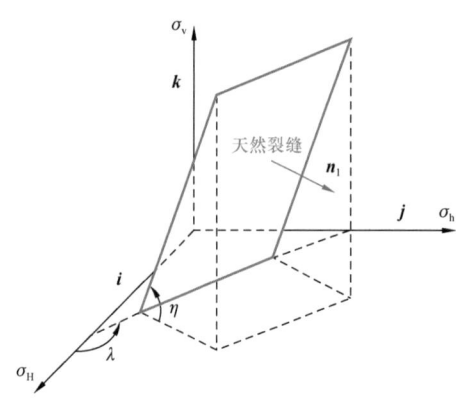

为便于分析，不考虑天然裂缝的宽度，将天然裂缝面简化为二维平面。规定角度顺时针旋转为负，逆时针旋转为正。设地层中天然裂缝的走向和倾角分别为 λ 和 η。天然裂缝面及其法线在坐标系中的位置如图 1.7 所示（天然裂缝面为紫线所围成的区域，而红色箭头所指方向即为天然裂缝面的法线方向矢量）。大多数情况下，天然裂缝与射孔孔眼并非只相交于一点，而是相交于一条线。对天然裂缝起裂压力计算时，需要将相交线上的连续点分散为有限个离散点，然后分别对每个点进行起裂压力计算，从中选择一个最小的起裂压力值。

图 1.7　天然裂缝面及法线向量

令坐标系（σ_H，σ_h，σ_v）中 σ_H 方向、σ_h 方向和 σ_v 方向的单位向量分别为 $\boldsymbol{i}$，$\boldsymbol{j}$，$\boldsymbol{k}$。根据图中天然裂缝面的法线分别在 σ_H，σ_h 和 σ_v 坐标轴上的投影，则天然裂缝面法线的方向矢量为：

$$\boldsymbol{n}_1 = \sin\eta\sin\lambda\boldsymbol{i} - \sin\eta\cos\lambda\boldsymbol{j} - \cos\eta\boldsymbol{k} \tag{1.48}$$

图 1.8 为天然裂缝面与孔眼相交示意图，且交线为椭圆。水平井井筒方位角为 α，射孔方位角为 θ。根据坐标变换原理，则孔眼轴线的方向向量为：

$$\boldsymbol{n}_2 = -\sin\alpha\cos\theta\boldsymbol{i} + \cos\alpha\cos\theta\boldsymbol{j} + \sin\theta\boldsymbol{k} \tag{1.49}$$

孔眼切向应力 σ_φ 的方向向量为：

$$\boldsymbol{n}_3 = \cos\alpha\boldsymbol{i} + \sin\alpha\boldsymbol{j} \tag{1.50}$$

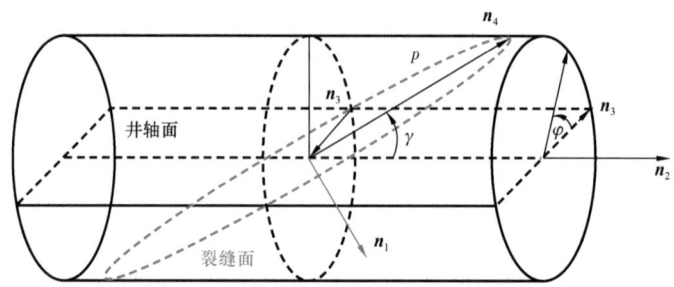

图 1.8　射孔孔眼与天然裂缝相交示意图

图 1.9 反映了坐标系间的转换关系。设中间坐标系 (X,Y,Z) 中 X 方向、Y 方向、Z 方向的单位向量为 $\boldsymbol{u},\boldsymbol{v},\boldsymbol{t}$，根据坐标变换原理，可得到空间坐标系与中间坐标系间关系为：

$$\begin{bmatrix} \boldsymbol{u} \\ \boldsymbol{v} \\ \boldsymbol{t} \end{bmatrix} = \begin{bmatrix} -\sin\alpha & \cos\alpha & 0 \\ 0 & 0 & 1 \\ \cos\alpha & \sin\alpha & 0 \end{bmatrix} \times \begin{bmatrix} \boldsymbol{i} \\ \boldsymbol{j} \\ \boldsymbol{k} \end{bmatrix} \tag{1.51}$$

设孔眼坐标系 (X_1,Y_1,Z) 中 X_1 方向、Y_1 方向和 Z 方向的单位向量为 $\boldsymbol{h},\boldsymbol{m},\boldsymbol{n}$。根据坐标变换原理，可得到孔眼坐标系与空间坐标系的关系为：

$$\begin{bmatrix} \boldsymbol{h} \\ \boldsymbol{m} \\ \boldsymbol{n} \end{bmatrix} = \begin{bmatrix} -\sin\alpha\cos\theta & \cos\alpha\cos\theta & \sin\theta \\ \sin\alpha\sin\theta & -\cos\alpha\sin\theta & \cos\theta \\ \cos\alpha & \sin\alpha & 0 \end{bmatrix} \times \begin{bmatrix} \boldsymbol{i} \\ \boldsymbol{j} \\ \boldsymbol{k} \end{bmatrix} \tag{1.52}$$

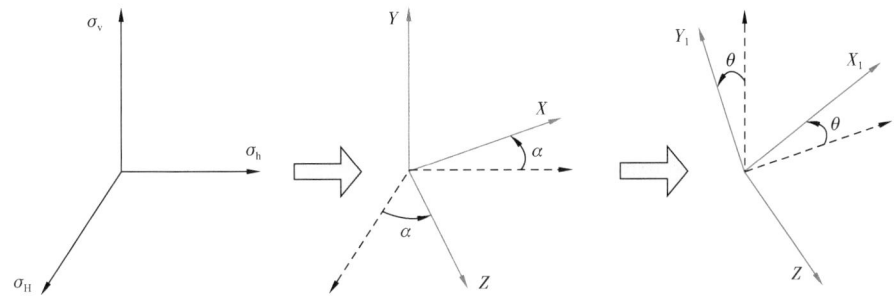

图 1.9　坐标系间的转换关系

在孔眼坐标系上，交线方程如下：

$$\left.\begin{array}{l} X_1 = x_1 \\ \left(\dfrac{Y_1}{r_p}\right)^2 + \left(\dfrac{Z}{r_p}\right)^2 = 1 \end{array}\right\} \tag{1.53}$$

式中　x_1——射孔孔眼与天然裂缝面相交时的孔深；

　　　r_p——圆半径（即孔眼半径）。

在交线圆上任取一点 $P(x_1,y_1,z)$，得到 σ_ρ，σ_φ 和 σ_a 在孔眼坐标系中的方向矢量为：

$$\left.\begin{array}{l} \boldsymbol{n}(\sigma_\rho) = \dfrac{1}{\sqrt{x_1^2+r_p^2}}(y_1\boldsymbol{m}+z\boldsymbol{n}+x_1\boldsymbol{h}) \\[3mm] \boldsymbol{n}(\sigma_\varphi) = \dfrac{z}{r_p}\times\boldsymbol{m} - \dfrac{y_1}{r_p}\times\boldsymbol{n} \\[3mm] \boldsymbol{n}(\sigma_a) = \boldsymbol{h} \end{array}\right\} \tag{1.54}$$

将 $\boldsymbol{n}(\sigma_\varphi)$ 和 $\boldsymbol{n}(\sigma_a)$ 按右手定则绕 $\boldsymbol{\sigma}_\rho$ 旋转 γ 角度，得到 σ_1，σ_2 和 σ_3 在孔眼坐标系中的方

向矢量为：

$$
\left.
\begin{aligned}
\boldsymbol{n}(\sigma_1) &= \frac{1}{\sqrt{x_1^2 + r_p^2}}(y_1 \times \boldsymbol{m} + z \times \boldsymbol{n} + x_1 \times \boldsymbol{h}) \\
\boldsymbol{n}(\sigma_2) &= \frac{z\cos\gamma}{r_p} \times \boldsymbol{m} - \frac{y_1\cos\gamma}{r_p} \times \boldsymbol{n} - \sin\gamma \times \boldsymbol{h} \\
\boldsymbol{n}(\sigma_3) &= \frac{z\sin\gamma}{r_p} \times \boldsymbol{m} - \frac{y_1\sin\gamma}{r_p} \times \boldsymbol{n} - \cos\gamma \times \boldsymbol{h}
\end{aligned}
\right\}
\tag{1.55}
$$

根据坐标变换原理，得到 σ_1、σ_2 和 σ_3 在坐标系 $(\sigma_H, \sigma_h, \sigma_v)$ 中的方向向量为：

$$
\left.
\begin{aligned}
\boldsymbol{n}(\sigma_1) &= \frac{1}{\sqrt{x_1^2 + r_p^2}}
\begin{bmatrix}
(y_1\sin\alpha\sin\theta + z\cos\alpha - x_1\sin\alpha\cos\theta)\boldsymbol{i} + \\
(z\sin\alpha - y_1\cos\alpha\sin\theta + x_1\cos\alpha\cos\theta)\boldsymbol{j} + \\
(y_1\cos\theta + z\sin\theta)\boldsymbol{k}
\end{bmatrix} \\[2mm]
\boldsymbol{n}(\sigma_2) &= \left(\frac{z\cos\gamma\sin\alpha\sin\theta}{r_p} - \frac{y_1\cos\gamma\cos\alpha}{r_p} + \sin\gamma\sin\alpha\cos\theta\right)\boldsymbol{i} - \\
&\quad \left(\frac{z\cos\gamma\cos\alpha\sin\theta}{r_p} + \frac{y_1\cos\gamma\sin\alpha}{r_p} + \sin\gamma\cos\alpha\cos\theta\right)\boldsymbol{j} + \\
&\quad \left(\frac{z\cos\gamma\cos\theta}{r_p} - \sin\gamma\sin\theta\right)\boldsymbol{h} \\[2mm]
\boldsymbol{n}(\sigma_3) &= \left(\frac{z\cos\gamma\sin\alpha\sin\theta}{r_p} - \frac{y_1\cos\gamma\cos\alpha}{r_p} + \sin\gamma\sin\alpha\cos\theta\right)\boldsymbol{i} - \\
&\quad \left(\frac{z sin\gamma\cos\alpha\sin\theta}{r_p} + \frac{y_1\sin\gamma\sin\alpha}{r_p} - \cos\gamma\cos\alpha\cos\theta\right)\boldsymbol{j} + \\
&\quad \left(\frac{z\sin\gamma\cos\theta}{r_p} - \cos\gamma sin\theta\right)\boldsymbol{k}
\end{aligned}
\right\}
\tag{1.56}
$$

因此，天然裂缝面法线与交线上任一点的主应力的余弦值可表示为：

$$
\cos\zeta_1 = \frac{\boldsymbol{n}_1 \cdot \boldsymbol{n}(\sigma_1)}{|\boldsymbol{n}_1| \cdot |\boldsymbol{n}(\sigma_1)|}
\tag{1.57}
$$

$$
\cos\zeta_2 = \frac{\boldsymbol{n}_1 \cdot \boldsymbol{n}(\sigma_2)}{|\boldsymbol{n}_1| \cdot |\boldsymbol{n}(\sigma_2)|}
\tag{1.58}
$$

$$
\cos\zeta_3 = \frac{\boldsymbol{n}_1 \cdot \boldsymbol{n}(\sigma_3)}{|\boldsymbol{n}_1| \cdot |\boldsymbol{n}(\sigma_3)|}
\tag{1.59}
$$

通过任意相交点的主应力及其余弦值，可计算得到作用于天然裂缝面上的正应力。计算得出正应力后，再引入判定准则式(1.46)即可判断是否沿天然裂缝张性起裂。

1.3.3　沿天然裂缝剪切起裂

储层中天然裂缝发育时,当射孔孔眼与天然裂缝相交的时候,随着井底流体压力的增大,水力裂缝有可能沿着天然裂缝面发生剪切起裂。以空间坐标系中的射孔孔眼及天然裂缝面的位置关系为基点,求得作用在天然裂缝面上主应力的矢量方向,再通过坐标变换准则,得出天然裂缝面法线方向与最大主应力之间的夹角,最后沿天然裂缝面进行剪切起裂的起裂压力计算。即先确定天然裂缝面的法线方向矢量、最大主应力和最小主应力,然后计算最大主应力的方向矢量,最后计算天然裂缝面法线与最大主应力的夹角。

根据 Mohr – Coulomb 准则,沿天然裂缝剪切起裂的临界条件为:

$$\sigma_{\max} - \sigma_{\min} = \frac{2c + \mu(\sigma_{\max} + \sigma_{\min})}{(1 - \mu\cot 2\zeta)\sin 2\zeta} \tag{1.60}$$

式中　$\sigma_{\max}$——最大主应力,MPa;

$\sigma_{\min}$——最小主应力,MPa;

c——天然裂缝内聚力,MPa;

μ——天然裂缝内摩擦角的正切值,(°);

ζ——天然裂缝面法线方向与最大主应力的夹角,(°)。

通过射孔孔眼围岩应力分析,已求得孔眼壁面的应力分布,通过比较得:

$$\sigma_{\max} = \max(\sigma_1, \sigma_2, \sigma_3) \tag{1.61}$$

$$\sigma_{\min} = \min(\sigma_1, \sigma_2, \sigma_3) \tag{1.62}$$

通过对前述三个主应力表达式的分析,天然裂缝剪切起裂计算比较的是三个主应力间的相对大小。在沿天然裂缝张性起裂部分,已求得天然裂缝面法线与天然裂缝面上任一点的余弦值,因此沿天然裂缝剪切起裂的临界条件具体表示为:

$$\left.\begin{aligned}
\sigma_2 - \sigma_3 &= \frac{2c + \mu(\sigma_2 + \sigma_3)}{(1 - \mu\cot 2\zeta_2)\sin 2\zeta_2} \quad (\sigma_3 < \sigma_1 < \sigma_2) \\
\sigma_2 - \sigma_1 &= \frac{2c + \mu(\sigma_2 + \sigma_1)}{(1 - \mu\cot 2\zeta_2)\sin 2\zeta_2} \quad (\sigma_1 < \sigma_3 < \sigma_2) \\
\sigma_1 - \sigma_3 &= \frac{2c + \mu(\sigma_1 + \sigma_3)}{(1 - \mu\cot 2\zeta_1)\sin 2\zeta_1} \quad (\sigma_3 < \sigma_2 < \sigma_1)
\end{aligned}\right\} \tag{1.63}$$

式(1.63)即为水平井压裂时,沿天然裂缝面剪切起裂的模型。通过此模型,可计算沿天然裂缝剪切起裂的起裂压力。

当天然裂缝面与射孔孔眼壁面相交为规则的椭圆时,先求解相交线的方程,然后求得任一点对应的应力矢量,再根据最大主应力和天然裂缝面法线方向的夹角,最后即可求解沿天然裂缝剪切起裂的起裂压力。

在空间坐标系中,设天然裂缝的倾角为90°,天然裂缝面的法线方向矢量为:

$$\boldsymbol{n}_1 = -\sin\alpha\boldsymbol{i} + \cos\alpha\boldsymbol{j} \tag{1.64}$$

井筒的方位角为 α，射孔方位为 θ，根据坐标变换原理，得到孔眼轴线的方向向量为：

$$\boldsymbol{n}_2 = -\sin\alpha\cos\theta\boldsymbol{i} + \cos\alpha\cos\theta\boldsymbol{j} + \sin\theta\boldsymbol{k} \qquad (1.65)$$

在孔眼轴线坐标系中，天然裂缝与射孔孔眼壁面相交线（即交线为圆旋转射孔方位角 θ 得到）的方程为：

$$\left.\begin{array}{c}\left(\dfrac{Y_1\cos\theta}{r_p}\right)^2 + \left(\dfrac{Z}{r_p}\right)^2 = 1 \\[3mm] x_0 - r_p\tan\theta \leqslant X_1 \leqslant x_0 + r_p\tan\theta\end{array}\right\} \qquad (1.66)$$

式中　Z——孔深；

　　　X_1——孔眼轴线坐标系射孔孔眼与天然裂缝面相交时的孔深；

　　　r_p——孔眼半径。

若将上述交线椭圆在中间坐标系中研究，则可得其在中间坐标系中的方程为：

$$\left.\begin{array}{c}\left(\dfrac{Y}{r}\right)^2 + \left(\dfrac{Z}{r}\right)^2 = 1 \\[3mm] X = x_0\cos\theta\end{array}\right\} \qquad (1.67)$$

在中间直角坐标系，在射孔孔眼壁面与天然裂缝相交线上任取一点 (x_0,y_0,z_0)，得到 σ_ρ、σ_φ 和 σ_a 在中间坐标系中的方向矢量为：

$$\left.\begin{array}{l}\boldsymbol{n}(\sigma_\rho) = \dfrac{y_0}{r}\times\boldsymbol{v} + \dfrac{z_0}{r}\times\boldsymbol{t} \\[3mm] \boldsymbol{n}(\sigma_\varphi) = \dfrac{z_0}{r}\times\boldsymbol{v} - \dfrac{y_0}{r}\times\boldsymbol{t} \\[3mm] \boldsymbol{n}(\sigma_a) = \boldsymbol{u}\end{array}\right\} \qquad (1.68)$$

将 $\boldsymbol{n}(\sigma_\varphi)$ 和 $\boldsymbol{n}(\sigma_a)$ 按右手定则绕 σ_ρ 旋转 $\gamma\left(\gamma = \dfrac{\pi}{2} - \theta\right)$ 角度，得到 σ_1，σ_2 和 σ_3 在坐标系 $(\sigma_H,\sigma_h,\sigma_v)$ 中的方向向量为：

$$\left.\begin{array}{l}\boldsymbol{n}(\sigma_1) = \dfrac{z_0\cos\alpha}{r_p}\boldsymbol{i} + \dfrac{z_0\sin\alpha}{r_p}\boldsymbol{j} + \dfrac{y_0}{r_p}\boldsymbol{k} \\[3mm] \boldsymbol{n}(\sigma_2) = \left(\sin\alpha\cos\theta - \dfrac{y_0}{r_p}\sin\theta\cos\alpha\right)\boldsymbol{i} - \left(\cos\alpha\cos\theta + \dfrac{y_0}{r_p}\sin\theta\sin\alpha\right)\boldsymbol{j} + \dfrac{z_0}{r_p}\sin\theta\boldsymbol{k} \\[3mm] \boldsymbol{n}(\sigma_3) = -\left(\sin\alpha\sin\theta + \dfrac{y_0}{r_p}\cos\alpha\cos\theta\right)\boldsymbol{i} + \left(\cos\alpha\sin\theta - \dfrac{y_0}{r_p}\sin\alpha\cos\theta\right)\boldsymbol{j} + \dfrac{z_0}{r_p}\cos\theta\boldsymbol{k}\end{array}\right\} \qquad (1.69)$$

射孔孔眼壁面与天然裂缝相交点受三维主应力作用,其中 σ_1 与 σ_r 方向大小一致,σ_2 和 σ_3 为 σ_φ 和 σ_a 绕 σ_ρ 旋转 γ 后得到的另外两个主应力。所以必须根据相交点处的 3 个主应力之间的相对大小关系,再判断作用在天然裂缝面上的最大主应力和最小主应力。最大主应力和最小主应力可表示为:

$$\sigma_{max} = \max(\sigma_1,\sigma_2,\sigma_3) \tag{1.70}$$

$$\sigma_{min} = \min(\sigma_1,\sigma_2,\sigma_3) \tag{1.71}$$

在求得天然裂缝面法线方向矢量和最大主应力方向矢量后,易求得天然裂缝面与最大主应力之间的夹角。由于 σ_1,σ_2 和 σ_3 都可能时最大主应力 σ_{max},因此天然裂缝与最大主应力夹角余弦可统一表示为:

$$\cos\zeta_i = \frac{\boldsymbol{n}_1 \cdot \boldsymbol{n}(\sigma_i)}{|\boldsymbol{n}_1| \cdot |\boldsymbol{n}(\sigma_i)|} \tag{1.72}$$

将式(1.70)至式(1.72)代入式(1.63),可计算起裂角为 γ 时,沿天然裂缝剪切起裂的起裂压力。

基于上面的分析,可求得天然裂缝与孔眼交线上任一点的坐标及该点对应的三个主应力的方向和大小,结合 Mohr – Coulomb 强度准则即可求解沿天然裂缝的起裂压力,具体的计算方法和步骤为:

(1)输入基本参数,包括地应力、井筒方位角、射孔方位角、岩石力学参数及天然裂缝参数等;

(2)确定天然裂缝面与射孔孔眼壁面的相交方程,选取相交线上某一点作为计算的初始坐标点;

(3)对井筒流体压力赋值,令其等于孔隙压力,求出初始点的应力大小和方向;

(4)如果射孔孔眼壁面与天然裂缝相交线上的初始点不沿本体起裂,根据式(1.70)和式(1.71)计算最大主应力和最小主应力,再根据式(1.63)判断交线上的初始点是否沿天然裂缝剪切起裂;

(5)如果交线上的初始点沿天然裂缝剪切起裂,则重复步骤(2)~步骤(4)计算交线下一点的破裂压力;如果交线上的初始点不沿天然裂缝剪切起裂,则按一定步长增加 p_w 的值,重复步骤(2)~步骤(5)继续计算,直到满足人工裂缝起裂的条件;

(6)对比天然裂缝与孔眼交线上每一点的剪切破裂压力值,最小的值即为沿天然裂缝剪切起裂压力。

1.4　算例分析

基于上述对不同起裂模式下的起裂压力计算方法的分析,选取某裂缝性气藏进行实例分析,基本参数见表 1.1。利用编程软件 Matlab 计算分析不同参数对起裂压力的影响。

表 1.1　气藏基本参数

参数	数值	参数	数值
最大水平主应力(MPa)	42	最小水平主应力(MPa)	32
垂向应力(MPa)	55	孔隙压力(MPa)	36
内聚力(MPa)	4	内摩擦角(°)	24
孔眼半径(m)	0.01	有效应力系数	0.9
岩石弹性模量(GPa)	23	孔隙度(%)	6
岩石泊松比	0.21	岩石抗张强度(MPa)	5
岩石线膨胀系数(℃)	5×10^{-6}	温度变化(℃)	40

1.4.1　沿孔眼岩石本体起裂

(1)孔深对本体破裂压力的影响。

图 1.10 反映本体起裂时的裂缝破裂压力与射孔孔深的关系。从图 1.10 中可看出,射孔孔深增大,本体破裂压力随之减小,但是减小趋势不明显。射孔孔眼深度对破裂压力影响不明显,因此如未特别说明,研究孔深的影响时,皆以平行于 σ_H 方向上的射孔孔眼,同时孔眼深度为 0 为计算基点。即选择计算的井筒方位角为 90°、射孔方位角为 0°。

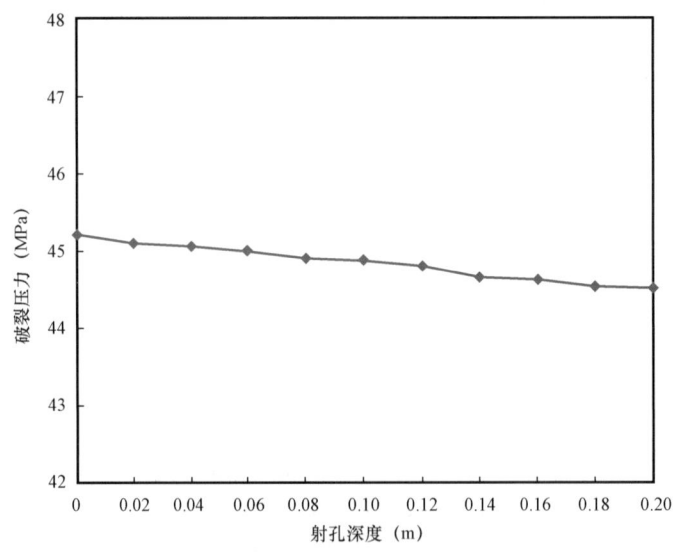

图 1.10　射孔孔深对本体破裂压力的影响

(2)井筒方位角和射孔方位角对本体破裂压力的影响。

图 1.11 反映了射孔方位角和井筒方位角两者共同对本体破裂压力的影响。从图 1.11 中可看出,射孔方位角增大,破裂压力随之增大。当射孔方位角为 0°,即沿着最大水平主应力方向射孔时,破裂压力最小;当射孔方位角为 90°,即沿着垂向主应力方向射孔时,破裂压力最大。实际上,射孔方位角在 0°~360°变化时,破裂压力的变化呈对称性。由此可知:应沿着最大水平主应力方向射孔,此时破裂压力最小,有利于裂缝起裂。

另从图 1.11 中还可以看出,当射孔方位角一定时,井筒方位角对破裂压力具有很大的影响。当井筒方位角为 90°,即水平井筒沿着最小水平主应力方向时,破裂压力小于井筒方位角为 0°(水平井筒沿着最大水平主应力方向)时的破裂压力。因为当井筒方位角为 90°时,裂缝垂直于最小水平主应力方向起裂,形成横向裂缝,压裂增产效果较好。由此可得到:应使水平井筒沿着最小水平主应力方向、射孔沿着最大水平主应力方向,这样能最大限度地减小破裂压力。

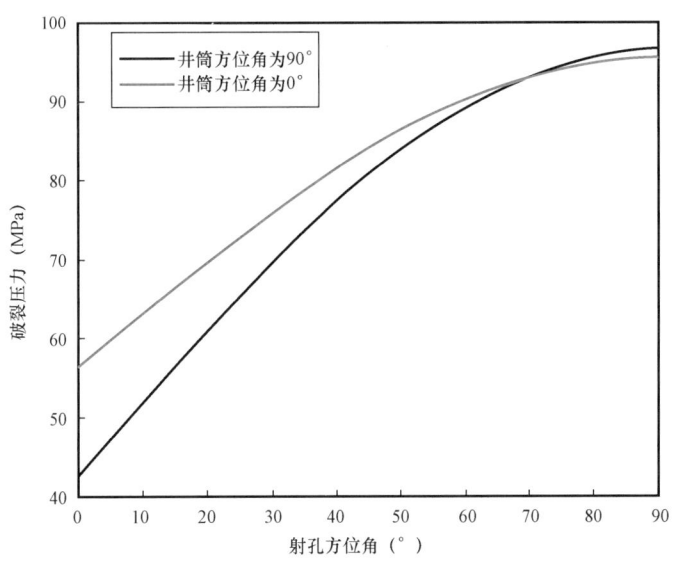

图 1.11　井筒方位角和射孔方位角对本体破裂压力的影响

1.4.2　沿天然裂缝张性起裂

(1)射孔孔深对张性破裂压力的影响。

图 1.12 反映了天然裂缝存在时,射孔孔深对张性破裂压力的影响。从图 1.12 中可看出,随着射孔孔深增大,张性破裂压力随之减小,但下降趋势不明显。射孔孔深为 0 时,张性破裂压力为 38.1MPa,将图 1.12 与图 1.10 比较发现,两者总体趋势一致,但是天然裂缝的存在对破裂压力产生了一定的影响,使得张性破裂所需的破裂压力值较小,更易起裂。

(2)天然裂缝走向与倾角对张性破裂压力的影响。

图 1.13 反映了天然裂缝存在时,其走向与倾角对张性破裂压力的影响。从图 1.13 中可看出:① 天然裂缝走向一定时,天然裂缝倾角增大,张性破裂压力随之变大,可知倾角较大时,张性破裂压力值较高,天然裂缝不易发生张性破裂;② 天然裂缝倾角一定时,天然裂缝方位增大,张性破裂减小,但减小幅度不明显。

1.4.3　沿天然裂缝剪切起裂

(1)射孔孔深对剪切破裂压力的影响。

图 1.14 反映了天然裂缝存在时,射孔孔深对剪切破裂压力的影响。从图中可看出,射孔孔

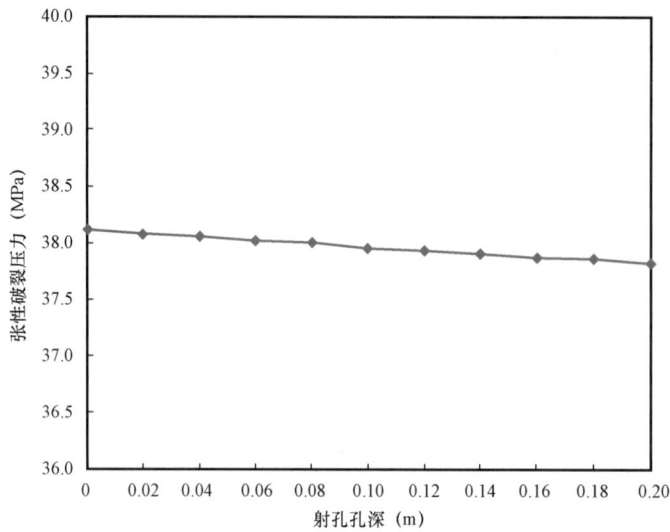

图 1.12　射孔孔深对张性破裂压力的影响($\alpha=90°$,$\theta=0°$)

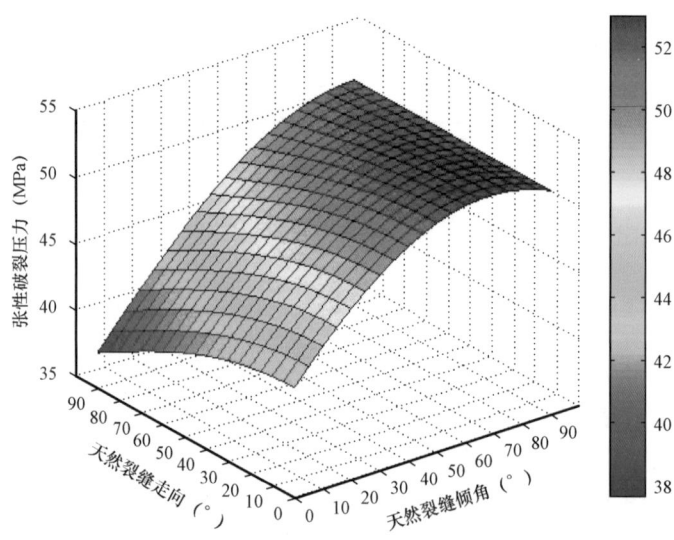

图 1.13　天然裂缝走向与倾角对张性破裂压力的影响($\alpha=90°$,$\theta=0°$)

深增大,张性破裂压力随之减小,但下降趋势不明显。将图 1.14 与图 1.10 比较发现,两者总体趋势一致,但是天然裂缝的存在对破裂压力有一定影响,使得剪切破裂所需的破裂压力值较小。

（2）天然裂缝内聚力与内摩擦角对剪切破裂压力的影响。

图 1.15 反映了天然裂缝内聚力对剪切破裂压力的影响。从图 1.15 中可看出,随着内聚力增大,剪切破裂压力也变大,但总体增加幅度较小。

图 1.16 反映了天然裂缝内摩擦角对剪切破裂压力的影响。从图 1.16 中可看出,随着内摩擦角增大,剪切破裂压力也变大,但不同区间的增加幅度不同。天然裂缝内摩擦角取值为中等及偏下时,其对剪切破裂压力的影响较大;天然裂缝内摩擦角较高时,其对剪切破裂压力的

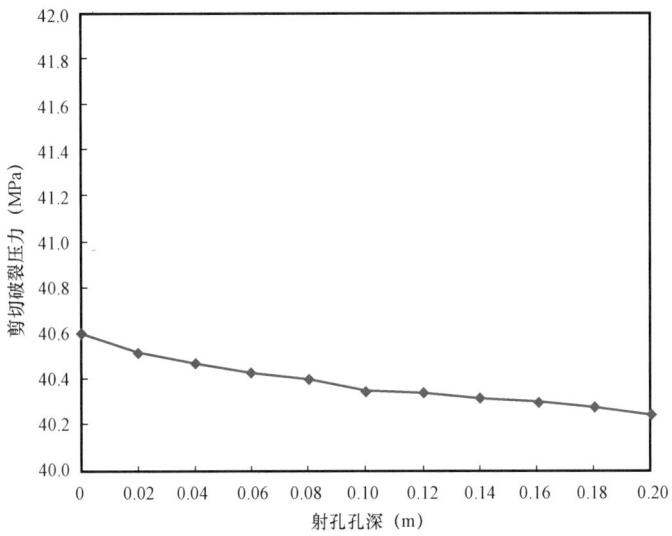

图 1.14　射孔孔深对剪切破裂压力的影响($\alpha = 90°$, $\theta = 0°$)

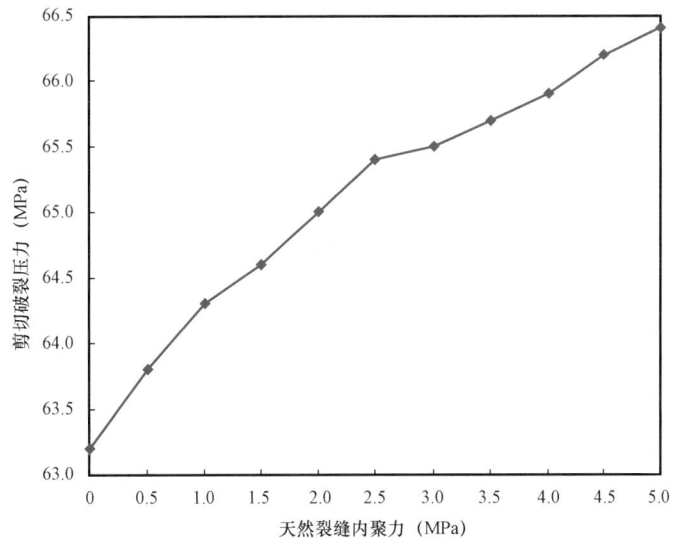

图 1.15　天然裂缝内聚力对剪切破裂压力的影响($\lambda = 90°$, $\eta = 60°$)

影响不明显。从图 1.15 和图 1.16 中可看出:天然裂缝内聚力和内摩擦角与剪切破裂压力都为正相关关系。天然裂缝内聚力与内摩擦角越大,越不容易发生剪切起裂。

(3)天然裂缝走向与倾角对剪切破裂压力的影响。

图 1.17 反映了天然裂缝存在时,其走向与倾角对剪切破裂压力的影响。从图 1.17 中可看出:① 天然裂缝方位一定时,天然裂缝倾角增大,剪切破裂压力减小;② 剪切破裂压力低于本体起裂所需的破裂压力,高于张性起裂所需的破裂压力;③ 选取特殊位置计算,天然裂缝走向对剪切破裂压力的影响不明显。

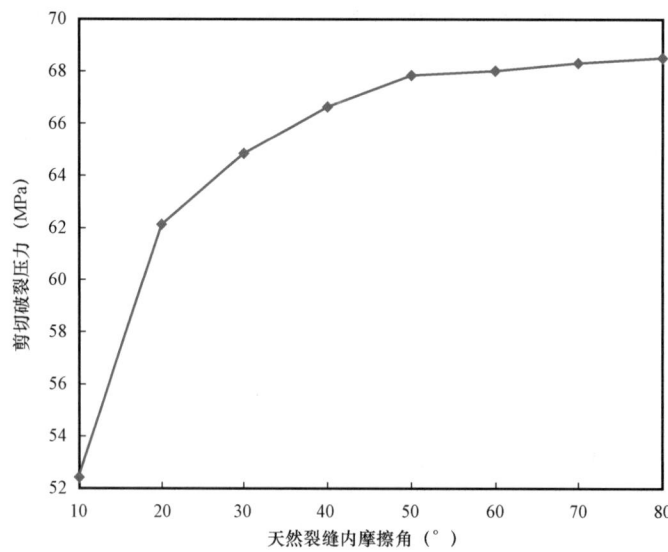

图1.16 天然裂缝内摩擦角对剪切起裂压力影响($\lambda=90°,\eta=60°$)

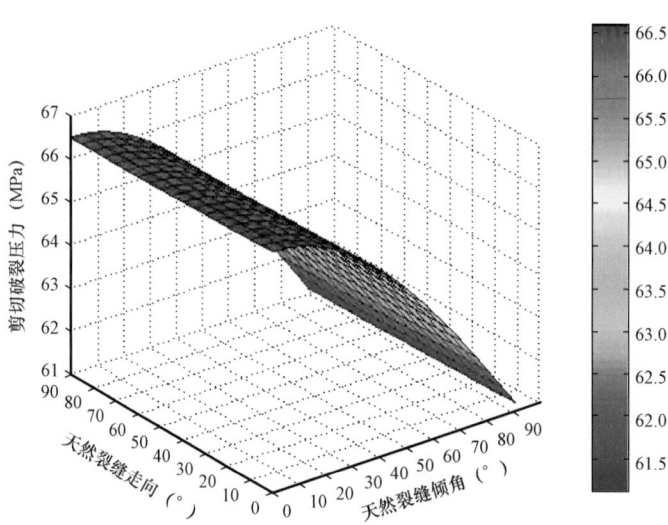

图1.17 天然裂缝走向与倾角对剪切破裂压力的影响($\alpha=90°,\theta=0°$)

通过上述分析,可得到裂缝在三种模式下的破裂压力。通过对比分析,可知储层较发育的天然裂缝能降低破裂压力,有利于裂缝起裂。因此分析可得到该状态的裂缝起裂模式最大可能性为沿天然裂缝张性起裂。

第2章 砂砾岩储层压裂液滤失的数值模拟研究

采用有限元方法实现了压裂液滤失的数值模拟,分析了砾石形状、排列、天然裂缝方向、排列、连通性等因素对压裂液滤失的影响。

2.1 砂砾岩滤失的有限元模型

研究对象是介质的不均匀性对滤失的影响,介质渗透性的变化会引起渗流速度发生变化,从而影响滤失。砂砾岩介质的不均匀性主要是指渗透率在砂砾岩地层不同位置的变化:基质具有一般的渗透性、砾石几乎不具有渗透性而天然裂缝又具有很强的渗透性。设定砾石为不可通过区域,引入了渗透率张量,以研究滤失在含裂缝介质中体现出来的方向性。一般来说,渗透率在不同区域突变的渗流方程难以求得解析解,选择了有限元方法求数值解。

裂缝渗透性与裂缝的方向有关,即使是同一条裂缝,当与压力梯度方向不一样时,其表现出来的渗透性也是有很大差距的,因此,使用渗透率张量来表示裂缝的渗透率。裂缝渗透率张量包含了渗透率大小、压力梯度方向和裂缝方向三个信息,能表明裂缝在不同方向下的渗流能力。

由流体力学理论可知,通过间距为 b 的两个单位高度的平行板间的流体平均流量与压力梯度的关系为:

$$Q = -\frac{b^3}{12\mu}\frac{dp}{dl} \tag{2.1}$$

达西定律中流量与压力梯度的关系可表示为:

$$Q = -\frac{\boldsymbol{K}A}{\mu}\frac{dp}{dl} \tag{2.2}$$

结合式(2.2)和式(2.3),可得沿平行板方向的等效渗透率:

$$K_{xx}^0 = \frac{b^2}{12} \tag{2.3}$$

由于裂缝一般很窄,垂直于裂缝方向上的流动范围十分有限;基质渗透性决定了裂缝中垂直于壁面的渗流,因此可以认为垂直于壁面方向的等效渗透率就是基质渗透率。

$$K_{yy}^0 = K_m \tag{2.4}$$

渗透率是一个二阶张量,二维情形下共有4个分量,以矩阵的形式表示为:

$$\boldsymbol{K} = \begin{bmatrix} K_{xx} & K_{xy} \\ K_{yx} & K_{yy} \end{bmatrix} \qquad (2.5)$$

当裂缝方向与压力梯度方向一致时,渗透率张量矩阵除了主对角线上的元素之外都为零,即:

$$K(0) = \begin{bmatrix} K_{xx}^0 & 0 \\ 0 & K_{yy}^0 \end{bmatrix} = \begin{bmatrix} \dfrac{b^2}{12} & 0 \\ 0 & K_m \end{bmatrix} \qquad (2.6)$$

渗流速度按坐标分解后的分量只与对应方向上的等效渗透率和压力梯度相关,而与另一方向上的等效渗透率和压力梯度无关,即:

$$v_x = -\frac{K_{xx}^0}{\mu}\frac{\partial p}{\partial x} \qquad (2.7)$$

$$v_y = -\frac{K_{yy}^0}{\mu}\frac{\partial p}{\partial y} \qquad (2.8)$$

当裂缝方向与压力梯度方向之间的角度为 θ 时,渗透率张量可表示为:

$$\boldsymbol{K}(\theta) = \begin{bmatrix} K_{xx}^\theta & K_{xy}^\theta \\ K_{yx}^\theta & K_{yy}^\theta \end{bmatrix} = \begin{bmatrix} K_{xx}^0\cos^2\theta + K_{yy}^0\sin^2\theta & (K_{xx}^0 - K_{yy}^0)\sin\theta\cos\theta \\ (K_{xx}^0 - K_{yy}^0)\sin\theta\cos\theta & K_{xx}^0\sin^2\theta + K_{yy}^0\cos^2\theta \end{bmatrix} \qquad (2.9)$$

由式(2.9)可见,$K_{xy} = K_{yx}$。

渗流方向与压力梯度方向不一致时,渗流速度仍然按坐标轴分解为 v_x 和 v_y,渗流速度分量不仅与该方向上的压力梯度相关,还与垂向上的压力梯度相关,即:

$$\begin{bmatrix} v_x \\ v_y \end{bmatrix} = -\frac{1}{\mu}\begin{bmatrix} K_{xx}^\theta & K_{xy}^\theta \\ K_{yx}^\theta & K_{yy}^\theta \end{bmatrix}\begin{bmatrix} \dfrac{\partial p}{\partial x} \\ \dfrac{\partial p}{\partial y} \end{bmatrix} \qquad (2.10)$$

那么二维的滤失方程可以表示为:

$$\frac{\partial}{\partial x}\left(\frac{K_{xx}}{\mu}\frac{\partial p}{\partial x} + \frac{K_{xy}}{\mu}\frac{\partial p}{\partial y}\right) + \frac{\partial}{\partial y}\left(\frac{K_{yx}}{\mu}\frac{\partial p}{\partial x} + \frac{K_{yy}}{\mu}\frac{\partial p}{\partial y}\right) - C\frac{\partial p}{\partial t} = 0 \qquad (2.11)$$

表示为有限元的基本方程:

$$\int_\Omega\left[-C\frac{\partial p}{\partial t}W(x,y) - \left(\frac{K_{xx}}{\mu}\frac{\partial p}{\partial x} + \frac{K_{xy}}{\mu}\frac{\partial p}{\partial y}\right)\frac{\partial W(x,y)}{\partial x} - \left(\frac{K_{yx}}{\mu}\frac{\partial p}{\partial x} + \frac{K_{yy}}{\mu}\frac{\partial p}{\partial y}\right)\frac{\partial W(x,y)}{\partial y}\right]\mathrm{d}_\Omega = 0 \quad (2.12)$$

式中　C——综合压缩系数,MPa^{-1};

　　　p——压力,MPa;

　　　t——滤失时间,s;

$W(x,y)$——插值函数；

K——渗透率张量。

在使用式(2.12)求解复杂问题时,将各部分介质渗透率代入方程进行网格划分并求解就可以得到问题的解。根据有限元方法求得的关于裂缝和砾石影响下的滤失速度解,这些解均基于此方程得到。

使用有限元方法可以求解复杂情况下的渗流问题,如图 2.1 所示,压裂液从左至右滤失,左边的水力裂缝内压力为 23MPa,右边的油藏边界压力为 20MPa,在渗流区域内存在一个圆形和一个正方形的阻流块体以及一条高渗透裂缝,求某时刻某点的压力。求得解析解无疑是一件非常困难的事情,而数值解却可以借助计算机方便求得。

图 2.1　有限元方法可以求解非常复杂的渗流问题

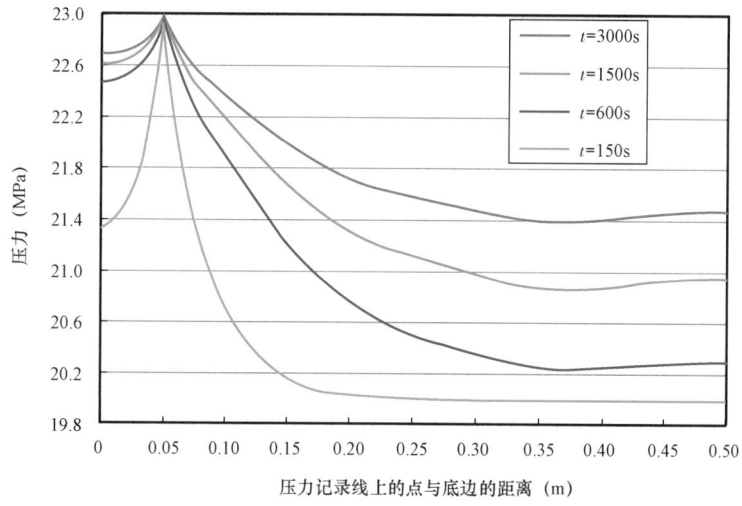

图 2.2　使用有限元方法求得的压力记录线上的压力分布

数值解的结果如图 2.2 所示,图中给出了滤失 150s,600s,1500s 和 3000s 时刻压力记录线上的压力值。由图 2.2 可见,压力记录线上 0.05m 处存在压力尖峰,而 0.3 ~ 0.4m 存在压力凹陷。压力尖峰处对应着高渗透裂缝所影响的点,而压力凹陷处对应着阻流块体后面的点。可见高渗透裂缝上的压力传播十分迅速,甚至在 150s 之前,高渗透裂缝上的压力就已经达到很高的值,而其他区域则要慢得多;阻流块体对压力分布的影响也十分明显,尤其是当压力传播至阻流块体附近时,其后面的区域压力增加明显慢于其他不受阻挡的地方。

2.2 砾石对压裂液滤失的影响

2.2.1 砾石大小和含量的影响

研究了两种粒径、两种密度砾石共计 4 种情形下的滤失,砾石的含量分别为 11.05%,55.26%,24.12% 和 24.87%,砾石粒径分别为 4cm,4cm,4cm 和 6cm,基质渗透率、压差、滤失时间等其余条件均相同,对比研究砾石含量和相同砾石含量下砾石粒径对压裂液滤失速度的影响。

数值模拟求解得到水力裂缝壁面上平均滤失速度随时间变化关系如图 2.3 所示。图 2.3 (a) 为两种砾石含量的滤失速度对比,图 2.3(b) 为相同砾石含量不同砾石粒径的滤失速度对比。由图 2.3 可见,砾石含量的增加使得水力裂缝壁面上的滤失速度显著降低,而相同砾石含量下砾石粒径对压裂液滤失速度影响十分微弱。

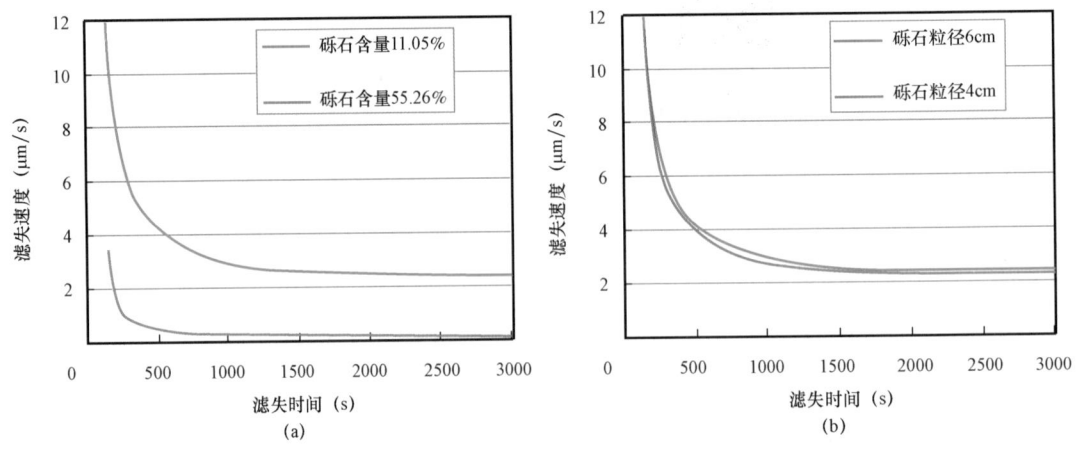

图 2.3　不同砾石含量和粒径影响下的压裂液滤失速度的数值解

砾石含量对滤失速度影响较大,而相同砾石含量下砾石粒径对滤失速度影响非常小。主要原因还是占岩石小部分的砾石对整个岩石的总体比面影响很小,对渗透率的影响也很小。

2.2.2 砾石排列的影响

对于某些地层,如河道砂体,砾石排列出现较强的方向性也是有可能的,砾石排列的方向性对滤失也应该存在一定的影响。研究了图 2.4 所示两种排列情形:图 2.4(a)椭圆形砾石的长轴垂直于滤失方向,图 2.4(b)椭圆形砾石的长轴平行于滤失方向,两种情形中的砾石大小、含量、基质物性、液体物性、压差等其余参数均一样。显然,图 2.4(a)中的砾石更多地"阻挡"了压裂液滤失的路径。

由数值模拟得到水力裂缝壁面上平均速度随时间变化的关系曲线如图 2.5 所示,由结果可见,砾石的排列方向影响了滤失,砾石垂直于渗流方向排列时的平均滤失速度小于砾石平行时的

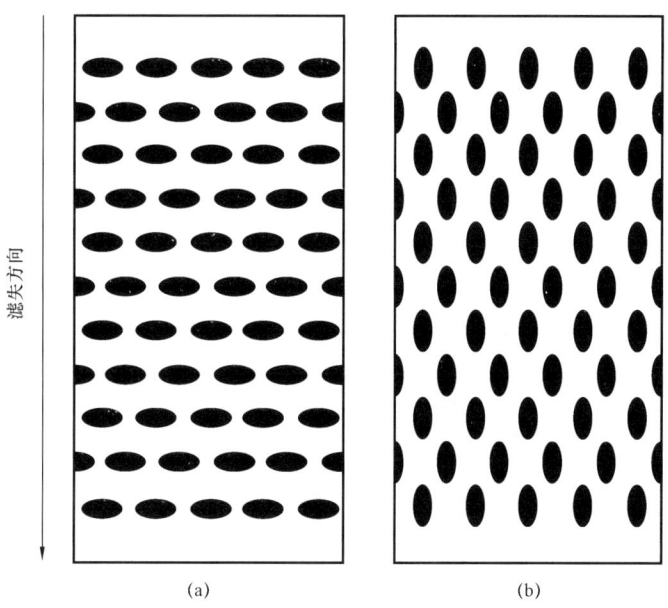

图 2.4 垂直于滤失方向和平行于滤失方向排列的砾石

滤失速度,尤其是在滤失中后期。滤失初期差别不大,因为初期压力传播不够远,远场区域的砾石未能影响到压力传播,影响到压裂液滤失的砾石数量有限。可以理解,只有长宽比较大的砾石才能表现出排列方向的影响,而且,长宽比越大,则排列方向对滤失速度的影响也越大。

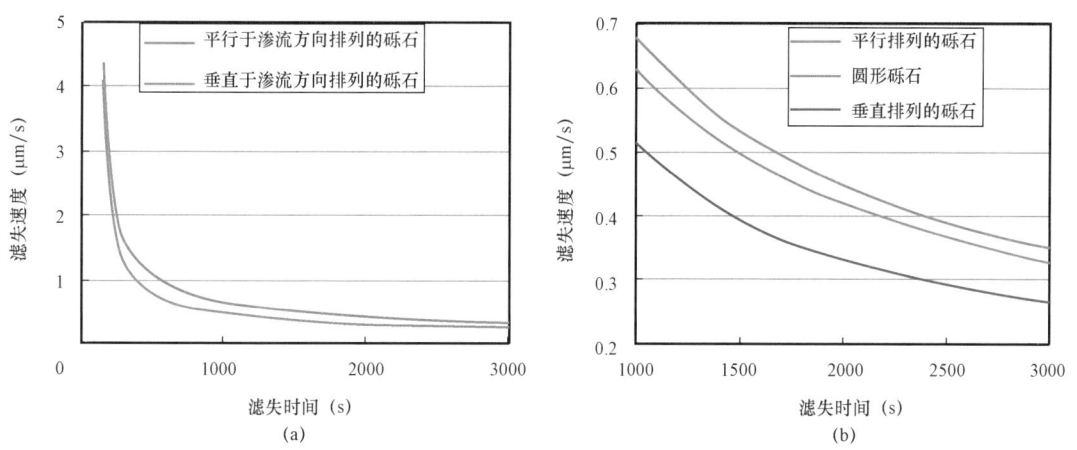

图 2.5 砾石排列方式对滤失的影响的数值模拟结果

对比分析了相同含量下圆形砾石的滤失曲线(椭圆形砾石长轴为 4cm、短轴为 2cm,圆形砾石半径为 2.83cm,两种形状的砾石面积是一样的,因此它们的含量也是一样的)。为便于观察,圆形砾石影响下的滤失和两种排列方式影响的滤失速度的对比仅截取了 1000 ~ 3000s 的片段,如图 2.5(b),可见圆形砾石影响下的滤失速度介于二者之间,这说明砾石排列方式对滤失的影响实际上是垂直于渗流方向上砾石截面大小对滤失速度的影响,也证实了长宽比较大的砾石排列方向对滤失速度的影响较大。为简便起见,当砾石长宽比较小(小于 3)或者砾石排列的方向性不强时,可以忽略砾石排列方向的影响。

2.2.3　砾石形状的影响

如图 2.6 所示,研究了三种形状的砾石对滤失的影响:正方形、矩形、三角形。这三种砾石分别抽象地表示长宽比较小的砾石、长宽比较大的砾石、长宽比较为适中的砾石。为了排除砾石含量的影响,正方形、矩形、三角形小砾石的面积都是一样的,而滤失区域是一样大的,所以三种情况下的砾石含量是相等的。

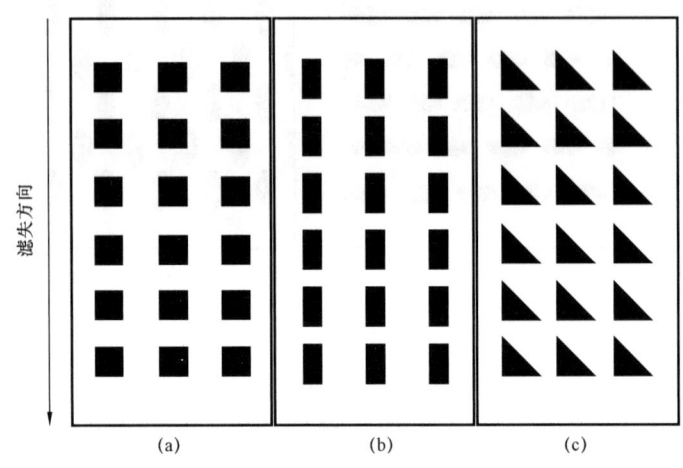

图 2.6　相同砾石含量下不同的砾石形状

由数值模拟得到的裂缝壁面上滤失速度随时间变化关系如图 2.7 所示,可见砾石形状对滤失速度的影响并不明显,滤失曲线上微小的差异或是由于相同时刻下三种情况的渗流阻力面大小不一致的结果。值得一提的是,如果砾石的长宽比过大,再配合排列方向,则应该有更明显的区别。

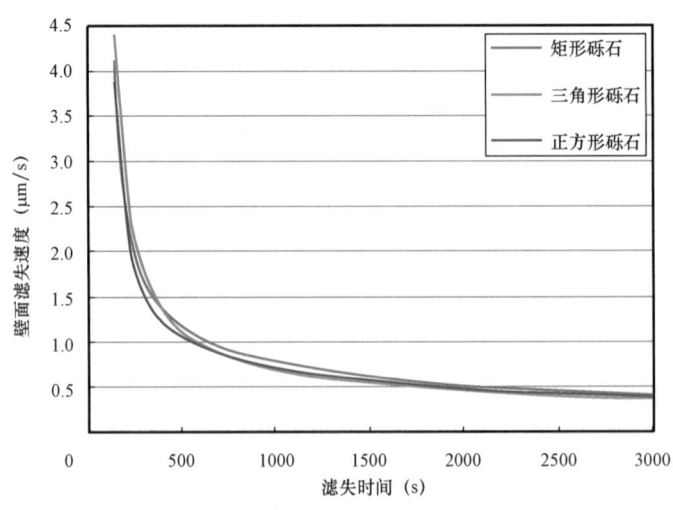

图 2.7　不同砾石形状对压裂液滤失速度影响的数值模拟结果

2.3　天然裂缝对压裂液滤失的影响

天然裂缝一般具有极强的渗透性,对滤失有更加显著的影响。由渗透率张量可知裂缝与压力梯度的角度对裂缝渗透能力具有十分大的影响,另外裂缝密度、裂缝宽度、裂缝长度、裂缝位置和裂缝连通性等对滤失均有影响。使用有限元方法研究了这些因素对滤失的影响,水力裂缝内压力均为 23MPa,地层压力均为 20MPa,裂缝渗透率为基质渗透率的 1000 倍,滤失时间均为 50min。

2.3.1　天然裂缝方向的影响

模拟了三个不同方向裂缝影响下的滤失,如图 2.8 所示,裂缝方向与压力梯度方向夹角分别为 0°,90°和 45°。得到的裂缝壁面平均滤失速度随时间的变化关系如图 2.9(a)所示,裂缝方向对裂缝的滤失能力有极其重要的影响:垂直于压力梯度方向的裂缝滤失能力远低于平行于压力梯度方向的裂缝,其余角度裂缝滤失能力介于二者之间。图 2.9(b)为垂直于压力梯度方向裂缝介质中滤失速度和无裂缝介质中滤失速度之差,可见二者差距非常小,说明垂直于压力梯度方向的裂缝对滤失的影响非常小。油藏中顺着压力梯度方向(垂直于水力裂缝方向)的裂缝条数越多滤失也越快。

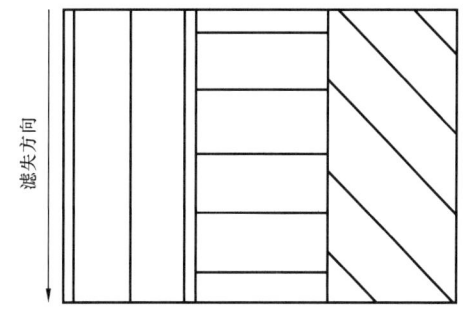

图 2.8　模拟的三种不同裂缝方向

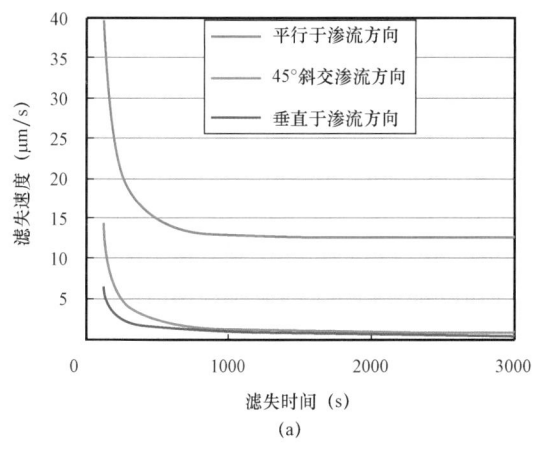

(a)

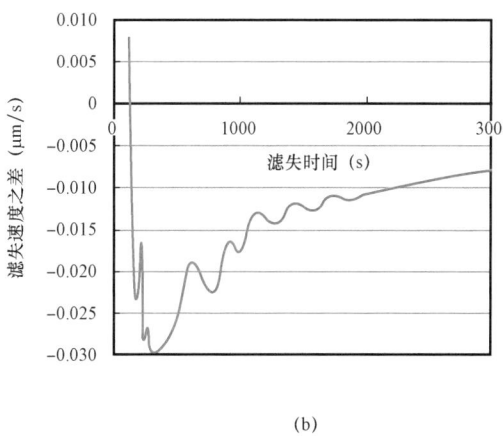

(b)

图 2.9　不同裂缝方向对滤失速度影响的数值模拟结果

2.3.2　天然裂缝密度的影响

模拟了两种不同密度网络裂缝的滤失情形,如图 2.10 所示。图 2.10(a)裂缝密度为 6 条/m,图 2.10(b)裂缝密度为 11 条/m,约为图 2.10(a)的 2 倍。得到的裂缝壁面滤失速度随

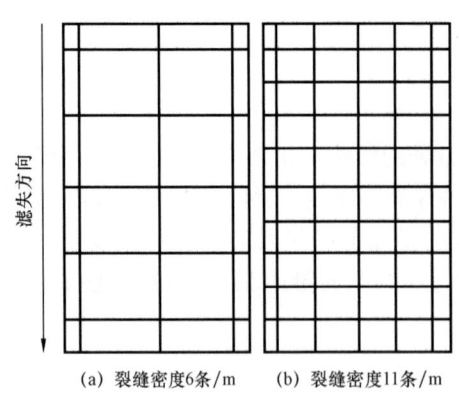

图 2.10 模拟的不同的裂缝密度

时间变化关系如图 2.11(a)所示,可见当裂缝密度增加时,裂缝壁面滤失速度也相应地增加,尤其是滤失后期,高密度裂缝的滤失大于低密度裂缝滤失很多。图 2.11(a)还给出了裂缝密度为 0 时的滤失速度曲线,很明显,存在裂缝网络时的滤失速度远大于不存在裂缝网络时的滤失速度,再次证明了天然裂缝是裂缝性储层的滤失控制因素。可得出结论:裂缝越密集,岩石的导流能力越强,油藏岩石裂缝越发育,工作液滤失速度也越快。

图 2.11(b)为两种密度裂缝网络的滤失速度之比随时间的变化关系,滤失初期,两种情况下参与滤失的裂缝都比较少,所以高密度裂缝影响下的滤失速度并不会比低密度裂缝影响下的滤失速度高太多,随着滤失的进行,越来越多的裂缝参与到滤失中来,到了滤失后期,高密度裂缝的滤失速度与低密度裂缝的滤失速度之比稳定在一个特定的值。

由上文研究结论可知,6 条/m 裂缝网络中起主要作用的是 3 条平行于滤失方向的裂缝[图 2.10(a)],11 条/m 裂缝网络中起主要作用的是 5 条平行于滤失方向的裂缝[图 2.10(b)]。两种情况裂缝密度比值为 1.83,主要裂缝数量比值为 1.67 而稳定的滤失速度比值约为 1.43,这说明裂缝密度或主要裂缝数量与滤失速度之间不是简单的数量关系。

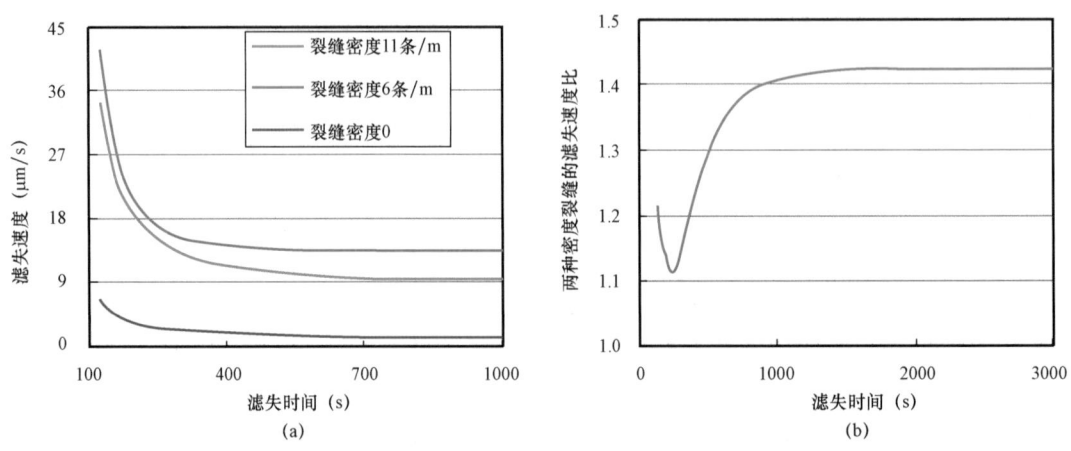

图 2.11 不同裂缝密度对滤失速度影响的数值模拟结果

2.3.3 天然裂缝宽度的影响

研究了裂缝宽度分别为 5mm,3mm 和 1mm 情况下的滤失情况,数值模拟的结果如图 2.12(a)所示,可见裂缝的宽度对滤失影响很大,裂缝宽度增加时滤失速度明显增加。由平行板等效渗透率的公式也可以知道,裂缝渗透性与裂缝宽度的平方成正比,如图 2.12(b)。油藏中裂缝宽度较大时,工作液滤失量会很大。

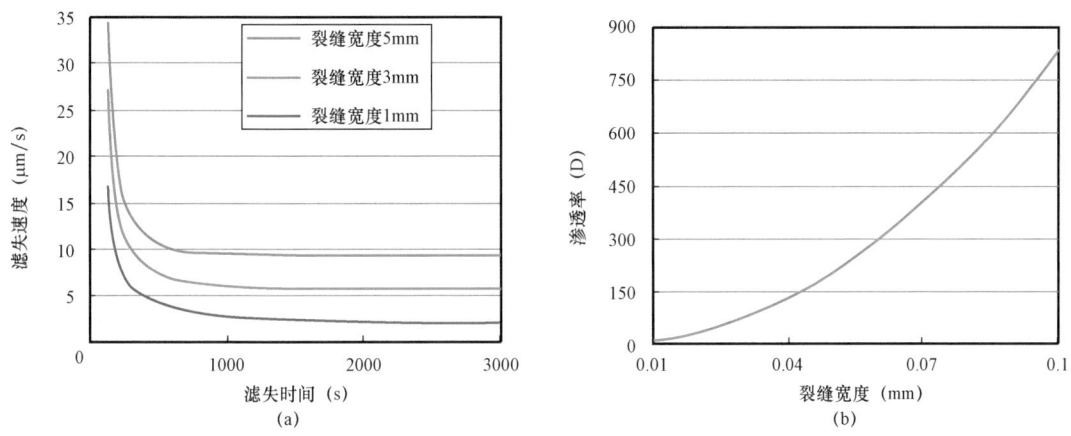

图 2. 12　不同裂缝宽度影响下的滤失速度数值模拟结果

值得一提的是,只有理想状况下裂缝宽度才与渗透率的平方成正比,因为平行板间的流动速度假设了层流的状况,当板间距离较大时或压差较大时,流体必然不是层流状态,而是存在动能损失的紊流,也就是说板间通过流体的能力小于理想状态的预期。裂缝宽度较大时,流过其间的流体存在动能损失,裂缝渗透率不再与裂缝宽度成正比。

2. 3. 4　天然裂缝长度的影响

如图 2. 13 所示,裂缝长度从左至右分别为 0. 3m,0. 5m 和 0. 7m,其余如压差、渗透率、工作液性质等条件均一致,裂缝方向均与滤失方向平行。得到的壁面滤失速度随时间变化关系如图 2. 14(a)所示,可见裂缝长度对滤失速度存在一定影响。裂缝较长时滤失速度衰减更慢,裂缝较短时滤失速度衰减更快。滤失一段时间后三种情况的滤失速度基本达到一个相同的值。滤失初期,三种情况下的压力均在裂缝范围内传播,所以滤失速度均较高且较一致。一小段时间后,压力传播超出了 0. 3m 最短裂缝的范围,但还在 0. 5m 裂缝长度范围之内,所以 0. 3m

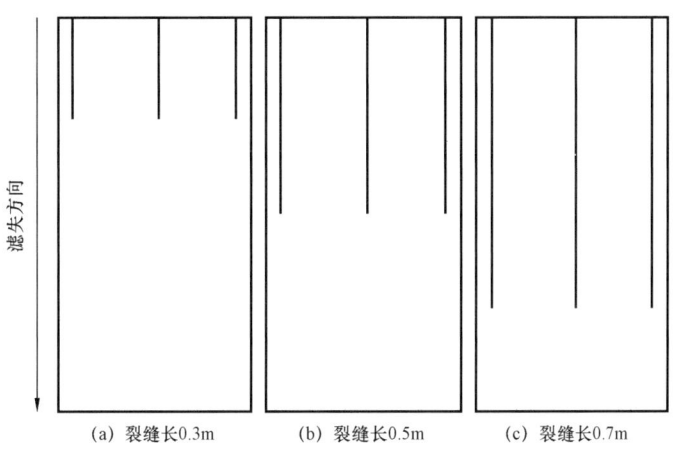

(a) 裂缝长 0.3m　　　(b) 裂缝长 0.5m　　　(c) 裂缝长 0.7m

图 2. 13　模拟的不同裂缝长度

缝长对应的滤失速度明显较另外两种情况下的滤失速度要低。再过一段时间,压力传播已经超过0.5m裂缝长度的范围,但还在0.7m裂缝长度范围内,所以0.7m缝长对应的滤失速度在前二者滤失速度都衰减时还能保持较高的值。最后,压裂传播超过最长裂缝范围,进入纯基质中,所有滤失速度都开始慢慢衰减,随着时间增加,压力逐渐传播至油藏深部或边界,滤失呈现出稳态的特征,三种情况下的滤失速度均减小至一个比较接近的值。

图2.14(b)更直接地给出了裂缝长度和滤失速度之间的关系,在滤失初期($t=150s$),裂缝长度为0.5m和0.75m对应的滤失速度相差很小,说明压力传播还在0.5m前,$t=300s$时,滤失速度与裂缝长度几乎呈线性关系,在滤失后期,($t>1000s$),裂缝长度对滤失速度的影响非常小。

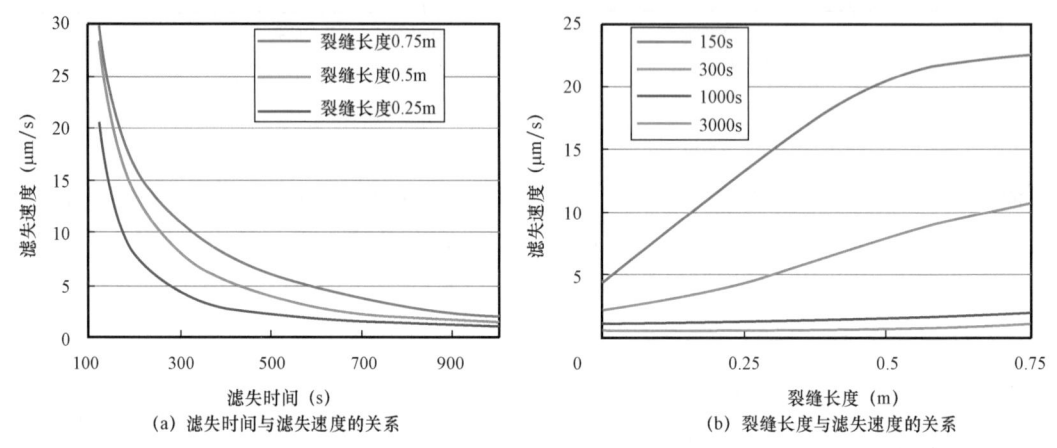

(a) 滤失时间与滤失速度的关系   (b) 裂缝长度与滤失速度的关系

图2.14   不同裂缝长度对滤失速度影响的数值模拟结果

2.3.5　天然裂缝位置的影响

如图2.15所示,考虑了裂缝网络的三种位置:紧挨着水力裂缝、离水力裂缝0.05m和离水力裂缝0.1m。三种情况下的裂缝密度、裂缝性质都是一样的,仅仅是与水力裂缝距离不一致。

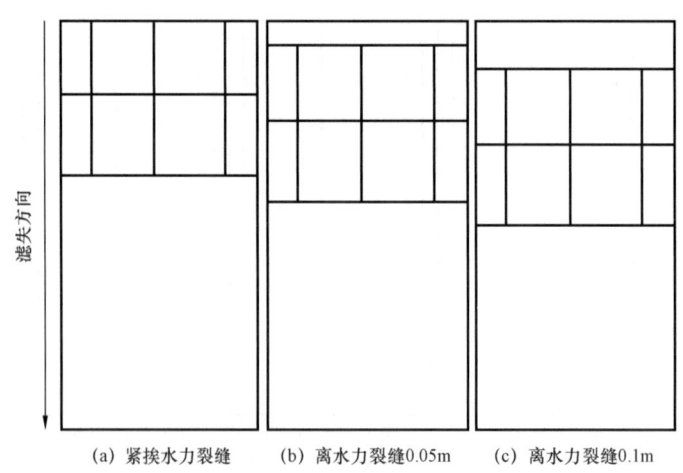

(a) 紧挨水力裂缝   (b) 离水力裂缝0.05m   (c) 离水力裂缝0.1m

图2.15   不同裂缝位置

得到的壁面上平均滤失速度与时间的变化关系如图 2.16 所示,可见裂缝位置对滤失速度的影响非常大,尤其是在滤失初期[图 2.16(a)],较近的裂缝网络对应的滤失速度远大于较远的裂缝网络对应的滤失速度。随着时间的增加,压力逐渐传播至远处,远处的裂缝网络参与至滤失中来,较远裂缝网络对应的滤失速度渐渐超过较近裂缝网络对应的滤失速度[图 2.16(b)]。虽然滤失后期裂缝位置对滤失的速度的相对比值影响较大,但后期的滤失速度都十分小,因此对绝对的滤失速度差值影响不大。

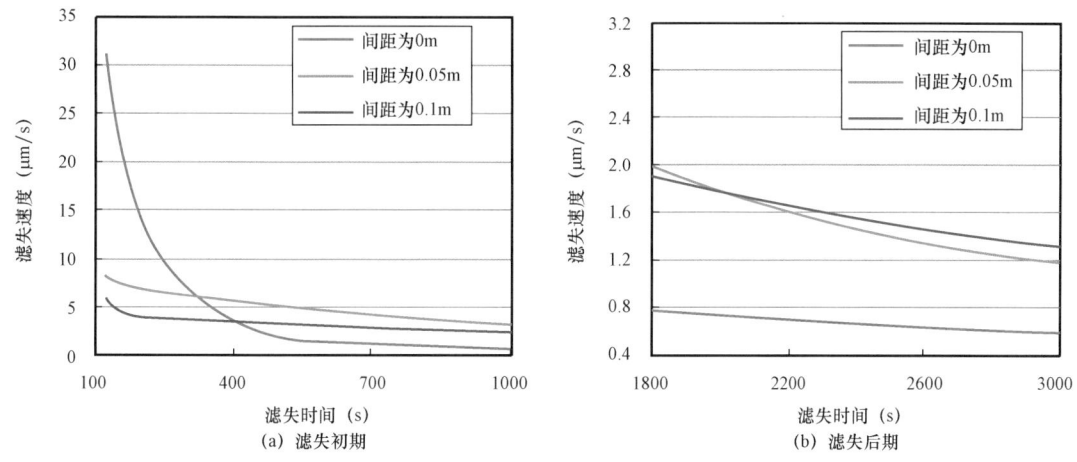

图 2.16　裂缝网络位置对压裂液滤失速度影响的数值模拟结果

2.3.6　天然裂缝连通性的影响

裂缝连通性是需要考虑的一大重要因素,考虑的滤失情形如图 2.17 所示,图 2.17(a)是完全不相连的两组裂缝,图 2.17(b)比图 2.17(a)多加入了 1 条横向裂缝,图 2.17(c)比图 2.17(a)多了 3 条横向裂缝,成了连通性极好的裂缝网络。由于单独的横向裂缝对滤失速度的影响非常小,因此这里加入横向裂缝以评价连通性的影响。

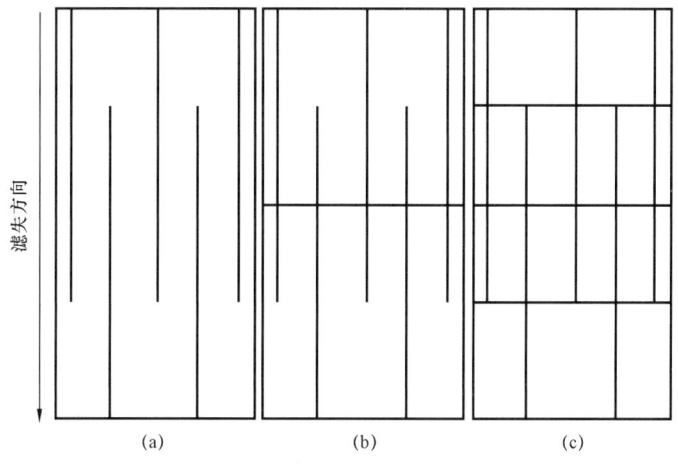

图 2.17　不同连通性的裂缝网络

模拟结果如图 2.18(a)所示,三条横向裂缝的加入大大增加了滤失速度,这说明连通性好的裂缝网络的滤失能力明显好于连通性差的裂缝网络。这是因为工作液在裂缝连通性较差的储层中滤失时,需要通渗透性较低的基质,这相当于增加了工作液滤失的阻力,而在连通性好的储层中滤失时,仅需要通过渗透性极强的裂缝。裂缝连通性对滤失速度的直观影响如图2.18(b)所示,可见无论是滤失初期,还是滤失后期,裂缝连通性对滤失速度均有较大的影响。裂缝连通性是影响裂缝滤失的一大重要因素,即使是相同裂缝含量下,连通性差异也会导致滤失速度存在较大差异,因此正确评价裂缝连通性对准确评价滤失速度是非常重要的。

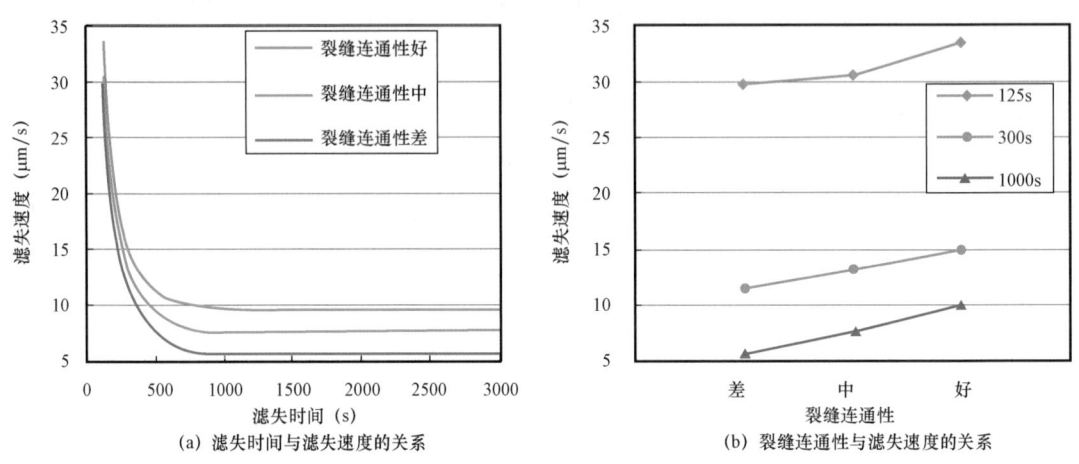

(a) 滤失时间与滤失速度的关系　　　　(b) 裂缝连通性与滤失速度的关系

图 2.18　裂缝连通性对滤失速度影响的数值模拟结果

2.3.7　砾缘缝的影响

对于地质运动较为活跃或者是胶结作用较弱的地层,砾缘缝较为发育,对比研究了存在砾缘缝和不存在砾缘缝的两种情况下水力裂缝壁面压裂液滤失速度随时间变化的规律。结果如图 2.19 所示,砾缘缝的存在会显著增加压裂液的滤失速度,这在滤失后期显得更加明显。

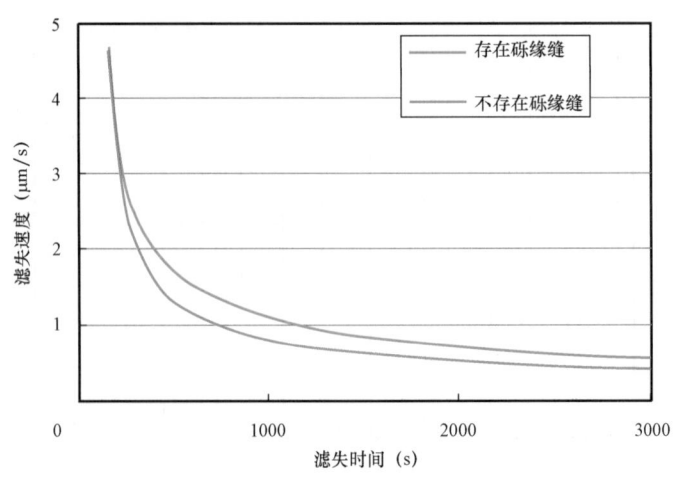

图 2.19　砾缘缝对滤失速度影响的数值模拟结果

第 3 章

砂砾岩储层水力裂缝延伸研究

为了研究天然裂缝与水力裂缝和砾石之间的相互作用,使用折线裂缝当量应力强度因子方法研究了水力裂缝从中部穿越天然裂缝、水力裂缝引起天然裂缝剪切滑移和膨胀张开、天然裂缝端部延伸规律。将砂砾岩简化为由砾石、基质和界面组成的复合介质,由断裂韧性得到判断裂缝前沿延伸与止裂的指标——临界能量释放率。通过断裂力学理论与坐标变换,得到裂缝前沿处沿不同角度延伸的虚拟裂缝的应力强度因子和与之对应的能量释放率,裂缝延伸的优先方向即为最大能量释放率对应的方向,沿不同方向延伸的临界破裂压力可由能量释放率得到。计算分析了包含不同粒径、含量及强度砾石的砂砾岩裂缝延伸规律与压力波动特点。最后通过有限元方法研究了水力裂缝附近区域在砾石影响下的应力场,分析了砾石对应力场的影响,并据此分析了砾石对水力裂缝的诱导作用。

3.1 裂缝延伸理论

3.1.1 裂缝前沿止裂判据

一般情况下水力裂缝为断裂力学中的Ⅰ型、Ⅱ型或Ⅰ型与Ⅱ型混合型裂缝。断裂力学理论认为Ⅰ型裂缝尖端附近区域应力分布有如下规律:

$$\sigma_x = \frac{K_1}{\sqrt{2\pi r}}\cos\frac{\beta}{2}\left(1 - \sin\frac{\beta}{2}\sin\frac{3\beta}{2}\right) \tag{3.1}$$

$$\sigma_y = \frac{K_1}{\sqrt{2\pi r}}\cos\frac{\beta}{2}\left(1 + \sin\frac{\beta}{2}\sin\frac{3\beta}{2}\right) \tag{3.2}$$

$$\tau_{xy} = \frac{K_1}{\sqrt{2\pi r}}\sin\frac{\beta}{2}\cos\frac{\beta}{2}\cos\frac{3\beta}{2} \tag{3.3}$$

极坐标形式的应力状态:

$$\left.\begin{aligned}
\sigma_r &= \frac{K_1}{\sqrt{2\pi r}}\cos\frac{\beta}{2}\left(1 + \sin^2\frac{\beta}{2}\right) \\
\sigma_\theta &= \frac{K_1}{\sqrt{2\pi r}}\cos^3\frac{\beta}{2} \\
\tau_{r\theta} &= \frac{K_1}{\sqrt{2\pi r}}\sin\frac{\beta}{2}\cos^2\frac{\beta}{2}
\end{aligned}\right\} \tag{3.4}$$

其中 $K_1 = Y\sigma a^{0.5}$，K_1 即为 Ⅰ 型应力强度因子，也存在 Ⅱ 型应力强度因子 $K_{\text{Ⅱ}}$，Y 称为几何形状因子，对于水力裂缝，Y 可取 $\pi^{0.5}$；σ 为外加载荷；a 为裂缝半长。显然 K_1 一确定则裂纹尖端附近区域的应力场即确定，所以应力强度因子是反映裂纹尖端弹性应力场强弱的物理量。根据力的合成原理，处于远场应力作用下岩石的 Ⅰ 型裂缝尖端附近应力分布为：

$$\sigma_x = \sigma_{\text{H}} + \frac{K_1}{\sqrt{2\pi r}}\cos\frac{\beta}{2}\left(1 - \sin\frac{\beta}{2}\sin\frac{3\beta}{2}\right) \tag{3.5}$$

$$\sigma_y = \sigma_{\text{h}} + \frac{K_1}{\sqrt{2\pi r}}\cos\frac{\beta}{2}\left(1 + \sin\frac{\beta}{2}\sin\frac{3\beta}{2}\right) \tag{3.6}$$

$$\tau_{xy} = \frac{K_1}{\sqrt{2\pi r}}\sin\frac{\beta}{2}\cos\frac{\beta}{2}\cos\frac{3\beta}{2} \tag{3.7}$$

裂缝附近应力场分布的特点为：越靠近缝端，应力越强，处于裂缝外部延长线上的微元应力最强，因而若裂缝尖端附近为均质岩体，裂缝最有可能的延伸方位为沿裂缝尖端向前延伸。

应力强度因子增加到使裂纹尖端附近区域内应力足够大，区域内材料开始分离裂纹开始扩展时的值称断裂韧性。应力强度因子与断裂韧性为两个不同的概念，应力强度因子 K 是与外力、裂纹长度相关的量，与材料本身无关，而断裂韧性 K_{C} 则为材料本身的抗破坏性能指标。由应力强度因子及断裂韧性确定的裂纹扩展判据为：

$$K > K_{\text{C}} \tag{3.8}$$

另外，从能量的观点来看，裂缝扩展的能量释放率 G 与应力强度因子之间的关系：

$$G = \frac{K_1^2}{E} + \frac{K_{\text{Ⅱ}}^2}{E} + \frac{K_{\text{Ⅲ}}^2(1 + \nu)}{E} \tag{3.9}$$

式中　ν——泊松比；

$\quad\quad E$——弹性模量。

类似于应力强度因子判据，当 G 达到临界值 G_{c} 时裂纹即开始扩展，值得提出的是，在线弹性断裂力学中，两种判据是等效的。

3.1.2　裂缝延伸方向判据

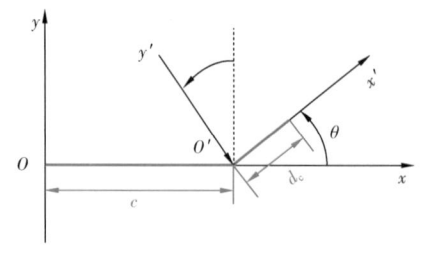

图 3.1　裂缝延伸方向

若裂缝能够扩展，则其扩展的路径一定不是随机的，裂纹扩展的方向是使系统总能量变化最快的方向。这一方向对应着 $g = G - G_{\text{c}}$ 的最大值所在方向，问题就转化为求 G 的极值。如图 3.1 所示，考虑 Ⅰ 型和 Ⅱ 型载荷共同作用下的平面裂纹延伸 d_{c} 后偏转 θ 角的情形。

通过坐标变换可以得到新的平面上相关的正应力分量和剪应力分量：

$$\left.\begin{array}{l}\sigma_{y'y'} = \sigma_{\theta\theta}^{\mathrm{I}} = \left[K_{\mathrm{I}} / (2\pi r)^{1/2} \right]f_{\theta\theta}^{\mathrm{I}} = K'_{\mathrm{I}}(\theta) / (2\pi r)^{1/2} \\[2mm] \sigma_{x'y'} = \sigma_{r\theta}^{\mathrm{I}} = \left[K_{\mathrm{I}} / (2\pi r)^{1/2} \right]f_{r\theta}^{\mathrm{I}} = K'_{\mathrm{II}}(\theta) / (2\pi r)^{1/2} \\[2mm] \sigma_{x'z'} = \sigma_{rz}^{\mathrm{I}} = 0 = K'_{\mathrm{III}}(\theta) / (2\pi r)^{1/2} \end{array}\right\} \tag{3.10}$$

其中

$$\left.\begin{array}{l}K'_{\mathrm{I}}(\theta) = K_{\mathrm{I}}f_{\theta\theta}^{\mathrm{I}} + K_{\mathrm{II}}f_{\theta\theta}^{\mathrm{II}} \\[2mm] K'_{\mathrm{II}}(\theta) = K_{\mathrm{I}}f_{r\theta}^{\mathrm{I}} + K_{\mathrm{II}}f_{r\theta}^{\mathrm{II}} \\[2mm] K'_{\mathrm{III}}(\theta) = 0 \end{array}\right\} \tag{3.11}$$

$$\left.\begin{array}{l}f_{\theta\theta}^{\mathrm{I}} = \cos^3(\theta/2) \\[2mm] f_{\theta\theta}^{\mathrm{II}} = -3\sin(\theta/2)\cos^2(\theta/2) \\[2mm] f_{r\theta}^{\mathrm{I}} = \sin(\theta/2)\cos^2(\theta/2) \\[2mm] f_{r\theta}^{\mathrm{II}} = \cos(\theta/2)\left[1 - 3\sin^2(\theta/2) \right] \end{array}\right\} \tag{3.12}$$

能量释放率随角度的变化式：

$$G(\theta) = K'^{2}_{\mathrm{I}}(\theta)(1 - \nu^2)/E + K'^{2}_{\mathrm{II}}(\theta)(1 - \nu^2)/E \tag{3.13}$$

最大能量释放率对应的角度即是裂缝延伸方向偏转的角度。

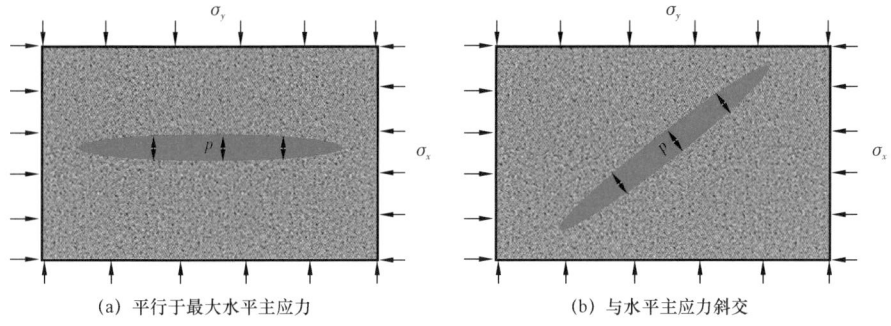

(a) 平行于最大水平主应力　　　　　　　(b) 与水平主应力斜交

图 3.2　初始时刻裂缝方向

定义无量纲的能量释放率 $G(\theta)/G(0)$，当裂缝所受的载荷为纯 I 型[即裂缝只受张力作用，裂缝方向平行于主应力方向，图 3.2(a)]时，对应的无量纲能量释放率与角度的关系如图 3.3 所示，可见只受张力作用时，0° 偏转角度对应着最大能量释放率，偏转角度增大时，能量释放率迅速降低，由此可得出水力裂缝只受张力作用时的三个结论：

（1）当初始裂缝只承受张力作用时，裂缝尖端出最大的能量释放率位于 $\theta = 0$ 处，即裂缝最优延伸方向为偏转 0° 后的原方向。

（2）若水力裂缝斜交具有内聚力的天然裂缝中部后，水力裂缝即将沿天然裂缝延伸，那么水力裂缝偏转角度为锐角 φ 的方向是裂缝优先延伸的方向，因为另一个方向偏转角度 $\pi - \varphi$ 大于该角度，即另一方向的能量释放率小于该方向。当缝内出现压力波动时，另一方向的延伸

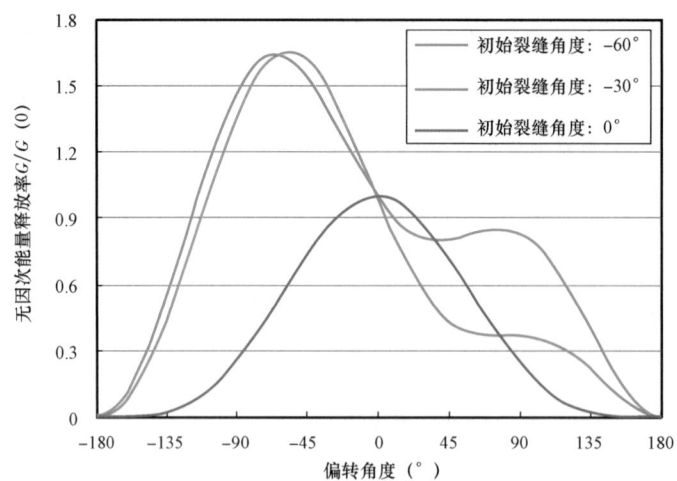

图 3.3　初始时刻不同角度裂缝端部的延伸角度与无量纲能量释放率之间的关系
（图中角度为初始时刻裂缝法线与水平方向夹角，逆时针为正）

也有可能出现，该结论将用于裂缝相交于天然裂缝的分析。

（3）不考虑其他因素，若裂缝在某点处能够偏离 θ 角，那么裂缝在该点处更能够偏离 $-\theta<\varphi<\theta$ 的角度，因为裂缝偏转的角度越小，对应的能量释放率越大，裂缝越能够偏转，如果裂缝能按某个较大的角偏转，那么对应的能量释放率也一定能够使裂缝按比这个角度小的角偏转，该结论将用于裂缝绕砾的分析。

当初始裂缝不与最大水平主应力平行时［图 3.2（b）］，裂缝端部还会受到剪切力的作用，其无量纲能量释放率的变化如图 3.3 所示（逆时针为正，顺时针为负）。可见存在初始夹角时，无量纲最大能量释放率对应的偏转角度不为 0°，也就是说裂缝的最优延伸方向将与原方向存在一定夹角，而不是沿原方向延伸。初始裂缝与最大水平主应力夹角越大，裂缝对应的最优偏转角度就越大，偏转角偏离最优偏转角时，对应的能量释放率都会减小。

3.2　天然裂缝对水力裂缝延伸的影响研究

3.2.1　水力裂缝从天然裂缝壁面穿越而过

在均质地层，水力裂缝从井筒开始沿最大水平主应力方向呈直线状对称延伸。在裂缝性地层，天然裂缝的存在必然引起局部岩石物性与就地应力场的改变，这种改变将会影响水力裂缝的延伸。

Warpinski 和 Teufel 通过实验观察得出结论：水力裂缝与天然裂缝相交后可能会产生 3 种行为，三种行为分别是穿越、沿天然裂缝张性破裂、沿天然裂缝剪切破裂，这些行为可以按特定的顺序发生在同一个相交点处。为便于从形态上区别，把水力裂缝与天然裂缝的相交行为分为以下三种：从天然裂缝中部壁面穿越、沿天然裂缝延伸至端部后突破、在天然裂缝内部止裂。若天然裂缝闭合，那么沿天然裂缝的延伸即为克服天然裂缝本身的抗张强度或抗剪切强度。从裂缝壁面穿越则需要克服岩石的断裂韧性，这种断裂韧性是纯 I 型的。从天然裂缝端部的延伸则需要克服Ⅰ型与Ⅱ型的混合断裂韧性(天然裂缝不与水平主应力正交)。

从天然裂缝壁面穿越实质上是岩石本体的破裂,其判定准则应与基质中裂缝扩展的准则一致,当然,相同条件下裂缝不会沿天然裂缝延伸。根据Blanton的研究,水力裂缝从交点处穿越闭合天然裂缝的判定准则为:

$$\frac{\sigma_H - \sigma_h}{T_0} > -\frac{1}{\cos2\theta - b\sin2\theta} \tag{3.14}$$

$$b = \frac{1}{2a}\left[v(x_0) - \frac{x_0 - l}{K_f}\right] \tag{3.15}$$

$$v(x_0) = \frac{1}{\pi}\left[(x_0+l)\ln\left(\frac{x_0+l+a}{x_0+l}\right)^2 + (x_0-l)\ln\left(\frac{x_0-l-a}{x_0-l}\right)^2 + c\ln\left(\frac{x_0+l+a}{x_0-l-a}\right)^2\right] \tag{3.16}$$

$$x_0 = \left[\frac{(1+a)^2 + e^{\frac{\pi}{2K_f}}}{1 + e^{\frac{\pi}{2K_f}}}\right]^{\frac{1}{2}} \tag{3.17}$$

式中　T_0——天然裂缝抗张强度,MPa;

　　　K_f——摩擦系数;

　　　l——天然裂缝张开半长,m;

　　　a——天然裂缝面滑动剪切带半长,m。

图3.4所示为水力裂缝在天然裂缝闭合条件下穿过天然裂缝示意图。

3.2.2　沿天然裂缝的延伸规律

沿天然裂缝延伸有两种方式:一是剪切破坏,二是膨大张开。两种方式均能形成有效的渗流通道,但是二者的判别依据不一

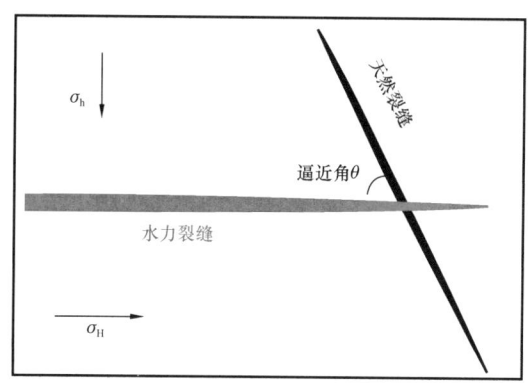

图3.4　水力裂缝在天然裂缝闭合条件下穿过天然裂缝示意图

样,且二者会呈现相互影响的状况:裂缝膨大张开会减小摩擦系数,因此会更易于形成剪切破坏;而剪切破坏会增加裂缝内压裂液的流通状况,使裂缝壁面承受压力液的作用面增大,因而裂缝又会更易于张开。水力裂缝沿天然裂缝延伸的两种作用方式是相互促进,相互配合,共同存在的。图3.5所示为剪切破坏形成裂缝原理。

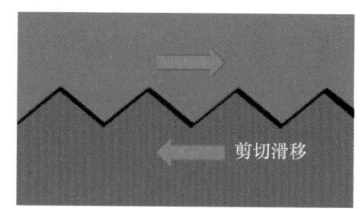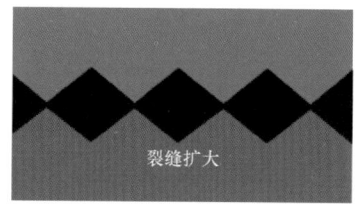

图3.5　剪切破坏形成裂缝原理

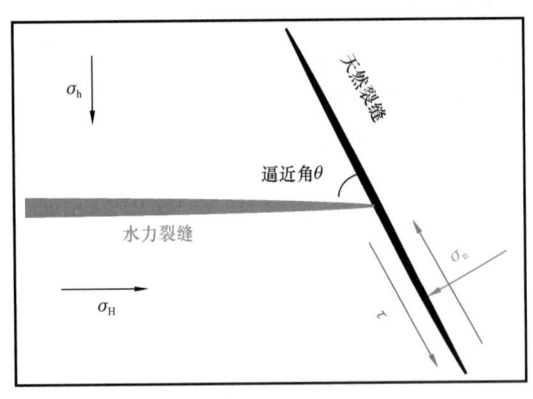

图 3.6　裂缝剪切滑移受力分析图

地层中天然裂缝的形态和分布是不规则的。对于斜交的天然裂缝来说,裂缝两侧受压时会受到剪切力的作用,当剪切力达到某一程度时,裂缝两侧壁面就会发生相对位移,发生剪切破坏,剪切破坏后的裂缝两侧难以再次啮合,从而形成相对更宽的裂缝,若能够允许压裂液的进入则能进一步增加裂缝的宽度。在脆性岩石中,结构薄弱面也可以起到天然裂缝的作用。如图 3.6 所示,水力裂缝与天然裂缝以 θ 角相交,根据弹性力学理论,天然裂缝壁面上的剪切力与正应力分别为:

$$\tau = \frac{\sigma_H - \sigma_h}{2}\sin\left[2(90° - \theta)\right] \tag{3.18a}$$

$$\sigma_n = \frac{\sigma_H + \sigma_h}{2} + \frac{\sigma_H - \sigma_h}{2}\cos\left[2(90° - \theta)\right] \tag{3.18b}$$

根据 Warpinski 和 Teufel 的研究,当壁面上剪切力大于壁面间摩擦力与黏聚力之和时,壁面间就会产生剪切破坏:

$$|\tau| > \tau_0 + K_f(\sigma_n - p_o) \tag{3.19a}$$

$$p_o = \sigma_h + p_\sigma \tag{3.19b}$$

式中　p_σ——天然裂缝剪切破坏之前缝内最大流体净压力,MPa;

　　　τ_0——天然裂缝自身的抗剪切强度,MPa;

　　　K_f——摩擦系数;

　　　p_o——原始地层压力。

将式(3.17)代入式(3.18)后整理得:

$$\sigma_H - \sigma_h > \frac{2\tau_0 - 2p_\sigma K_f}{\sin(2\theta) + K_f\cos(2\theta) - K_f} \tag{3.20}$$

此即沿天然裂缝剪切破坏的应力—逼近角关系,当水力裂缝与天然裂缝干扰相交后,决定天然裂缝是否发生剪切滑移的影响因素包括逼近角、水平主应力差、天然裂缝面的摩擦因数。应力差与逼近角的关系曲线如图 3.7 所示,在高应力差、高逼近角的条件下,天然裂缝易发生剪切破坏,而在低应力差,低逼近角的条件下,天然裂缝不易发生剪切破坏。当裂缝净压力不变,摩擦系数较大时发生剪切滑移的临界逼近角更小,而摩擦系数较小时发生剪切滑移的临界应力差更小。当摩擦系数不变,低净压力时发生剪切滑移的临界逼近角和临界应力差均变小。

当天然裂缝缝内压力 p 大于正应力 σ_n 与天然裂缝抗张强度 T_0 之和时,原先闭合的天然裂缝便会张开,那么判断天然裂缝是否张开的临界状态表示为:

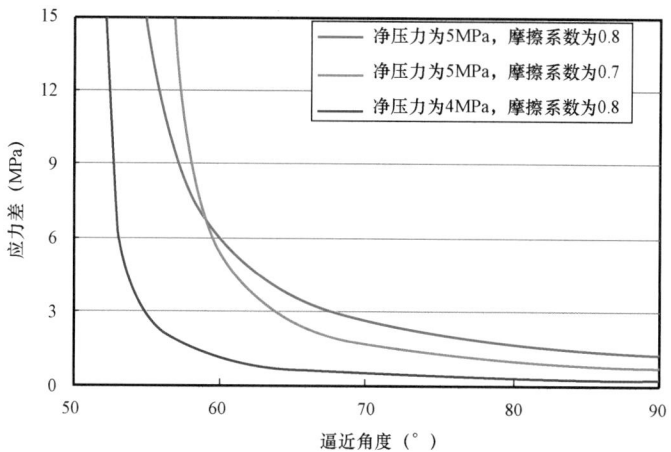

图 3.7　沿天然裂缝剪切破坏的临界曲线
（曲线上方能发生剪切破坏,下方不能发生剪切破坏）

$$p > \sigma_n + T_0 \tag{3.21}$$

其中式中 σ_n 是远场应力产生的平行于天然裂缝面的正应力,即为：

$$\sigma_n = \frac{\sigma_H + \sigma_h}{2} + \frac{\sigma_H - \sigma_h}{2}\cos2(90° - \theta) \tag{3.22}$$

整理得到：

$$p_n > \frac{1}{2}(\sigma_H - \sigma_h)\left[1 + \cos2(90° - \theta)\right] + T_0 \tag{3.23}$$

式中　p_n——缝内净压力,$p_n = p - \sigma_h$,MPa。
再次变形可以得到：

$$\sigma_H - \sigma_h < \frac{p_n - T_0}{\sin^2\theta} \tag{3.24}$$

对式(3.24)作图,如图 3.8 所示,当逼近角与应力差均小的时候更容易发生张性破坏,在高应力差和高逼近角情况下,不易发生张性破坏,此种情形下天然裂缝更易于发生其他形式的破坏,如沿中部穿越、沿端部延伸等。

考虑如图 3.9 的情况:水力裂缝斜交于天然裂缝中部,系统能提供足够的条件保证裂缝沿天然裂缝张性扩展,那么仍然存在两条途径可供水力裂缝选择,由最大能量释放率原则,可以确定裂缝优先延伸的路径为偏转 θ_2 后的路径。值得注意的是,由于压裂过程存在压力波动,当缝内压力达到一定值时,裂缝也会沿偏转 θ_1 的路径延伸。沿偏转 θ_1 路径的延伸称之为"再延伸",意即天然裂缝再次开启,这种"再延伸"是与地应力状况、逼近角密切相关的,高逼近角、低应力差情形更易于出现再延伸的情况,这种条件下裂缝分叉、形成网状裂缝的可能性更大。

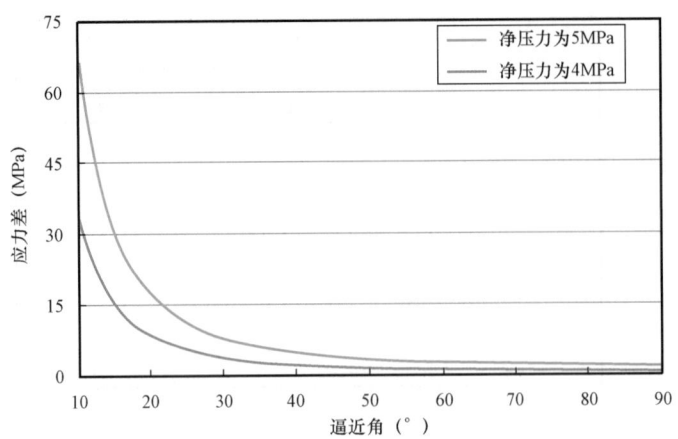

图 3.8　天然裂缝张开破坏临界曲线

（曲线上方不能发生张性破坏,下方能发生张性破坏）

3.2.3　端部突破后水力裂缝的延伸

水力裂缝交叉天然裂缝后,压力液进入天然裂缝内,撑开天然裂缝壁面,当天然裂缝端部某点的压力超过一定值时,天然裂缝端部就要破裂并延伸(图 3.10)。如果假设天然裂缝最开始沿原来的方向破裂,那么裂缝内压力应该满足:

$$p > \sigma_n + T_{tip} + \Delta p_f \qquad (3.25)$$

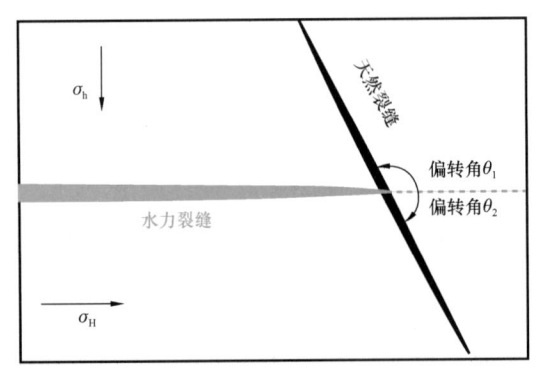

图 3.9　水力裂缝沿天然裂缝破裂延伸方向

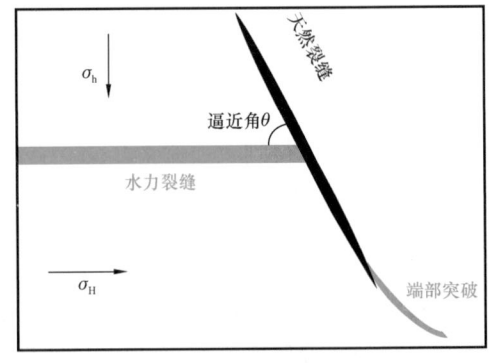

图 3.10　天然裂缝端部突破

这里 T_{tip} 为裂缝尖端的断裂韧性,而 Δp_f 为裂缝内压降,然而,根据前面的研究可知,一般情况下斜交天然裂缝的最优破裂方向并不是沿着原方向,而是与原方向存在一定夹角,因此这里的 σ_n 应该是最优破裂方向所对应的正应力。

上文已经给出了根据裂缝前沿应力强度因子预测裂缝延伸方向的方法,但实现裂缝延伸轨迹的模拟仍然不是一件易事,因为水力裂缝的形状时时刻刻都在改变,特别是交叉天然裂缝之后,水力裂缝很可能变成折线状,要想求得较精确的应力强度因子就需要借助于数值方法,这给裂缝延伸的研究带来了极大的困难。根据潘家祯等的研究，可以用一种简化的方法求得复杂状态下水力裂缝的应力强度因子。如图 3.11 所示，这种方法将折线型裂缝 *OAB* 的应力强度因子等效为求直线裂缝 *OB* 或 *PB* 的应力强度因子，其误差均在 5% 之内，而过程却比直接求折线裂缝 *OAB* 的应力强度因子方便许多。

根据这种方法，求斜交天然裂缝端部的破裂延伸轨迹就可以得到简化。如图 3.12 所示，水力裂缝斜交天然裂缝 *AB* 后，压裂液撑开天然裂缝壁面，天然裂缝端部即将破裂，根据应力强度因子和最大能量释放率方法确定天然裂缝偏转的角度，裂缝端部 *A* 和 *B* 分别向前延伸一小段距离，到达 *A₁* 和 *B₁*，形成折线形裂缝 *A₁ABB₁*，连接 *A₁B₁*，求得当量应力强度因子，再确定裂缝新的延伸方向。裂缝延伸 *A₂* 和 *B₂* 后再重复这个步骤，从而得到裂缝延伸的轨迹。一般认为裂缝延伸步长取值越小越精确，但过小的裂缝步长会使计算量增加，因此需要确定一个适宜的步长。

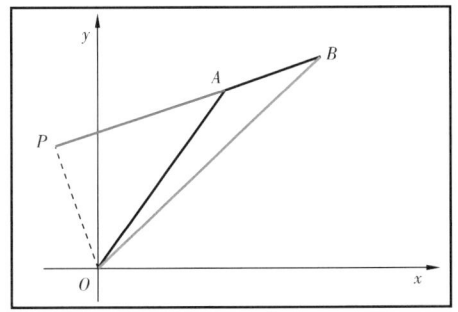

图 3.11　折线裂缝的当量应力强度因子

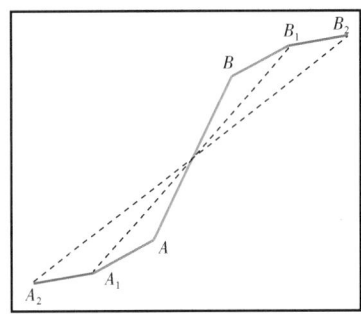

图 3.12　使用当量应力强度因子方法模拟裂缝轨迹

假设水力裂缝从天然裂缝尖端处开始扩展，中途不会穿过其他的天然裂缝，不考虑沿裂缝的压降，不考虑滤失，讨论地应力差、缝内压力、天然裂缝角度与裂缝形态之间的关系。如图 3.13 所示，设最大水平主应力沿 *X* 轴方向，最小水平主应力沿 *Y* 轴方向，由最大主应力方向旋转至天然裂缝法线，若经历的角度为绝对值不大于 90° 的角，则令该角为 α 角，显然，α 角为逼近角 θ 的余角。若旋转方向为顺时针则 α 为负值，若旋转方向为逆时针则 α 为正值，α 的取值范围为 [−90°，90°]。规定拉应力为正、压应力为负，顺时针的剪应力为正、逆时针的剪应力为负，已知 σ_H，σ_h，α，则作用在单元上的正应力与剪应力为：

$$\left.\begin{array}{l} p_\alpha = \dfrac{1}{2}(\sigma_H + \sigma_h) + \dfrac{1}{2}(\sigma_H - \sigma_h)\cos 2\alpha \\[3mm] \tau_\alpha = \dfrac{1}{2}(\sigma_H - \sigma_h)\sin 2\alpha \end{array}\right\} \tag{3.26}$$

压裂液压力为 *p*，按方向法则组合正应力，得单元体所受合力应力：

$$p_n = p - p_\alpha \tag{3.27}$$

$$\tau_\alpha = \frac{1}{2}(\sigma_H - \sigma_h)\sin 2\alpha \tag{3.28}$$

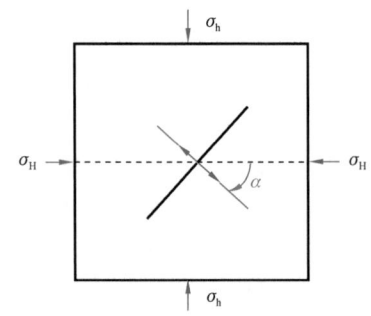

应力强度因子与应力的关系为：

$$K = \sqrt{\pi L p_{net}}$$ (3.29)

将 I 型和 II 型应力强度因子代入式(3.29)即可求得在一定应力条件下裂缝延伸的最优方向。根据线弹性断裂力学理论，初始裂缝尖端处的应力强度因子可表示为：

$$K_I = \left[p - \left(\frac{\sigma_H + \sigma_h}{2} - \frac{\sigma_H - \sigma_h}{2} \cos 2\theta \right) \right] \cdot \sqrt{\pi a}$$

图 3.13 始裂缝受力示意图 (3.30)

$$K_{II} = \left(\frac{\sigma_H - \sigma_h}{2} \sin 2\theta \right) \cdot \sqrt{\pi a}$$ (3.31)

裂缝扩展转角可确定为：

$$\beta = \cos^{-1} \left(\frac{3 K_{II}^2 + \sqrt{K_I^4 + 8 K_I^2 K_{II}^2}}{K_I^2 + 9 K_{II}^2} \right)$$ (3.32)

根据前面的分析，可以由上一步的裂缝应力强度因子计算下一步裂缝偏转角度。裂缝最终将沿最大水平主应力方向扩展，也就是说，裂缝的偏转角度之和最终等于90°，即：

$$\alpha + \beta_1 + \beta_2 + \cdots + \beta_n = \pi/2$$ (3.33)

裂缝扩展的路径与计算步长相关，因此裂缝扩展步长的取值十分重要。裂缝方向接越近最大水平主应力，步长对路径的影响越小，当水力裂缝方向完全与最大水平主应力方向一致时，步长不再对路径有任何影响。

水力裂缝偏转的半径可以表示为：

$$R = \frac{1}{2\pi} \left[\frac{3 K_I}{\sigma(k-1)} \right]^2$$ (3.34)

式中，k 为应力比。可使用下值作为裂缝扩展步长：

$$\Delta l = 2R \sin \frac{\alpha}{2}$$ (3.35)

图 3.14 是天然裂缝角度与裂缝偏转之间的关系，由图可见，无论天然裂缝最初在什么方向(天然裂缝与水力裂缝严格垂直除外)，水力裂缝从天然裂缝端部突破后都会逐渐偏转回最大水平主应力方向。当天然裂缝与水力裂缝垂直时，裂缝偏转的半径趋于无穷大，裂缝将沿最小主应力方向延伸，然而，实际压裂中出现这种情况的可能性十分小：一是基本上不可能遇到与水力裂缝绝对垂直的且绝对平直的天然裂缝；二是压力波动可以随时导致水力裂缝突破天然裂缝壁面沿正常方向延伸，沿该方向的延伸的裂缝会立即回到最大主应力方向。

天然裂缝长度对第一步的扩展角度几乎没有影响，但对裂缝偏转的半径影响较大，如图 3.15 所示，天然裂缝长度与裂缝偏转半径之间是线性关系，天然缝长度越大，则裂缝偏转半径也越大。

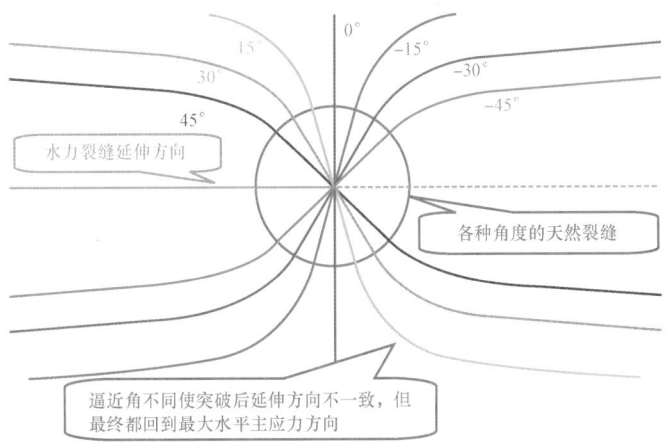

图 3.14　裂缝从不同角度天然裂缝端部突破后的延伸

（图中数值为天然裂缝法线与水力裂缝的夹角，顺时针为负，逆时针为正）

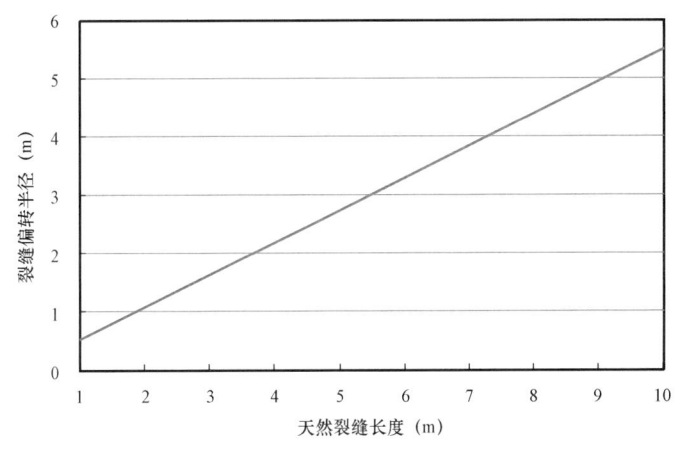

图 3.15　天然裂缝长度与裂缝偏转半径的关系

　　地应力差值对端部突破后的裂缝扩展路径有重要影响，当不存在水平应力差时，裂缝不会转向，水平应力差值越大，裂缝偏转越迅速，裂缝回到最大水平主应力时形成的轨迹越不光滑，如图 3.16 所示。

　　地应力差与裂缝偏转半径之间的关系如图 3.17 所示。可见水平应力差越大，裂缝偏转的半径越小，这也证实了前面大应力差下裂缝能更快回到最大主应力方向的观点。偏转半径与地应力差之间几乎为平方倍倒数的关系，应力差小时，裂缝偏转半径极大，不存在水平应力差时，裂缝偏转半径趋于无穷大，因此，在水平应力差较小的地层，水力裂缝偏离后就难以回到原方向，出现复杂裂缝网络的可能性很大。

　　图 3.18 所示为水力裂缝内压力与裂缝偏转的关系，端部突破后裂缝的偏转半径迅速随裂缝内压力增加而逐渐变大，这说明在水力压裂时，较大的内压力有助于形成更光滑的裂缝，减小砂堵的风险。

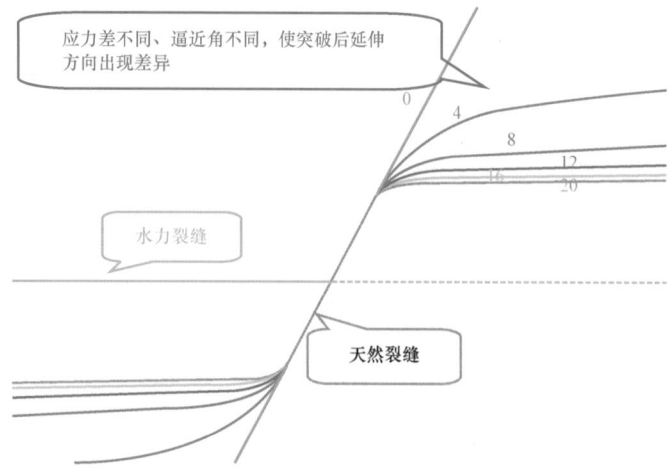

图 3.16　不同平应力差情形下裂缝偏转程度(图中数值为 $\sigma_H - \sigma_h$,单位:MPa)

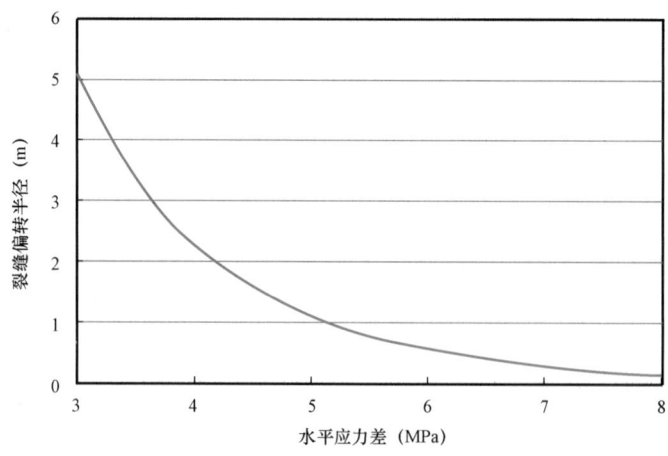

图 3.17　地应力差与裂缝偏转半径的关系

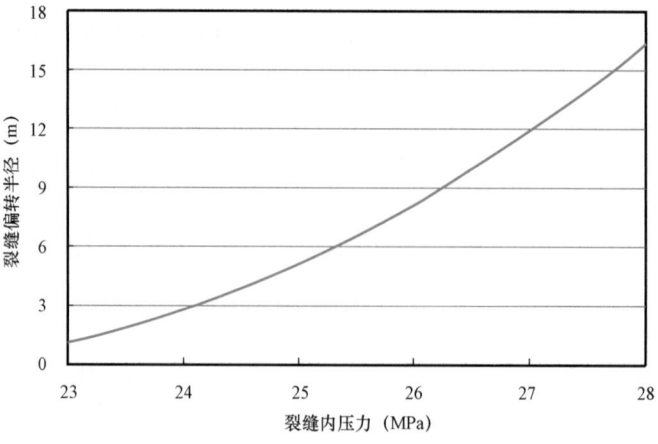

图 3.18　裂缝偏转半径与裂缝内压力的关系

3.2.4 天然裂缝与水力裂缝间的诱导

无论水力裂缝与其附近的天然裂缝是否相交,水力裂缝的延伸方向均会受到天然裂缝的诱导而偏离最大水平主应力方向。图 3.19 是使用有限元模拟得到的水力裂缝就地应力长的最大主应力分布,可见水力裂缝在斜交天然裂缝前,就地最大主应力已经不在原最大水平地应力方向,因而裂缝会偏离原方向。这种诱导作用增大了水力裂缝形态的扭曲,也增加了水力裂缝与天然裂缝相交的可能性,使裂缝网络更加复杂。值得一提的是,与最大水平主应力方向裂缝垂直的天然裂缝不会影响水力裂缝的延伸方向,因为这种裂缝会均匀地改变水力裂缝两边壁面附近应力场。

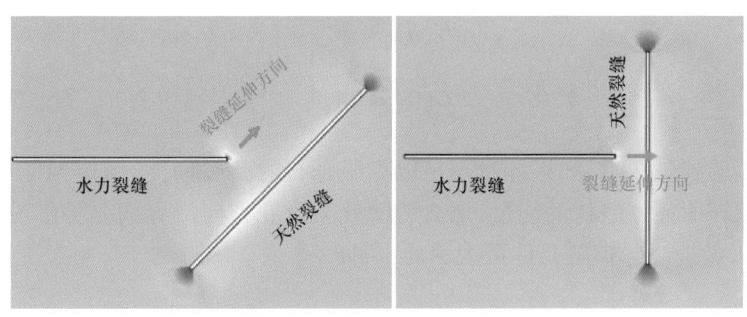

图 3.19 使用有限元法得到的水力裂缝斜交天然裂缝前的最大主应力分布

从图 3.19 可见,当天然裂缝与水力裂缝垂直相交时,诱导作用会变小,另外,水平应力差增大、裂缝内压力增加时这种诱导作用都会变差。天然裂缝对水力裂缝的诱导的结果使水力裂缝形态变得扭曲,增加裂缝形成网络的可能性,使滤失增加,铺砂难度增大,不利于压裂。而在不使用支撑剂、以形成网络裂缝为目的的页岩气体积压裂中,这种诱导作用可以使储层改造体积增大,又是有利的。

水力裂缝的延伸同样会使附近区域的天然裂缝或薄弱面破裂形成裂缝。在原应力状态下天然裂缝或薄弱面处于一种平衡状态,水力裂缝的延伸改变了应力分布,打破了这种平衡,使天然裂缝处于高度受压的状态,端部产生较大的剪切力,开始扩展或破裂,从而形成新的、更宽的裂缝。尤其是与水力裂缝垂直的天然裂缝,其两端受到更大的压应力作用,容易形成压剪裂缝。水力裂缝诱导天然裂缝或薄弱面扩大、破裂的影响范围是有限的,因为水力裂缝净压力一般就在几兆帕的范围内,这样的应力影响范围是十分有限的,仅限于裂缝附近区域几米或几十米之内。

水力裂缝附近天然裂缝的扩展有利有弊,好处是水力裂缝附近区域缝网密度变大,有利于油气在该区域的流动,使得压裂效果变好;坏处是压裂液的滤失也会增大,若天然裂缝扩展时与水力裂缝连接,会导致多裂缝的出现,使得裂缝形态扭曲,不利于铺砂。

3.3 砾石对裂缝延伸的影响研究

3.3.1 裂缝穿砾与沿砾延伸

前面已经给出了裂缝止裂和延伸方向的判据,设砾石本体破裂的临界能量释放率为 R_B,

基质本体破裂的临界能量释放率为 R_A，砾石和基质界面破裂的临界能量释放率为 R_C。裂缝遇到砾石时，沿原方向穿过砾石的能量释放率为 $G(0)$，偏转一定角度沿界面延伸的能量释放率为 $G(\theta)$，裂缝穿砾而不沿界面延伸的条件可以表示为：

$$\left.\begin{array}{c} G(\theta) < R_C \\ G(0) > R_B \end{array}\right\} \tag{3.36}$$

裂缝止裂于砾石前的条件可以表示为：

$$\left.\begin{array}{c} G(\theta) < R_C \\ G(0) < R_B \end{array}\right\} \tag{3.37}$$

当裂缝尖端遇到砾石时，如果能量不足以克服砾石的断裂韧性，而边界能足够弱，能够补偿发生的裂纹偏转所额外消耗的能量，那么裂缝就会改变方向沿界面延伸。设裂缝延伸方向改变的角度为 θ，裂缝绕砾扩展条件可表示为：

$$\left.\begin{array}{c} G(\theta) > R_C \\ R_A < G(0) < R_B \\ G(\theta)/G(0) > R_C/R_B \end{array}\right\} \tag{3.38}$$

如果基质断裂韧性不够大，裂缝可能未延伸至处于同一直线上的位置而提前脱离砾缘进入基质，如果砾石与基质界面足够弱，也可能出现穿出角 φ 大于射入角 θ 的情况。

3.3.2　绕砾路径

从绕砾的射入点到穿出点，必然对应着两条路径，这两条路径构成了整个砾缘，其中一条路径对应圆心角为 β，则另外一条路径对应的圆心角为 $2\pi - \beta$，如图 3.20 所示。根据最大能量释放率原理，可以得出结论：

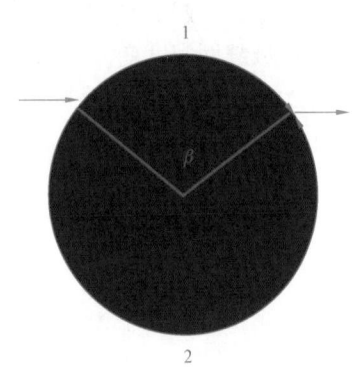

当 $0 < \beta < \pi$ 时，裂缝沿路径 1 延伸；

当 $\pi < \beta < 2\pi$ 时，裂缝沿路径 2 延伸；

当 $\beta = \pi$ 时，路径 1 和路径 2 均为合理的路径，该判定准则失效。

可以得出更一般的结论：裂缝贴砾绕过球形砾石的路径总是沿着小于 180° 圆心角的弧，对于不规则砾石，暴露于裂缝壁面的边界长度（或面积）总是小于埋于基质中的边界长度（或面积）。

两条绕砾路径对应着不同的能耗是压力波动下形成多裂缝的理论原因。

图 3.20　绕砾路径

3.3.3　砾石影响下的裂缝延伸模拟

K 判据或 G 判据用来判断裂缝尖端是否继续开裂,两大判据的共同点都是当 K 值或 G 值达到一定临界值时,裂缝便可延伸。K 与 G 值的大小是应力提供的大小,而临界值则是材料的抗破坏能力。断裂力学中,将这种临界值称为断裂韧性,它是材料的固有属性。Ⅰ 型载荷 p_1 下,应力强度因子则为 $(\pi L p)^{0.5}$,材料的 Ⅰ 型断裂韧性为 K_{IC},当应力强度因子达到或超过临界值 K_{IC} 时,裂缝便延伸,所以,可根据断裂韧性求得临界应力值:

$$p_c = \frac{K_{IC}}{\sqrt{\pi L}} \tag{3.39}$$

断裂韧性也可用能量释放率的形式表示:

$$G_e = \frac{1 - \nu^2}{E} K_1^2 \tag{3.40}$$

对处于 Ⅰ 型和 Ⅱ 型复合应力作用下的斜裂缝,裂缝扩展准则为:

$$(K_{II}/K_{IC})^2 + 0.9(K_I/K_{IC}) = 0.9 \tag{3.41}$$

若忽略 Ⅱ 型应力,则沿裂缝边沿破裂的临界应力可写为:

$$p_c^{int} = \frac{K_{IC}^{int}}{\sqrt{\pi L}} \tag{3.42}$$

一般砾石尺度相对于水力裂缝长度很小,因此在讨论几个砾石对裂缝延伸影响的时候可以将裂缝长度假设为定长。

裂缝发生偏转前沿最大水平主应力方向延伸,当其发生偏转至另一方向时,此刻会有剪切力作用于裂缝壁面上,产生 Ⅱ 型应力强度因子。同一界面上存在 2 个偏转方向,对应的偏转角度为互补角,由前文结论可知,裂缝优先沿偏转角度绝对值较小的方向延伸。

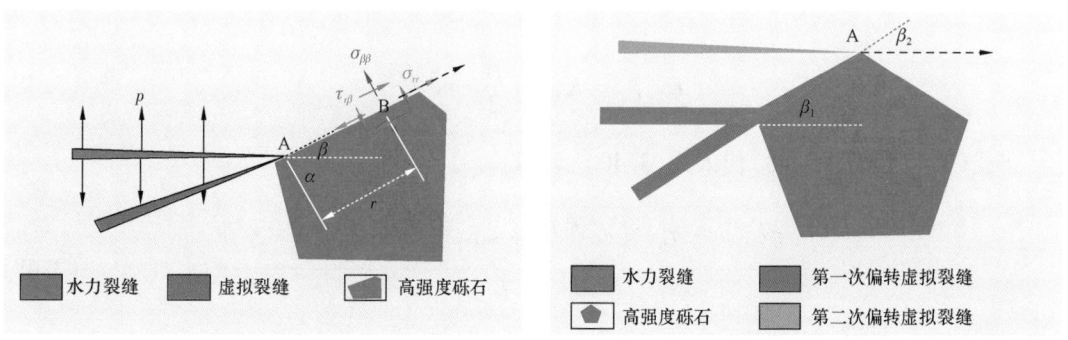

图 3.21　1 次偏转与 2 次偏转的裂缝及虚拟裂缝

假设有 1 条沿最大水平主应力方向的初始裂缝,其在 A 点遇非均质部分,偏转角度为 β,形成 1 条沿界面的裂缝。已知水力裂缝内的压力。水力裂缝在界面上距 A 点 r 处的 B 点产生的正应力、切应力与 K_1 之间的关系式为:

$$\sigma_{\beta\beta} = \frac{K_1}{\sqrt{2\pi r}} \cos^3\left(\frac{\beta}{2}\right) \qquad (3.43)$$

$$\tau_{r\beta} = \frac{K_1}{\sqrt{2\pi r}} \sin\left(\frac{\beta}{2}\right) \cos^2\left(\frac{\beta}{2}\right) \qquad (3.44)$$

式中　$\sigma_{\beta\beta}$——正应力，MPa；

　　　β——偏转角度，顺时针为正，逆时针为负，(°)；

　　　$\tau_{r\beta}$——切应力，MPa；

　　　r——水力裂缝尖端到偏转方向上任意一点的距离，m；

　　　p——水力裂缝内压力，MPa；

　　　α——偏转角度 β 的余角，(°)；

　　　σ_{rr}——沿裂缝偏转方向的正应力，MPa。

假设存在 1 条沿界面方向的虚拟裂缝，其在 B 点产生的正应力和切应力为：

$$\sigma_{\beta\beta} = \frac{K_{\mathrm{I}(1)}}{\sqrt{2\pi r}} \qquad (3.45)$$

$$\tau_{r\beta} = \frac{K_{\mathrm{II}(1)}}{\sqrt{2\pi r}} \qquad (3.46)$$

式中　$K_{\mathrm{I}(1)}$——虚拟裂缝的 I 型应力强度因子，MPa·m$^{0.5}$；

　　　$K_{\mathrm{II}(1)}$——虚拟裂缝的 II 型应力强度因子，MPa·m$^{0.5}$。

如果令水力裂缝与虚拟裂缝在 B 点产生的应力相同，那么水力裂缝沿 β 方向延伸的能量释放率就等于虚拟裂缝延伸的能量释放率[44-46]。联立式(3.41)至式(3.46)，可得虚拟裂缝的应力强度因子：

$$K_{\mathrm{I}(1)} = K_1 \cos^3 \frac{\beta}{2} \qquad (3.47)$$

$$K_{\mathrm{II}(1)} = K_1 \sin \frac{\beta}{2} \cos^2 \frac{\beta}{2} \qquad (3.48)$$

将式(3.47)和式(3.48)代入式(3.40)，可得：

$$G_{1v} = \frac{\pi L (p - \sigma_{\mathrm{h}})^2 \left(\cos^6 \dfrac{\beta}{2} + \sin^2 \dfrac{\beta}{2} \cos^4 \dfrac{\beta}{2}\right)(1 - \gamma^2)}{E} \qquad (3.49)$$

式中　G_{1v}——虚拟裂缝的能量释放率，10^{6}J/m^2；

　　　γ——自由表面能；

　　　E——弹性模量。

如果裂缝在延伸到 A 点前已发生 1 次角度为 β_1 的偏转，并即将在 A 开始第 2 次角度为 β_2 的偏转，通过 2 次虚拟裂缝法，便可求得第 2 次偏转虚拟裂缝的应力强度因子(图3.22右)。

$$K_{\mathrm{I}(2)} = \cos\frac{\beta_2}{2}\Big[K_{\mathrm{I}(1)}\cos^2\frac{\beta_2}{2} - 3K_{\mathrm{II}(1)}\sin\frac{\beta_2}{2}\cos\frac{\beta_2}{2}\Big] \tag{3.50}$$

$$K_{\mathrm{II}(2)} = \cos\frac{\beta_2}{2}\Big[K_{\mathrm{I}(1)}\sin\frac{\beta_2}{2}\cos\frac{\beta_2}{2} + K_{\mathrm{II}(1)}\Big(\cos^2\frac{\beta_2}{2} - 2\sin^2\frac{\beta_2}{2}\Big)\Big] \tag{3.51}$$

式中　$K_{\mathrm{I}(2)}$——第 2 次偏转虚拟裂缝的 I 型应力强度因子,$\mathrm{MPa}\cdot\mathrm{m}^{0.5}$;

　　　$K_{\mathrm{II}(2)}$——第 2 次偏转虚拟裂缝的 II 型应力强度因子,$\mathrm{MPa}\cdot\mathrm{m}^{0.5}$;

　　　β_2——第 2 次裂缝偏转角度,(°)。

将式(3.47)和式(3.48)代入式(3.50)和式(3.51),然后将式(3.50)和式(3.51)代入式(3.40),可得第 2 次偏转虚拟裂缝的能量释放率为:

$$G_{2\mathrm{v}} = \frac{\pi L\,(p-\sigma_{\mathrm{h}})^2\,(1-\gamma^2)}{E} \times$$

$$\Bigg\{ \Big(\cos^3\frac{\beta_1}{2}\cos^3\frac{\beta_2}{2} - 3\sin\frac{\beta_1}{2}\cos^2\frac{\beta_1}{2}\sin\frac{\beta_2}{2}\cos^2\frac{\beta_2}{2}\Big)^2 + $$

$$\Big[\cos^3\frac{\beta_1}{2}\sin\frac{\beta_2}{2}\cos^2\frac{\beta_2}{2} + \sin\frac{\beta_1}{2}\cos^2\frac{\beta_1}{2}\Big(\cos^3\frac{\beta_2}{2} - 2\sin^2\frac{\beta_2}{2}\cos\frac{\beta_2}{2}\Big)\Big]^2 \Bigg\} \tag{3.52}$$

式中　β_1——水力裂缝第 1 次偏转角度,(°)。

当 $\beta_1 = 0$ 时,式(3.52)即变为式(3.49)。

同理,可得裂缝第 n 次偏转的虚拟裂缝的能量释放率为:

$$G_{n\mathrm{v}} = \frac{K_{\mathrm{I}(n)}^2 + K_{\mathrm{II}(n)}^2}{E}\,(1-\nu)^2 \tag{3.53}$$

其中

$$K_{\mathrm{I}(n)} = \cos\frac{\beta_n}{2}\Big[K_{\mathrm{I}(n-1)}\cos^2\frac{\beta_n}{2} - 3K_{\mathrm{II}(n-1)}\sin\frac{\beta_n}{2}\cos\frac{\beta_n}{2}\Big] \tag{3.54}$$

$$K_{\mathrm{II}(n)} = \cos\frac{\beta_n}{2} \times \Big[K_{\mathrm{I}(n-1)}\sin\frac{\beta_n}{2}\cos\frac{\beta_n}{2} + K_{\mathrm{II}(n-1)}\Big(\cos^2\frac{\beta_n}{2} - 2\sin^2\frac{\beta_n}{2}\Big)\Big] \tag{3.55}$$

式中　$G_{n\mathrm{v}}$——第 n 次偏转的虚拟裂缝能量释放率,$10^6\,\mathrm{J/m}^2$;

　　　n——偏转次数;

　　　$K_{\mathrm{I}(n)}$——第 n 次偏转虚拟裂缝的 I 型应力强度因子,$\mathrm{MPa}\cdot\mathrm{m}^{0.5}$;

　　　$K_{\mathrm{II}(n)}$——第 n 次偏转虚拟裂缝的 II 型应力强度因子,$\mathrm{MPa}\cdot\mathrm{m}^{0.5}$;

　　　ν——泊松比。

裂缝前沿延伸方向的判据为:当裂缝遇到非均质介质时,会向可以延伸的、能量释放率最大的方向延伸;当裂缝未遇到非均质介质时,会向能量释放率最大的方向延伸;当岩石为均质时,裂缝的能量释放率在最大水平主应力方向达到最大值,并随着与最大水平主应力方向夹角的增大而减少,因此裂缝将优先沿偏转角度较小的方向延伸。

裂缝穿过砾石并沿原方向延伸的临界能量释放率为：

$$G_{CG} = \frac{K_{ICG}^2(1 - \gamma^2)}{E} \tag{3.56}$$

式中　G_{CG}——裂缝穿过砾石并沿原方向延伸的临界能量释放率，$10^6 J/m^2$；

K_{ICG}——砾石的断裂韧性，$MPa \cdot m^{0.5}$。

沿砾石与基质界面形成裂缝所需要的临界能量释放率为：

$$G_{CI} = \frac{1}{E}(K_{ICI}^2 + K_{IICI}^2)(1 - \gamma^2) \tag{3.57}$$

式中　G_{CI}——界面裂缝临界能量释放率，$10^6 J/m^2$；

K_{ICI}——界面的 I 型断裂韧性，$MPa \cdot m^{0.5}$；

K_{IICI}——界面的 II 型断裂韧性，其值近似为 I 型断裂韧性的 9/10，$MPa \cdot m^{0.5}$。

裂缝沿基质延伸所需要的临界能量释放率 GCM 可以表示为：

$$G_{CM} = \frac{K_{ICM}^2(1 - \gamma^2)}{E} \tag{3.58}$$

式中　G_{CM}——基质临界能量释放率，$10^6 J/m^2$；

K_{ICM}——基质的断裂韧性，$MPa \cdot m^{0.5}$。

结合以上分析可得，裂缝遇砾石停止延伸、穿过砾石和沿界面延伸能量释放率应满足的条件分别为：

$$\begin{cases} G < G_{CG} \\ G_v < G_{CI} \end{cases} \tag{3.59}$$

$$\begin{cases} G > G_{CG} \\ G_v < G_{CI} \end{cases} \quad 或 \quad \begin{cases} G_v > G_{CI} \\ G > G_{CG} \\ G_v < G \end{cases} \tag{3.60}$$

$$\begin{cases} G_v > G_{CI} \\ G < G_{CG} \end{cases} \quad 或 \quad \begin{cases} G_v > G_{CI} \\ G > G_{CG} \\ G_v > G \end{cases} \tag{3.61}$$

结合能量释放率及其临界值，基质破裂和砾石破裂的临界压力可分别表示为：

$$p_{CM} = \frac{K_{ICM}}{\sqrt{\pi L}} + \sigma_h \tag{3.62}$$

$$p_{CG} = \frac{K_{ICG}}{\sqrt{\pi L}} + \sigma_h \tag{3.63}$$

式中　p_{CM}——基质破裂时的临界压力, MPa；

　　　p_{CG}——砾石破裂时的临界压力, MPa。

裂缝沿遇到的第 1 条界面延伸的临界压力为：

$$p_{C\text{I}} = \frac{1.35K_{IC\text{I}}}{\sqrt{\pi L\left(\cos^6\dfrac{\beta}{2} + \sin^2\dfrac{\beta}{2}\cos^4\dfrac{\beta}{2}\right)}} + \sigma_h \qquad (3.64)$$

裂缝沿遇到的第 2 条界面延伸的临界压力为：

$$p_{C\text{II}} = \frac{1.35K_{IC\text{I}}}{\sqrt{\pi L\left\{\left(\cos^3\dfrac{\beta_1}{2}\cos^3\dfrac{\beta_2}{2} - 3\sin\dfrac{\beta_1}{2}\cos^2\dfrac{\beta_1}{2}\sin\dfrac{\beta_2}{2}\cos^2\dfrac{\beta_2}{2}\right)^2 + \left[\cos^3\dfrac{\beta_1}{2}\sin\dfrac{\beta_2}{2}\cos^2\dfrac{\beta_2}{2} + \sin\dfrac{\beta_1}{2}\cos^2\dfrac{\beta_1}{2}\left(\cos^3\dfrac{\beta_2}{2} - 2\sin^2\dfrac{\beta_2}{2}\cos\dfrac{\beta_2}{2}\right)\right]^2\right\}}} + \sigma_h$$

$$(3.65)$$

根据前面所述内容, 我们可以对单个砾石影响下的裂缝延伸做出理论上的模拟。如图 3.22 所示, 一个随机的五边形砾石存在于基质中, 砾石左边为裂缝起裂点, 最大水平主应力沿横向。裂缝遇到砾石时会比较破裂砾石与破裂界面所需的应力, 并选择较小应力值对应的路径为延伸方向。为说明砾石引起的压力波动, 在裂缝延伸时同步生成沿对应路径延伸需要的最小应力。

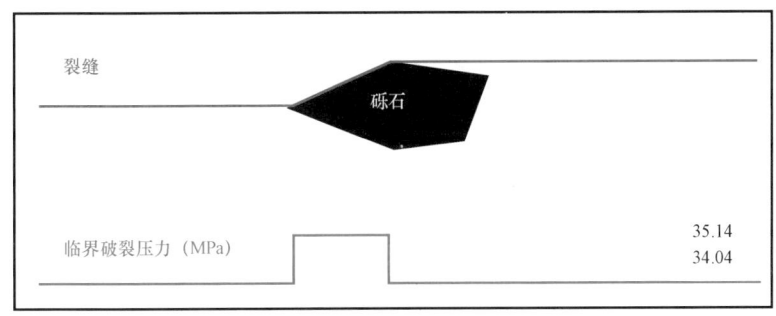

图 3.22　单个多边形砾石影响下的裂缝绕砾延伸

由于受到二向水平应力的作用, 且裂缝延伸方向是最大水平应力方向, 根据最大能量释放率原理, 裂缝往任何方向偏转都会使临界破裂压力增大, 基质中裂缝延伸的最优方向为沿最大水平应力方向。只需比较沿界面延伸与穿砾石延伸所需的临界破裂压力大小, 便能确定裂缝的延伸路径。本次模拟的最大水平主应力为 36MPa, 最小水平主应力为 34MPa。

先考虑高强度砾石情形, 基质的应力强度因子为 0.5MPa·m^{0.5}, 砾石的应力强度因子为 100MPa·m^{0.5}, 界面应力强度因子为 0.2MPa·m^{0.5}。模拟结果如图 3.23 所示, 裂缝绕过砾石延伸, 基质中延伸需要的临界破裂压力为 34.04MPa, 沿界面延伸需要的临界破裂压力为 35.14MPa。

再考虑低强度砾石情形, 将砾石的应力强度因子修改为 1MPa·m^{0.5}, 结果如图 3.23 所示, 裂缝穿过砾石的能量释放率大于裂缝偏转后沿界面延伸的能量释放率, 裂缝将穿过砾石而延伸, 由于砾石强度仍然大于基质, 同样会引起压力的波动。由计算结果可见, 该情形下的砾石破裂的临界破裂压力为 34.08MPa。

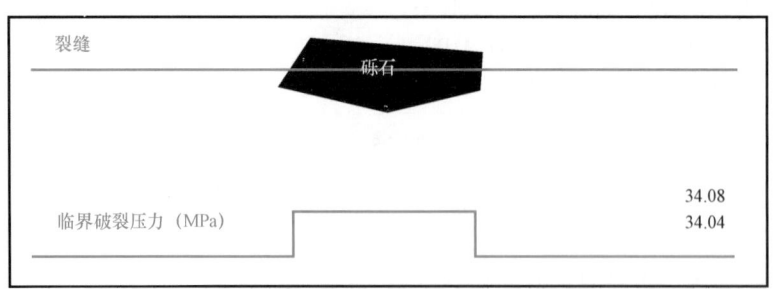

图 3.23　单个多边形砾石影响下的裂缝穿砾模拟

球形砾石界面与最大水平应力的夹角是不断变化的,所以其需要的临界破裂压力也是不断变化的,根据前面研究,界面夹角在初始位置最大,如果这个位置的应力条件满足延伸条件,那么裂缝必定能绕过砾石回到正常方向。考虑高强度砾石的情形,砾石的应力强度因子设定为 $100MPa \cdot m^{0.5}$,基质与界面的应力强度因子分别为 $0.5MPa \cdot m^{0.5}$ 和 $0.2MPa \cdot m^{0.5}$。经计算,破裂砾石需要的应力大于使裂缝转向所需的应力,裂缝将沿界面绕砾延伸,模拟结果以及临界破裂压力如图 3.24 所示。考虑弱强度砾石的情况,将砾石的应力强度因子改为 $1MPa \cdot m^{0.5}$,其他参数不变,结果以及临界破裂压力如图 3.25 所示。

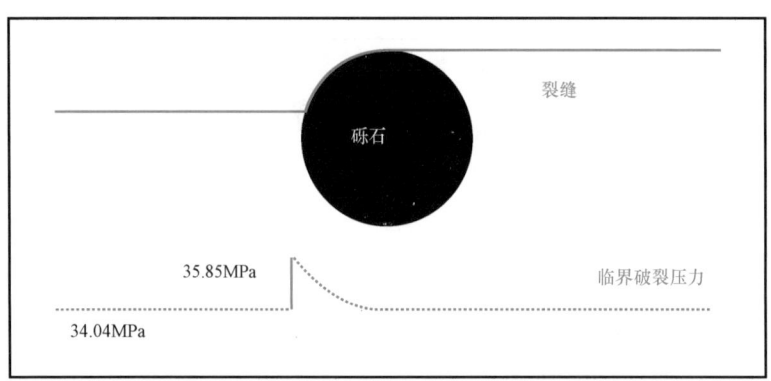

图 3.24　单个球形砾石影响下的裂缝绕砾延伸

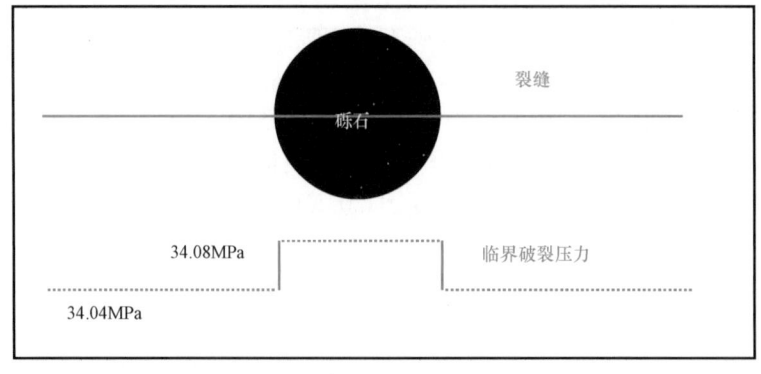

图 3.25　单个球形砾石影响下的裂缝穿砾延伸

改变不同砾石的断裂韧性,与界面的韧性,模拟不同韧性参数下的裂缝形状。界面断裂韧性取值为 $0.2\mathrm{MPa}\cdot\mathrm{m}^{0.5}$,基质断裂韧性取值为 $0.5\mathrm{MPa}\cdot\mathrm{m}^{0.5}$,最大水平主应力为 35MPa,最小水平主应力为 33MPa。当所有的砾石均为高强度砾石时(砾石断裂韧性取值为 $50\mathrm{MPa}\cdot\mathrm{m}^{0.5}$),结果如图 3.26 所示。可见裂缝在所有的砾石边缘处均以绕过方式通过,绕砾引起了破裂压力的波动,砾石半径与裂缝初始偏转角共同确定了压力增加的峰值以及持续时间。砾石半径较大时压力波动时间较长,初始偏转角较大时压力波动的峰值较大。实际压裂中,地层中砾石非常多,初始偏转角度可认为均匀分布在 $[-\pi/2,\pi/2]$,这在所有的砂砾岩地层中都是一样的,但不同砂砾岩储层的砾石粒径不一样,从模拟结果来看,较大的砾石含量与较大的砾石粒径会导致较明显的压力波动。

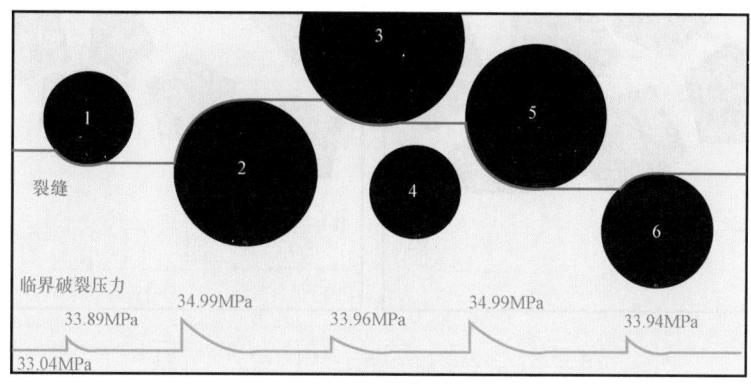

图 3.26　多个不同半径的球形砾石影响下的裂缝绕砾延伸

将第 2 颗和第 6 颗砾石的断裂韧性改为 $10\mathrm{MPa}\cdot\mathrm{m}^{0.5}$,结果如图 3.27 所示。砾石断裂韧性的降低使破裂砾石所需的压力小于使裂缝沿砾石边缘偏转所需压力,使裂缝产生穿砾的行为。砾石断裂韧性大于基质,所以穿砾的临界应力仍然大于基质的破裂压力,压力将会出现波动,较大的砾石半径与较多的低强度砾石含量也会使压力波动更为明显。

如果增大 1 砾石的界面韧性,使其等于砾石本身的韧性,裂缝将穿砾而过,并对应较高的破裂压力,因为裂缝偏转会需要额外的破裂压力。如果砂砾岩储层胶结较好,砾石粒径与含量较大,则压裂时压力波动将较大,破裂压力也变大。

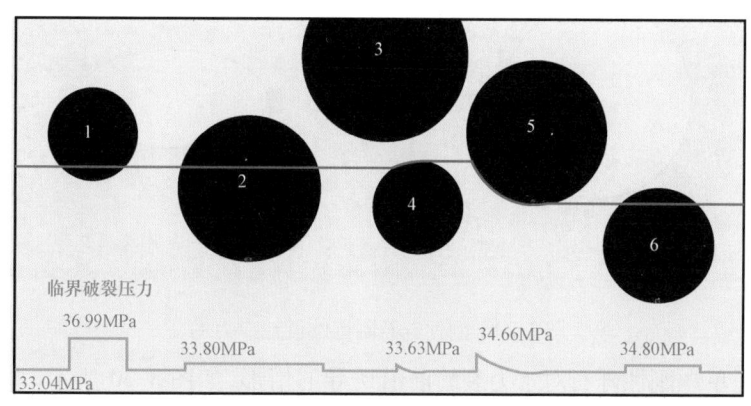

图 3.27　多个不同半径的球形砾石影响下的裂缝绕砾与穿砾延伸

　　另外模拟了多颗多边形砾石对裂缝延伸的影响,如图 3.28 所示,所有砾石均为五边形,五边形的外接圆半径在一定范围内随机;界面断裂韧性由随机函数在一定范围内产生。当砾石粒径较大时,压力波动周期较长,裂缝不规则的程度也较大;当砾石含量较大时,压力波动的频率较快;当砾石断裂韧性较小时,可能出现裂缝穿过砾石的现象;当砾石密度较大时,压力波动频率更大;当界面断裂韧性较大时,压力波动的幅度增大;当界面强度较小时,剪切力的作用可以使界面的破裂压力降至基质的破裂压力以下。砂砾岩裂缝不规则形态和破裂压力波动的根本原因在于裂缝延伸组成岩石各部分的断裂性质差异。

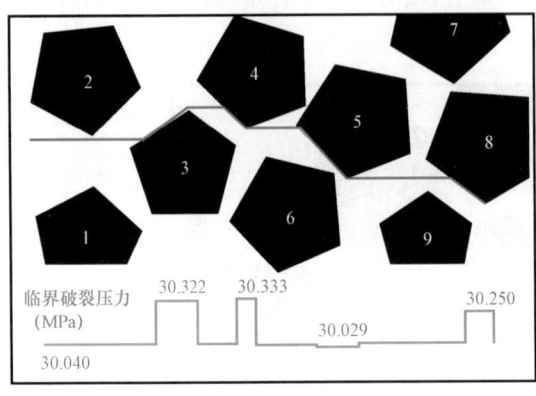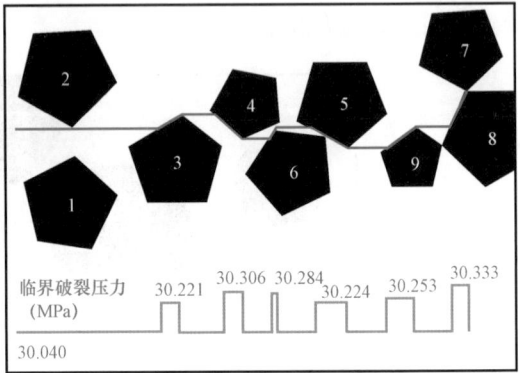

图 3.28　多颗多边形砾石影响下的裂缝延伸

3.3.4　砾石对天然裂缝延伸的诱导

　　跟天然裂缝一样,作为地层中的非均质部分,砾石也会影响附近地层主应力的大小与方向(图 3.29),不同之处在于,砾石是刚性的,不会因地应力场而改变形状,而天然裂缝是柔性的,其形状会随应力场的变化而变化。砾石附近的应力场跟地应力场出现差异后,水力裂缝延伸至此就一定会改变预定的方向。

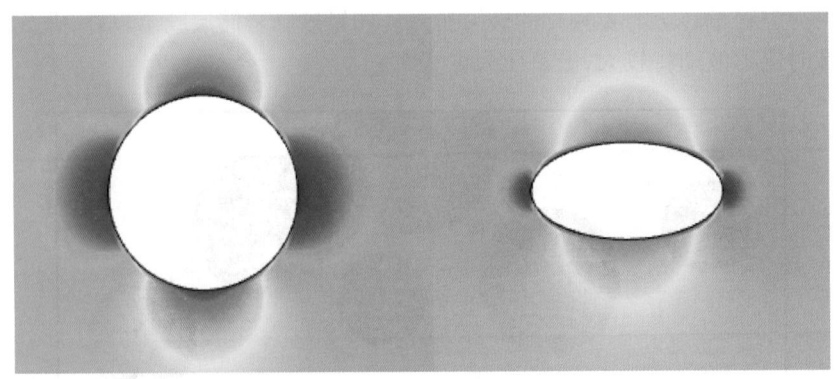

图 3.29　刚性砾石附近的就地应力场

　　此处模拟了单颗刚性砾石对水力裂缝前沿诱导的情形,如图 3.30 所示,水力裂缝延伸至 A 点,根据有限元方法求出砾石和水力裂缝共同影响下的地应力场的最大主应力分布,选定裂缝尖端应力最大的单元并将其"挖去",形成新的裂缝 AB,对裂缝 AB 壁面施加内压力,做应力分析,再挖去裂缝尖端处应力最大的单元,形成裂缝 BC,以此循环实现裂缝的增长。

图 3.30 中裂缝 AB 和裂缝 BC 偏转的方向不一致,说明裂缝 AB 偏转角度取值过大,或者步长过长,理论上说,形成的裂缝应该是较为光滑的。

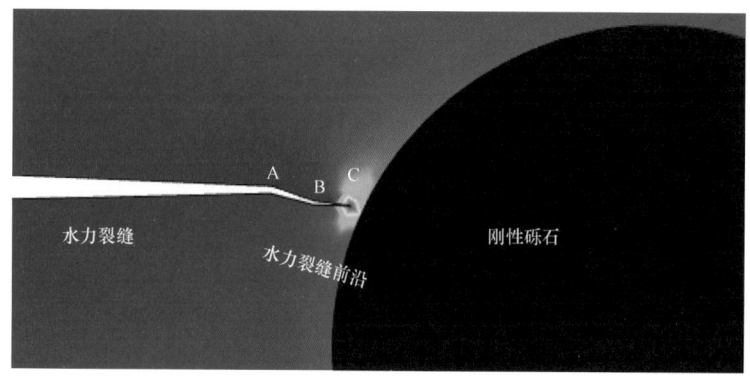

图 3.30　刚性砾石对水力裂缝的诱导

第4章　复杂裂缝中固液两相紊流数学模型

　　裂缝中,流体的流动是一种较为复杂的紊流流动,所以本模型采用湍流模型来模拟复杂裂缝中固液混合流体的流动。采用欧拉－欧拉方法,建立了适用于自悬浮支撑剂在复杂裂缝中运移的数值模型。采用欧拉－欧拉方法用以描述自悬浮支撑剂在复杂裂缝中的流动问题,将支撑剂体系假设为一种拟流体,认为支撑剂与压裂液之间是相互渗透的连续介质。固液两相分别满足质量守恒方程和动量守恒方程,然后分别为固相和液相选取合适的紊流流动模型,再全面具体分析相间作用力将两组方程耦合。对于自悬浮支撑剂在复杂裂缝中的输送规律研究,基于前人的实验研究和数值模拟,建立适合于自悬浮支撑剂输送的裂缝计算流体域。

4.1　固液两相模型的建立

4.1.1　固液两相流模型

　　在欧拉模型中,固液两相在同一欧拉坐标系中进行处理。欧拉模型考虑了颗粒与颗粒之间的碰撞、颗粒与液体之间的相互作用以及颗粒的湍流扩散作用。本书所建立的欧拉－欧拉两相模型基于如下假设:

　　(1)两相流体共同存在。即在计算域内,两相流体各自占有一定的体积,或者是在一个空间位置上两种流体各以一定的概率出现。

　　(2)将两种流体处理为可以相互渗透的连续介质,其运动规律遵循各自的守恒方程。

　　(3)两相之间可以存在质量、动量和能量的相互作用。

　　自悬浮支撑剂在压裂过程中,其水化膨胀膜不会发生改变,压裂液性质也比较稳定,可以作出如下假设:

　　(1)假设固相与液相之间不发生相变。

　　(2)液相为不可压缩流体,系统中固相以及各项物理参数为常数。

　　(3)满足绝热条件,认为系统不存在热交换,不考虑能量的转化。

　　(4)自悬浮支撑剂膨胀后的粒径用支撑剂的平均粒径代表。

4.1.2　固液两相流动控制方程

　　携砂液流过裂缝宽度一定的裂缝系统时的质量守恒方程为:

$$\frac{\partial}{\partial t}(\alpha_s \rho_s) + \nabla \cdot (\alpha_s \rho_s \boldsymbol{u}_s) = 0 \tag{4.1}$$

$$\frac{\partial}{\partial t}(\alpha_l \rho_l) + \nabla \cdot (\alpha_l \rho_l \boldsymbol{u}_l) = 0 \tag{4.2}$$

$$s + l = 1 \tag{4.3}$$

动量守恒方程：

$$\frac{\partial}{\partial t}(\alpha_l \rho_l u_l) + \nabla \cdot (\alpha_l \rho_l \boldsymbol{u}_l \boldsymbol{u}_l) = -\alpha_l \nabla p + \nabla \cdot [\alpha_l (\tau_l + \tau'_l)] + \alpha_l \rho_l g + S_D \tag{4.4}$$

$$\frac{\partial}{\partial t}(\alpha_s \rho_s u_s) + \nabla \cdot (\alpha_s \rho_s \boldsymbol{u}_s \boldsymbol{u}_s) = -\alpha_s \nabla p + \nabla \cdot [\alpha_s (\tau_s + \tau'_s)] + \alpha_s \rho_s g + S_D \tag{4.5}$$

式中　α_l——液相的体积分数；

α_s——固相的体积分数；

t——时间，s；

ρ_l——液相的密度，kg/m³；

ρ_s——固相的密度，kg/m³；

u_l——液相的平均速度，m/s；

u_s——固相的平均速度，m/s；

τ_k, τ_l, τ_s——牛顿内摩擦力，N/m²；

τ'_l, τ'_s——湍流应力，N/m²；

S_D——动量源项，包括固体颗粒间的碰撞力 F_{ss} 和相间动量传递 M_k。

动量源项中的固体颗粒间的碰撞力 F_{ss} 的表达式为：

$$F_{ss} = 2(1 + e) \nabla(\alpha_s \rho_l \langle c_p'^2 \rangle) \tag{4.6}$$

$$\langle c_p'^2 \rangle = \frac{\kappa k_s}{m_s} \tag{4.7}$$

式中　e——颗粒的碰撞恢复系数，取 0.9；

m_s——颗粒质量，kg；

κ——玻尔兹曼常量，$1.3806504 \times 10^{-23}$ J/K；

c_p——颗粒相的脉动速度，m/s；

k_s——颗粒脉动能。

颗粒脉动能表达式为：

$$k_s = \left(1 + \frac{\tau_{rs}}{\tau_t}\right)^{-1} \cdot k_l \tag{4.8}$$

式中　τ_{rs}——颗粒动力响应时间，$\tau_{rs} = \frac{\rho_s d_s^2}{18\mu}$；

τ_t——连续相的脉动时间，$\tau_t = \sqrt{\frac{2}{3}} \frac{C_u^{3/4} k_l}{\varepsilon_l}$，其中 C_u 为脉动速度系数；

d_s——颗粒直径，m；

μ——液体黏性系数，Pa·s；

k_l——液相湍动能，N·m；

ε_l——k_l 的耗散率，N/s。

4.1.3　相间作用力本构方程

在液固多相流动模型中，颗粒相受到多种液体作用力，本书主要考虑压裂液对支撑剂作用较大的浮力和曳力。相间动量传递项 M_k 表示固液两相间总的作用力，包括因为流体相剪切颗粒相产生的径向作用力（即升力 F_L），颗粒相因为加速运动对流体相产生额外阻力（即虚拟质量力 F_{VM}），液体相与颗粒相之间的摩擦力（即曳力 F_D）。相间动量传递项由以上三项组合而成：

$$M_k = F_D + F_{VM} + F_L \tag{4.9}$$

其中

$$F_D = A_d u_r - A d \frac{\nu_l^t}{\alpha_s \alpha_l \sigma_\alpha} \tag{4.10}$$

$$F_{VM} = C_{VM}\alpha_s\rho_l\left(\frac{D^c u_l}{D_t} - \frac{D^d u_s}{D_t}\right) \tag{4.11}$$

$$F_L = C_L\alpha_s\rho_l(u_r) \times (\nabla \times u_l) \tag{4.12}$$

$$A_d = \frac{3}{4}\frac{\alpha_s\rho_l C_D}{d}|u_r| \tag{4.13}$$

式中　u_r——r 方向的速度；

A——迎流面积；

$\nabla \times u_l$——动量；

C_L——升力系数，取 0.25；

C_{VM}——虚拟质量力系数，取 0.5；

ν_l^t——流体相湍流运动黏度，m/s²；

σ_α——湍流 Prandtl 数；

d——颗粒相的平均直径，m；

C_D——曳力系数，取 0.44。

4.1.3.1　相间交换系数

在多相流体流动中，流场中的各相之间存在着各种相间作用力，在计算时需要考虑相间曳力作用，在 Fluent 软件中曳力的函数交换系数包括：固液交换系数、固固交换系数、液液交换系数。研究重点为固液两相流，所以主要研究固体与液体之间的曳力交换。

（1）对于曳力的计算，目前常用的模型为：Gidaspow 曳力模型和 Di–Felice 模型。

① Gidspow 曳力模型。Gidaspow 模型结合了 Ergun 模型以及 Wen&Yu 模型：当液体体积分数 $\alpha_l \leq 0.8$ 时，曳力的作用不会受到颗粒雷诺数的影响；当液体体积分数 $\alpha_l > 0.8$ 时，曳力就会受到颗粒雷诺数的影响，其具体计算公式如下：

当 $\alpha_l > 0.8$ 时

$$F_{ls} = \frac{3}{4}C_D \frac{\rho_l(1-\alpha_s)\alpha_s \mid \boldsymbol{u}_s - \boldsymbol{u}_l \mid}{d_s}(1-\alpha_s)^{-2.65} \tag{4.14}$$

当 $\alpha_l \leqslant 0.8$ 时

$$F_{ls} = \frac{150\alpha_s^2\mu_l}{(1-\alpha_s)d_s^2} + \frac{1.75\rho_l\alpha_s \mid \boldsymbol{u}_s - \boldsymbol{u}_l \mid}{d_s} \tag{4.15}$$

其中

$$C_D = \frac{24}{\alpha_l Re_s}\left[1 + 0.15(\alpha_l Re_s)^{0.687}\right], Re_s = \frac{\alpha_l\rho_l \mid \boldsymbol{u}_s - \boldsymbol{u}_l \mid d_s}{\mu_l} \tag{4.16}$$

式中　F_{ls}——流体对颗粒相的曳力,N;

C_D——曳力系数,无量纲;

α_s——颗粒相的体积分数;

$\boldsymbol{u}_s$——颗粒相的运动速度,m/s;

$\boldsymbol{u}_l$——压裂液的运动速度,m/s;

μ_l——压裂液黏度,mPa·s;

Re_s——颗粒雷诺数。

② Di-Felice 模型。Xu 等基于离散型模型以及对单颗粒曳力公式进行的相关修正,其采用 Di-Felice 公式得到以下曳力模型:

$$F_{ls} = \frac{\pi d_s^2}{2}C_D\rho_l \mid \boldsymbol{u}_s - \boldsymbol{u}_l \mid (\boldsymbol{u}_s - \boldsymbol{u}_l)\alpha_s^{-(1+\chi)} \tag{4.17}$$

其中

$$\chi = 3.7 - 0.65\exp\left[-\frac{(1.5-\lg Re_s)^2}{2}\right] \tag{4.18}$$

上述两种曳力模型都是通过实验得到的经验或半经验公式计算得到的。因为 Gidaspow 曳力模型与 Di-Felice 模型相比更为完整且精确,所以在本文中选择采用 Gidaspow 曳力模型来对曳力进行计算。

(2)支撑剂受到流体的浮力作用的计算公式为:

$$F_F = -v_s g = -\frac{\pi}{6}d_s^3\rho_l g \tag{4.19}$$

式中　F_F——颗粒受到的浮力,N;

v_s——颗粒相的运动速度。

4.1.3.2　固体剪切应力

固体应力张量组成为颗粒间因为碰撞和平移产生动量交换而产生的体积黏性和剪切黏性。

（1）固体剪切黏性包括摩擦部分、碰撞部分以及动能部分。

$$\mu_s = \mu_{s,\text{fri}} + \mu_{s,\text{col}} + \mu_{s,\text{kin}} \tag{4.20}$$

式中　$\mu_{s,\text{fri}}$——固体摩擦黏度；

　　　$\mu_{s,\text{col}}$——固体碰撞黏度；

　　　$\mu_{s,\text{kin}}$——固体动力黏度。

① 摩擦黏度（Frictional Viscosity）。在较低剪切流速下的稠密颗粒流动主要产生颗粒与颗粒之间的摩擦应力,摩擦黏度在 Fluent 中的选择主要采用 Schaeffer's 表达式:

$$\mu_{s,\text{fri}} = 0.1\alpha_s \frac{(\alpha_s - \alpha_{s,\min})\sin\varphi}{2(\alpha_{s,\max} - \alpha_s)^3 \sqrt{I_{2D}}} \tag{4.21}$$

式中　I_{2D}——偏应力张量的第二不变式；

　　　φ——内部摩擦角；

　　　$\alpha_{s,\min}$——粒子的最小体积分数；

　　　$\alpha_{s,\max}$——粒子的最大体积分数。

② 碰撞黏性（Collisional Viscosity）。剪切黏度的碰撞部分的表达式为:

$$\mu_{s,\text{col}} = \frac{4}{5}\alpha_s\rho_s d_s g_{0,ss}(1 + e_{ss})\left(\frac{\theta_s}{\pi}\right)^{1/2} \tag{4.22}$$

式中　$g_{0,ss}$——径向分布函数；

　　　e_{ss}——环向分布函数；

　　　θ_{ss}——轴向分布函数。

③ 动力黏度（Kinetic Viscosity）。

Gidaspow 等的表达:

$$\mu_{s,\text{kin}} = \frac{10\rho_s d_s \sqrt{\theta_s \pi}}{96\alpha_s(1 + e_{ss})g_{0,ss}}\left[1 + \frac{4}{5}g_{0,ss}\alpha_s(1 + e_{ss})\right]^2 \tag{4.23}$$

其中,$g_{0,ss} = \left[1 - \left(\frac{\alpha_s}{\alpha_{s,\max}}\right)^{1/3}\right]^{-1}$ 为径向分布函数。

（2）体积黏度（Bulk Viscosity）。

固体体积黏度可认为是由颗粒相压缩和扩张的抵抗力。根据 Lun 等可以得到以下形式:

$$\lambda_s = \frac{4}{3}\alpha_s\rho_s d_s g_{0,ss}(1 + e_{ss})\left(\frac{\theta_s}{\pi}\right)^{1/2} \tag{4.24}$$

一般情况下,体积黏度默认为 0,Fluent 用户可以选择 Lun 等表达形式或者根据实验自定义。

4.1.4 紊流流动模型

在压裂过程中,因为裂缝宽度极小,在现场施工泵速作用下流体介质与固体相之间存在着较强的动量、浓度的交换,所以在进行模拟时将流动状态设定为紊流流动。紊流流动的非线性非常强,本书选择使用非数值模拟方法中两方程模型中的 $k-\varepsilon$ 模型对湍流流动进行求解。

4.1.4.1 $k-\varepsilon$ 两方程模型

数值模拟中 $k-\varepsilon$ 模型的控制方程主要包括以下几个方程:连续性方程、湍动能 k 方程、耗散率 ε 方程以及动量方程。

(1)在标准 $k-\varepsilon$ 模型中, k 和 ε 为两个基本的未知量,其中湍流动能方程为:

$$\frac{\partial}{\partial t}(\rho k) + \frac{\partial}{\partial x_i}(\rho k u_i) = \frac{\partial}{\partial x_j}\Big[\Big(\mu + \frac{\mu_t}{\sigma_k}\Big)\frac{\partial k}{\partial x_j}\Big] + G_k + G_b - \rho\varepsilon - Y_M + S_k \tag{4.25}$$

湍流扩散方程为:

$$\frac{\partial}{\partial t}(\rho\varepsilon) + \frac{\partial}{\partial x_i}(\rho\varepsilon u_i) = \frac{\partial}{\partial x_j}\Big[\Big(\mu + \frac{\mu_t}{\sigma_\varepsilon}\Big)\frac{\partial k}{\partial x_j}\Big] + C_{1\varepsilon}\frac{\varepsilon}{k}(G_k + C_{3\varepsilon}G_b) - C_{2\varepsilon}\rho\frac{\varepsilon^2}{k} + S_\varepsilon \tag{4.26}$$

式中 μ——动力黏度;

      S_k, S_ε——用户自定义函数;

      $\sigma_k, \sigma_\varepsilon$——湍流普朗特常数;

      Y_M——扩散引起的波动;

      $C_{1\varepsilon}, C_{2\varepsilon}, C_{3\varepsilon}$——常量;

      G_b——浮力所引起的湍流动能;

      G_k——层流速度所引起的湍流动能。

根据 Launder 等的推荐以及实验的验证,模型中的常数 $C_{1\varepsilon}, C_{2\varepsilon}, C_{3\varepsilon}, \sigma_k, \sigma_\varepsilon$ 取值如下:

$$C_{1\varepsilon} = 1.44, C_{2\varepsilon} = 1.92, C_{3\varepsilon} = 0.09, \sigma_k = 1.0, \sigma_\varepsilon = 1.3 \tag{4.27}$$

标准的 $k-\varepsilon$ 湍流模型在科学研究以及生产中应用非常广泛,但是其也存在一些缺点,如对于强旋流、弯曲曲线流动以及弯曲壁面流动在模拟时会出现一些问题。这是因为在标准 $k-\varepsilon$ 湍流模型中假定的湍流黏度 μ_t 是各向同性的。为了改进标准 $k-\varepsilon$ 湍流模型,研究人员提出了 RNG $k-\varepsilon$ 湍流模型以及 Realizable $k-\varepsilon$ 湍流模型。

(2)重正化(RNG)$k-\varepsilon$ 湍流模型。

湍流动能方程:

$$\frac{\partial}{\partial t}(\rho k) + \frac{\partial}{\partial x_i}(\rho k u_i) = \frac{\partial}{\partial x_j}\Big(\alpha_k \mu_{eff} f \frac{\partial k}{\partial x_j}\Big) + G_k + \rho\varepsilon \tag{4.28}$$

湍流扩散方程:

$$\frac{\partial}{\partial t}(\rho\varepsilon) + \frac{\partial}{\partial x_i}(\rho\varepsilon u_i) = \frac{\partial}{\partial x_j}\Big(\alpha_\varepsilon \mu_{eff} f \frac{\partial k}{\partial x_j}\Big) + \frac{C_{1\varepsilon}^*}{k}G_k - C_{2\varepsilon}\rho\frac{\varepsilon^2}{k} \tag{4.29}$$

其中

$$
\begin{cases}
\mu_{\text{eff}} = \mu + \mu_t \\[2mm]
\mu_t = \rho C_\mu \dfrac{k^2}{\varepsilon} \\[2mm]
C_{1\varepsilon}^* = C_{1\varepsilon} - \dfrac{\eta(1 - \eta / \eta_0)}{1 + \beta\eta^3} \\[2mm]
\eta = (2E_{ij} \cdot E_{ij})^{1/2} \dfrac{k}{\varepsilon} \\[2mm]
E_{ij} = \dfrac{1}{2}\left(\dfrac{\partial u_i}{\partial x_j} + \dfrac{\partial u_j}{\partial x_i}\right)
\end{cases}
\tag{4.30}
$$

其中

$$
C_\mu = 0.0845, \alpha_k = \alpha_\varepsilon = 1.39, C_{1\varepsilon} = 1.42, C_{2\varepsilon} = 1.68, \eta_0 = 4.377, \beta = 0.012 \tag{4.31}
$$

RNG $k - \varepsilon$ 模型主要对湍流黏度进行了修正,考虑了旋转以及旋流流动的影响,并且在 ε 方程中增加了一项 E_{ij},用来反应主流时均应变率,因此该模型可以更好地模拟湍流流动中的流线弯曲程度较大以及高应变率式的情况。

(3)可实现的(Realizable)$k - \varepsilon$ 湍流模型。

湍流流动方程:

$$
\frac{\partial}{\partial t}(\rho k) + \frac{\partial}{\partial x_i}(\rho k u_i) = \frac{\partial}{\partial x_j}\left[\left(\mu + \frac{\mu_t}{\sigma_k}\right)\frac{\partial k}{\partial x_j}\right] + G_k - \rho\varepsilon \tag{4.32}
$$

湍流扩散方程:

$$
\frac{\partial}{\partial t}(\rho\varepsilon) + \frac{\partial}{\partial x_i}(\rho\varepsilon u_i) = \frac{\partial}{\partial x_j}\left[\left(\mu + \frac{\mu_t}{\sigma_\varepsilon}\right)\frac{\partial k}{\partial x_j}\right] + \rho C_1 E_\varepsilon - \rho C_2 \frac{\varepsilon^2}{k + \sqrt{\nu\varepsilon}} \tag{4.33}
$$

其中

$$
\sigma_k = 1.0, \sigma_\varepsilon = 1.2, C_2 = 1.9 \tag{4.34}
$$

$$
C_1 = \max\left(0.43, \frac{\eta}{\eta + 5}\right) \tag{4.35}
$$

$$
\eta = (2E_{ij}E_{ij})^{1/2} \frac{k}{\varepsilon} \tag{4.36}
$$

$$
E_{ij} = \frac{1}{2}\left(\frac{\partial u_i}{\partial x_j} + \frac{\partial u_j}{\partial x_i}\right) \tag{4.37}
$$

$$
\mu_t = \rho C_\mu \frac{k^2}{\varepsilon} \tag{4.38}
$$

$$C_\mu = \frac{1}{A_0 + \dfrac{A_s U k}{\varepsilon}} \tag{4.39}$$

其中

$$\left. \begin{aligned} A_0 &= 4.0 \\ A_s &= \sqrt{6}\cos\varphi \\ \varphi &= \frac{1}{3}\cos^{-1}(\sqrt{6}W) \\ W &= \frac{E_{ij}E_{jk}E_{ki}}{(E_{ij}E_{ij})^{1/2}} \\ U^* &= \sqrt{E_{ij}E_{ij} + \widetilde{\Omega}_{ij}\widetilde{\Omega}_{ij}} \end{aligned} \right\} \tag{4.40}$$

式中：U 为总能量；U^* 为能量分量；无旋转流场中 $\widetilde{\Omega}_{ij}\widetilde{\Omega}_{ij}$ 为零；$\widetilde{\Omega}_{ij}$ 为均转动速率张量。

Realizable $k-\varepsilon$ 湍流模型适用于含有射流和混合流的自由流、边界层流动、旋转剪切流、管内流动等。

4.1.4.2　$k-\varepsilon$ 湍流模型的选择

由以上分析可得，标准 $k-\varepsilon$ 湍流模型一般只适合于流动状态为完全湍流的模拟。RNG 模型和可实现的 $k-\varepsilon$ 模型在湍流扩散 ε 方程中考虑了低雷诺数的黏性流动，所以其效果较标准的 $k-\varepsilon$ 湍流模型更好，并且它们的模拟结果比标准的 $k-\varepsilon$ 湍流模型更好。而对于边界层流动，可实现的 $k-\varepsilon$ 模型模拟效果更换，所以本书选择可实现的 $k-\varepsilon$ 模型模拟裂缝中的流动。选用可实现的 $k-\varepsilon$ 紊流模型时经验常数的选择见表 4.1。

表 4.1　可实现 $k-\varepsilon$ 紊流模型常数设定

$C_{1\varepsilon}$	$C_{2\varepsilon}$	$C_{3\varepsilon}$	C_2	A_0（计算 μ_t 的经验参数）	α_k	α_ε
1.44	1.9	0.09	1.9	4.0	1.0	1.2

4.2　边界条件

在本模型中，模型的进口边界条件使用速度入口，即设定模型入口端固液两相的速度，同时定义进口的水力学参数和固相的体积分数。出口边界条件设定为压力出口。

（1）入口边界条件。

在地层条件下，裂缝的入口边界条件为一簇圆形孔眼，在进行数值模拟时，根据流体力学中湿周的定义，我们将入口简化为一个缝宽（6mm）长方形入口边界，长方形的高度 H 为：

$$H = \frac{\pi D^2}{4W} \tag{4.41}$$

式中 D——圆形孔眼直径,mm;

    W——平板裂缝宽度,mm。

本书所采用的数值模型参照 Liu Yajun 和张旭东在实验室中模拟支撑剂沉降运移时所采用的裂缝参数。该裂缝的入口端孔眼直径为15mm,所以代入数据计算得到长方形入口的高度为30mm。其实验所采用的泵注流量根据雷诺相似原则将现场排量转换为实验排量得到,根据调研发现,现场施工排量为 $10 \sim 18 m^3/min$,换算后实验参数见表4.2。所以该模型的入口速度值为5.55m/s,并且支撑剂与压裂液的流速相同。进行数值模拟计算时,入口端的注入速度与实验排量对应关系如下表所示:

表4.2　模拟入口端注入速度表

施工排量(m^3/min)	实验排量(L/min)	注入速度(m/s)
4	20	1.85
8	40	3.7
12	60	5.55
16	80	7.4

对于常规支撑剂颗粒类型,在 Fluent 中可以使用常数或分布函数定义颗粒直径,为了提高计算机模拟速度,采用不同目数范围内支撑剂颗粒直径的平均值作为支撑剂粒径。其尺寸见表4.3。

表4.3　常规支撑剂粒径输入参数

支撑剂目数	支撑剂粒径(mm)	支撑剂颗粒平均直径(mm)
12 ~ 20	1.7/0.85	1.2
20 ~ 40	0.85/0.425	0.6
30 ~ 50	0.3/0.6	0.45
40 ~ 60	0.425/0.25	0.3

对于自悬浮支撑剂,因为其遇水膨胀,会吸收系统的水分,导致固液两项之间组分比例发生改变,自悬浮支撑剂的砂浓度与固相体积分数之间的关系通过实验结果计算得到。换算结果见表4.4。

表4.4　自悬浮支撑剂体积分数输入参数

支撑剂浓度(%)	体积分数(%)
10	32
12	35
14	38
16	42
18	49

(2)出口边界条件。

本文中模型的出口边界条件指定为标准大气压,即0.1MPa。

（3）水力学参数。

首先需要被定义的是湍流强度，湍流强度的大小代表着湍流流动脉动的强弱。采用经验公式计算湍流强度：

$$I = \frac{u'}{u_{avg}} \cong 0.16 Re_{D_H}^{-1/8}$$ （4.42）

式中　u'——流速；

u_{avg}——平均流速；

Re_{D_H}——湍流雷诺数。

异型管的水力直径定义如下：

$$d_H = 4\frac{A}{S}$$ （4.43）

式中　S——流体过流截面上流体与固体接触的周长，即湿周，m；

A——过流截面面积，m^2。

（4）壁面边界条件。

此模型中，定义液相和固相在裂缝壁面均为非滑移边界，即在壁面处液相的法向和切向速度为零。

4.3　控制方程的离散及其求解

在本书使用的计算流体力学（CFD）模拟中，控制方程组的离散采用有限体积法，使用相耦合的 SIMPLE 算法进行求解。对流项采用上风差分格式来近似，为了避免迭代时出现发散，采用欠松弛迭代技术。为了提高计算机运行速度，加快计算收敛，对于流体计算域的划分采用六面体结构网格进行划分。

4.3.1　控制方程的离散

在 CFD 模拟中采用的有限体积法是将流场域划分为一系列不重复的控制体积，并保证每个网格结点都有其对应的控制体积，然后将微分方程在每个控制体积上进行积分，从而得到一组离散方程。

液固两相流的基本方程由液相连续性方程、固相连续性方程、液相动量方程、颗粒相动量方程、k 方程、ε 方程构成的非线性耦合方程组。为了便于分析，将以上方程写成如下通用形式：

$$\frac{\partial}{\partial t}(\rho\Phi) + \text{div}(\rho\boldsymbol{u}\Phi - \Gamma_\Phi \text{grad}\Phi) = S_\Phi$$ （4.44）

式中　Φ——通用变量（如 u_s, u_l, k, ε 等）；

$\boldsymbol{u}$——流体的速度矢量；

Γ_Φ——对应于 Φ 的扩散系数，m^2/s；

S_Φ——对应于 Φ 的源项，N/m^3。

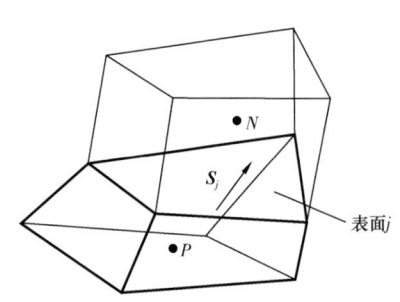

图 4.1 计算网格 P 与相邻
网格 N 之间的关系

式(4.44)由瞬态项、对流项、扩散项和源项组成。在表面 $S_j(j=1, N_f)$ 所围成的控制体积 V_p 内(图 4.1),对式(4.44)进行积分,得到:

$$\frac{d}{dt}\int_{V_p}\rho\varPhi dv + \sum_j\int_{S_j}(\rho u_r\varPhi - \varGamma_\varPhi \mathrm{grad}\varPhi)\cdot dS = \int_{V_p}S_\varPhi dv$$

(4.45)

式中 v——速度;

u_r——流体相对于表面 S 的速度,m/s。

式(4.45)的第一项为瞬态项,第二项为总通量项(即对流项和扩散项),第三项为源项。通过对以上各项进行离散,然后将各式代入式(4.44),对连续性方程可得:

$$\frac{(\rho v)^n - (\rho v)^0}{\delta_t} + \sum F_j = 0$$

(4.46)

式中,F_j 为在 j 方向的力,采用全隐式格式,然后将 $n+1$ 时间步的值代入式(4.46),得到最终的有限体积方程:

$$A_p\varPhi_p^n = \sum_m A_m\varPhi_m^n + s_1 + B_p\varPhi_p^0$$

(4.47)

其中

$$A_p = \sum_m A_m + s_2 + B_p$$

(4.48)

$$B_p = (\rho V)^0/\delta_t$$

(4.49)

式中 s_1, s_2——相对于 $\varPhi$ 的常数,也可是变量 $\varPhi$ 的前一次迭代值 $\varPhi^0$ 的函数;

A_m——表示对流和扩散的影响,并对在通量离散过程中的所有节点进行求解。

常用的离散格式及其性能对比见表 4.5。

表 4.5   常用离散格式的性能对比

离散格式	稳定性及条件	精度与经济性
中心差分	条件稳定,$p_e \leqslant 2$	如果不发生振荡可获得较准确的计算结果
一阶迎风	无条件稳定	当 p_e 较大时,假扩散严重。为避免此问题需要加密网格
混合格式	无条件稳定	当 $p_e \leqslant 2$ 时,性能同中心差分;当 $p_e > 2$ 时,性能同一阶迎风
指数格式	无条件稳定	精度高,主要适用于无源项的对流扩散
乘方格式	无条件稳定	性能同指数格式但节约时间
二阶迎风	无条件稳定	性能优于一阶迎风,但仍有假扩散问题
QUICK	条件稳定,$p_e \leqslant 8/3$	精度较高,应用广泛
改进的 QUICK	无条件稳定	性能同 QUICK 格式,不存在稳定性问题

注:p_e——压力上限。

所研究的计算模型进行离散时需要采用稳定性较好,精度较高的离散格式,根据表 4.4 常用离散格式的性能比较以及电脑性能要求等综合分析,计算差分格式采用迎风差分格式。使用该格式时考虑流动方向对网格界面上有对流性质的变量的影响,认为界面上的变量值与"上游"节点处的值相同。如图 4.2 所示,对于界面 j,P 点为上游节点,N^+ 点为下游节点,界面上的 Φ 值则等于上游节点的 Φ 值,即 $\Phi_j = \Phi_p$。

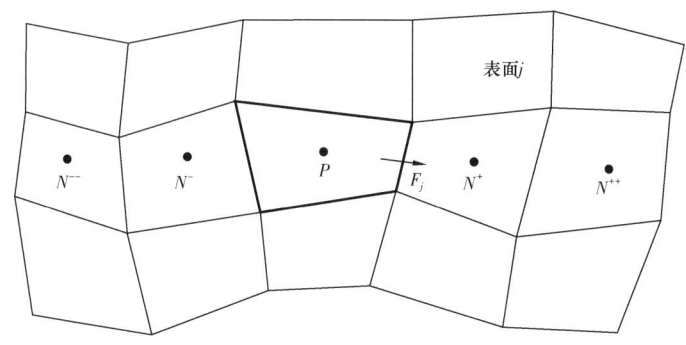

图 4.2　差分格式示意图

N^{--}—上上上游节点;N^-—上上游节点;N^{++}—下下游节点;N^+—下游节点

4.3.2　基于 SIMPLE 算法的控制方程求解

对上述偏微分方程组离散后,得到表征流体流动的离散方程组,本书采用目前应用最为广泛的原始变量中的压力修正法即 SIMPLE 算法进行迭代求解。SIMPLE 的英文名称全名为"semi – implicit method for pressure – linked equations",意为"求解压力耦合方程组的半隐式方法",是一种压力预测—修正方法。该方法基于交错网格求解压力场,再通过压力场求解动量方程然后得到速度场。而使用交错网格的目的是为了消除同位网格流场中不合理的压力分布。

交错网格是指将标量值(如压力 p、温度 T、密度 ρ)等信息储存在以节点为中心的控制容积(主控制容积)中,而将矢量值(如速度)按其方向储存在与前面所提到的主控制容积相差半个网格步长的错位控制容积中,如图 4.3 所示。采用交错网格不需要对速度分量进行内插运算。

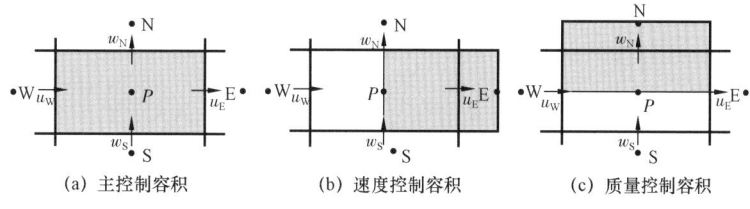

(a) 主控制容积　　　(b) 速度控制容积　　　(c) 质量控制容积

图 4.3　交错网格示意图

u_N,u_S,u_W,u_E—速度在北、南、西、东方向的分量;w_N,w_S,w_W,w_E—质量在北、南、西、东方向的分量

因为只有在给定压力场的情况下才能求解动量方程。但由试探压力场计算所得到的速度场并不一定能满足连续方程。为了解决这个问题,可以再构造一个压力校正方程。在使用交错网格后,两个网格点间的速度推动力为两相邻主网格点之间的压力差。离散化的运动方程由下式给出:

$$
\left.\begin{array}{l}
a_e u_e = \sum a_{nb} + b + (p_P - p_E)A_e \\[2mm]
a_n u_n = \sum a_{nb} + b + (p_P - p_N)A_n \\[2mm]
a_h u_h = \sum a_{nb} + b + (p_P - p_H)A_h
\end{array}\right\} \tag{4.50}
$$

式中 A_e, A_n, A_h ——控制体的界面面积。

设压力修正量为 p',速度修正量为 u'_x, u'_y, u'_z,则修正后的压力和速度的计算公式为:

$$
p = p^* + p' \tag{4.51}
$$

$$
u_x = u_x^* + u'_x \tag{4.52}
$$

$$
u_y = u_y^* + u'_y \tag{4.53}
$$

$$
u_z = u_z^* + u'_z \tag{4.54}
$$

因此速度的校正公式为:

$$
\left.\begin{array}{l}
u_n = u_n^* + (p'_P - p'_N) \cdot d_n \\[2mm]
v_e = v_e^* + (p'_P - p'_E) \cdot d_e \\[2mm]
w_h = w_h^* + (p'_P - p'_H) \cdot d_h
\end{array}\right\} \tag{4.55}
$$

其中

$$
\left.\begin{array}{l}
d_n = \dfrac{A_n}{a_n} \\[4mm]
d_e = \dfrac{A_e}{a_e} \\[4mm]
d_h = \dfrac{A_h}{a_h}
\end{array}\right\} \tag{4.56}
$$

将式(4.50)带入离散化连续性方程,可以得到 p' 的离散方程以及压力校正方程:

$$
a_P p'_P = a_E p'_E + a_W p'_W + a_N p'_N + a_S p'_S + a_H p'_H + a_L p'_L + b \tag{4.57}
$$

其中

$$a_E = \rho_e d_e \delta_e$$
$$a_W = \rho_w d_w \delta_w$$
$$a_N = \rho_n d_n \delta_n$$
$$a_S = \rho_s d_s \delta_s \quad (4.58)$$
$$a_H = \rho_h d_h \delta_h$$
$$a_L = \rho_l d_l \delta_l$$

$$a_P = a_E + a_W + a_N + a_S + a_H + a_L \quad (4.59)$$

$$b = \rho_w u_w^* \delta_w - \rho_e u_e^* \delta_e + \rho_s u_s^* \delta_s -$$
$$\rho_n u_n^* \delta_n + \rho_l u_l^* \delta_l - \rho_h u_h^* \delta_h \quad (4.60)$$

SIMPLE 算法的主要计算步骤如下:

为了保证迭代时方程收敛,使用欠松弛迭代。在引入松弛因子 α 后差分方程为:

$$\frac{\alpha_p}{\alpha} \Phi_p = \sum a_{nb} \Phi_{nb}^* + b + (1 - a)\frac{\alpha_p}{\alpha} \Phi_p^*$$
$$(4.61)$$

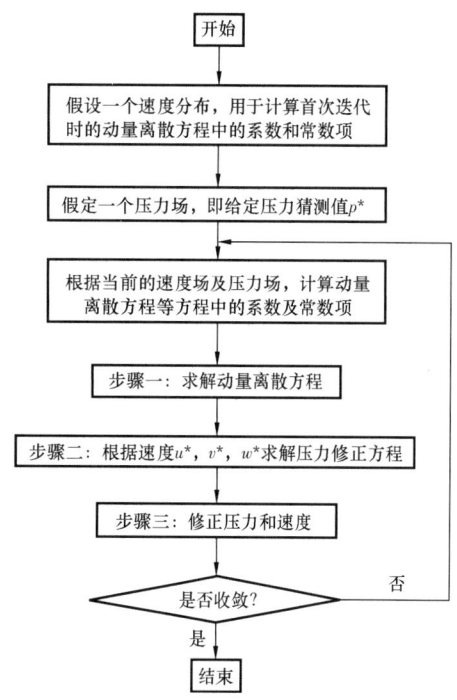

图 4.4　SIMPLE 算法示意图

以相对残差为准来判断平衡方程是否收敛,其定义为:

$$R(\Phi) = \frac{\sum |\alpha_p \Phi_p - (\alpha_e \Phi_e + \alpha_w \Phi_w + \alpha_n \Phi_n + \alpha_s \Phi_s + b)|}{\sum (|\alpha_p \Phi_p| + |\alpha_e \Phi_e| + |\alpha_w \Phi_w| + |\alpha_n \Phi_n| + |\alpha_s \Phi_s| + |b|)} \quad (4.62)$$

对于连续性方程,其相对残差定义为:

$$R(m) = \frac{\sum |b|}{m^*} \quad (4.63)$$

式中　b——压力校正方程的源项;

　　　m^*——系统内参比质量流量。

4.4　裂缝计算流体域的网格划分

4.4.1　复杂裂缝几何模型的建立

研究表明,与常规砂岩储层形成的单一平面裂缝相比,页岩储层改造所采用的体积压裂技术所产生的水力裂缝形态更为复杂。这是因为页岩储层中广泛存在着天然裂缝,在储层中有三种天然裂缝模式:延伸、垂直于主裂缝壁面的剪切滑移和平行于主裂缝的剪切滑移。因此,页岩储层中所产生的复杂裂缝网络结构不能再用单一的常规平面裂缝来描述,而是由具有不规则形态,不同长、高、宽裂缝组合形成的复杂裂缝网络。Renshaw 和 Pollard 研究了水力裂缝与天然裂缝之间的相互作用,他们提出了裂缝之间相互正交的理论。Gu 等将 Renshaw 和 Pollard 的研究扩展到了一个非正交的情况。图 4.5 显示了水力裂缝与天然裂缝之间的 6 种不同的相互作用模式。

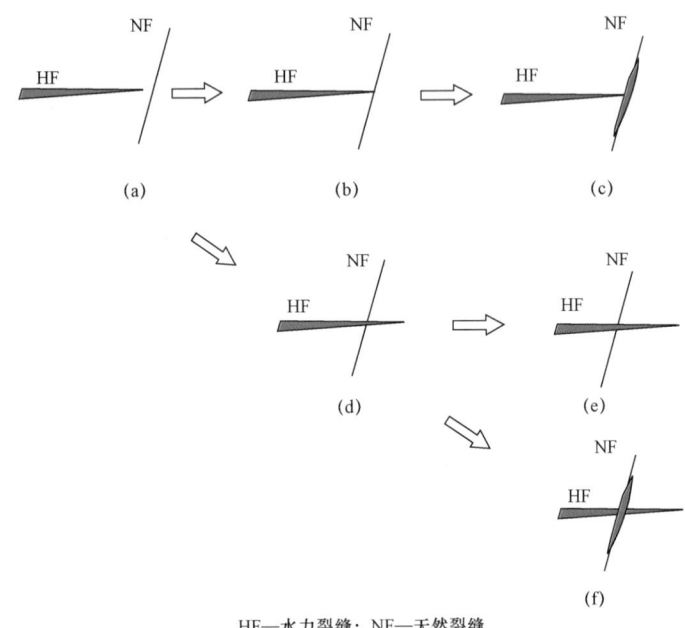

HF—水力裂缝;NF—天然裂缝

图 4.5　天然裂缝与水力裂缝的相交形态
(a)水力裂缝逼近天然裂缝,未接触;(b)水力裂缝与天然裂缝相接触;(c)水力裂缝穿过天然裂缝;
(d)水力裂缝与天然裂缝接触后转向天然裂缝;(e)天然裂缝保持闭合;(f)水力裂缝与天然裂缝同时生长

本书在国内外学者页岩储层裂缝形态表征的基础上,简化复杂网络裂缝形态,对页岩储层中水力裂缝与天然裂缝之间的相互作用关系作出如下假设,以期建立储层复杂裂缝基本几何模型:

(1)天然裂缝与水力裂缝之间存在着正交与非正交的情况;

(2)水力裂缝与天然裂缝相交后出现三种情况:① 水力裂缝在天然裂缝处发生转向,水力裂缝停止延伸,天然裂缝开始生长;② 水力裂缝直接穿过天然裂缝并沿着原方向继续延伸;③ 水力裂缝与天然裂缝同时生长。

(3)在整个压裂过程中,不考虑压裂液的滤失和压裂液状态的改变;

(4)裂缝延伸过程中缝高为常数,所有裂缝假设为矩形缝。

经典压裂理论认为,复杂裂缝中次缝的缝宽明显小于主缝的缝宽,在本书中,主缝的宽度设为6mm,次缝的宽度设为3mm。为了研究自悬浮支撑剂在复杂裂缝中的运移规律,根据以上假设并结合国内外学者建立的复杂裂缝模型,考虑到计算机性能,并且采用相似理论可以使用小尺寸裂缝模型代表地层尺寸裂缝模型,建立了如图4.6所示的复杂裂缝的具有不同特征的基本裂缝几何模型。

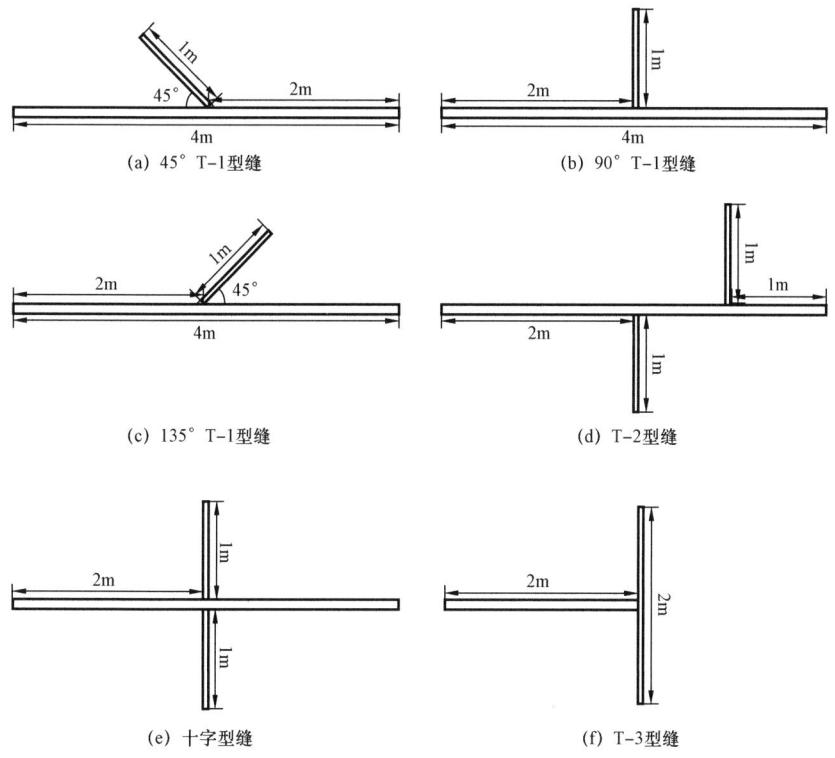

图4.6　复杂裂缝模型示意图

在本书所建立的复杂裂缝模型中,次缝缝长为1m,主缝缝长为4m,主缝与次缝的缝高均设为0.6m。为了模拟裂缝斜交的影响,建立了三种角度的T型裂缝模型。根据图4.6所建立的复杂裂缝模型,建立了如图4.7所示的三维裂缝模型。

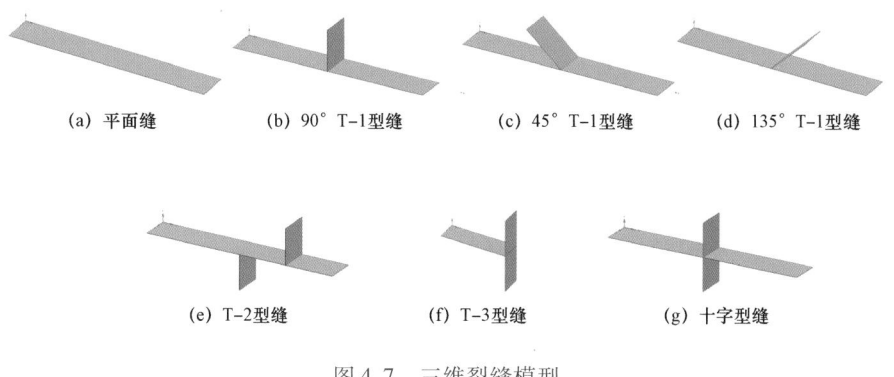

图4.7　三维裂缝模型

4.4.2 计算流体域的网格划分

在本书中,裂缝为由规则的矩形结构组合而成,因此计算区域较为简单,所以使用六面体结构网格进行网格划分。同时在裂缝模型的出入口、近壁面处以及主缝与次缝的交接处对网格进行加密,裂缝计算流体域的网格划分如图4.8所示。

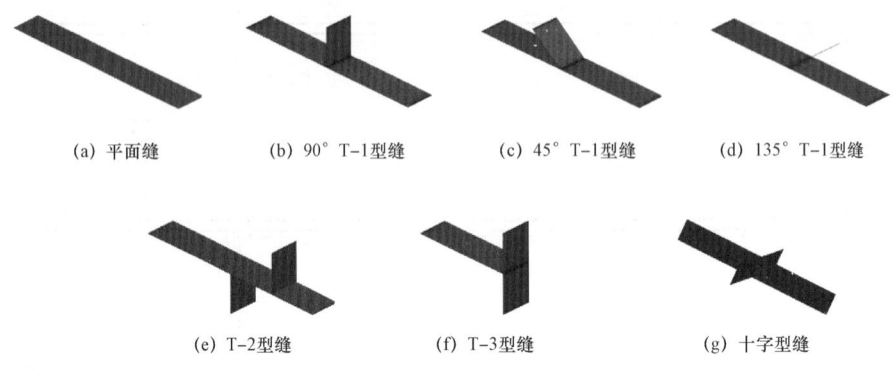

(a) 平面缝   (b) 90° T-1型缝   (c) 45° T-1型缝   (d) 135° T-1型缝

(e) T-2型缝   (f) T-3型缝   (g) 十字型缝

图4.8　计算流体域网格划分示意图

4.5 模型验证

Aboushabana 和 Goldstein 等为了研究自悬浮支撑剂的携砂效率,进行了平板裂缝内自悬浮支撑剂与常规北方白砂输送对比实验。实验装置原理图如图4.9所示。平板裂缝的几何尺寸为缝长 2.4m × 缝高 0.3m × 缝宽 8mm。入口为40个直径为9mm的圆形孔眼,以模拟携砂液通过井筒射孔孔眼进入裂缝的过程。

图4.9　平板裂缝实验装置示意图

在可视化平板裂缝模拟实验中,Aboushabana 和 Goldstein 等进行了以下4组实验的对比分析:

(1)浓度分别为6%和18%的自悬浮支撑剂在清水中的运移;

(2)浓度分别为6%和18%的常规北方白砂在清水中的运移。

相关实验参数见表4.6。

为了验证该模型的正确性,将前文所建立的单一平面裂缝模型用于数值模拟分析,裂缝几何尺寸为缝长 4m × 缝高 0.6m × 缝宽 6mm,使用 workbench 进行建模并进行网格划分,如图4.10所示,其中网格在入口和出口端较密,中部较为稀疏。

表 4.6　平板裂缝中支撑剂运移模拟参数

方案编号	支撑剂类型	注入流量（L/s）	支撑剂密度（kg/m）³	膨胀倍数	支撑剂粒径（mm）	支撑剂浓度（%）	压裂液密度（kg/m）³	压裂液黏度（mPa·s）
1	自悬浮支撑剂	0.756	1410	4	0.95	6	1000	10
2	自悬浮支撑剂	0.756	1410	4	0.95	18	1000	10
3	北方白砂	0.756	2800	1	0.6	6	1000	1
4	北方白砂	0.756	2800	1	0.6	18	1000	1

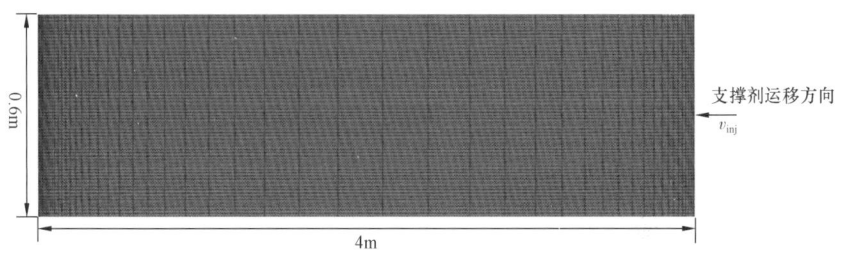

图 4.10　平面裂缝网格示意图

　　该模型输入参数与 Aboushabana 和 Goldstein 等实验所取参数相同,图 4.11 为支撑剂浓度为 6% 条件下 Aboushabana 等人的平板裂缝实验结果与本书所用模型在不同时间的模拟结果对比,对比发现,在不同时间模拟所得砂堆形态与实验所的砂堆形态基本相同,只是实验所得砂堆距离入口较远,而模拟所得砂堆距离入口较近,但总体来看,最终所得砂堤形态基本相同。

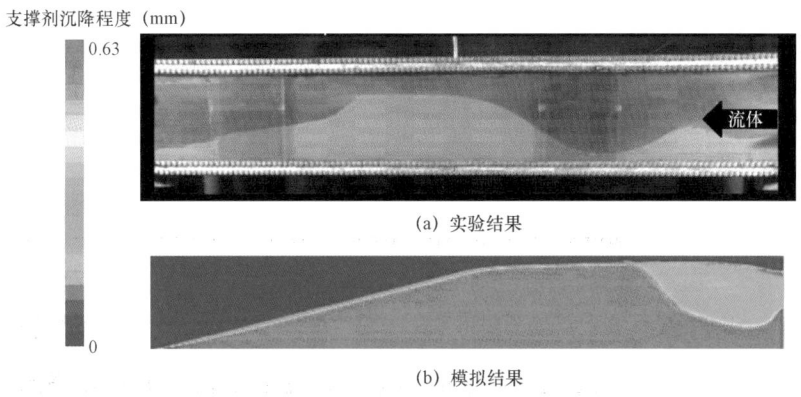

图 4.11　常规支撑剂浓度为 6% 时实验与本书数值模拟对比

　　在图 4.11 中,支撑剂在裂缝入口端迅速沉降,形成砂堤,然后砂堤逐渐生长直到达到平衡高度,流动通道减小,压裂液流速增加,可以带动支撑剂在砂堆背面沉降,砂堆继续生长。但在此流动条件下,沉降的支撑剂基本不再流动,且容易造成砂堵。

　　在图 4.12 中,通过实验和数值模拟结果可以看到,在低支撑剂浓度条件下,自悬浮支撑剂在输送过程中仅有少部分支撑剂沉降,在裂缝底部形成薄薄的沙丘。但因为沙丘厚度很小,且已沉降的支撑剂仍然具有流动性,支撑剂运移效率明显优于常规支撑剂。

　　在图 4.13 的高支撑剂浓度条件下,在砂堆上流体的流动速度理论上仍然可以携带支撑剂,但是,支撑剂大量沉降在进口附近,不能向地层深部运移。

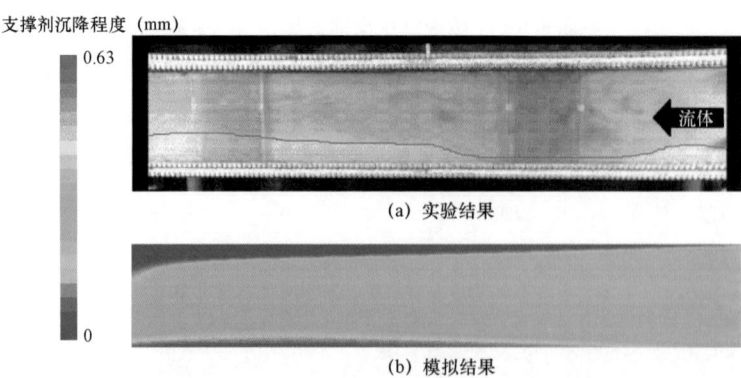

图 4.12 自悬浮支撑剂浓度为 6% 时实验与本书数值模拟对比

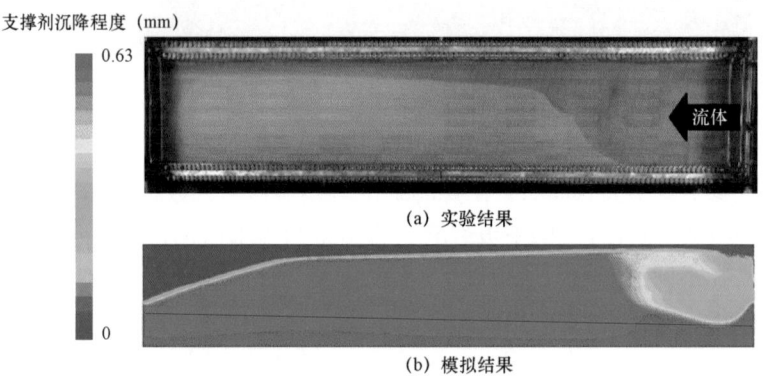

图 4.13 常规支撑剂浓度为 18% 时实验与本书数值模拟对比

在图 4.14 中,自悬浮支撑剂在高浓度条件下充满整个裂缝,并且以活塞流的形式输送支撑剂,大大提高支撑剂输送效率。

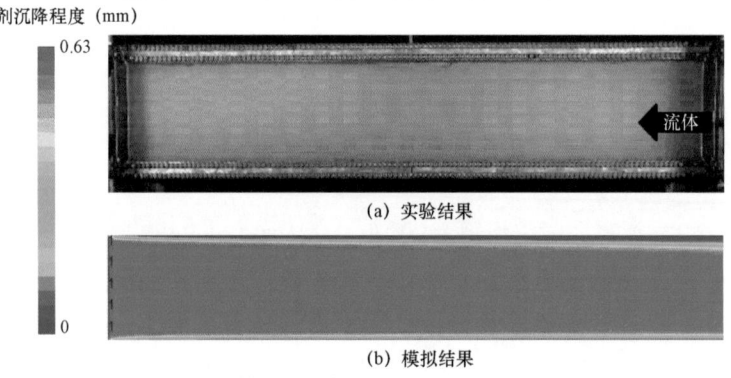

图 4.14 自悬浮支撑剂浓度为 18% 时实验与本书数值模拟对比

对比实验和本书数值模拟结果可以发现,数值模拟结果与实验结果基本一致,模拟结果可以较为准确地反应支撑剂(常规、自悬浮)在裂缝中的运移过程。因此本书所采用的数值模型具有可行性。

第5章　平面裂缝中自悬浮支撑剂的运移规律

为了研究自悬浮支撑剂在复杂裂缝中的输送运移规律,本章首先对比研究自悬浮支撑剂与常规支撑剂在单一平面裂缝中的运移规律,得到自悬浮支撑剂在平面裂缝中的输送机理。并分析不同输入参数对自悬浮支撑剂在裂缝中输送规律的影响。

5.1　平面裂缝模拟参数

单一平面裂缝的几何尺寸为 4m × 0.6m × 6mm。在本模型中入口端位于裂缝的最右侧,三个矩形入口均匀分布(其中顶部入口距离裂缝顶部 120mm,中间入口位于缝高正中间位置,底部入口距离裂缝底部 120mm),每个入口的尺寸均为 40mm × 6mm,裂缝左侧全部开启作为恒定压力出口。

因为裂缝模型为规则的矩形裂缝,因此采用正六面体网格对计算流体域进行网格划分,并且在模型的入口和出口端以及近壁面处进行了局部加密。其中裂缝长度方向总共划分了 200 个网格,裂缝高度方向总共划分了 60 个网格,裂缝宽度方向总共划分了 6 个网格,平面裂缝的网格总数为 72000 个。

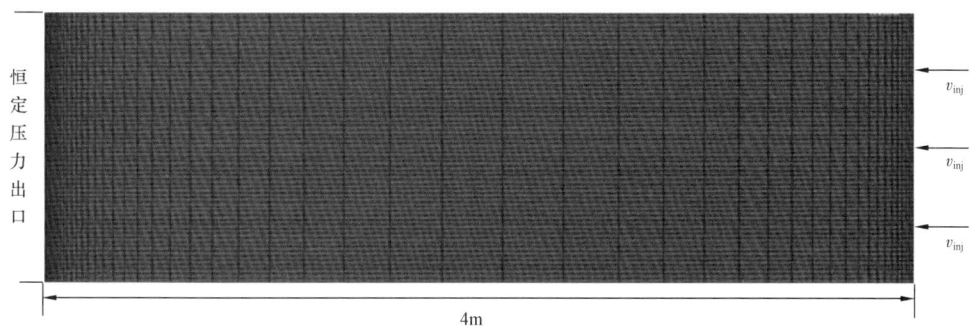

图 5.1　平面裂缝示意图

自悬浮支撑剂体系携砂液的性能参数采用前文实验所得上清液的参数,因为在模型验证中发现,当体系黏度较高时,自悬浮支撑剂在运移过程中几乎不沉降,对重力不敏感。因此,为了研究各种参数对自悬浮支撑剂运移的影响,将压裂液黏度设为 5mPa·s,以提高其敏感性。压裂液密度全部取为水的密度,为 998.2kg/m³。自悬浮支撑剂膨胀前后以及常规支撑剂颗粒均假设为均匀球形,支撑剂颗粒粒径采用平均粒径。相关参数见表 5.1。

表 5.1　单一平面裂缝模型支撑剂输入参数

支撑剂类型	注入流速（m/s）	支撑剂密度（kg/m³）	膨胀倍数	支撑剂粒径（mm）	支撑剂浓度（%）	压裂液黏度（mPa·s）
自悬浮	0.8	1200	4	0.71	5	5
常规	0.8	2800	1	0.45	20	5

5.2　运移规律分析

自悬浮支撑剂的运移规律与常规支撑剂的运移规律不同,因为自悬浮支撑剂在运移过程中沉降量极少,不会形成稳定沙堆,所有支撑剂在整个压裂过程中几乎都可以运动,因此不能用砂堆平衡高度等参数对自悬浮支撑剂的运移进行描述。选择使用支撑剂输送前缘浓度梯度的斜率(G_c)描述自悬浮支撑剂运移规律,斜率越小,支撑剂的输送越接近于活塞流,压裂液携砂性能越好。为了统一标准,浓度梯度的斜率均取输送最前缘到达出口处时的斜率。

在不饱和条件下,自悬浮支撑剂在运移过程中会有部分砂体发生沉降,形成薄薄的一层沙丘,但已沉降的支撑剂在轻微扰动下仍然具有流动性。不同条件下,支撑剂的沉降量不同,沙丘的厚度也不同,因此可以将沙丘的形状作为自悬浮支撑剂输送效果优劣的另一个评价标准。为了统一标准,同样取输送最前缘到达出口处时的沙丘形态进行比较。

如图 5.2 所示,在自悬浮支撑剂运移中,随着携砂液的注入,因为重力作用,很少的一部分支撑剂会沉降在裂缝底部形成一层很薄的沙丘,但大部分支撑剂保持悬浮在压裂液中,随着压裂液向裂缝深部运移。随着压裂液的进一步注入,发现输送前缘支撑剂浓度梯度很快到达稳定状态,而已沉降的支撑剂也在向裂缝深部继续运移,说明已沉降的自悬浮支撑剂仍然具有流动性,这些性质可以大大提高自悬浮支撑剂体系的携砂效率。

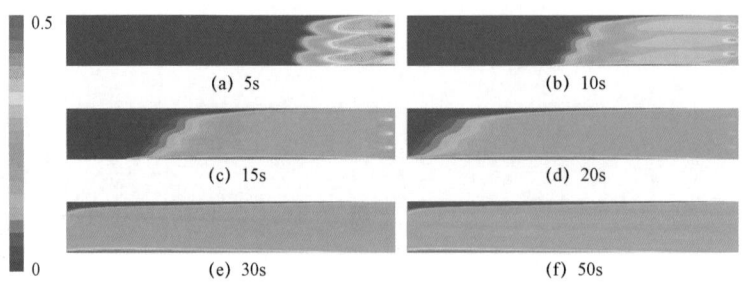

图 5.2　平面缝中自悬浮支撑剂运移形态

如图 5.3 所示,在常规支撑剂运移中,随着携砂液进入裂缝,支撑剂在裂缝入口端迅速沉降并形成沙堤,沙堤高度随着压裂液的注入而增大,并且在入口端逐渐达到平衡高度。当沙堤达到平衡高度后,压裂液流动区域减小,携砂能力增强,可以携带支撑剂到沙堤的背面从而向裂缝深部运移。但这种运移方式携砂能力弱,所形成的有效支撑裂缝长度短。并且对比图 5.2 和图 5.3 的支撑剂浓度分布发现,自悬浮支撑剂缝底沙丘的最大固相浓度为 0.5,而常规支撑剂缝底沙堆的最大固相浓度为 0.63,说明常规支撑剂的铺砂浓度更大。

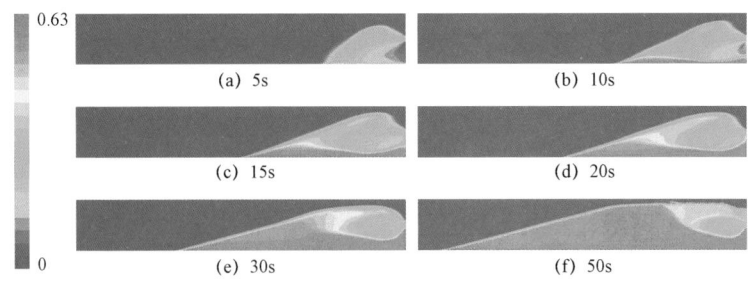

图 5.3　平面缝中常规支撑剂运移形态

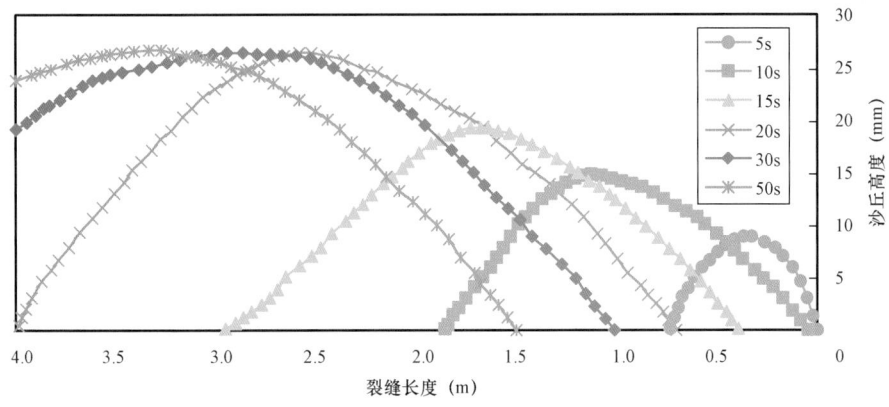

图 5.4　不同时间缝底沙丘形态

　　图 5.4 所示为自悬浮支撑剂在平面裂缝输送过程中不同时间缝底沙丘的形态。可以发现,沙丘高度随着携砂液的注入逐渐升高,然后达到稳定状态,沙丘高度不再继续增加,类似于常规支撑剂输送过程中的"平衡高度",而是保持这个高度继续向裂缝深部运移。沙丘的长度随着压裂液的注入逐渐向前生长变长。而沙丘后缘(即靠近入口端的沙丘)随着压裂液的注入逐渐向前推进。

　　由图 5.5 可知,在运移过程中,自悬浮支撑剂在运移方向上的整个裂缝区域内均可流动,流动通道与常规支撑剂体系相比大大增加,并且裂缝底部的沙丘在其上方压裂液和支撑剂的带动下流动速度不为零,如图 5.6 所示,也可以向裂缝深部继续流动。

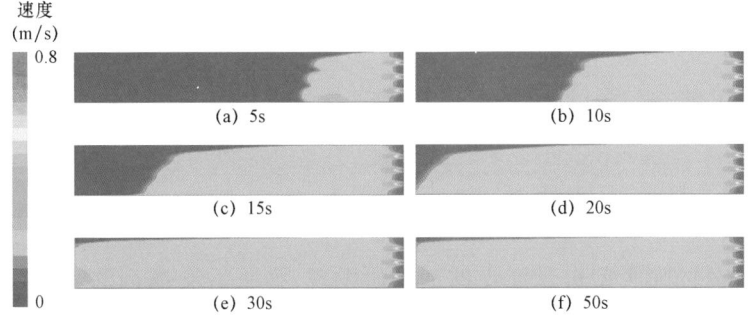

图 5.5　平面缝中自悬浮支撑剂速度云图

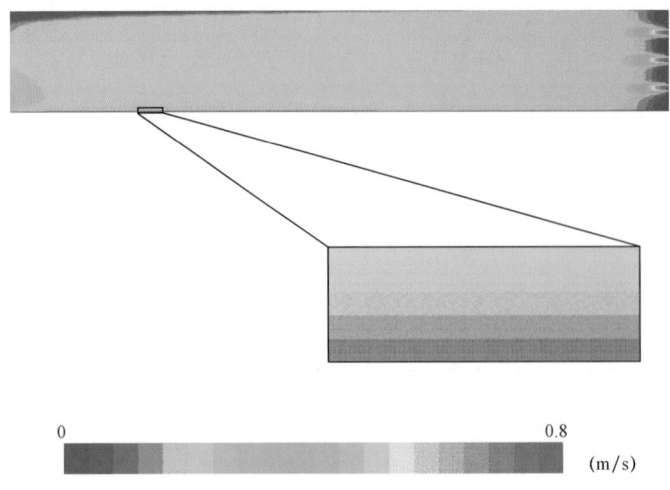

图 5.6　裂缝底部支撑剂速度云图

由图 5.7 可知,自悬浮支撑剂输送前缘浓度梯度的斜率为 25°,明显小于常规支撑剂输送前缘浓度梯度的斜率(69°),说明自悬浮支撑剂在运移过程中悬浮性能优于常规支撑剂,有利于支撑剂的输送。

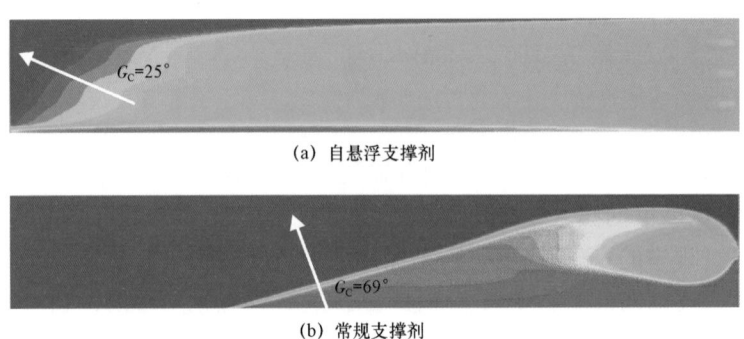

(a) 自悬浮支撑剂

(b) 常规支撑剂

图 5.7　支撑剂输送前缘浓度梯度的斜率

对比自悬浮支撑剂与常规支撑剂的浓度分布发现,由于自悬浮支撑剂的运移效果很好,支撑剂能够很容易被输送到裂缝深部,但是在井筒附近无支撑剂堆积或堆积量很少。因此,在压裂后期应该尾追大颗粒常规支撑剂防止缝口闭合。

5.3　支撑剂类型对支撑剂运移规律的影响

5.3.1　支撑剂密度对支撑剂运移规律的影响

经过对国内外的膨胀型自悬浮支撑剂调研发现,膨胀后支撑剂的有效视密度的范围为 $1200 \sim 1400 \text{kg/m}^3$,因此本模型分别采用 1200kg/m^3,1300kg/m^3 和 1400kg/m^3 三种密度来研究支撑剂密度对自悬浮支撑剂运移形态的影响。参数设置见表 5.7。

表 5.2　支撑剂密度对支撑剂运移规律影响研究的输入参数

注入流速(m/s)	支撑剂密度ρ_p(kg/m³)	膨胀倍数	支撑剂粒径(mm)	支撑剂浓度(%)	压裂液黏度(mPa·s)
0.8	1200	4	0.71	5	5
0.8	1300	4	0.71	5	5
0.8	1400	4	0.71	5	5

图 5.8 至图 5.10 所示为支撑剂密度为 1200kg/m³ 时缝内不同时间固相浓度分布示意图,从图中可以看到,压裂液注入裂缝后,输送前缘以波浪形状向前推进,并逐渐达到稳定状态。在携砂液注入过程中大部分支撑剂悬浮在压裂液中并向裂缝深部运移,只有极少部分支撑剂沉降在缝底形成砂丘,但已沉降的砂丘仍然具有流动性。压裂液注入的初始阶段入口端支撑剂浓度较高,远端较低,但随着时间的推移,支撑剂逐渐充满整个裂缝,在 30s 后,裂缝中的支撑剂达到稳定状态,支撑剂以一种稳定的状态向前推进。

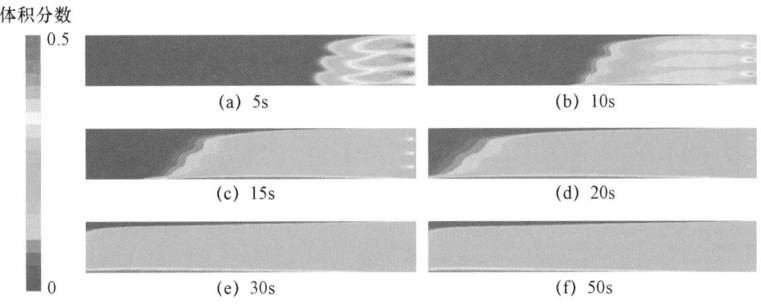

图 5.8　不同时间支撑剂体积分布($\rho_p = 1200\text{kg/m}^3$)

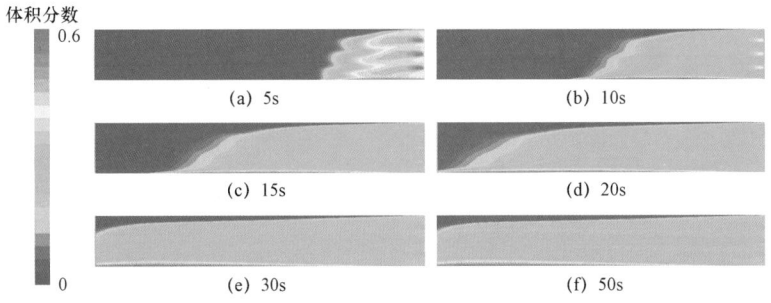

图 5.9　不同时间支撑剂体积分布($\rho_p = 1300\text{kg/m}^3$)

随着支撑剂密度的增加,沙丘体积分数增加,支撑剂密度为 1200kg/m³ 固相最大体积分数为 0.5,支撑剂密度为 1300kg/m³ 和 1400kg/m³ 时最大体积分数为 0.6。分析比较不同支撑剂密度的影响发现,随着支撑剂密度的增加,支撑剂发生沉降的趋势增加,压裂液注入 5s 时,发现密度大的支撑剂沉降量更大。但因为已沉降的支撑剂仍然具有流动性,所以沙丘生长到一定高度后便不会继续生长。不同支撑剂密度下的沙丘形态如图 5.11 所示,沙丘的高度随着支撑剂密度的增加而增加,但差距很小(<10mm)。

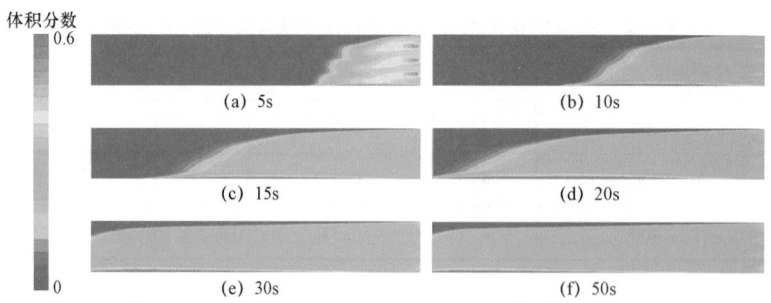

图 5.10　不同时间支撑剂体积分布（$\rho_p = 1400 \text{kg/m}^3$）

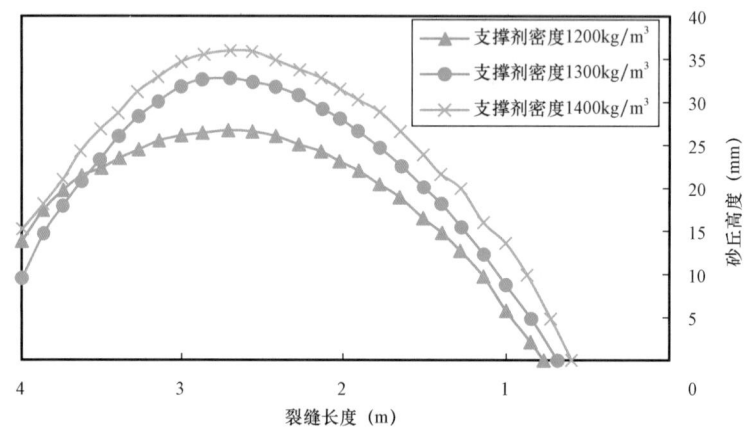

图 5.11　不同支撑剂密度下的沙丘形态

不同密度支撑剂输送前缘浓度梯度的斜率如图 5.12 所示,随着支撑剂密度的增加,输送前缘的斜率有所增加,说明随着支撑剂密度的增加,自悬浮支撑剂体系流动性能变差,携砂性能变差。

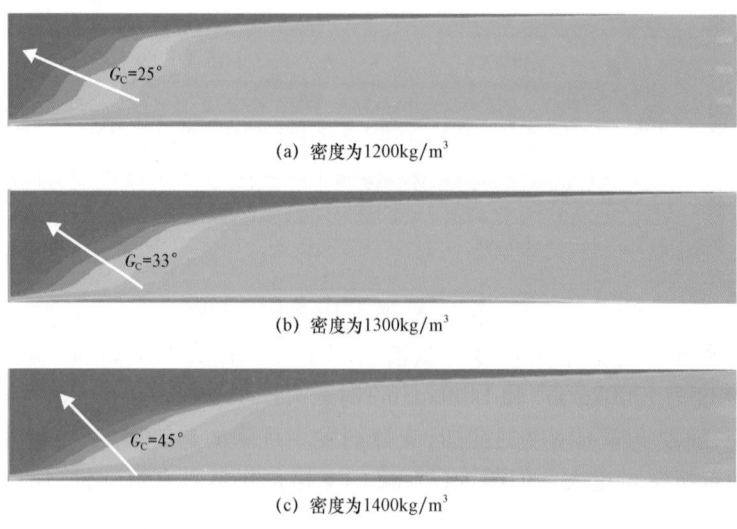

图 5.12　不同密度支撑剂输送前缘浓度梯度的斜率

5.3.2　膨胀倍数(支撑剂粒径)对支撑剂运移规律的影响

膨胀型自悬浮支撑剂的膨胀倍数为 2~10 倍,选择膨胀倍数分别为 4 倍、6 倍和 8 倍的支撑剂,以研究膨胀倍数对支撑剂运移规律的影响,输入参数设置见表 5.3。

表 5.3　膨胀倍数对支撑剂运移规律研究的输入参数

注入流速(m/s)	支撑剂密度(kg/m³)	膨胀倍数	支撑剂粒径(mm)	支撑剂浓度(%)	压裂液黏度(mPa·s)
0.8	1200	4	0.71	5	5
0.8	1200	6	0.82	5	5
0.8	1200	8	0.9	5	5

图 5.13 至图 5.15 所示为当膨胀倍数不同时支撑剂体积分布随时间的变化。在三种条件下,支撑剂运移形态基本相同,支撑剂输送前缘以波浪形状向前推进,大部分支撑剂都能在运移过程中保持悬浮在压裂液中,少量支撑剂会沉降在缝底形成可流动沙丘。

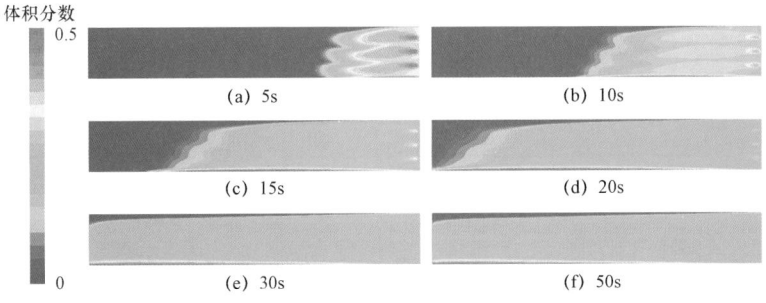

图 5.13　不同时间支撑剂体积分布($d_p = 0.71\mathrm{mm}$)

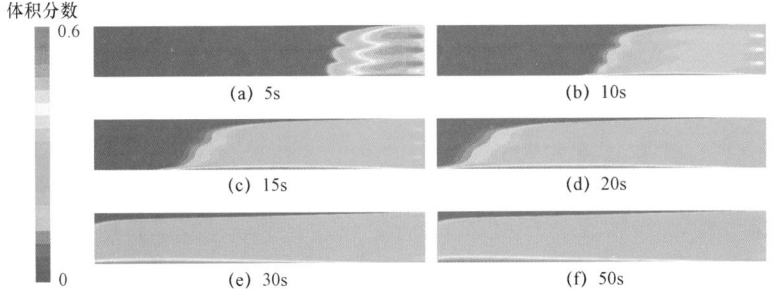

图 5.14　不同时间支撑剂体积分布($d_p = 0.82\mathrm{mm}$)

图 5.16 所示为不同粒径下支撑剂输送前缘浓度梯度的斜率。随着支撑剂粒径的增加,输送前缘浓度梯度的斜率有所增加,但增加的幅度非常小,说明支撑剂颗粒的直径对支撑剂的运移性能影响较小。

不同膨胀倍数下的沙丘形态如图 5.17 所示,膨胀倍数越大(即支撑剂粒径越大)沙丘高度越高,但同一时间的沙丘更靠近裂缝深部,这是因为颗粒越大的支撑剂越容易受到上方压裂液与支撑剂的影响而被携带流动。

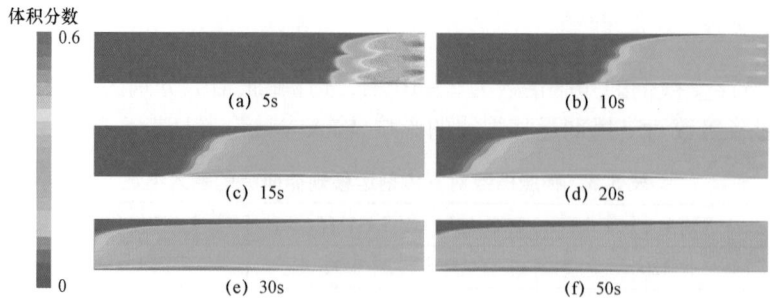

图 5.15　不同时间支撑剂体积分布（$d_p = 0.9\,\text{mm}$）

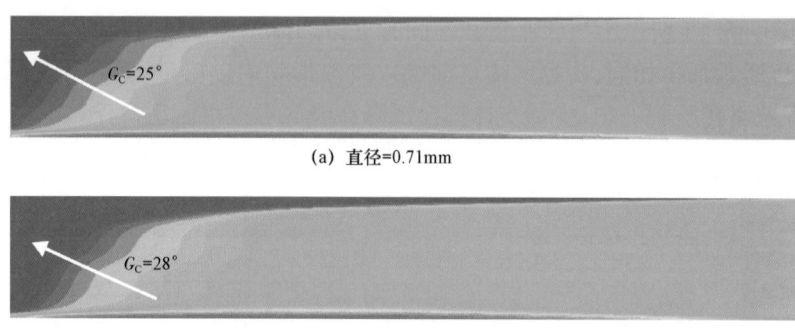

图 5.16　不同支撑剂粒径输送前缘浓度梯度的斜率

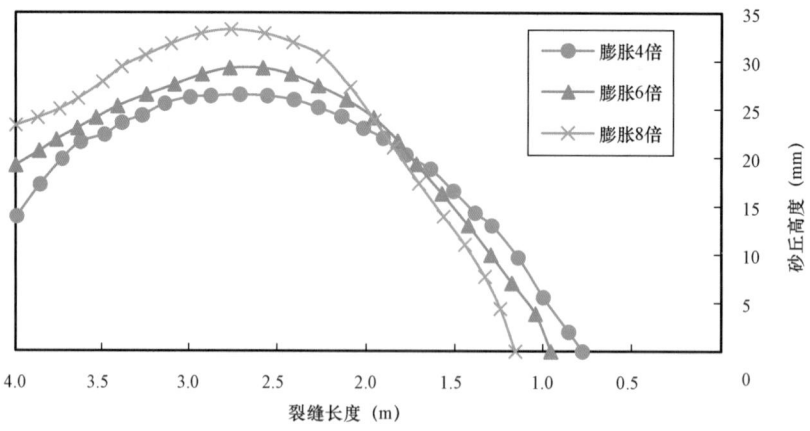

图 5.17　不同膨胀倍数下的沙丘形态

5.4 注入速度对支撑剂运移规律的影响

分别选择注入速度为0.4m/s,0.8m/s和1.2m/s的三种工况模拟注入速度对支撑剂运移规律的影响,其参数设置见表5.4。选择以注入固相体积相同为参照。

表 5.4   注入速度对支撑剂运移规律的影响研究输入参数

注入流速(m/s)	支撑剂密度(kg/m³)	膨胀倍数	支撑剂粒径(mm)	支撑剂浓度(%)	压裂液黏度(mPa·s)
0.4	1200	4	0.71	5	5
0.8	1200	4	0.71	5	5
1.2	1200	4	0.71	5	5

为了对比研究不同注入速度对自悬浮支撑剂运移规律的影响,以注入支撑剂体积相同为参照依据,不同注入速度下各时间缝内支撑剂体积分布如图5.18至图5.20所示。当注入速度较小时,注入的支撑剂很快发生沉降,且输送前缘支撑剂浓度梯度的斜率较大。随着注入速度的增加,支撑剂的悬浮性能变好,支撑剂的运移形态逐渐由底部指进向活塞式运移转变。并且随着注入速度的增加,缝内支撑剂的最大体积分数逐渐减小。

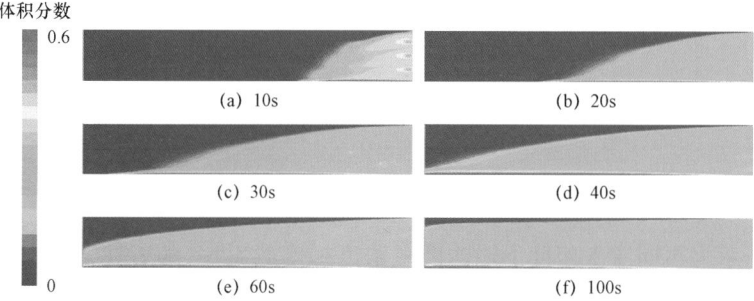

图 5.18   不同时间支撑剂体积分布(注入速度为0.4m/s)

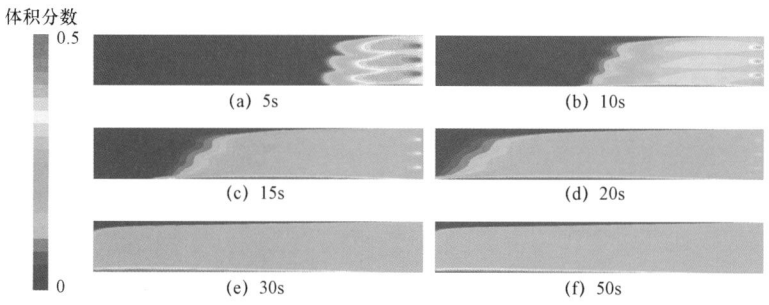

图 5.19   不同时间支撑剂体积分布(注入速度为0.8m/s)

不同注入速度下的沙丘形态如图5.21所示,随着注入速度的增加,缝底沙丘形态由长且高变为短且矮,这是因为随着注入速度的增加,缝底支撑剂更容易被沙丘上方压裂液和支撑剂所携带。虽然注入速度较小时,缝底沉降的支撑剂更多,但与高注入速度相比相差不大,大部

体积分数

0.5

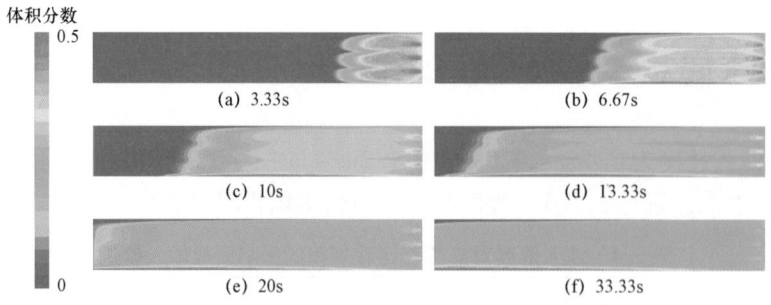

0

图 5.20　不同时间支撑剂体积分布(注入速度为 1.2m/s)

分支撑剂仍然能够保持悬浮在压裂液中,说明自悬浮支撑剂的输送对于速度的要求不高,在现场施工时可以降低泵速,降低对设备的要求。

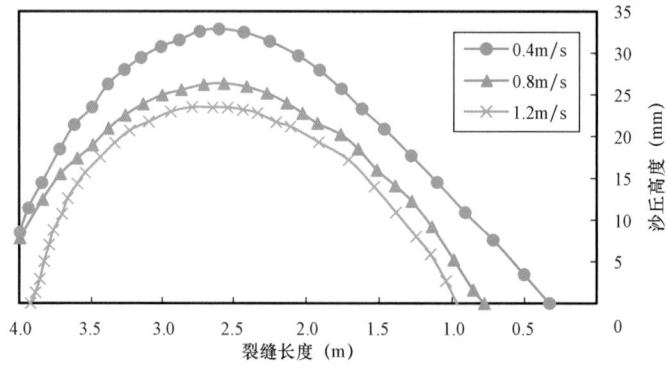

图 5.21　不同注入速度下的沙丘形态

图 5.22 所示为不同注入速度下输送前缘浓度梯度的斜率,随着注入速度的增加,输送前缘浓度梯度的斜率变小,并且减小的幅度很大,在缝宽截面上的速度更加均匀,运移效率更高。

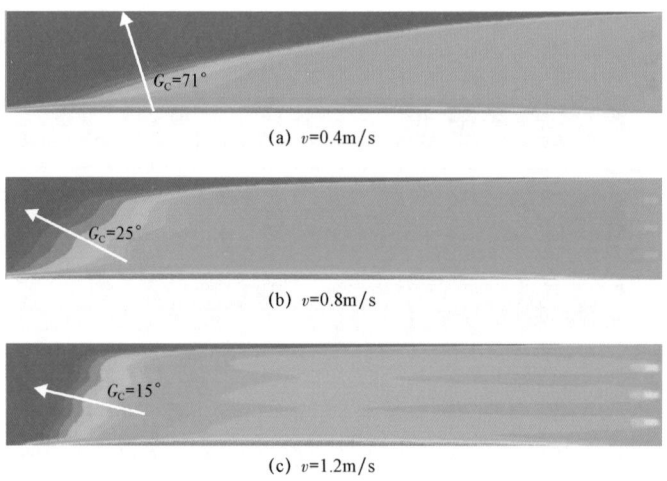

图 5.22　不同注入速度下输送前缘浓度梯度的斜率

5.5　支撑剂浓度对支撑剂运移规律的影响

根据前文所述可知,当支撑剂浓度达到自悬浮支撑剂悬浮临界浓度(即饱和)时,缝内支撑剂呈活塞式推进,无支撑剂沉降。因此,选择支撑剂浓度分别为 5% ,10% 和 15% 用于研究支撑剂浓度对运移规律的影响。其参数设置见表 5.5。

表 5.5　支撑剂浓度对支撑剂运移规律的影响研究输入参数

注入流速(m/s)	支撑剂密度(kg/m³)	膨胀倍数	支撑剂粒径(mm)	支撑剂浓度(%)	压裂液黏度(mPa·s)
0.8	1200	4	0.71	5	5
0.8	1200	4	0.71	10	5
0.8	1200	4	0.71	15	5

图 5.23 至图 5.25 所示为不同支撑剂浓度下各时间缝内支撑剂体积分布,随着支撑剂浓度的增加,输送前缘的运移形态由波浪形变为稳定楔形所需时间更短,并且随着支撑剂浓度的增加,发生沉降的支撑剂量不会增加,大部分的支撑剂都能够保持悬浮在压裂液中向裂缝深部运移。

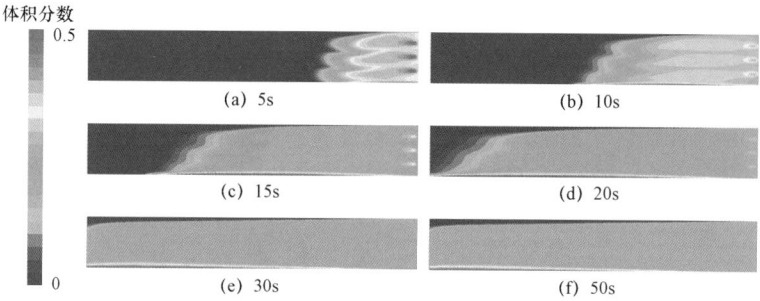

图 5.23　不同时间支撑剂体积分布(支撑剂浓度为 5%)

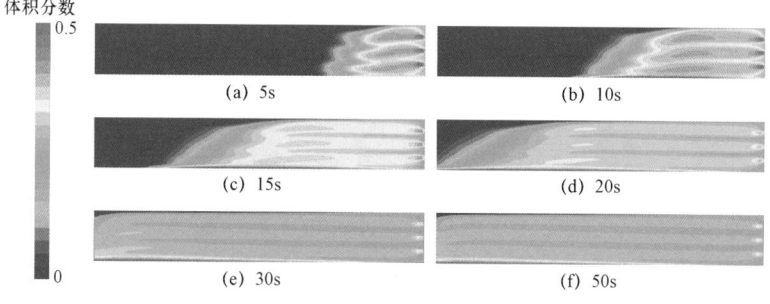

图 5.24　不同时间支撑剂体积分布(支撑剂浓度为 10%)

图 5.26 所示为不同支撑剂浓度下输送前缘浓度梯度的斜率,发现在不同支撑剂浓度条件下输送前缘浓度梯度的斜率随着支撑剂浓度的增加而增加。

体积分数

0.6

0

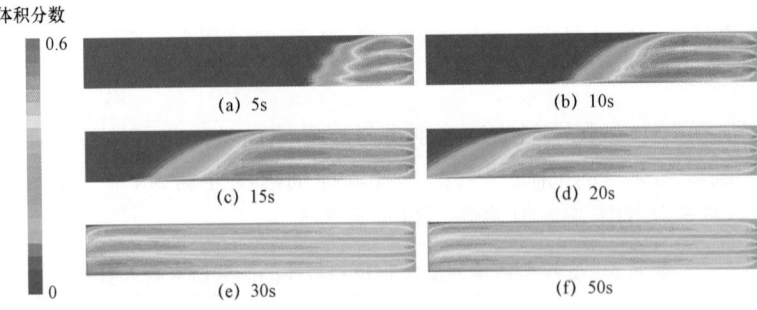

(a) 5s   (b) 10s

(c) 15s   (d) 20s

(e) 30s   (f) 50s

图 5.25　不同时间支撑剂体积分布(支撑剂浓度为15%)

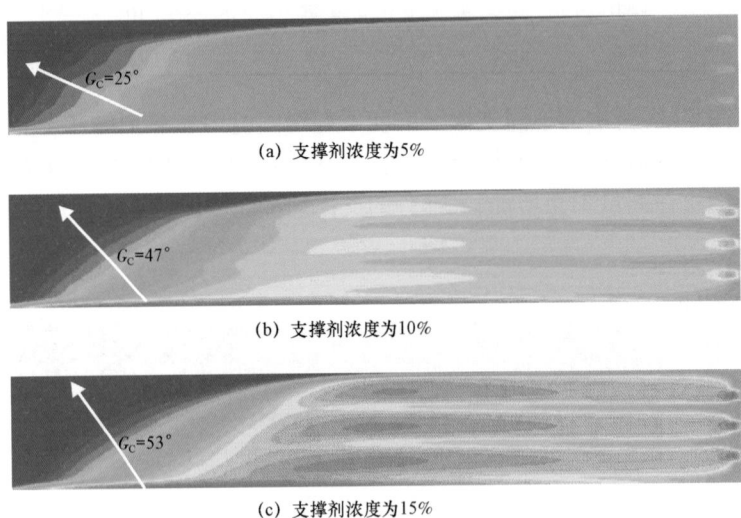

$G_c=25°$

(a) 支撑剂浓度为5%

$G_c=47°$

(b) 支撑剂浓度为10%

$G_c=53°$

(c) 支撑剂浓度为15%

图 5.26　不同支撑剂浓度下输送前缘浓度梯度的斜率

　　图 5.27 为不同支撑剂浓度下沙丘形态,随着支撑剂浓度的增加,缝底沙丘的高度有所降低,可能是因为缝内支撑剂浓度越高,颗粒之间的相互作用力越强。

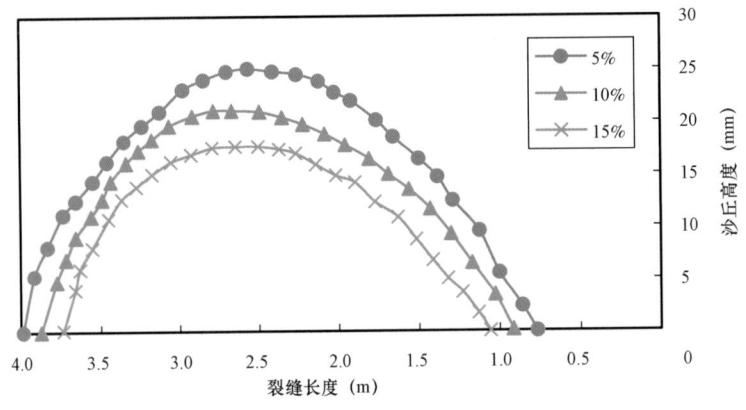

图 5.27　不同支撑剂浓度下的沙丘形态

5.6 压裂液黏度对支撑剂运移规律的影响

选择压裂液黏度分别为 5mPa·s,10mPa·s,15mPa·s 和 30mPa·s 用于研究压裂液黏度对支撑剂运移规律的影响。其参数设置见表 5.6。

表 5.6 压裂液黏度对支撑剂运移规律影响研究输入参数

注入流速(m/s)	支撑剂密度(kg/m³)	膨胀倍数	支撑剂粒径(mm)	支撑剂浓度(%)	压裂液黏度(mPa·s)
0.8	1200	4	0.71	5	5
0.8	1200	4	0.71	5	10
0.8	1200	4	0.71	5	15
0.8	1200	4	0.71	5	30

图 5.28 至图 5.31 所示为不同压裂液黏度下各时间支撑剂体积分布,随着压裂液黏度的增加,支撑剂悬浮性能逐渐增加,当黏度达到 30mPa·s 时,支撑剂几乎全部悬浮在压裂液中,以一种稳定的方式向裂缝深部推进,而根据前文实验所得数据可知,自悬浮支撑剂遇水膨胀后上清液的黏度均大于 30mPa·s,因此该种类型的自悬浮支撑剂在现场应用中将会具有很好的悬浮性能。

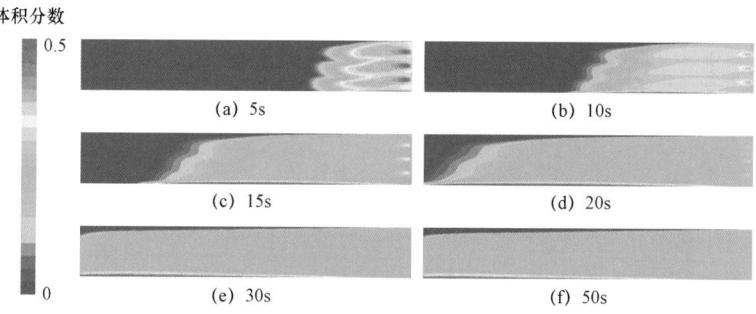

图 5.28 不同时间支撑剂体积分布(压裂液黏度为 5mPa·s)

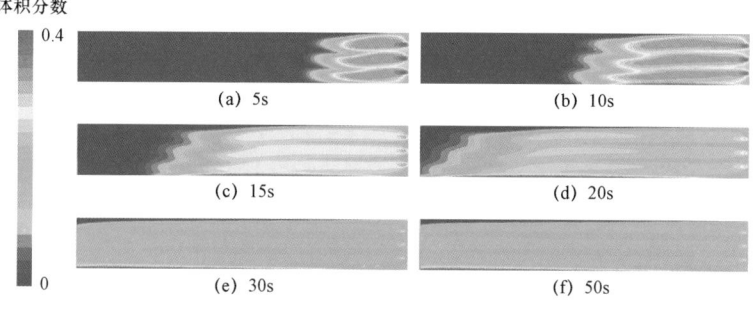

图 5.29 不同时间支撑剂体积分布(压裂液黏度为 10mPa·s)

体积分数

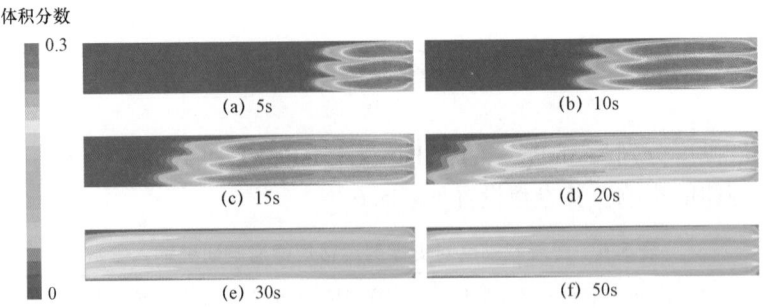

图 5.30　不同时间支撑剂体积分布(压裂液黏度为 15mPa·s)

体积分数

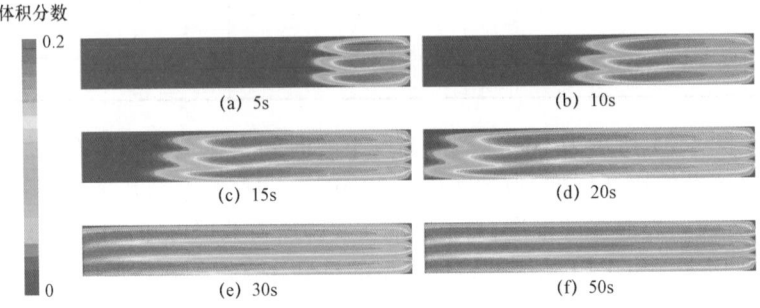

图 5.31　不同时间支撑剂体积分布(压裂液黏度为 30mPa·s)

　　图 5.32 所示为不同压裂液黏度下输送前缘浓度梯度的斜率,随着压裂液黏度的增加,输送前缘浓度梯度的斜率逐渐减小,说明自悬浮支撑剂体系的运移性能随着压裂液黏度的增加逐渐变好。

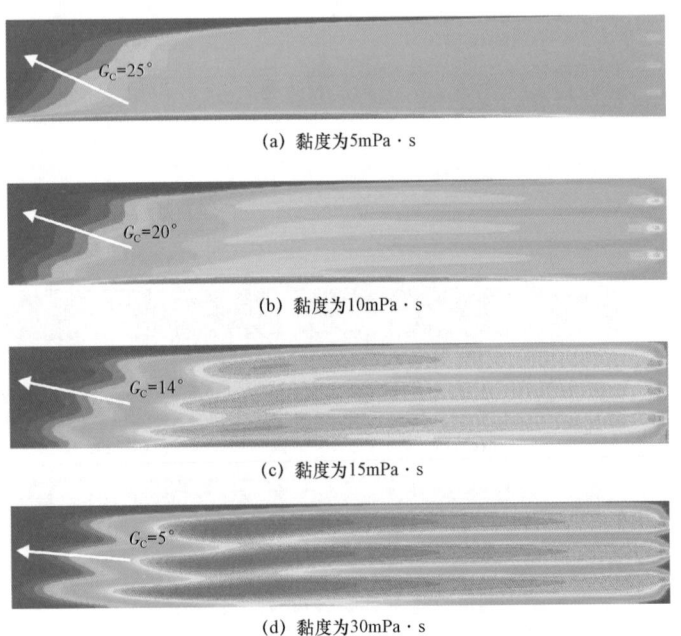

图 5.32　不同压裂液黏度下输送前缘浓度梯度的斜率

图 5.33 所示为不同压裂液黏度下的沙丘形态,随着压裂液黏度的增加,沙丘的长度和高度逐渐减小,当压裂液黏度增加到 30mPa·s 时,几乎无沙丘形成,说明压裂液几乎全部悬浮在压裂液中。

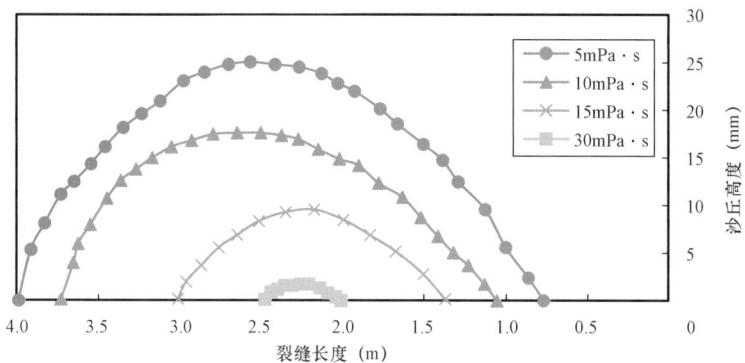

图 5.33　不同压裂液黏度下的沙丘形态

第6章 压裂液返排单相流压力递减规律

对常规三线性流动模型进行改进,考虑基质中压裂液直接流入水力裂缝再排出,建立了压裂液单相返排的数学模型,采用拉普拉斯变换方法求得压裂液单相返排过程中井底压力的解析解。

6.1 压裂液单相返排流动模型

低渗透裂缝性储层中微裂隙发育,但在地层条件下处于闭合状态而不具有导流能力,故需要对储层进行改造,使得水力裂缝沟通天然裂缝,形成复杂裂缝网络,如图6.1所示,压后通过改变流体的流动形态,达到降低渗流阻力的目的,从而使得低渗透裂缝性储层达到经济开采价值。

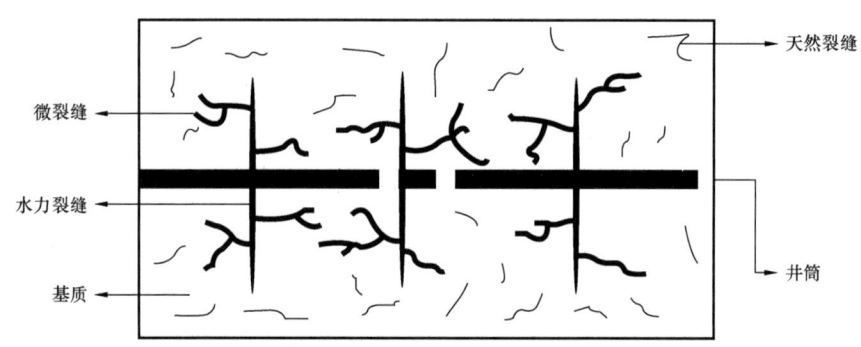

图6.1 低渗透裂缝性储层增产改造示意图

本章研究压裂液返排过程中流体流动规律时,借鉴了现阶段国内外大多采用的三线性流模型进行求解,该模型简化示意如图6.2所示,其中认为压裂液充满水力裂缝,张开天然微裂缝,且认为滤失进入储层的压裂液能够排出。其中箭头方向表示压裂液在返排过程中的流动方向,图中 y_e 表示水力裂缝的半缝长,X_e 表示水平井筒的长度,L_F 为水力裂缝之间的间距,L_f 为微裂缝之间的间距。

但常规的三线性流模型认为,流体只由基质流向天然微裂缝,再由天然微裂缝流入水力裂缝后经由水平井筒采出,本书建立的压裂液单相流动模型与常规三线性流模型不同之处在于该模型考虑了压裂液同时可由基质直接流入水力裂缝后经由水平井筒排出的过程,但还是忽略了压裂液由基质直接流向水平井筒而被采出的过程。与此同时,该模型的假设条件还有如下几点:

(1)整个返排过程均为单相微可压缩的压裂液的流动,认为其黏度恒定;

(2)天然微裂缝相互连通,且水力裂缝与天然微裂缝均为垂直缝;

（3）水力裂缝与水平井筒方向垂直,等间距分布,且裂缝参数一致,每条水力裂缝的流量均相同;

（4）整个流动过程为等温流动。

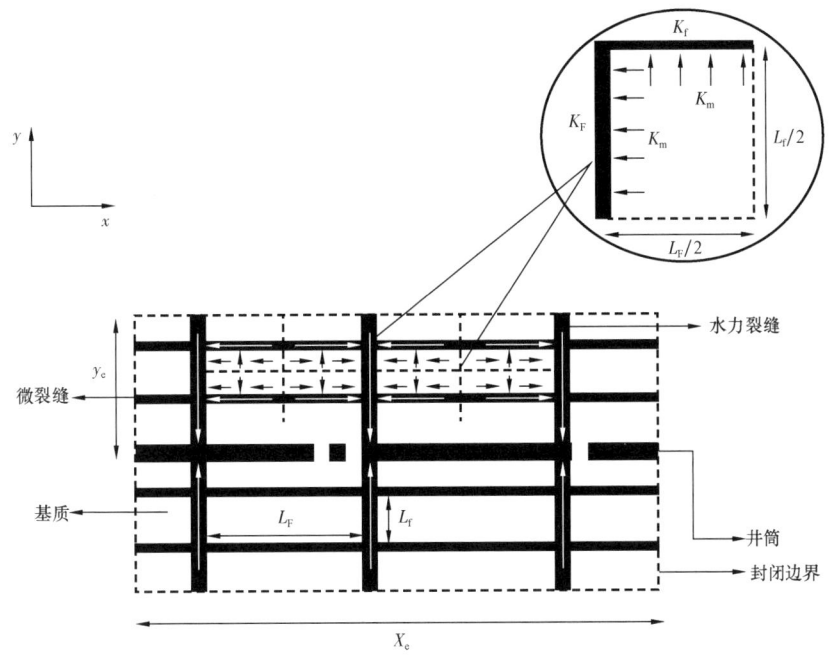

图 6.2　压裂液返排三线性流模型示意图

6.2　压裂液返排数学模型的建立与求解

6.2.1　模型的建立

本文认为基质压裂液在返排过程中可沿两个方向流动,即直接流入水力裂缝和经由天然微裂缝再到水力裂缝的流动,故将压裂液在基质中的二维流动转化为两个单向的流动过程,其中:下标 m 表示基质,下标 m_1 表示压裂液由基质向天然微裂缝中的流动,下标 m_2 表示压裂液由基质直接流入水力裂缝,下标 f 表示天然裂缝,下标 F 表示水力裂缝,以沿水平井筒方向为 x 轴,垂直水平井筒方向为 y 轴,建立如图 6.2 所示的直角坐标系,则其流动的微分方程为:

$$\frac{\partial^2 \Delta p_{m_1}}{\partial y^{*2}} = \frac{\mu \, (\phi C_t)_{m_1}}{K_{m_1}} \frac{\partial \Delta p_{m_1}}{\partial t}$$

$$\frac{\partial^2 \Delta p_{m_2}}{\partial x^{*2}} = \frac{\mu \, (\phi C_t)_{m_2}}{K_{m_2}} \frac{\partial \Delta p_{m_2}}{\partial t}$$

(6.1)

式中　μ——压裂液的黏度,mPa·s;

$(C_t)_m$——岩石总压缩系数, MPa^{-1};

x^*, y^*——平行原坐标轴的次级坐标。

由质量守恒方程可知,且总的流体质量的表达式为:

$$(\phi C_t)_{m_1} + (\phi C_t)_{m_2} = (\phi C_t)_m \tag{6.2}$$

压裂液由基质流向天然微裂缝的连续微分方程为:

$$\frac{\partial^2 \Delta p_{m_1}}{\partial y^{*2}} = \frac{\mu (\phi C_t)_{m_1}}{K_{m_1}} \frac{\partial \Delta p_{m_1}}{\partial t} \tag{6.3}$$

初始条件为:

$$\Delta p_{m_1}(y^*, 0) = 0 \tag{6.4}$$

其控制流动的边界条件表示为:

$$\Delta p_{m_1}\big|_{y^* = \frac{L_f}{2}} = \Delta p_f\big|_{y^* = \frac{L_f}{2}} \tag{6.5}$$

$$\frac{\partial \Delta p_{m_1}}{\partial y^*}\bigg|_{y^* = 0} = 0 \tag{6.6}$$

同理可得,基质向水力裂缝中流动的连续性方程,初始条件和边界条件为:

$$\frac{\partial^2 \Delta p_{m_2}}{\partial x^{*2}} = \frac{\mu (\phi C_t)_{m_2}}{K_{m_2}} \frac{\partial \Delta p_{m_2}}{\partial t} \tag{6.7}$$

$$\Delta p_{m_2}(y^*, 0) = 0 \tag{6.8}$$

$$\Delta p_{m_2}\big|_{x^* = \frac{L_F}{2}} = \Delta p_F\big|_{x^* = \frac{L_F}{2}} \tag{6.9}$$

$$\frac{\partial \Delta p_{m_2}}{\partial x^*}\bigg|_{x^* = 0} = 0 \tag{6.10}$$

微裂缝向水力裂缝中流动的扩散方程,初始条件和边界条件为:

$$\frac{\partial^2 \Delta p_f}{\partial x^2} = \frac{\mu (\phi C_t)_f}{K_f} \frac{\partial \Delta p_f}{\partial t} + \frac{1}{L_f/2} \frac{K_{m_1}}{K_f} \frac{\partial \Delta p_{m_1}}{\partial y^*}\bigg|_{y^* = \frac{L_f}{2}} \tag{6.11}$$

$$\Delta p_f(x, 0) = 0 \tag{6.12}$$

$$\Delta p_f\big|_{x = \frac{L_F}{2}} = \Delta p_F\big|_{x = \frac{L_F}{2}} \tag{6.13}$$

$$\frac{\partial \Delta p_f}{\partial x}\bigg|_{x = 0} = 0 \tag{6.14}$$

式中 $(C_t)_f$——天然裂缝的综合压缩系数, MPa^{-1}。

下标 f 表示地层,F 表示水力裂缝。

水力裂缝向水平井筒中流动的扩散方程,初始条件和边界条件为:

$$\frac{\partial^2 \Delta p_{\mathrm{F}}}{\partial y^2} = \frac{\mu\,(\phi C_{\mathrm{t}})_{\mathrm{F}}}{K_{\mathrm{F}}}\frac{\partial \Delta p_{\mathrm{F}}}{\partial t} + \frac{1}{L_{\mathrm{F}}/2}\frac{K_{\mathrm{m}_2}}{K_{\mathrm{F}}}\frac{\partial \Delta p_{\mathrm{m}_2}}{\partial x^*}\bigg|_{x^*=\frac{L_{\mathrm{F}}}{2}} + \frac{1}{L_{\mathrm{F}}/2}\frac{K_{\mathrm{f}}}{K_{\mathrm{F}}}\frac{\partial \Delta p_{\mathrm{f}}}{\partial x}\bigg|_{x=\frac{L_{\mathrm{F}}}{2}} \tag{6.15}$$

$$\Delta p_{\mathrm{F}}(y,0) = 0 \tag{6.16}$$

$$q = -\frac{K_{\mathrm{F}} A_{\mathrm{cw}}}{\mu}\frac{\partial \Delta p_{\mathrm{F}}}{\partial y}\bigg|_{y=0} \tag{6.17}$$

$$\frac{\partial \Delta p_{\mathrm{F}}}{\partial y}\bigg|_{y=y^*} = 0 \tag{6.18}$$

式中　K_{F}——水力裂缝的渗透率，D；

$(C_{\mathrm{t}})_{\mathrm{F}}$——水力裂缝的总压缩系数，$\mathrm{MPa}^{-1}$；

q——内边界条件下由水力裂缝流向水平井筒的流量，m^3/s；

A_{cw}——井筒内的流动面积，m^2。

6.2.2　模型的求解

在求解上述微分方程过程中先进行无量纲处理，再采用拉普拉斯变换的方法对上述流动微分方程进行求解，从而得到压裂液单相返排期间井底压力随时间的变化关系。其中拉普拉斯变换是求解偏微分方程的一种经典方法，在 20 世纪 40 年代开始由 van Everdinger 和 Hurst 将该方法引入油气层渗流并逐步得到推广和应用。其主要是引入了一种新的针对时间变量的积分变换方法，即：

$$F(s) = \int_0^\infty f(t)e^{-st}\mathrm{d}t \tag{6.19}$$

与傅立叶变换相比它主要有如下优点：

(1)由傅立叶变换的定义可知，只有函数在$(-\infty,\infty)$全区间上绝对可积才能进行变换，否则变换只有形式上的意义，但实际很多函数多不满足此条件，如正余弦函数、线性函数等。

(2)傅立叶变换同样要求函数$f(x)$定义在$(-\infty,\infty)$上，由于时间变量t仅存在于正半轴，故无法对时间变量函数$f(t)$进行傅立叶变换。

定义无量纲变量：

无量纲距离

$$x_{\mathrm{D}} = \frac{x}{L_{\mathrm{F}}/2},\ x_{\mathrm{D}}^* = \frac{x^*}{L_{\mathrm{F}}/2},\ y_{\mathrm{D}} = \frac{y}{\sqrt{A_{\mathrm{cw}}}},\ y_{\mathrm{D}}^* = \frac{y^*}{L_{\mathrm{f}}/2}$$

其中

$$A_{\mathrm{cw}} = 2X_{\mathrm{e}}h,\ X_{\mathrm{e}} \approx L_{\mathrm{w}}$$

无量纲压力

$$p_{\mathrm{DL}} = \frac{K_{\mathrm{F}}\sqrt{A_{\mathrm{cw}}}\Delta p_\tau}{q\mu}$$

其中 $\Delta p\tau = p_i - p_\tau$；$\forall \tau = \mathrm{m,f,F}$。

其中无量纲压力的详细表达式为：

$$\frac{\partial p_{\mathrm{DL}}}{\partial t} = \frac{K_{\mathrm{F}} \sqrt{A_{\mathrm{cw}}}}{q(t)\mu} \frac{\partial \Delta p_\tau}{\partial t} - \frac{K_{\mathrm{F}} \sqrt{A_{\mathrm{cw}}} \Delta p_\tau}{q(t)^2 \mu} \frac{\partial q(t)}{\partial t} \qquad (6.20)$$

由实际生产资料可得：

$$q(t) \approx q_0 \exp^{-bt} \qquad (6.21)$$

其中 $q_0 >> b$ 且 $b < < t$；$q(t)$ 表示流量随时间的变化；q_0 表示原始流量；b 为常数。

所以式(6.20)右边第二项表示为：

$$-\frac{1}{q(t)^2} \frac{\partial \Delta q(t)}{\partial t} = \frac{b}{q_0} \exp^{-bt} \qquad (6.22)$$

而 $\exp^{-bt} \to 1$，$b/q_0 < < 0.0001$。

故式(6.20)可近似化简为：

$$\frac{\partial p_{\mathrm{DL}}}{\partial t} = \frac{K_{\mathrm{F}} \sqrt{A_{\mathrm{cw}}}}{q\mu} \frac{\partial \Delta p_\tau}{\partial t} \qquad (6.23)$$

由式(6.23)可得无量纲时间的表达式。

无量纲时间

$$t_{D_{AC}} = \frac{0.06 K_{\mathrm{F}} t}{(\phi C_t)_t \mu A_{\mathrm{cw}}}$$

无量纲弹性储容比

$$\omega_{\mathrm{F}} = \frac{(\phi C_t)_{\mathrm{F}}}{(\phi C_t)_t}, \omega_{\mathrm{f}} = \frac{(\phi C_t)_{\mathrm{f}}}{(\phi C_t)_t}, \omega_{\mathrm{m}} = \frac{(\phi C_t)_{\mathrm{m}}}{(\phi C_t)_t}$$

且

$$\omega_{\mathrm{m}} + \omega_{\mathrm{f}} + \omega_{\mathrm{F}} = 1$$

同理可得：

$$\omega_1 = \frac{(\phi C_t)_{\mathrm{m}_1}}{(\phi C_t)_{\mathrm{m}}}, \omega_2 = \frac{(\phi C_t)_{\mathrm{m}_2}}{(\phi C_t)_{\mathrm{m}}}$$

且

$$\omega_1 + \omega_2 = 1$$

无量纲形状因子

$$\alpha_{\mathrm{fm}} = \frac{S_{\alpha,\mathrm{fm}}}{l_{\mathrm{fm}}}, \alpha_{\mathrm{Fm}} = \frac{S_{\alpha,\mathrm{fm}}}{l_{\mathrm{Fm}}}, \alpha_{\mathrm{Ff}} = \frac{S_{\alpha,\mathrm{fm}}}{l_{\mathrm{Ff}}}$$

其中 l 为特征长度，m；S 为单位体积内的连通面积，m^{-1}。

无量纲窜流系数：

$$\lambda_{AC,fm} = \frac{\alpha_{fm} K_{m_1}}{K_F}, A_{cw} = \frac{12}{L_f^2}\frac{K_{m_1}}{K_F}A_{cw}, \lambda_{AC,Ff} = \frac{\alpha_{Ff} K_f}{K_F}, A_{cw} = \frac{12}{L_F^2}\frac{K_f}{K_F}A_{cw}, \lambda_{AC,Fm} = \frac{\alpha_{Fm} K_{m_2}}{K_F},$$

$$A_{cw} = \frac{12}{L_F^2}\frac{K_{m_2}}{K_F}A_{cw}$$

通过上面定义的无量纲变量，压裂液由基质流向天然微裂缝时的微分方程，初始条件和边界条件，即式(6.3)至式(6.6)可化为：

$$\left.\begin{array}{l} \dfrac{\partial^2 p_{DLm_1}}{\partial x_D^{*2}} = \dfrac{3\omega_1 \omega_m}{\lambda_{AC,fm}}\dfrac{\partial p_{PLm_1}}{\partial t_{D_{AC}}} \\[3mm] p_{DLm_1}\left(y_D^*, 0\right) = 0 \\[3mm] p_{DLm_1}\big|_{y_D^*=1} = p_{DLf}\big|_{y_D^*=1} \\[3mm] \dfrac{\partial p_{DLm_1}}{\partial y_D^*}\bigg|_{y_D^*=0} = 0 \end{array}\right\} \tag{6.24}$$

而压裂液由基质流向水力裂缝的微分方程，初始条件和边界条件，即式(6.7)至式(6.10)可化为：

$$\left.\begin{array}{l} \dfrac{\partial^2 p_{DLm_2}}{\partial x_D^{*2}} = \dfrac{3\omega_2 \omega_m}{\lambda_{AC,Fm}}\dfrac{\partial p_{DLm_2}}{\partial t_{D_{AC}}} \\[3mm] p_{DLm_2}\left(x_D^*, 0\right) = 0 \\[3mm] p_{DLm_2}\big|_{x_D^*=1} = p_{DLF}\big|_{x_D^*=1} \\[3mm] \dfrac{\partial p_{DLm_2}}{\partial x_D^*}\bigg|_{x_D^*} = 0 \end{array}\right\} \tag{6.25}$$

引入拉普拉斯变换之后则压裂液由基质流向天然微裂缝和水力裂缝的连续性方程可分别化为如下表达式：

$$\frac{\partial^2 \bar{p}_{DLm_1}}{\partial y_D^{*2}} - \frac{3\omega_1 \omega_m}{\lambda_{AC,fm}}s\, \bar{p}_{DLm_1} = 0 \tag{6.26}$$

$$\frac{\partial^2 \bar{p}_{DLm_2}}{\partial x_D^{*2}} - \frac{3\omega_2 \omega_m}{\lambda_{AC,Fm}}s\, \bar{p}_{DLm_2} = 0 \tag{6.27}$$

式中　s——拉普拉斯变换变量。

　　$\bar{p}_{DLm}$——拉氏空间无量纲基质压力。

引入式(6.24)和式(6.25)中的边界条件求解得到的结果如下：

$$\bar{p}_{\text{DLm}_1} = \bar{p}_{\text{DLf}}\big|_{y_{\text{D}}^* = 1} \times \frac{\cosh\left(\sqrt{\dfrac{3s\omega_1\omega_{\text{m}}}{\lambda_{\text{AC,fm}}}}\,y_{\text{D}}^*\right)}{\cosh\left(\sqrt{\dfrac{3s\omega_1\omega_{\text{m}}}{\lambda_{\text{AC,fm}}}}\right)} \tag{6.28}$$

$$\bar{p}_{\text{DLm}_2} = \bar{p}_{\text{DLF}}\big|_{x_{\text{D}}^* = 1} \times \frac{\cosh\left(\sqrt{\dfrac{3s\omega_2\omega_{\text{m}}}{\lambda_{\text{AC,Fm}}}}\,x_{\text{D}}^*\right)}{\cosh\left(\sqrt{\dfrac{3s\omega_2\omega_{\text{m}}}{\lambda_{\text{AC,Fm}}}}\right)} \tag{6.29}$$

式中 $\bar{p}_{\text{DLf}}$——拉氏空间无量纲天然微裂缝压力；

$\bar{p}_{\text{DLF}}$——拉氏空间无量纲水力裂缝压力。

同理，根据定义的无量纲变量，压裂液由天然微裂缝流向水力裂缝的连续性方程，初始条件和边界条件，即式(6.11)至式(6.14)可化为：

$$\left.\begin{aligned}
\frac{\partial^2 p_{\text{DLf}}}{\partial x_{\text{D}}^2} &= \frac{3\omega_{\text{f}}}{\lambda_{\text{AC,Ff}}}\frac{\partial p_{\text{DLf}}}{\partial t_{D_{\text{AC}}}} + \frac{\lambda_{\text{AC,fm}}}{\lambda_{\text{AC,Ff}}}\frac{\partial p_{\text{DLm}_1}}{\partial y_{\text{D}}^*}\bigg|_{y_{\text{D}}^* = 1} \\[2mm]
p_{\text{DLf}}(x_{\text{D}},0) &= 0 \\[2mm]
p_{\text{DLf}}\big|_{x_{\text{D}}=1} &= p_{\text{DLF}}\big|_{x_{\text{D}}=1} \\[2mm]
\frac{\partial p_{\text{DLf}}}{\partial x_{\text{D}}}\bigg|_{x_{\text{D}}=1} &= 0
\end{aligned}\right\} \tag{6.30}$$

引入拉普拉斯变换后压裂液由天然微裂缝流向水力裂缝的连续性方程可化为：

$$\frac{\partial^2 \bar{p}_{\text{DLf}}}{\partial x_{\text{D}}^2} = \frac{3\omega_{\text{f}}}{\lambda_{\text{AC,Ff}}}s\,\bar{p}_{\text{DLf}} + \frac{\lambda_{\text{AC,fm}}}{\lambda_{\text{AC,Ff}}}\frac{\partial \bar{p}_{\text{DLm}_1}}{\partial y_{\text{D}}^*}\bigg|_{y_{\text{D}}^* = 1} \tag{6.31}$$

带入式(6.30)中的边界条件可得：

$$\frac{\partial^2 \bar{p}_{\text{DLf}}}{\partial x_{\text{D}}^2} - sf_{\text{f}}(s)\,\bar{p}_{\text{DLf}} = 0 \tag{6.32}$$

其中可令：

$$f_{\text{f}}(s) = \frac{3\omega_{\text{f}}}{\lambda_{\text{AC,Ff}}} + \frac{\lambda_{\text{AC,fm}}}{s\lambda_{\text{AC,Ff}}}\sqrt{\frac{3s\omega_1\omega_{\text{m}}}{\lambda_{\text{AC,fm}}}}\tanh\left(\sqrt{\frac{3s\omega_1\omega_{\text{m}}}{\lambda_{\text{AC,fm}}}}\right) \tag{6.33}$$

通过求解可以得到天然微裂缝处的压力为：

$$\bar{p}_{\mathrm{DLf}} = \bar{p}_{\mathrm{DLF}} \times \frac{\cosh[\sqrt{sf_{\mathrm{f}}(s)}\,x_{\mathrm{D}}]}{\cosh[\sqrt{sf_{\mathrm{f}}(s)}\,]} \tag{6.34}$$

同定义无量纲变量,压裂液由水力裂缝流入水平井筒的连续性方程,初始条件和边界条件,即式(6.15)至式(6.18)可化为:

$$\left. \begin{aligned} \frac{\partial^2 p_{\mathrm{DLF}}}{\partial y_{\mathrm{D}}^2} &= \omega_{\mathrm{F}}\frac{\partial p_{\mathrm{DLF}}}{\partial t_{\mathrm{D_{AC}}}} + \frac{\lambda_{\mathrm{AC,Ff}}}{3}\frac{\partial p_{\mathrm{DLF}}}{\partial x_{\mathrm{D}}}\Big|_{x_{\mathrm{D}}=1} + \frac{\lambda_{\mathrm{AC,Fm}}}{3}\frac{\partial p_{\mathrm{DLm2}}}{\partial x_{\mathrm{D}}^*}\Big|_{x_{\mathrm{D}}^*=1} \\ p_{\mathrm{DLF}}(y_{\mathrm{D}},0) &= 0 \\ \frac{\partial p_{\mathrm{DLF}}}{\partial y_{\mathrm{D}}}\Big|_{y_{\mathrm{D}}=0} &= -1 \\ \frac{\partial p_{\mathrm{DLF}}}{\partial y_{\mathrm{D}}}\Big|_{y_{\mathrm{D}}=y_{\mathrm{De}}} &= 0 \end{aligned} \right\} \tag{6.35}$$

通过进行拉普拉斯变换,水力裂缝流向水平井筒的方程和边界条件可化为:

$$\left. \begin{aligned} \frac{\partial^2 \bar{p}_{\mathrm{DLF}}}{\partial y_{\mathrm{D}}^2} &= \omega_{\mathrm{F}}[s\bar{p}_{\mathrm{DLF}} - p_{\mathrm{DLF}}(y_{\mathrm{D}},0)] + \frac{\lambda_{\mathrm{AC,Ff}}}{3}\frac{\partial \bar{p}_{\mathrm{DLf}}}{\partial x_{\mathrm{D}}}\Big|_{x_{\mathrm{D}}=1} + \frac{\lambda_{\mathrm{AC,Fm}}}{3}\frac{\partial \bar{p}_{\mathrm{DLm2}}}{\partial x_{\mathrm{D}}^*}\Big|_{x_{\mathrm{D}}^*=1} \\ \frac{\partial \bar{p}_{\mathrm{DLF}}}{\partial y_{\mathrm{D}}}\Big|_{y_{\mathrm{D}}=0} &= -\frac{1}{s} \\ \frac{\partial \bar{p}_{\mathrm{DLF}}}{\partial y_{\mathrm{D}}}\Big|_{y_{\mathrm{D}}=y_{\mathrm{De}}} &= 0 \end{aligned} \right\} \tag{6.36}$$

联立式(6.29)和式(6.34),并将其带入式(6.36)中压裂液由水利裂缝流向水平井筒的连续方程进行化简可得:

$$\frac{\partial^2 \bar{p}_{\mathrm{DLF}}}{\partial y_{\mathrm{D}}^2} - sf(s)\bar{p}_{\mathrm{DLF}} = 0 \tag{6.37}$$

其中可令:

$$f_{\mathrm{m}}(s) = \frac{3s\omega_2\omega_{\mathrm{m}}}{\lambda_{\mathrm{AC,Fm}}} \tag{6.38}$$

$$f(s) = \omega_{\mathrm{F}} + \frac{\lambda_{\mathrm{AC,Ff}}}{3s}\sqrt{sf_{\mathrm{f}}(s)}\tanh[sf_{\mathrm{f}}(s)] + \frac{\lambda_{\mathrm{AC,Fm}}}{3s}\sqrt{f_{\mathrm{m}}(s)}\tanh[\sqrt{f_{\mathrm{m}}(s)}] \tag{6.39}$$

通过求解可得无量纲井底压力为:

$$\bar{p}_{\mathrm{wDL}} = \bar{p}_{\mathrm{DLF}}\big|_{y_{\mathrm{D}}=0} = \frac{1}{s\sqrt{sf(s)}}\frac{1 + \exp[-2\sqrt{sf(s)}\,y_{\mathrm{De}}]}{1 - \exp[-2\sqrt{sf(s)}\,y_{\mathrm{De}}]} \tag{6.40}$$

化简可得:

$$\bar{p}_{\mathrm{wDL}} = \frac{\coth\left[\sqrt{sf(s)}\, y_{\mathrm{De}}\right]}{s\sqrt{sf(s)}} \tag{6.41}$$

式中 $\bar{p}_{\mathrm{wDL}}$——拉氏空间无因次井底压力。

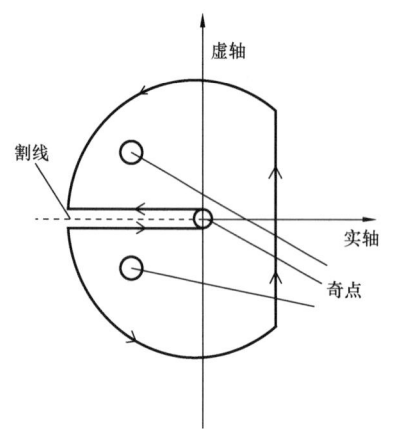

图6.3 围道积分进行拉普拉斯反演

由式(6.37)进行拉普拉斯反变换就可得到在压裂液单相返排时的井底压力随时间的变化关系。目前常用的反演方法主要有解析反演和数值反演两种,对于简单函数,可以利用现有的拉普拉斯变换表,根据相应性质进行反演。而对于复杂结果解析反演则主要按照反演公式(6.38),利用围道积分(图6.3)进行运算,但想要找到拉普拉斯空间中函数的每一个奇点比较困难,此方法具有较大的局限性。

$$L^{-1}\left[\bar{f}(s)\right] \equiv f(t) = \frac{1}{2\pi i}\int_{\gamma-i\infty}^{\gamma+i\infty}\bar{f}(s)\,\mathrm{e}^{st}\mathrm{d}s \tag{6.42}$$

20世纪70年代以来逐渐发展起来的常用的拉普拉斯反变换的数值反演方法主要有两种:一是基于函数概率密度的Stehfest方法;一种是基于Fourier级数理论的Crump方法,其中Crump方法虽然可以通过预设计算误差达到控制精度的目的,但是计算过程却过于繁琐,并且在反演过程中同样需要控制奇点,一般适用于变化陡峭结果的数值反演。相比而言,Stehfest方法简单明了,对于变化趋势平缓且不存在震荡的结果具有良好的适用性,同样具有足够的精度。因此本书采用Stehfest方法来进行反演。而针对Stehfest方法处理比较陡的函数时引起的数值弥散和震荡问题,Azari等和Wooden等在油气藏压力分析时对Stehfest方法进行了修正,改进后的表达形式为:

$$f(t) = \frac{\ln 2}{t}\sum_{i=1}^{N}V_i\bar{f}\left(\frac{\ln 2}{t}i\right) \tag{6.43}$$

其中,$\bar{f}(s)$为像函数,$f(t)$为原函数,s用$i\ln 2/t$代入,而V_i的表达式为:

$$V_i = (-1)^{\frac{N}{2}+1}\sum_{k=\frac{i+1}{2}}^{\min\left(i,\frac{N}{2}\right)}\frac{k^{N/2}(2k+1)!}{(k+1)!k!\left(\frac{N}{2}-k+1\right)!(i-k+1)!(2k-i+1)!} \tag{6.44}$$

式中 N——精度系数,必须是偶数。

在数值反演过程中,其中N值的选取比较重要,理论上N的取值越高,由Stehfest方法计算出来的结果误差越小,但在改进Stehfest方法中,N的取值一般为10~30,在多数情况下,取值一般多为18,20或22。

为了确定改进Stehfest方法的数值反演的精度,采用几组在拉普拉斯变换表中已有的公式来验算数值方法的精度。

表 6.1　几个典型的拉普拉斯解析反演解

序号	象函数	象原函数
1	$\dfrac{1}{s+1}$	e^{-1}
2	$\dfrac{s}{s^2-1}$	$\cosh t$

其中表 6.1 中的函数都是在求解井底压力时涉及的函数, 若这些函数用 Stehfest 方法进行较为精确的反演, 那么对于最终结果的数值反演的精度也是足够的。两组象函数数值反演出来的结果和精确的解析结果分别在图 6.4 和图 6.5 中进行了对比。

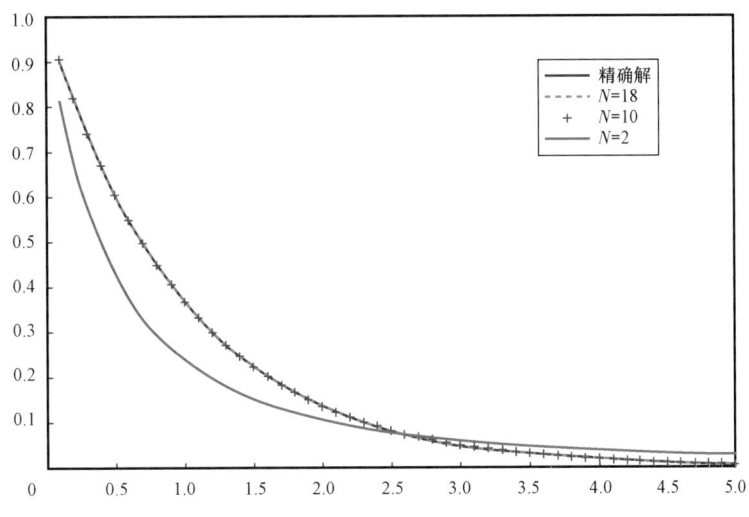

图 6.4　拉氏变化数值反演精确性

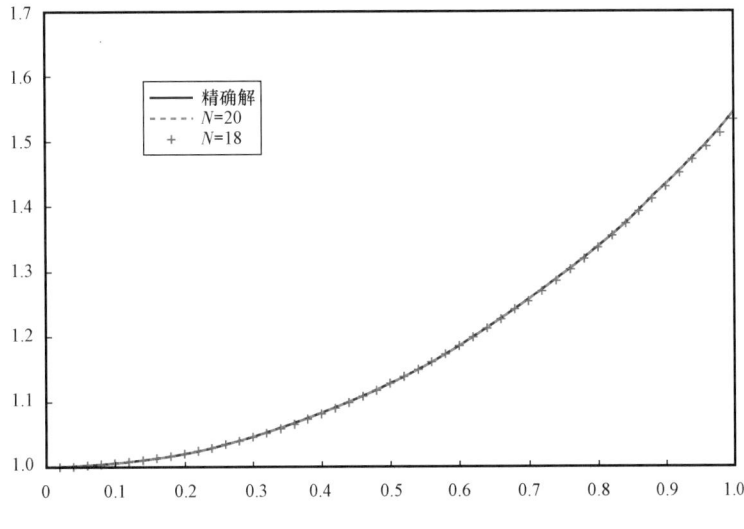

图 6.5　拉氏变量数值反演精确性

6.3　返排过程中压力变化规律

对式(6.37)采用改进的 Stehfest 方法进行拉普拉斯逆变换就可得到井底压力随时间的变化关系,由于本章建立的压裂液单相返排模型与常规三线流模型最大的不同就是考虑了压裂液直接向水力裂缝中的流动过程,故首先考虑在返排过程中储层基质中压裂液的流向对压力变化的影响,而返排过程中压裂液的流向主要受参数 ω_1 和 ω_2 的影响,同时由于 ω_1 与 ω_2 之和为 1,故只需考虑 ω_1 对返排过程中压力的影响。计算结果如图 6.6 所示。

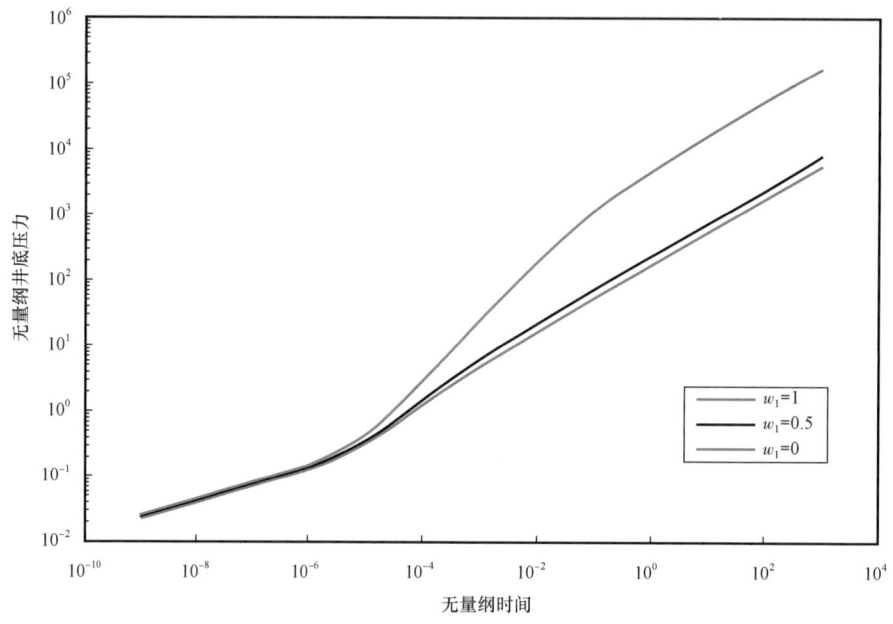

图 6.6　不同返排流向下压力变化典型曲线

总的来说,返排初期压力变化较为平缓,而随着时间的推移压力变化速率加快,压力变化较为明显,但在返排后期,压力变化速率减慢,最终压力将趋于稳定。同时,返排初期 ω_1 值对压力的降落影响不大,而随着返排的进程,ω_1 值越大则压力降落越快,而其决定参数 ω_1 主要与水力裂缝和天然微裂缝的空间展布有关,其推导过程如下。

由定义可知:

$$\omega_1 = \frac{(\phi C_t)_{m_1}}{(\phi C_t)_{m_1} + (\phi C_t)_{m_2}} \frac{V_m}{V_m} \tag{6.45}$$

若其有相同的压缩系数,则式(6.41)化简为:

$$\omega_1 = \frac{V_{m_1}}{V_{m_1} + V_{m_2}} \tag{6.46}$$

根据前文的假设条件和几何关系可得：

$$\omega_1 = \frac{A_{fm}\dfrac{L_f}{2}}{A_{fm}\dfrac{L_f}{2} + A_{fm}\dfrac{L_F}{2}} = \frac{A_{fm}L_f}{A_{fm}L_f + A_{fm}L_F} \tag{6.47}$$

根据前文的无量纲形状因子的表达式和几何关系式可得：

$$\alpha_{fm} = \frac{S_{\alpha,fm}}{l_{fm}} = \frac{A_{fm}}{Vl_{fm}} = \frac{12}{L_f^2} \tag{6.48}$$

$$\alpha_{Fm} = \frac{S_{\alpha,fm}}{l_{Fm}} = \frac{A_{Fm}}{Vl_{Fm}} = \frac{12}{L_F^2} \tag{6.49}$$

由式（6.48）和式（6.49）可得：

$$A_{fm} = \frac{12}{L_f^2}Vl_{fm} \tag{6.50}$$

$$A_{Fm} = \frac{12}{L_F^2}Vl_{Fm} \tag{6.51}$$

将式（6.50）和式（6.51）代入式（6.46）可得：

$$\omega_1 = \frac{\dfrac{l_{fm}}{L_f}}{\dfrac{l_{fm}}{L_f} + \dfrac{l_{Fm}}{L_F}} \tag{6.52}$$

若 $l_{fm} \approx L_F/2, l_{Fm} \approx L_f/2$，代入式（6.52）可得：

$$\omega_1 = \frac{\dfrac{L_F}{L_f}}{\dfrac{L_F}{L_f} + \dfrac{L_f}{L_F}} = \frac{L_F^2}{L_F^2 + L_f^2} = \frac{1}{1 + \left(\dfrac{L_f}{L_F}\right)^2} \tag{6.53}$$

若令水力裂缝的间距 $R_{sp} = L_f/L_F$，则式（6.53）可化简为：

$$\omega_1 = \frac{1}{1 + R_{sp}^2} \tag{6.54}$$

由式（6.54）明显可以看出，若在水力裂缝空间展布确定的条件下，当 $\omega_1 = 0$ 时，则说明低渗透裂缝性储层中天然微裂缝密度极低，连通性较差，返排过程中压裂液主要直接流向水力裂缝排出；当 $\omega_1 = 1$ 时，则表明此时储层中天然微裂缝发育程度较高、连通性较好，基质中压裂液完全通过天然微裂缝后经由水力裂缝排出，此时就是常规的三线性流模型，ω_1 越大，则表明压裂液主要经由天然微裂缝进入水力裂缝后排出,而只有少量压裂液直接流入水力裂缝。R_{sp}对压力递减规律的影响如图6.7所示。

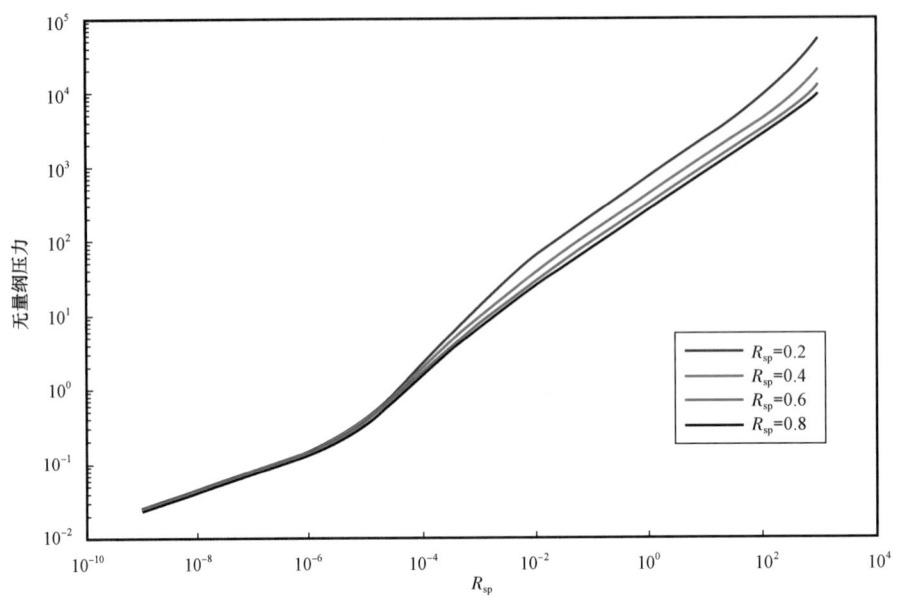

图6.7 不同裂缝空间展布条件下压力变化典型

由图6.7可以看出,单相压裂液在天然微裂缝空间展布确定的储层条件下返排时,随着R_{sp}的增加,压力降落越缓慢。由定义式可知,R_{sp}与水力裂缝之间的间距L_F呈反比,R_{sp}越大,则说明水力裂缝之间的间距越小,在返排时压裂液主要通过水力裂缝排出,压力递减速率较慢,R_{sp}小则反映水力裂缝的间距大,返排时压裂液主要通过天然微裂缝后再由水力裂缝排出,由于天然微裂缝的渗透性较好,此时压力递减速率较快。但影响施工过程中水力裂缝分布的因素较多,应综合考虑后确定合理的水力裂缝分布,在施工过程中,水力裂缝之间会产生应力干扰,若水力裂缝之间距离太近,会影响水力裂缝形态,无法形成复杂裂缝网络。

图6.8反映了水力裂缝渗透率对压裂液单相返排时压力递减规律的影响,分别取水力裂缝渗透率为1D,1.5D,2D和2.5D,计算结果如图6.8所示,此时,在返排初期,水力裂缝渗透性越好,则压力递减速度越快,而在返排后期,不同水力裂缝渗透率条件下压力趋于稳定,差别不大。

图6.9反映了水力裂缝长度对压裂液返排时井底压力变化的影响,在其他参数相同的条件下,分别取水力裂缝长度为60m,80m,100m和120m计算得到返排时压力变化规律,由图6.9可以看出,在返排初期水力裂缝长度对压力的影响较小,而在返排后期随着裂缝长度的增加,返排时压力衰减速度越慢,主要是由于随着裂缝长度的增加,在返排过程中压裂液由裂缝尖端流至水平井筒所需的时间更长,故压力衰减较慢,不同裂缝长度对应不同的压降曲线,为拟合裂缝参数提供了理论依据。

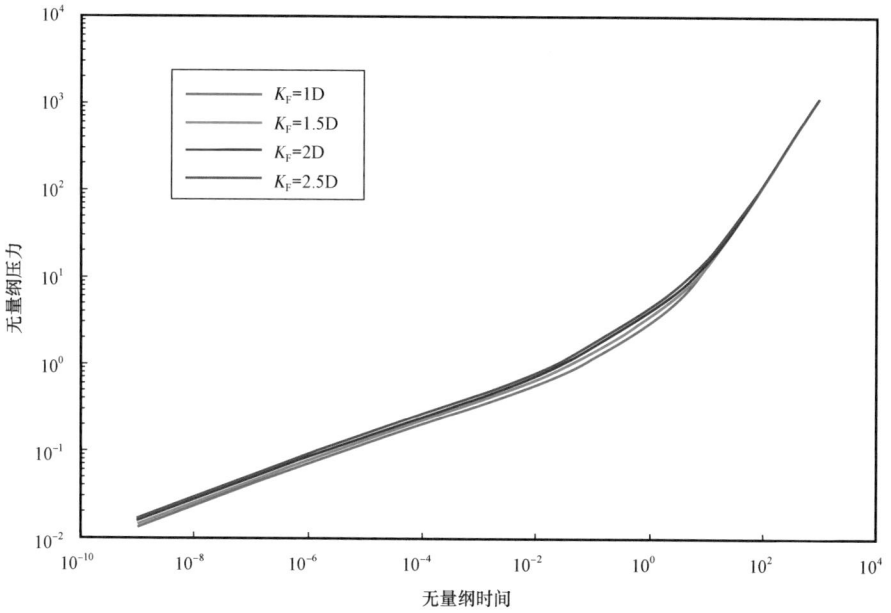

图 6.8 不同水力裂缝渗透率(K_F)条件下压力变化典型曲线

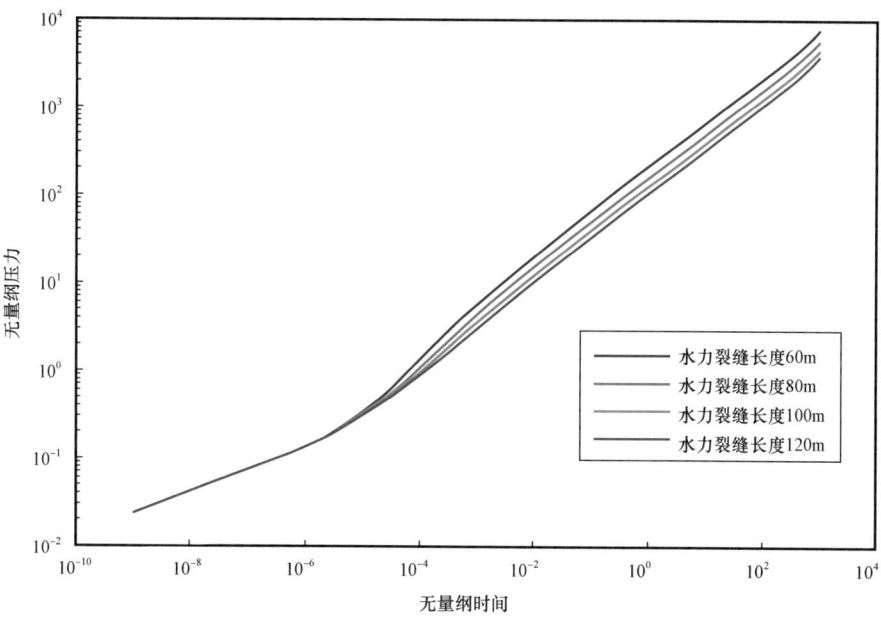

图 6.9 不同水力裂缝长度条件下压力变化典型曲线

第7章　压裂液返排两相流压力递减规律

本章根据低渗透裂缝性储层压后返排过程中储层流体(油或气)会随压裂液一起排出的实际情况,将前文建立的压裂液单相返排时井口压力递减的数学模型和两相流体相对渗透率随时间的变化关系结合,建立压裂液返排过程中两相流体流动的数学模型,同时引入渗透率张量考虑裂缝性储层的非均质性,最后通过拉普拉斯变换求解得到压裂液和储层流体两相流动过程中井口压力随时间的变化关系。

7.1　压裂液返排两相流动规律

现阶段水平井分段多级压裂技术普遍应用于致密低渗透储层的开发过程中,但在压裂液返排期间,储层流体(油或气)可能会突破进入水力裂缝,使得在压裂液返排的全过程中,不仅仅在是压裂液的单相流动,而是两相流体的流动。例如美国某致密油气藏在增产改造施工结束之后,压裂液返排时井口压力随时间的变化关系曲如图7.1所示,从图中可以明显地看出有大量储层流体会随压裂排出,通过图7.1中两图的对比可知,气体突破所需的时间远远小于油突破所需的时间。

根据美国某致密油气藏开发时的实测数据,可以看出压裂液在返排过程中流体的流动规律主要可以划分为三个阶段:

(1)在返排初期,此时认为水力裂缝和井筒中还主要充满着单一的压裂液,只有相当少量的可以忽略的储层流体进入其中;

(2)伴随返排的不断进行,储层中的流体开始进入水力裂缝,且其含量逐渐增加,水力裂缝和水平井筒中储层流体的相对渗透率逐渐升高而压裂液的相对渗透率随之不断降低;

(3)在返排的后期,水力裂缝和水平井筒中储层流体的相对渗透率和压裂液的相对渗透分别达到最大值和最小值,并保持稳定直到整个返排过程的结束。

7.2　压裂液返排两相流体流动模型

本节考虑储层基质中的流体(油或气)在返排过程中会进入水力裂缝和水平井筒,导致返排过程中的流动是压裂液和储层流体的两相流动,由于两相流动的复杂性,为简化计算而采用等效渗透率张量的原理考虑天然微裂缝对储层非均质性造成的影响,因此本节建立的压裂液返排模型与单相压裂液返排时不尽相同,如图7.2所示。

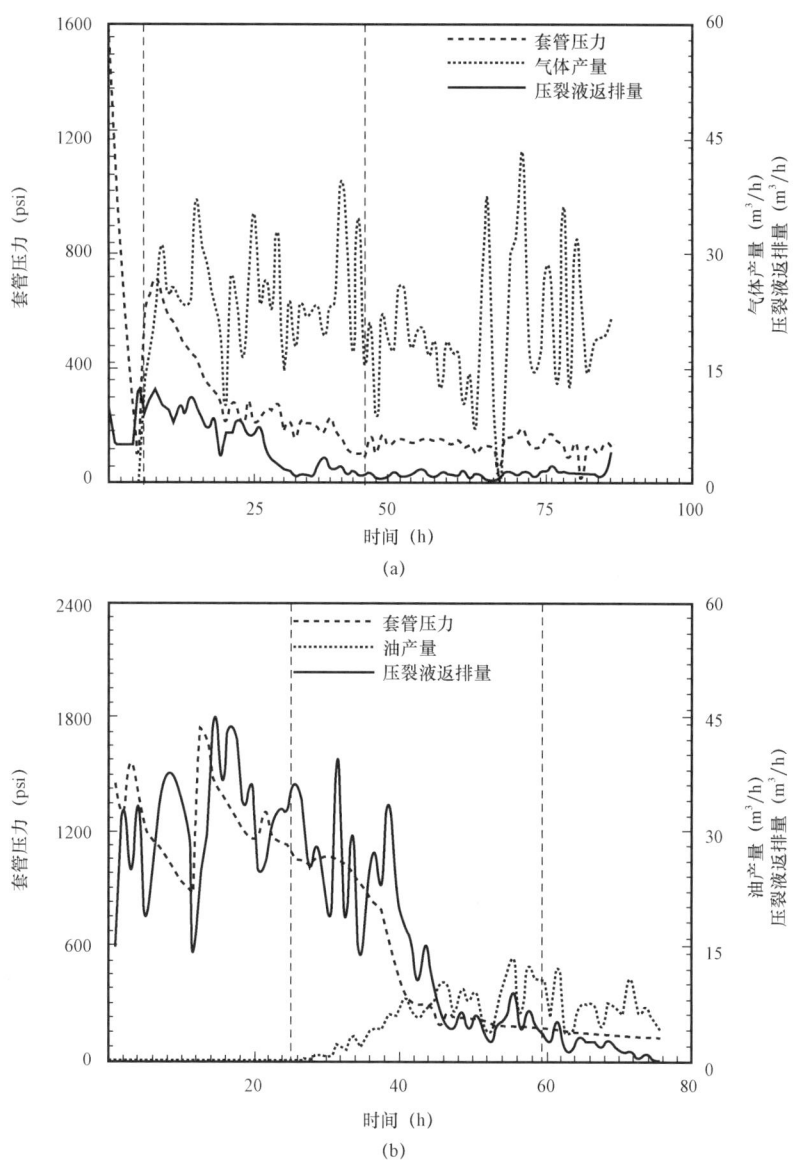

图 7.1　压裂液返排实测数据

该模型的假设条件为：

（1）认为基质中为单一的储层流体流动，此时滤失进入储层的压裂液不再参与流动，压裂液流动过程只存在于水力裂缝与水平井筒之中；

（2）水力裂缝均为垂直缝；

（3）改造体积之外的流体流动可以忽略；

（4）由于温度和压力对储层参数的改变可忽略不计。

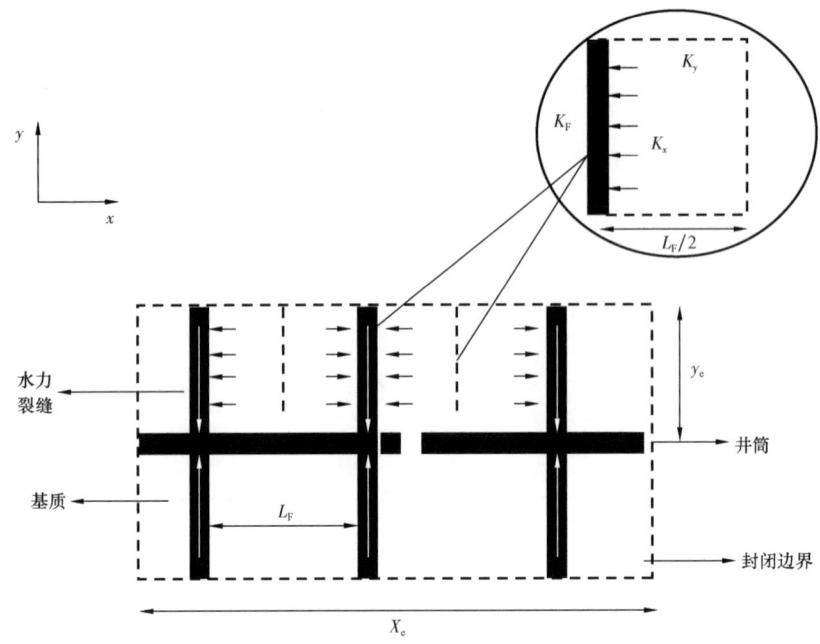

图 7.2　两相流动数学模型示意图

7.3　低渗透裂缝性储层等效渗透率张量

大量地质资料都已表明,虽然低渗透裂缝性储层中较高的压实程度导致储层致密,但由于构成矿物的原因使得岩性较脆,故裂缝性储层在地质构造运动中形成的天然微裂缝一般都为高角度的,甚至垂直的,使储层的渗透率沿各个方向不再具有各向同性。本节依据裂缝性储层的地质特征,认为天然微裂缝中的流体流动符合平板理论所要求的层流,将其与等效渗流阻力原理结合,建立等效连续介质模型来模拟低渗裂缝性储层,用张量的形式描述储层沿不同方向的渗透率。然后与前一章建立的单相压裂液返排的数学模型结合,建立储层流体(油或气)与压裂液共同排出时流动的数学模型。

7.3.1　裂缝发育区域渗透率张量

该等效连续介质模型认为储层由发育天然微裂缝的裂缝发育区和由纯基质组成的基质区域共同组成,且该模型中认为处于发育区域中的天然微裂缝均为垂直裂缝,天然微裂缝之间相互平行且分布均匀。为在计算过程中的叙述方便,以天然微裂缝发育为 x 方向,而以垂直天然裂缝发育方向为 y 方向,使得基质渗透率主方向与所建立的直角坐标系的坐标轴的主方向一致,故储层的等效渗透率分别用 K_x,K_y 和 K_z 三个主值来表示,如图 7.3 所示。

根据等值渗流阻力原理可知,在相同的驱替压差下,沿天然微裂缝发育区域水平方向的总流量 Q 为基质流量 Q_{mx} 与天然微裂缝流量 Q_f 之和,且渗流规律符合达西定律,可得:

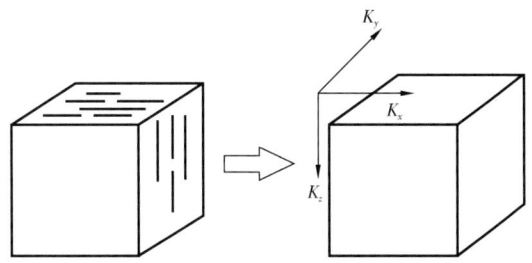

图 7.3 低渗透裂缝性储层等效介质示意图

$$Q = Q_f + Q_{mx} = \frac{K_f b_f b D_L h}{\mu} \frac{\Delta p}{l} + \frac{K_{mx} b_m h}{\mu} \frac{\Delta p}{l}$$

$$= (K_f b_f b D_L + K_{mx} b_m) \frac{h \Delta p}{\mu l}$$

(7.1)

式中 Q——天然微裂缝发育区域总的流量,$\mathrm{m^3/s}$;

Q_f——天然微裂缝内的流量,$\mathrm{m^3/s}$;

Q_m——基质内的流量,$\mathrm{m^3/s}$;

K_f——天然微裂缝渗透率,mD;

K_m——基质渗透率,mD;

b_f——天然微裂缝开度,$\mu\mathrm{m}$;

b——天然微裂缝发育区宽度,m;

b_m——缝间基质宽度,m;

l——天然微裂缝发育区长度,m;

μ——黏度,$\mathrm{mPa \cdot s}$;

h——天然微裂缝发育区域厚度,m;

Δp——压差,MPa;

D_L——天然裂缝线密度,条/m。

沿天然微裂缝发育方向的渗透率张量 K_{xg} 定义为在相同的压力梯度下,而沿该方向通过的流体流量同样为 Q,则沿天然微裂缝发育方向的渗透率张量 K_{xg} 的表达式为:

$$K_{xg} = K_{mx} + (K_f - K_{mx})D_L b_f$$

(7.2)

参照常规储层中利用等效渗流阻力原理求取串联地层渗透率的方法,可以认为垂直天然微裂缝方向的压差 Δp 等于流体在天然微裂缝内流动的压差 Δp_f 与其在基质内流动的压差 Δp_m 之和,其表达形式为:

$$\Delta p = \Delta p_m + \Delta p_f$$

(7.3)

由达西定律可知:

$$\frac{Q\mu b}{K_{yg}lh} = \frac{Q\mu b_m}{K_{my}lh} + \frac{Q\mu b_f b D_L}{K_f lh}$$

(7.4)

参照前文定义,假设垂直天然微裂缝发育方向的等效渗透率张量 K_{yg} 为:

$$K_{yg} = \frac{K_{my}K_f}{K_f - (K_f - K_{my})D_L b_f} \qquad (7.5)$$

而单条天然微裂缝的渗透率由平行板理论推知:

$$K_f = \frac{b_f^2}{12} \qquad (7.6)$$

但需要注意的是,只有当平行板中的流体符合层流流动规律时,才能由式(7.6)可知,天然裂缝的渗透率与裂缝宽度的平方成正比,如图7.4所示。而当天然裂缝宽度较大时或流动压差较大时,天然裂缝内的流体必定不是层流状态,而是存在动能损失的紊流,致使流体通过天然裂缝的能力要远远小于预期,故此时裂缝的渗透率就不再与裂缝宽度呈正比。

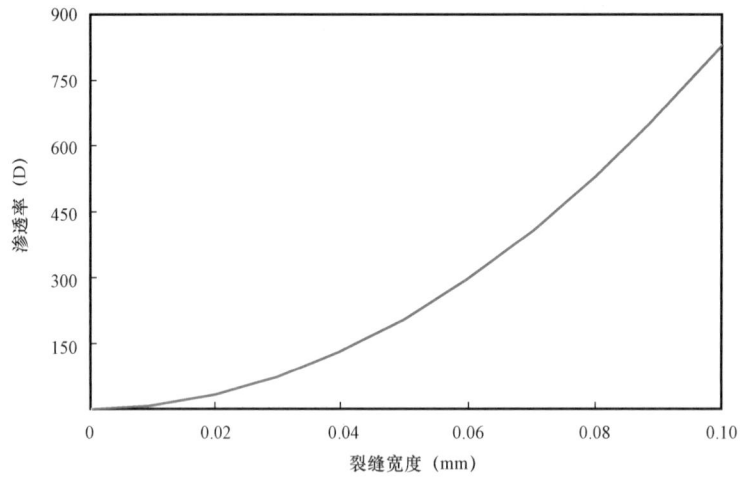

图 7.4　渗透率随缝宽的变化关系

7.3.2　低渗透裂缝性储层渗透率张量

该模型认为低渗透裂缝性储层主要由等效区域和纯基质区域组成,其中等效区域就是由天然微裂缝发育区和纯基质组成的,该区域在给定压力梯度的条件下,流经天然微裂缝发育区和基质区的流量相同,则可得:

$$\frac{l_x}{K_{x1}} = \sum_{i=1}^{m} \frac{l_{fxi}}{K_{xgi}} + \sum_{i=1}^{m} \frac{l_{mxi}}{K_{mx}} \qquad (7.7)$$

式中　m——发育天然微裂缝的组数;

　　　l_x——储层的长度,m;

　　　l_{fxi}——第 i 组天然微裂缝的长度,m;

　　　l_{mi}——第 i 组天然微裂缝之中基质的长度,m。

但在实际过程中不可能精确地掌握低渗透裂缝性储层中发育的每组天然微裂缝的长度,

为解决上述问题,只能假设每组天然微裂缝的长度相同且均为 l_{fx},其数值大小为研究过程中各组天然微裂缝的平均长度,同时假定天然微裂缝区域间的距离相等都为 $l_{\mathrm{m}x}$,定义天然微裂缝的连通系数为 $\alpha_x = m l_{\mathrm{f}x}/l_x$,$\alpha_x$ 越大则表明天然微裂缝之间的连通性越好,整理可得由天然微裂缝和基质构成的等效区域的渗透率张量的表达式为:

$$K_{x1} = \frac{K_{xg}K_{\mathrm{m}x}}{\alpha_x K_{\mathrm{m}x} + (1 - \alpha_x)K_{xg}} \tag{7.8}$$

但天然微裂缝在纵向上的扩展具有一定的局限性,不可能贯通整个储层,但在一定的压差作用下,沿天然微裂缝发育方向流经的流量等于流经纵向上等效区域的流量与基质区的流量之和,由此可知:

$$\frac{K_x bh}{\mu}\frac{\Delta p}{l_x} = \frac{K_{x1} bh_1}{\mu}\frac{\Delta p}{l_x} + \frac{K_{\mathrm{m}x} b(h - h_1)}{\mu}\frac{\Delta p}{l_x} \tag{7.9}$$

整理可得:

$$K_x h = K_{x1} h_1 + K_{\mathrm{m}x}(h - h_1) \tag{7.10}$$

同样,在实际油气藏的开发过程中想要获取每条天然微裂缝的切穿深度是不难以实现的。只能认为天然微裂缝的切穿深度为研究区域内天然微裂缝切深的平均值为 h_1,且定义 $\alpha_z = h_1/h$,有定义可知 α_z 的数值介于 0 和 1 之间,且越接近 1,则表明储层中天然微裂缝的切深越大。

通过前文的叙述整理可得 x 方向,即天然微裂缝发育方向的渗透率的表达式为:

$$\begin{aligned} K_x &= K_{x1}\alpha_z + K_{\mathrm{m}x}(1 - \alpha_z) = \frac{\alpha_z K_{xg} K_{\mathrm{m}x}}{\alpha_x K_{\mathrm{m}x} + (1 - \alpha_x)K_{xg}} + K_{\mathrm{m}x}(1 - \alpha_z) \\ &= \frac{\alpha_z K_{\mathrm{m}x}\left[K_{\mathrm{m}x} + (K_{\mathrm{f}} - K_{\mathrm{m}x})D_{\mathrm{L}}b_{\mathrm{f}}\right]}{K_{\mathrm{m}x} + (1 - \alpha_x)(K_{\mathrm{f}} - K_{\mathrm{m}x})D_{\mathrm{L}}b_{\mathrm{f}}} + K_{\mathrm{m}x}(1 - \alpha_z) \end{aligned} \tag{7.11}$$

同理整理可得储层中 y 方向,即垂直天然微裂缝发育方向的渗透率的表达式为:

$$\begin{aligned} K_y &= \left[K_{yg}\alpha_x + K_{\mathrm{m}x}(1 - \alpha_x)\right]\alpha_z + K_{\mathrm{m}y}(1 - \alpha_z) \\ &= \frac{K_{\mathrm{f}}K_{\mathrm{m}x} - K_{\mathrm{m}x}(1 - \alpha_x)(K_{\mathrm{f}} - K_{\mathrm{m}y})D_{\mathrm{L}}b_{\mathrm{f}}}{K_{\mathrm{f}} - (K_{\mathrm{f}} - K_{\mathrm{m}y})D_{\mathrm{L}}b_{\mathrm{f}}} + K_{\mathrm{m}y}(1 - \alpha_z) \end{aligned} \tag{7.12}$$

7.3.3 渗透率张量应用分析

若已知天然微裂缝的连通程度、切穿深度、在储层中分布的线密度和开度,就可通过式(7.11)和式(7.12)计算沿天然微裂缝方向(x 方向)和垂直天然微裂缝方向(y 方向)的渗透率,图 7.5 反映了当天然微裂缝参数相同时,在不同储层基质渗透率的条件下,储层沿不同方向渗透率与基质渗透率的比值。其中计算时取值为 $\alpha_x = 1$,$\alpha_z = 1$,天然微裂缝的开度为 15μm,天然微裂缝的线密度为 1.5 条/m。从总的趋势来说,其中 x 方向的渗透率 K_x 大幅提升,而 y 方向的渗透率 K_y 却没有实质性的变化,说明天然微裂缝的存在使得 K_x 大于 K_y。且当储层基质的渗透率越低时,才能体现出天然微裂缝改善储层渗透能力的重要性,但也加剧了储层的非均质性。

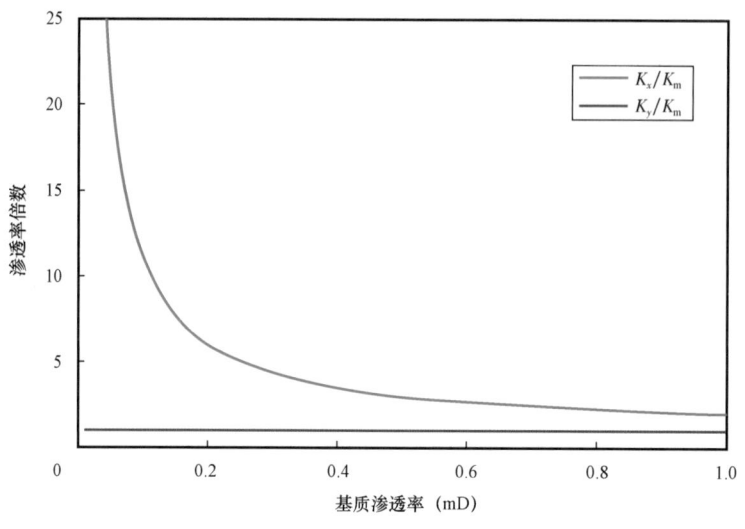

图 7.5　天然裂缝影响

在天然微裂缝纵切深度、开度和线密度完全相同的条件下,天然微裂缝之间连通系数对渗透率的影响如图 7.6 所示。在储层基质渗透率较小的条件下,连通系数越大,由定义可知天然裂缝之间连通性越好,在图 7.6 中可以明显看出沿裂缝发育方向的渗透性提升越明显,但随着储层基质渗透率不断提高,连通系数的影响效果逐渐减弱,最终 K_x 与 K_y 的比值达到稳定。

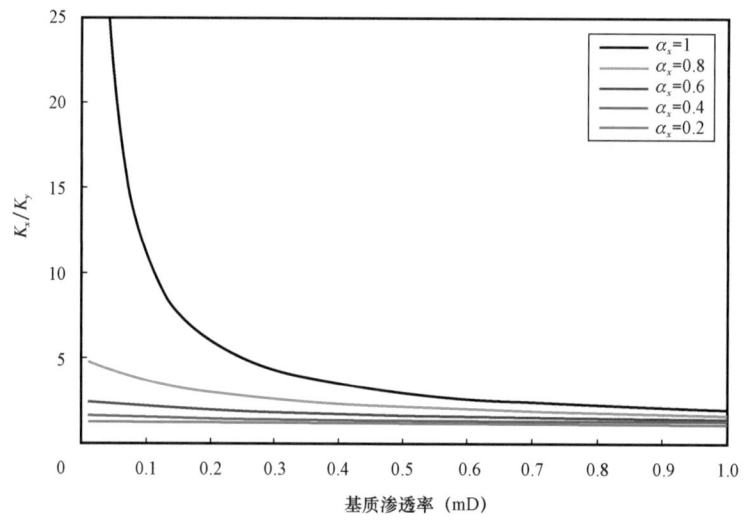

图 7.6　平面连通程度对渗透率极差的影响

图 7.7 反映了在不同的连通系数的情况下,天然微裂缝的开度对储层不同方向渗透性的影响,从总的趋势上反映出,当连通系数确定后,天然微裂缝开度越大,储层的非均质性越强,

而当天然微裂缝的开度超过 $25\mu m$ 时,从图 7.7 中看出 K_x 与 K_y 的比值明显趋于稳定,而天然微裂缝之间的连通系数 α_x 此时就成为影响渗透率的决定性因素。

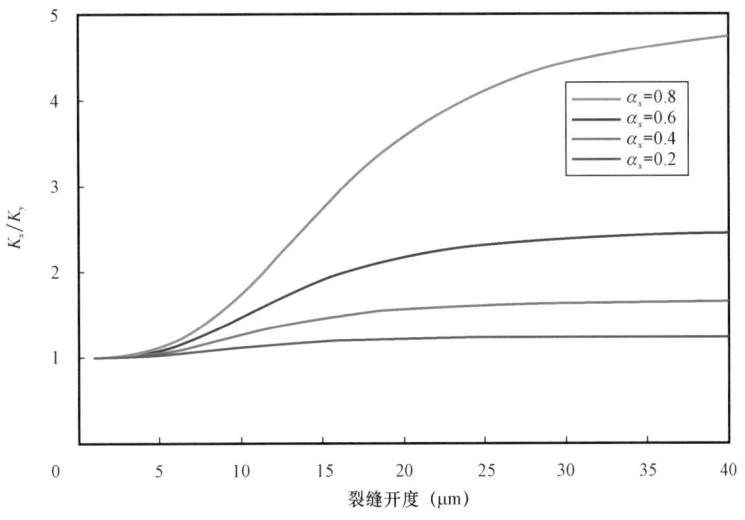

图 7.7 天然裂缝开度的影响

取基质渗透率为 0.1mD,天然微裂缝的开度为 $15\mu m$,在其他参数相同的条件下研究天然裂缝线密度对于储层渗透率的影响,计算结果如图 7.8 所示。当 $\alpha_x = 0.2$ 时,天然微裂缝的连通系数较低,连通程度较差,此时天然微裂缝的线密度对储层渗透性的改善不大,而当 $\alpha_x = 0.8$ 时,天然微裂缝的线密度对低渗透储层渗透率的影响较为明显,随着线密度的增加,沿天然微裂缝发育方向的渗透率不断增大,但在达到一定数值之后,其影响逐渐减弱。此时,天然裂缝的开度和连通程度成为影响储层非均质性的关键因素。

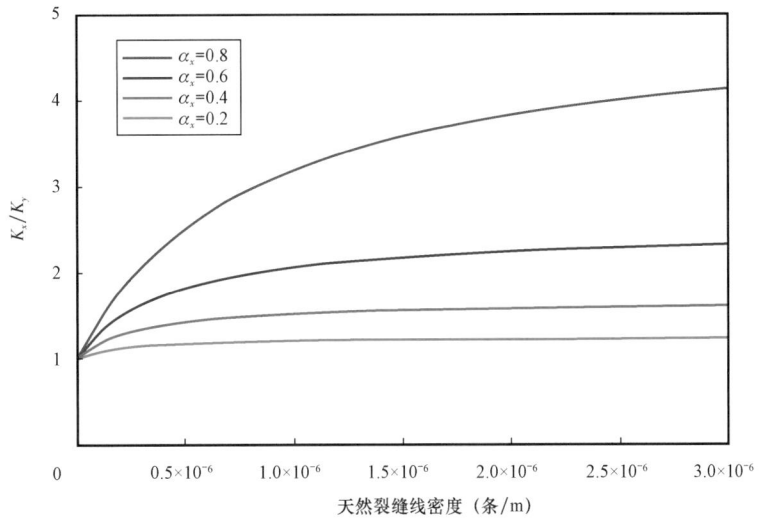

图 7.8 天然裂缝线密度的影响

由前文叙述可知,天然微裂缝的开度、在储层中分布的线密度和相互之间的连通程度是影响非均质性的重要因素,而下文在研究储层流体和压裂液两相流体流动时井口压力变化规律时引入渗透张量的方法求解储层沿不同方向的渗透率,使储层的非均质性得到量化,表现得更为直观。

7.4 压裂液返排两相流体流动数学模型的建立与求解

由假设条件可知,储层中只为储层流体的单相流动,则储层中的流体向水力裂缝中流动的连续性方程,初始条件和边界条件为:

$$
\left.
\begin{aligned}
&\frac{\partial^2 \Delta p_m}{\partial x^2} = \frac{\mu\left(\phi C_t\right)_m}{K_{mx}} \frac{\partial \Delta p_m}{\partial t} \\
&\Delta p_m(x,0) = 0 \\
&\Delta p_m\big|_{x=\frac{L_F}{2}} = \Delta p_F\big|_{x=\frac{L_F}{2}} \\
&\frac{\partial \Delta p_m}{\partial x}\bigg|_{x=0} = 0
\end{aligned}
\right\}
\tag{7.13}
$$

同样考虑储层流体在水力裂缝中流向水平井筒时的连续性方程,边界条件和初始条件为:

$$
\left.
\begin{aligned}
&K_F K_{rHC}(t) \frac{\partial^2 \Delta p_F}{\partial y^2} = \mu\left(\phi C_t\right)_F + \frac{K_{mx}}{L_F/2} \frac{\partial \Delta p_m}{\partial x}\bigg|_{x=\frac{L_F}{2}} \\
&\Delta p_F(y,0) = 0 \\
&q(t) = \frac{K_F K_{rHC}(t) A_{cw}}{\mu} \frac{\partial \Delta p_F}{\partial y}\bigg|_{y=0} \\
&\frac{\partial \Delta p_F}{\partial y}\bigg|_{y=y_e} = 0
\end{aligned}
\right\}
\tag{7.14}
$$

式(7.14)中的 $K_{rHC}(t)$ 表示储层流体相对渗透率随时间的关系式。

为求解上述方程组,就需要得到储层流体相对渗透率随时间的变化关系,一般条件下是测取在返排过程中储层中流体饱和度随时间的变化关系,再测定相对其渗透率随饱和度的变化曲线,最后通过换算得到储层流体相对渗透率随时间的变化关系。

而借鉴储层流体相对渗透率随饱和度变化曲线,在压裂液返排过程中储层中流体相对渗透率随时间的变化关系也大多呈 S 形,通过 Birch 和 Leibowitz 等对 S 形曲线的研究和对大量低渗透裂缝性储层的实际返排数据总结,最终得到储层流体相对渗透率随时间的关系的表达式如下:

$$
K_{rHC}(t) = \frac{\beta_1}{1 + (\beta_2 t)^{-\beta_3}}
\tag{7.15}
$$

式中 β_1，β_2 和 β_3 分别为控制曲线形状的系数，其中 β_1 控制相对渗透率的最大值，β_3 则代表曲线的斜率。

通过实测得到储层流体（油或气）的相对渗透率随时间的变化数据，选取适当的 β_1，β_2 和 β_3 的数值利用式(7.15)进行拟合，根据现场实测数据，根据 matlab 编程进行相应的参数拟合，实际结果如图 7.9 所示。其中图 7.9(a)拟合的为某致密油藏为在返排过程中油相相对渗透率随时间的变化关系，而图 7.9(b)拟合的为某致密气藏在返排过程中气相相对渗透率随时间的变化关系，总的来说，实测数据点与曲线基本拟合，效果较好，说明基本能用式(7.15)准确反映出在返排过程中储层流体（油或气）相对渗透率随时间的变化关系。

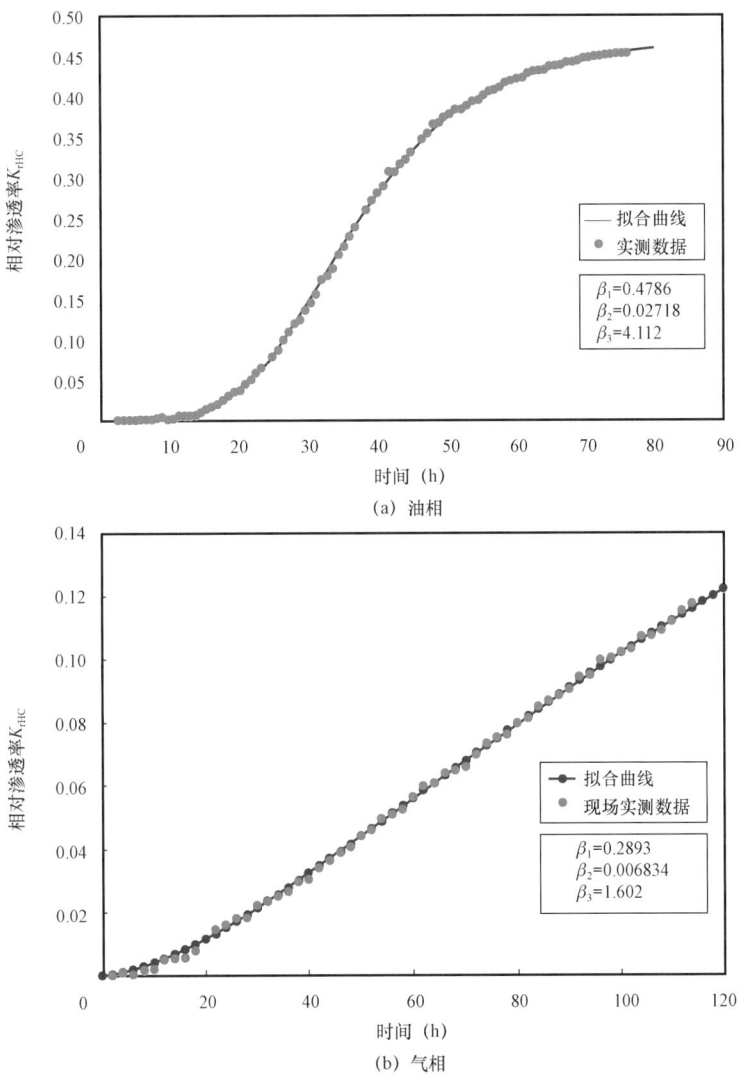

图 7.9　相对渗透率实测数据拟合示意图

通过前文提到的 Abbasi 的总结的规律可知，在返排前期虽有少量的储层流体已经进入水力裂缝，但在井口却未能观测到明显的产量，而随着返排的进程，水力裂缝中储层流体（油或气)的含量不断增加,其在水力裂缝和水平井筒中的饱和度逐渐升高,在某一时刻能在井口明显观测到油或气的产出且产量不断增加。可令 t_{inf} 表示气体明显突破的时间,其代表此时刻水力裂缝中满足 $\partial K_{rHC}/\partial t = \partial K_{rw}/\partial t$ 这个条件,且在此时刻之后、$\partial K_{rHC}/\partial t$ 和 $\partial K_{rw}/\partial t$ 的值均减小,最终 K_{rHC} 和 K_{rw} 将达到最终值并保持稳定。

由式(4.15)可得,当 $\partial^2 K_{rHC}/\partial t^2 = 0$ 时,可得 t_{inf} 的计算式,化简可得:

$$t_{inf} \approx \frac{1}{\beta_2} \left[\frac{-2(1-\gamma) + \sqrt{\beta_3(\beta_3-2)}}{2} \right]^{-1/\beta_3} \tag{7.16}$$

其中

$$\gamma = \frac{\beta_3}{\beta_3 + 1} \tag{7.17}$$

故由此可得在压裂液返排的不同阶段气相流体的相对渗透率随时间的变化关系为:

$$\left.\begin{array}{l} K_{rHC}(t) = \beta_2 \exp(\beta_3 t) \qquad (0 \leqslant t \leqslant t_{inf}) \\[2mm] K_{rHC}(t) = \dfrac{\beta_1}{1 + \beta_2 \exp(-\beta_3 t)} \quad (t > t_{inf}) \end{array}\right\} \tag{7.18}$$

则图7.9(a)中的气体相对渗透率随时间的变化曲线可分为返排前期和返排后期,其示意图如图7.10所示。

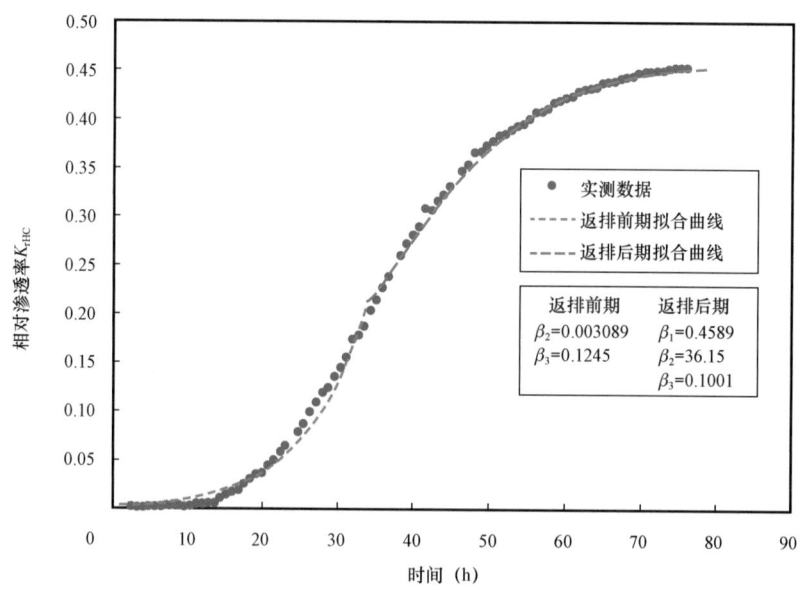

图7.10 不同返排阶段相对渗透率随时间的变化关系示意图

其中无量纲变量的处理参考第三章,且仍采用拉普拉斯变换的方法进行求解,则有此可得储层流体在基质中流动的连续性方程,边界条件和初始条件无量纲形式为:

$$\left.\begin{array}{l}\dfrac{\partial^2 p_{\mathrm{DLm}}}{\partial x_{\mathrm{D}}^2} = \dfrac{3\omega_{\mathrm{m}}}{\lambda_{\mathrm{AC,Fm}}} \dfrac{\partial p_{\mathrm{DLm}}}{\partial t_{\mathrm{D_{AC}}}} \\[3mm] p_{\mathrm{DLm}}(x_{\mathrm{D}},0) = 0 \\[3mm] p_{\mathrm{DLm}}\big|_{x_{\mathrm{D}}=1} = p_{\mathrm{DLF}}\big|_{x_{\mathrm{D}}=1} \\[3mm] \dfrac{\partial p_{\mathrm{DLm}}}{\partial x_{\mathrm{D}}}\bigg|_{x_{\mathrm{D}}=0} = 0 \end{array}\right\} \tag{7.19}$$

采用拉普拉斯变换可知：

$$\frac{\partial^2 \bar{p}_{\mathrm{DLm}}}{\partial x_{\mathrm{D}}^2} - \frac{3s\omega_{\mathrm{m}}}{\lambda_{\mathrm{AC,Fm}}} \bar{p}_{\mathrm{DLm}} = 0 \tag{7.20}$$

通过求解式（7.20）可得：

$$\bar{p}_{\mathrm{DLm}} = A\cosh\left(\sqrt{\frac{3s\omega_{\mathrm{m}}}{\lambda_{\mathrm{AC,Fm}}}}x_{\mathrm{D}}\right) + B\sinh\left(\sqrt{\frac{3s\omega_{\mathrm{m}}}{\lambda_{\mathrm{AC,Fm}}}}x_{\mathrm{D}}\right) \tag{7.21}$$

代入初始条件可知：

$$\bar{p}_{\mathrm{DLm}} = \bar{p}_{\mathrm{DLF}}\big|_{x_{\mathrm{D}}=1} \times \frac{\cosh\left[\sqrt{f_{\mathrm{m}}(s)}x_{\mathrm{D}}\right]}{\cosh\left[\sqrt{f_{\mathrm{m}}(s)}\right]} \tag{7.22}$$

其中

$$f_{\mathrm{m}}(s) = \frac{3s\omega_{\mathrm{m}}}{\lambda_{\mathrm{AC,Fm}}} \tag{7.23}$$

而水力裂缝中流动的连续性方程无量纲化形式为：

$$\frac{\partial^2 p_{\mathrm{DLF}}}{\partial y_{\mathrm{D}}^2} = \begin{cases} \dfrac{\exp(-\beta_3^* t_{\mathrm{D_{AC}}})}{\beta_2}\left(\omega_{\mathrm{F}} \dfrac{\partial p_{\mathrm{DLF}}}{\partial t_{\mathrm{D_{AC}}}} + \dfrac{\lambda_{\mathrm{AC,Fm}}}{3} \dfrac{\partial p_{\mathrm{DLm}}}{\partial x_{\mathrm{D}}}\bigg|_{x_{\mathrm{D}}=1}\right)\left(0 \leqslant t_{\mathrm{D_{AC}}} \leqslant t_{\mathrm{D_{AC_{inf}}}}\right) \\[4mm] \dfrac{1 + \beta_2\exp(-\beta_3^{**} t_{\mathrm{D_{AC}}})}{\beta_1}\left(\omega_{\mathrm{F}} \dfrac{\partial p_{\mathrm{DLF}}}{\partial t_{\mathrm{D_{AC}}}} + \dfrac{\lambda_{\mathrm{AC,Fm}}}{3} \dfrac{\partial p_{\mathrm{DLm}}}{\partial x_{\mathrm{D}}}\bigg|_{x_{\mathrm{D}}=1}\right)\left(t_{\mathrm{D_{AC}}} > t_{\mathrm{D_{AC_{inf}}}}\right) \end{cases} \tag{7.24}$$

其中，在压裂液返排前期：

$$\beta_3^* = \beta_3 \frac{(\phi C_{\mathrm{t}})_{\mathrm{f}}\mu A_{\mathrm{cw}}}{K_{\mathrm{F}}} \tag{7.25}$$

在压裂液返排后期：

$$\beta_3^{**} = \beta_3 \frac{(\phi C_{\mathrm{t}})_{\mathrm{f}}\mu A_{\mathrm{cw}}}{K_{\mathrm{F}}} \tag{7.26}$$

初始条件的无量纲化为:

$$p_{DLF}(y_D,0) = 0 \qquad (7.27)$$

边界条件的无量纲化为:

$$\left.\frac{\partial p_{DLF}}{\partial y_D}\right|_{y_D=0} = \begin{cases} -\dfrac{\exp(-\beta_3^* t_{D_{AC}})}{\beta_2} & (0 \leqslant t_{D_{AC}} \leqslant t_{D_{AC_{inf}}}) \\[4mm] -\dfrac{1 + \beta_2 \exp(-\beta_3^{**} t_{D_{AC}})}{\beta_1} & (t_{D_{AC}} > t_{D_{AC_{inf}}}) \end{cases}$$

$$\left.\frac{\partial p_{DLF}}{\partial y_D}\right|_{y_D=y_{De}} = 0 \qquad\qquad (7.28)$$

对式(7.24)采用拉普拉斯变换可得:

$$\frac{\partial^2 \bar{p}_{DLF}(s)}{\partial y_D^2} = \begin{cases} \dfrac{1}{\beta_2}\left[\omega_F(s+\beta_3^*)\bar{p}_{DLF}(s+\beta_3^*) + \dfrac{\lambda_{AC,Fm}}{3}\dfrac{\partial \bar{p}_{DLm}(s+\beta_3^*)}{\partial x_D}\right] & (0 \leqslant t_{D_{AC}} \leqslant t_{D_{AC_{inf}}}) \\[5mm] \dfrac{1}{\beta_1}\Big\{\omega_F\big[s\,\bar{p}_{DLF}(s) + \beta_2(s+\beta_3^{**}\bar{p}_{DLF})(s+\beta_3^*)\big] + \\ \dfrac{\lambda_{AC,Fm}}{3}\Big[\left.\dfrac{\partial \bar{p}_{DLm}(s)}{\partial x_D}\right|_{x_D=1} + \beta_2\left.\dfrac{\partial \bar{p}_{DLm}(s+\beta_3^{**})}{\partial x_D}\right|_{x_D=1}\Big]\Big\} & (t_{D_{AC}} > t_{D_{AC_{inf}}}) \end{cases}$$

$$(7.29)$$

边界条件进行拉普拉斯变换可得:

$$\left.\frac{\partial \bar{p}_{DLF}}{\partial y_D}\right|_{y_D=0} = -f^*(s)$$

$$\left.\frac{\partial \bar{p}_{DLF}}{\partial y_D}\right|_{y_D=y_{De}} = 0 \qquad\qquad (7.30)$$

而其中 $f^*(s)$ 的表达式为:

$$f^*(s) = \begin{cases} \dfrac{1}{\beta_2}\left(\dfrac{1}{s+\beta_3^*}\right) & (0 \leqslant t_{D_{AC}} \leqslant t_{D_{AC_{inf}}}) \\[4mm] \dfrac{1}{\beta_1}\left[\dfrac{1}{s} + \dfrac{\beta_2}{(s+\beta_3^{**})}\right] & (t_{D_{AC}} > t_{D_{AC_{inf}}}) \end{cases} \qquad (7.31)$$

对式(7.22)微分可得:

$$\left.\frac{\partial \bar{p}_{DLm}}{\partial x_D}\right|_{x_D=1} = \bar{p}_{DLF}\sqrt{f_m(s)}\tanh\left[\sqrt{f_m(s)}\right] \qquad (7.32)$$

若假设

$$\bar{p}_{DLF}(s) \approx \bar{p}_{DLF}(s + \beta_3^*)$$

且

$$\bar{p}_{DLF} \approx \bar{p}_{DLF}(s + \beta_3^{**})$$

则式(7.34)可化简为：

$$\frac{\partial \bar{p}_{DLF}}{\partial y_D^2} - f(s) \bar{p}_{DLF} = 0 \tag{7.33}$$

式(7.34)中的 $f(s)$ 的表达式为：

$$f(s) = \begin{cases} \frac{1}{\beta_2}\left\{\omega_F(s + \beta_3^*) + \frac{\lambda_{AC,Fm}}{3}\sqrt{f_m(s + \beta_3^*)}\tanh\left[\sqrt{f_m(s + \beta_3^*)}\right]\right\} \\ (0 \leqslant t_{D_{AC}} \leqslant t_{D_{AC_{inf}}}) \\[2mm] \frac{1}{\beta_1}\left[\omega_F + \beta_2(s + \beta_3^{**})\right] + \frac{\lambda_{AC,Fm}}{3}\left\{\begin{array}{l}\sqrt{f_m(s)}\tanh\left[\sqrt{f_m(s)}\right] + \\ \beta_2\sqrt{f_m(s + \beta_3^{**})}\tanh\left[\sqrt{f_m(s + \beta_3^{**})}\right]\end{array}\right\} \\ (t_{D_{AC}} > t_{D_{AC_{inf}}}) \end{cases}$$

$$\tag{7.34}$$

通过求解式(7.33)可知：

$$\bar{p}_{DLF} = A\exp\left[\sqrt{f(s)}y_D\right] + B\exp\left[-\sqrt{f(s)}y_D\right] \tag{7.35}$$

对上式微分可得：

$$\frac{\partial \bar{p}_{DLF}}{\partial y_D} = \sqrt{f(s)}\left\{A\exp\left[\sqrt{f(s)}y_D\right] - B\exp\left[-\sqrt{f(s)}y_D\right]\right\} \tag{7.36}$$

将边界条件式(7.30)代入式(7.36)可得：

$$\frac{f^*(s)}{f(s)} = A - B \tag{7.37}$$

且

$$A = B\exp\left[-2\sqrt{f(s)}y_{De}\right] \tag{7.38}$$

将式(7.38)代入式(7.37)可知：

$$B = \frac{f^*(s)}{f(s)}\frac{1}{1 - \exp\left[-2\sqrt{f(s)}y_{De}\right]} \tag{7.39}$$

由式(7.39)代入式(7.38)可得：

$$A = \frac{f^*(s)}{f(s)} \frac{\exp[-2\sqrt{f(s)}\,y_{De}]}{1-\exp[-2\sqrt{f(s)}\,y_{De}]} \tag{7.40}$$

将解出的 A 和 B 的表达式代入式(7.35)可知:

$$\bar{p}_{wDL} = \bar{p}_{DLF}\big|_{y_D=0} = \frac{f^*(s)}{f(s)}\left\{\frac{1+\exp[-2\sqrt{f(s)}\,y_{De}]}{1-\exp[-2\sqrt{f(s)}\,y_{De}]}+I_D\sqrt{f(s)}\right\} \tag{7.41}$$

$$I_D = \frac{r_w}{\sqrt{A_{cw}}}I \tag{7.42}$$

最后可得无量纲井底流压为:

$$\bar{p}_{wDL} = \frac{f^*(s)}{f(s)}\left\{\coth[\sqrt{f(s)}\,y_{De}+I_D\sqrt{f(s)}]\right\} \tag{7.43}$$

在压裂液全部排出就为单一的地层流体的流动,若不考虑天然微裂缝对非均质性造成的影响,可借鉴三线性流动模型来验证该模型的正确性。此时,相当于返排前期 $\beta_2=1$,$\beta_3=0$,而在返排后期取 $\beta_1=1$,$\beta_2=0$,计算结果如图7.11所示,由此可以看出,该模型效果较好,可以用来模拟返排过程中的压裂液和地层流体两相流动时压力递减规律。

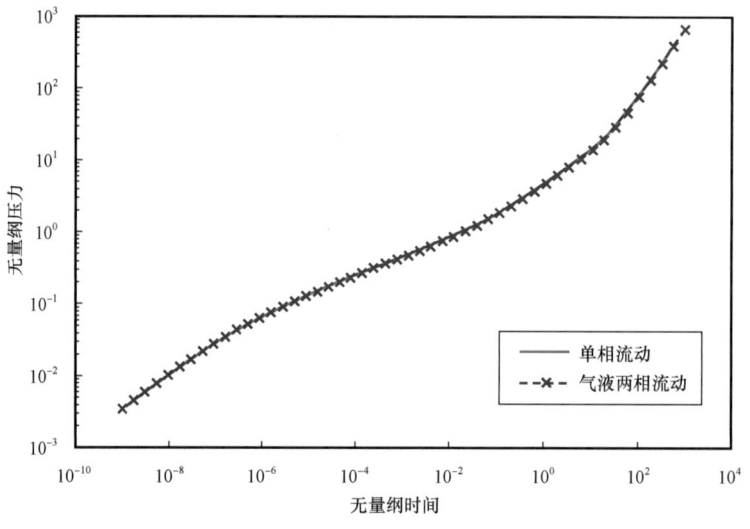

图7.11　两相返排验证示意图

以上公式推导过程中认为增产改造的储层为油藏,而当压裂施工储层为气藏时,则本章推导的公式中的压力 p 则应采用气体流动过程中的拟压力进行代替,其表达形式为:

$$m(p) = 2\int_{p_i}^{p}\frac{p}{\mu(p)Z(p)}\mathrm{d}p \tag{7.44}$$

其相应的无量纲拟压力的表达式为:

$$m_{DL} = \frac{K_F \sqrt{A_{cw}} [m(p_i) - m(p_{wf})]}{q(t)\mu p_i} \qquad (7.45)$$

7.5 两相流动过程中压力变化规律

在计算过程中假设储层中天然微裂缝的开度为 $20\mu m$,线密度为 1.5 条/m,天然裂缝之间相互连通,则连通系数 $\alpha_x = 1$,则此时沿天然微裂缝发育方向的渗透率约为 0.001D,而垂直天然微裂缝发育方向的渗透率基本没有变化。取用图 7.10 中的储层中油相相对渗透率随时间的变化关系,则返排前期 $\beta_1 = 0.003089$,$\beta_2 = 0.1245$;返排后期 $\beta_1 = 0.4589$,$\beta_2 = 36.15$,$\beta_3 = 0.1001$。

图 7.12 反映低渗透裂缝性储层中天然微裂缝的走向对返排过程中压力变化的影响,图中反映出当式(7.18)中各系数确定之后,则表明在压裂液返排中期,即两相流动阶段是压力降落基本相同,天然微裂缝的走向只影响返排初期和返排后期压力的降落,当天然微裂缝方向垂直于水力裂缝方向时,井底压力的递减速度略快,表明天然微裂缝对渗透性能的改善很明显。

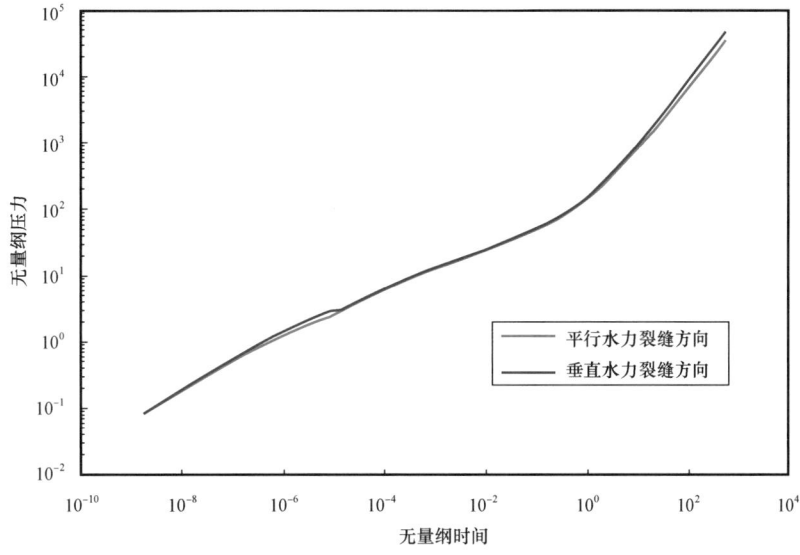

图 7.12　不同天然微裂缝方位条件下压力变化典型曲线

图 7.13 和图 7.14 分别反映了水力裂缝间距和水力裂缝长度对井底压力降落的影响,由前文分析可知,两相流动期间压力降落主要与储层流体相对渗透率的变化有关,水力裂缝之间的间距只影响返排初期和后期的压力变化,随着间距的增大压力衰减越快。由图 7.14 看出,在两相流体的返排过程中,水力裂缝长度只对返排后期压力的变化有较大影响,水力裂缝的长度越短,则在后期压力变化越快。

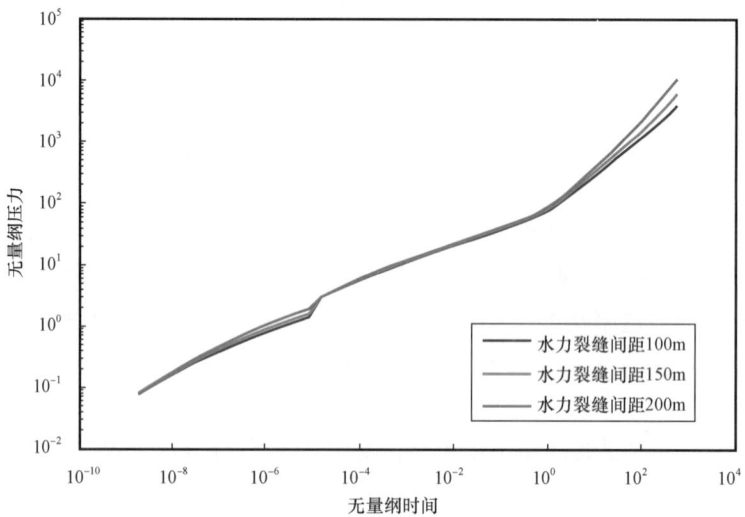

图 7.13　不同水力裂缝间距条件下压力变化典型曲线

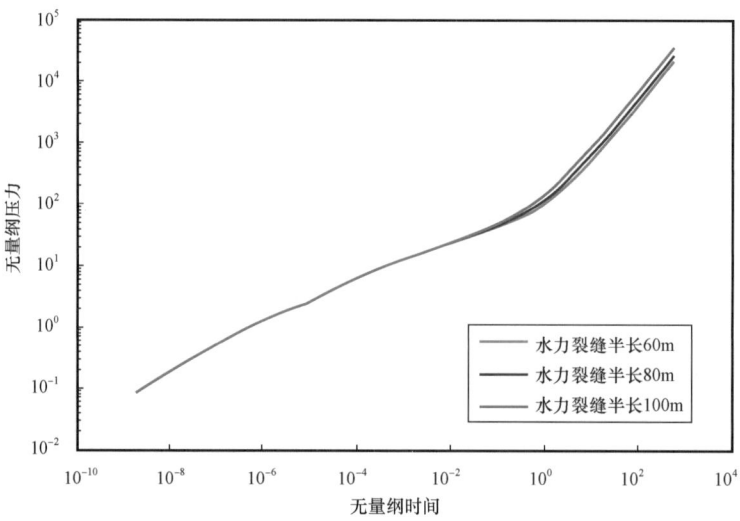

图 7.14　不同水力裂缝长度条件下压力变化典型曲线

第8章 低渗透油藏压裂水平井产能模拟

低渗透油藏天然微裂缝十分发育,同时广泛存在启动压力梯度和应力敏感效应,从而对压裂水平井的渗流造成很大影响,另外,压裂水平井的裂缝形态也各有不同,各水力裂缝间存在相互干扰,进而影响产能。因此,本章在双重介质渗流理论的基础上,结合 Warren – Root 模型,全面综合考虑启动压力梯度、应力敏感效应、裂缝夹角、裂缝间相互干扰、裂缝导流能力等特点,应用 Laplace 变换、Stehfest 数值反演、压降叠加原理、Duhamel 定理、摄动理论和点源函数基本理论,建立了低渗透油藏压裂水平井不稳定渗流与产能模型,并得出模型半解析解。

8.1 物理模型的建立

低渗透油藏压裂水平井的物理模型示意图如图8.1所示,假设条件如下:

(1)低渗透油藏储层为裂缝—孔隙型双重介质,且外边界无限大;

(2)流体在油藏中的流动为单相流,且满足低速非达西渗流;

(3)水力裂缝与水平井筒夹角任意,且完全穿透油层;

(4)流体从基质岩块向天然裂缝的流动为拟稳态窜流;

(5)油藏中流体流动过程为:基质→天然裂缝→水力裂缝→水平井筒;

(6)忽略重力和毛细管力。

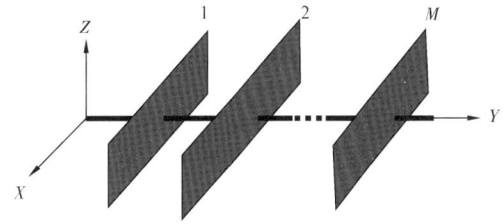

图 8.1 低渗透油藏压裂水平井物理模型示意图

8.2 数学模型的建立与求解

8.2.1 地层渗流数学模型

(1)连续性方程。

根据质量守恒原理,得到双重介质低渗透油藏中天然裂缝系统和基质系统的连续性方程,其表达式为:

天然裂缝系统

$$\frac{\partial(\rho_f\phi_f)}{\partial t} + \nabla(\rho_f v_f) + q_{ex} = 0 \tag{8.1}$$

基质系统

$$\frac{\partial(\rho_m\phi_m)}{\partial t} + \nabla(\rho_m v_m) + q_{ex} = 0 \tag{8.2}$$

式中 ρ_f,ρ_m——天然裂缝系统、基质系统中流体的密度，g/cm^3；

　　ϕ_f,ϕ_m——天然裂缝系统、基质系统的孔隙度；

　　v_f,v_m——天然裂缝系统、基质系统中流体的渗流速度，cm/s；

　　q_{ex}——基质系统向天然裂缝系统的窜流量，$g/(cm^3 \cdot s)$；

　　t——生产时间，s。

（2）运动方程。

假设低渗透油藏中基质与天然裂缝都各向均质同性，流体在基质和天然裂缝系统中的渗流都满足低速非达西渗流，那么其运动方程可以表示为：

天然裂缝系统：

$$v_f = -\frac{K_f}{\mu}\left(\frac{\partial p_f}{\partial r} - \lambda_B\right) \tag{8.3}$$

基质系统：

$$v_m = -\frac{K_m}{\mu}\left(\frac{\partial p_m}{\partial r} - \lambda_B\right) \tag{8.4}$$

式中 p_f,p_m——天然裂缝系统、基质系统的压力，$10^{-1}MPa$；

　　K_f,K_m——天然裂缝系统、基质系统的渗透率，D；

　　μ——流体黏度，$mPa \cdot s$；

　　r——径向渗流距离，cm；

　　λ_B——启动压力梯度，$10^{-1}MPa/cm$。

（3）状态方程。

天然裂缝系统

$$\rho_f = \rho_0[1 + C_\rho(p_f - p_0)] \tag{8.5}$$

$$\phi_f = \phi_{f0}[1 + C_f(p_f - p_0)] \tag{8.6}$$

基质系统

$$\rho_m = \rho_0[1 + C_\rho(p_m - p_0)] \tag{8.7}$$

$$\phi_m = \phi_{m0}[1 + C_m(p_m - p_0)] \tag{8.8}$$

式中 C_f,C_m——天然裂缝系统、基质系统的压缩系数，$10MPa^{-1}$；

　　ρ_0——流体在压力 p_0 下的密度，g/cm^3；

ϕ_{f0}, ϕ_{m0}——原始天然裂缝孔隙度和原始基质孔隙度；

C_{ρ}——流体压缩系数，10MPa^{-1}。

（4）窜流方程。

由于基质系统与天然裂缝系统之间存在压力差异，因此流体会从基质窜流到天然裂缝中。这种窜流过程一般是非稳态的，但也可当作拟稳态情形来处理。所以，基质系统向天然裂缝系统的窜流方程可以表示为：

$$q_{\text{ex}} = \frac{\sigma \rho_0 K_{\text{m}}}{\mu}(p_{\text{m}} - p_{\text{f}}) \tag{8.9}$$

式中　α——形状因子，cm^{-2}。

形状因子 α 由正交天然裂缝组数和被切割的基质岩块的大小决定，其计算表达式为：

$$\alpha = \frac{4n(n+2)}{L^2} \tag{8.10}$$

式中　L——系统的参考长度，cm；

n——基质岩块形状的维数。

（5）应力敏感方程。

采用常用的指数模型表征应力敏感效应，其方程表达式为：

$$K_{\text{f}} = K_{\text{fi}} \text{e}^{-\xi(p_i - p_f)} \tag{8.11}$$

式中　K_{f}——天然裂缝的渗透率，D；

K_{fi}——天然裂缝的原始渗透率，D；

ξ——应力敏感系数，10MPa^{-1}；

p_i——原始地层压力。

（6）渗流微分方程。

联立上述连续性方程、运动方程、状态方程、窜流方程和应力敏感方程，得低渗透双重介质油藏渗流微分方程：

天然裂缝系统

$$\rho_0 \phi_{f0} C_{ft} \frac{\partial p_f}{\partial t} - \frac{1}{r}\frac{\partial}{\partial r}\left\{\rho_0 r\left[\frac{K_i \text{e}^{-\xi(p_i - p_f)}}{\mu}\left(\frac{\partial p_f}{\partial r} - \lambda_{\text{B}}\right)\right]\right\} - \frac{\sigma \rho_0 K_{\text{m}}}{\mu}(p_{\text{m}} - p_{\text{f}}) = 0 \tag{8.12}$$

基质系统

$$\rho_0 \phi_{m0} C_{mt} \frac{\partial p_m}{\partial t} - \frac{1}{r}\frac{\partial}{\partial r}\left[\frac{\rho_0 r K_{\text{m}}}{\mu}\left(\frac{\partial p_m}{\partial r} - \lambda_{\text{B}}\right)\right] + \frac{\sigma \rho_0 K_{\text{m}}}{\mu}(p_{\text{m}} - p_{\text{f}}) = 0 \tag{8.13}$$

对天然裂缝系统渗流微分方程进一步化简得：

$$\frac{\text{e}^{\xi(p_i - p_f)}}{K_{\text{fi}}}\mu \phi_f C_{ft} \frac{\partial p_f}{\partial t} - \frac{\partial^2 p_f}{\partial r^2} - \xi\left(\frac{\partial p_f}{\partial r}\right)^2 - \frac{1}{r}\frac{\partial p_f}{\partial r} + \frac{\lambda_{\text{B}}}{r} + \lambda_{\text{B}}\xi\frac{\partial p_f}{\partial r} - \frac{\text{e}^{\xi(p_i - p_f)}}{K_{\text{fi}}}\sigma K_{\text{m}}(p_{\text{m}} - p_{\text{f}}) = 0$$

$$\tag{8.14}$$

在低渗透双重介质中,由于基质岩块的渗透性极差,即 K_f 远大于 K_m,所以采用 Warren – Root 模型,忽略流体在基质系统中的流动,因此基质系统渗流微分方程式(8.13)简化为:

$$\mu \phi_m C_{mt} \frac{\partial p_m}{\partial t} + \alpha K_m (p_m - p_f) = 0 \qquad (8.15)$$

对天然裂缝系统渗流微分方程式(8.12)进一步化简得:

$$\frac{e^{\xi(p_i - p_f)}}{K_{fi}} \mu \phi_f C_{ft} \frac{\partial p_f}{\partial t} - \frac{\partial^2 p_f}{\partial r^2} - \xi \left(\frac{\partial p_f}{\partial r} \right)^2 - \frac{1}{r} \frac{\partial p_f}{\partial r} + \frac{\lambda_B}{r} + \lambda_B \xi \frac{\partial p_f}{\partial r} - \frac{e^{\xi(p_i - p_f)}}{K_{fi}} \sigma K_m (p_m - p_f) = 0$$

$$(8.16)$$

定义无量纲变量如下:

无量纲压力

$$p_{lD} = \frac{2\pi K_{fi} h (p_i - p_l)}{q_{sc} \mu} \qquad (l = f, m) \qquad (8.17)$$

无量纲距离

$$r_D = \frac{r}{L_{ref}} \qquad (8.18)$$

无量纲时间

$$t_D = \frac{K_{fi} t}{\mu (c_f \phi_f + c_m \phi_m) L_{ref}^2} \qquad (8.19)$$

无量纲启动压力梯度

$$\lambda_D = \frac{2\pi K_{fi} h L_{ref} \lambda_B}{q_{sc} \mu} \qquad (8.20)$$

无量纲应力敏感系数

$$\xi_D = \frac{q_{sc} \mu}{2\pi K_{fi} h} \xi \qquad (8.21)$$

无量纲裂缝导流能力

$$C_{FD} = \frac{K_F w_F}{K_{fi} h} \qquad (8.22)$$

式中　p_i——原始地层压力,10^{-1}MPa;

　　　h——储层厚度,cm;

　　　L_{ref}——参考长度,cm;

　　　q_{sc}——恒定产量,cm³/s;

　　　K_F——水力裂缝的渗透率,D;

　　　w_F——水力裂缝的宽度,cm。

引入表征双重介质油藏特征的两个特征参数：

① 弹性储容比 ω，描述储层天然裂缝网络系统与基质系统间的弹性储集容纳能力的相对大小，即：

$$\omega = \frac{C_{ft}\phi_f}{C_{ft}\phi_f + C_{mt}\phi_m} \tag{8.23}$$

式中　C_{ft}，C_{mt}——天然裂缝系统、基质系统的综合压缩系数。

② 窜流系数 λ，体现储层流体从基质系统往天然裂缝系统中窜流的能力大小，即：

$$\lambda = \frac{\sigma K_m L_{ref}^2}{K_f} \tag{8.24}$$

于是渗流微分方程式(8.15)和式(8.16)可以转化为无量纲形式：

天然裂缝系统

$$\frac{\partial^2 p_{fD}}{\partial r_D^2} + \xi_D \left(\frac{\partial p_{fD}}{\partial r_D}\right)^2 + \frac{1}{r_D}\frac{\partial p_{fD}}{\partial r_D} + \frac{\lambda_D}{r_D} + \lambda_B \xi_D \frac{\partial p_{fD}}{\partial r_D} - e^{\xi_D p_{fD}}\lambda K_m(p_{mD} - p_{fD}) - e^{\xi_D p_{fD}}\omega \frac{\partial p_{fD}}{\partial t_D} = 0 \tag{8.25}$$

基质系统

$$(1 - \omega)\frac{\partial p_{mD}}{\partial t_D} + \lambda(p_{mD} - p_{fD}) = 0 \tag{8.26}$$

(7)渗流数学模型。

该低渗透油藏的初始条件为：

$$p_f = p_m = p_i(t = 0) \tag{8.27}$$

假设油井以恒定产量 q_{sc} 生产，则内边界条件为：

$$e^{-\xi(p_i - p_f)}r\left(\frac{\partial p_f}{\partial r}\bigg|_{r=0} - \lambda_B\right) = \frac{q_{sc}\mu}{2\pi K_{fi}h} \tag{8.28}$$

无限大地层外边界条件为：

$$p_f\big|_{r\to\infty} = p_i \tag{8.29}$$

将式(8.28)和式(8.29)无量纲化后得内边界条件为：

$$e^{-\xi_D p_{fD}}r_D\left(\frac{\partial p_{fD}}{\partial r_D}\bigg|_{r=0} - \lambda_D\right) = -1 \tag{8.30}$$

外边界条件为：

$$p_{fD}\big|_{r_D\to\infty} = 0 \tag{8.31}$$

联立方程式(8.25)、式(8.26)、式(8.30)和式(8.31)可得双重介质低渗透油藏不稳定渗流数学模型：

$$\frac{\partial^2 p_{fD}}{\partial r_D^2} + \xi_D \left(\frac{\partial p_{fD}}{\partial r_D}\right)^2 + \frac{1}{r_D}\frac{\partial p_{fD}}{\partial r_D} + \frac{\lambda_D}{r_D} + \lambda_B \xi_D \frac{\partial p_{fD}}{\partial r_D} - e^{\xi_D p_{fD}}\lambda K_m(p_{mD} - p_{fD}) - e^{\xi_D p_{fD}}\omega \frac{\partial p_{fD}}{\partial t_D} = 0$$

$$(1 - \omega)\frac{\partial p_{mD}}{\partial t_D} + \lambda(p_{mD} - p_{fD}) = 0$$

$$e^{-\xi_D p_{fD}} r_D\left(\frac{\partial p_{fD}}{\partial r_D}\bigg|_{r=0} - \lambda_D\right) = -1$$

$$p_{fD}\big|_{r_D\to\infty} = 0$$

(8.32)

由于上述方程组非线性较强,不能直接求出解析解,因此引入摄动变换,即:

$$p_{fD} = -\frac{1}{\xi_D}\ln(1 - \xi_D \eta_{fD}) \tag{8.33}$$

根据摄动理论:

$$\eta_{fD} = \eta_{fD0} + \xi_D \eta_{fD1} + \xi_D^2 \eta_{fD2} + \cdots \tag{8.34}$$

$$-\frac{1}{\xi_D}\ln(1 - \xi_D \eta_{fD}) = \eta_{fD} + \frac{1}{2}\xi_D \eta_{fD}^2 + \cdots \tag{8.35}$$

$$\frac{1}{1 - \xi_D \eta_{fD}} = 1 + \xi_D \eta_{fD} + \xi_D^2 \eta_{fD} + \cdots \tag{8.36}$$

考虑到 ξ_D 的值通常很小,因此零阶摄动解可以满足要求,所以方程组(8.32)化为:

$$\frac{\partial^2 \eta_{fD}}{\partial r_D^2} + \frac{1}{r_D}\frac{\partial \eta_{fD}}{\partial r_D} + \frac{\lambda_D}{r_D} - \omega \frac{\partial \eta_{fD}}{\partial t_D} + \lambda(p_{mD} - \eta_{fD}) = 0$$

$$(1 - \omega)\frac{\partial p_{mD}}{\partial t_D} + \lambda(p_{mD} - \eta_{fD}) = 0$$

$$r_D\left(\frac{\partial \eta_{fD}}{\partial r_D}\bigg|_{r=0} - \lambda_D\right) = -1$$

$$\eta_{fD}\big|_{r_D\to\infty} = 0$$

(8.37)

对方程组(8.37)进行拉氏变换,得双重介质低渗透油藏不稳定渗流数学模型:

$$\frac{\partial^2 \bar{\eta}_{fD}}{\partial r_D^2} + \frac{1}{r_D}\frac{\partial \bar{\eta}_{fD}}{\partial r_D} - sD\bar{\eta}_{fD} = -\frac{\lambda_D}{sr_D}$$

$$r_D\left(\frac{\partial \bar{\eta}_{fD}}{\partial r_D} + \frac{\lambda_D}{s}\right)\bigg|_{r_D\to0} = -\frac{1}{s}$$

$$\bar{\eta}_{fD}\big|_{r_D\to\infty} = 0$$

(8.38)

式中　s——拉氏变量；

　　　$\bar{\eta}_{fD}$——拉氏空间下的无量纲压力。

由于渗流数学模型式(8.38)中的基本微分方程是非齐次的二阶线性常微分方程,其通解为对应齐次二阶线性方程的通解加上其任一特解。

基本微分方程对应齐次二阶线性方程为:

$$\frac{\partial^2 \bar{\eta}_{fD}}{\partial r_D^2} + \frac{1}{r_D} \frac{\partial \bar{\eta}_{fD}}{\partial r_D} - sD\bar{\eta}_{fD} = 0 \tag{8.39}$$

式(8.39)是虚变量贝塞尔(Bessel)方程,其通解为零阶第一类修正贝塞尔数 I_0 和零阶第二类修正贝塞尔数 K_0 的组合,即:

$$\bar{\eta}_{hfD} = AK_0(\sqrt{sD}r_D) + BI_0(\sqrt{sD}r_D) \tag{8.40}$$

式中　$I_0(x)$——零阶第一类修正贝塞尔函数；

　　　$K_0(x)$——零阶第二类修正贝塞尔函数。

通过常数变易法求得非齐次二阶线性方程的特解为:

$$\bar{\eta}_{fD}^* = \frac{\lambda_D}{s}K_0(\sqrt{sD}r_D)\int_0^{r_D} I_0(\sqrt{sD}\tau)\,\mathrm{d}\tau + \frac{\lambda_D}{s}I_0(\sqrt{sD}r_D)\int_{r_D}^{\infty} K_0(\sqrt{sD}\tau)\,\mathrm{d}\tau \tag{8.41}$$

因此,非齐次的二阶线性常微分方程的通解为:

$$\bar{\eta}_{fD} = AK_0(\sqrt{sD}r_D) + BI_0(\sqrt{sD}r_D) + \frac{\lambda_D}{s}K_0(\sqrt{sD}r_D)$$

$$\int_0^{r_D} I_0(\sqrt{sD}\tau)\,\mathrm{d}\tau + \frac{\lambda_D}{s}I_0(\sqrt{sD}r_D)\int_{r_D}^{\infty} K_0(\sqrt{sD}\tau)\,\mathrm{d}\tau \tag{8.42}$$

由无限大外边界条件得 $B=0$,则式(8.42)可写为:

$$\bar{\eta}_{fD} = AK_0(\sqrt{sD}r_D) + \frac{\lambda_D}{s}K_0(\sqrt{sD}r_D)\int_0^{r_D} I_0(\sqrt{sD}\tau)\,\mathrm{d}\tau$$

$$+ \frac{\lambda_D}{s}I_0(\sqrt{sD}r_D)\int_{r_D}^{\infty} K_0(\sqrt{sD}\tau)\,\mathrm{d}\tau \tag{8.43}$$

对式(8.43)求偏导,得到:

$$\frac{\partial \bar{\eta}_{fD}}{\partial r_D} = -A\sqrt{sD}K_1(\sqrt{sD}r_D) + \frac{\lambda_D}{s}\Big(-\sqrt{sD}K_1(\sqrt{sD}r_D)$$

$$\int_0^{r_D} I_0(\sqrt{sD}\tau)\,\mathrm{d}\tau + I_1(\sqrt{sD}r_D)\int_{r_D}^{\infty} K_0(\sqrt{sD}\tau)\,\mathrm{d}\tau\Big) \tag{8.44}$$

由贝塞尔函数性质,当 $x \to 0$ 时:

$$xK_1(x) = 1, I_1(x) = 0 \tag{8.45}$$

所以,当 $r_D \to 0$ 时得:

$$r_{\mathrm{D}}\left(\frac{\partial \overline{\eta}_{\mathrm{fD}}}{\partial r_{\mathrm{D}}} + \frac{\lambda_{\mathrm{D}}}{s}\right) = -A \tag{8.46}$$

结合内边界条件,得:

$$A = \frac{1}{s} \tag{8.47}$$

因此,双重介质低渗透油藏不稳定渗流数学模型式(8.38)的解为:

$$\overline{\eta}_{\mathrm{fD}} = \frac{1}{s}K_0(\sqrt{sD}r_{\mathrm{D}}) + \frac{\lambda_{\mathrm{D}}}{s}K_0(\sqrt{sD}r_{\mathrm{D}})\int_0^{r_{\mathrm{D}}} I_0(\sqrt{sD}\tau)\,\mathrm{d}\tau +$$
$$\frac{\lambda_{\mathrm{D}}}{s}I_0(\sqrt{sD}r_{\mathrm{D}})\int_{r_{\mathrm{D}}}^{\infty} K_0(\sqrt{sD}\tau)\,\mathrm{d}\tau \tag{8.48}$$

即为拉氏空间下的连续点源解。

根据点源函数定义格林函数为:

$$G(r_{\mathrm{D}}) = K_0(\sqrt{sD}r_{\mathrm{D}}) + \lambda_{\mathrm{D}}K_0(\sqrt{sD}r_{\mathrm{D}})\int_0^{r_{\mathrm{D}}} I_0(\sqrt{sD}\tau)\,\mathrm{d}\tau +$$
$$\lambda_{\mathrm{D}}I_0(\sqrt{sD}r_{\mathrm{D}})\int_{r_{\mathrm{D}}}^{\infty} K_0(\sqrt{sD}\tau)\,\mathrm{d}\tau \tag{8.49}$$

运用叠加原理,可以得到连续线源、面源和体积源 S 的压力分布为:

$$\overline{\eta}_{fijD} = \int_s \overline{q}_{fijD}G(r_{\mathrm{D}})\,\mathrm{d}S \tag{8.50}$$

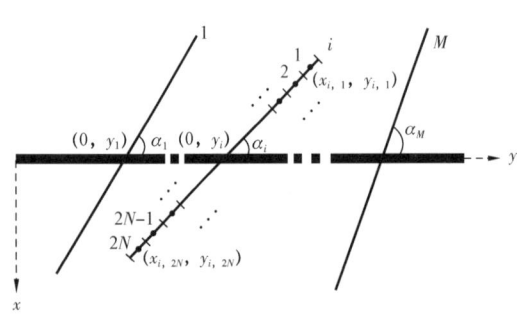

图 8.2　水力裂缝等分示意图

8.2.2　水力裂缝流动数学模型

设水平井井轴为 y 方向,水力裂缝条数为 M,第 i 条水力裂缝与水平井筒之间的夹角为 α_i。将低渗透油藏压裂水平井的每条水力裂缝离散成 $2N$ 个裂缝单元,则每一单元可以看做一个线汇,如图 8.2 所示。

通过式(8.49)和式(8.50),可得到水力裂缝上任意一线汇 $(x_{\mathrm{wD}}, y_{\mathrm{wD}})$ 在任意一点 $(x_{\mathrm{D}}, y_{\mathrm{D}})$ 处产生的压降为:

$$\overline{\eta}_{fijD} = \int_l \overline{q}_{fijD}G(r_{\mathrm{D}})\,\mathrm{d}l$$
$$= \overline{q}_{fijD}\int_{x_{\mathrm{D}i,j}}^{x_{\mathrm{D}i,j+1}} \left[K_0(\sqrt{sD}R_{\mathrm{D}}) + \lambda_{\mathrm{D}}K_0(\sqrt{sD}R_{\mathrm{D}})\int_0^{R_{\mathrm{D}}} I_0(\sqrt{sD}\tau)\,\mathrm{d}\tau + \right.$$
$$\left. \lambda_{\mathrm{D}}I_0(\sqrt{sD}R_{\mathrm{D}})\int_{R_{\mathrm{D}}}^{\infty} K_0(\sqrt{sD}\tau)\,\mathrm{d}\tau \right] (\sqrt{1 + \cot^2(\alpha_i)})\,\mathrm{d}x_{\mathrm{wD}i} \tag{8.51}$$

其中

$$R_{\mathrm{D}} = \sqrt{(x_{\mathrm{D}} - x_{\mathrm{wD}})^2 + (y_{\mathrm{D}} - y_{\mathrm{wD}})^2} \tag{8.52}$$

假设第 i 条水力裂缝上的每一个线汇的产量相等,那么第 i 条水力裂缝上的第 j 个线汇的产量可以表示为:

$$\bar{q}_{\mathrm{fij D}} = \frac{\bar{q}_{\mathrm{fij}} L_{\mathrm{ref}}}{q_{\mathrm{sc}}} = \frac{\bar{q}_{\mathrm{fi}} L_{\mathrm{ref}}}{2N(\Delta l) q_{\mathrm{sc}}} = \frac{\bar{q}_{\mathrm{fiD}} L_{\mathrm{ref}}}{x_{\mathrm{fl}} + x_{\mathrm{fr}}} \tag{8.53}$$

式中　$\bar{q}_{\mathrm{fij}}$——第 i 条水力裂缝上的第 j 个线汇的线密度产量,$\mathrm{cm}^3/(\mathrm{s \cdot cm})$;

　　　$\bar{q}_{\mathrm{fi}}$——第 i 条水力裂缝的产量,cm^3/s;

　　　$\bar{q}_{\mathrm{fiD}}$——第 i 条水力裂缝的无因次产量,无量纲;

　　　$x_{\mathrm{fl}}, x_{\mathrm{fr}}$——水力裂缝左翼、右翼的长度,$\mathrm{cm}$;

　　　L_{ref}——参考长度,cm。

将式(8.53)带入式(8.51),所以式(8.51)化为:

$$\bar{\eta}_{\mathrm{fij D}} = \frac{\bar{q}_{\mathrm{fiD}} L_{\mathrm{ref}}}{x_{\mathrm{fl}} + x_{\mathrm{fr}}} \int_{x_{\mathrm{Di},j}}^{x_{\mathrm{Di},j+1}} \left[\begin{array}{l} K_0(\sqrt{sD}R_{\mathrm{D}}) + \lambda_{\mathrm{D}} K_0(\sqrt{sD}R_{\mathrm{D}}) \int_0^{R_{\mathrm{D}}} I_0(\sqrt{sD}\tau) \mathrm{d}\tau + \\ \lambda_{\mathrm{D}} I_0(\sqrt{sD}R_{\mathrm{D}}) \int_{R_{\mathrm{D}}}^{\infty} K_0(\sqrt{sD}\tau) \mathrm{d}\tau \end{array} \right] \tag{8.54}$$

$$\left[\sqrt{1 + \cot^2(\alpha_i)} \right] \mathrm{d}x_{\mathrm{wDi}}$$

假设水力裂缝左右两翼等长,则第 i 条水力裂缝的第 j 个线汇的中点坐标为: $\left(-\frac{2N-2j+1}{2N} x_{\mathrm{fliD}} \sin\alpha_i, y_{\mathrm{Di}} + \frac{2N-2j+1}{2N} x_{\mathrm{fliD}} \cos\alpha_i \right)$,第 k 条水力裂缝的尖端点坐标为: $(-x_{\mathrm{flkD}} \sin\alpha_k, y_{\mathrm{Di}} + x_{\mathrm{flkD}} \cos\alpha_k)$。

通过压降叠加原理,将线汇产生的压降进行叠加,得到第 i 水力裂缝在第 k 条水力裂缝尖端处的压降为:

$$\bar{\eta}_{\mathrm{fikD}} = \sum_{j=1}^{2N} \bar{\eta}_{\mathrm{fijD}} = \sum_{j=1}^{2N} \frac{\bar{q}_{\mathrm{fiD}} L_{\mathrm{ref}}}{x_{\mathrm{fl}} + x_{\mathrm{fr}}} \int_{x_{\mathrm{Di},j}}^{x_{\mathrm{Di},j+1}} \left(\begin{array}{l} K_0(\sqrt{sD}R_{\mathrm{D}}) + \lambda_{\mathrm{D}} K_0(\sqrt{sD}R_{\mathrm{D}}) \int_0^{R_{\mathrm{D}}} I_0(\sqrt{sD}\tau) \mathrm{d}\tau + \\ \lambda_{\mathrm{D}} I_0(\sqrt{sD}R_{\mathrm{D}}) \int_{R_{\mathrm{D}}}^{\infty} K_0(\sqrt{sD}\tau) \mathrm{d}\tau \end{array} \right)$$

$$(\sqrt{1 + \cot^2(\alpha_i)}) \mathrm{d}x_{\mathrm{wDi}} \tag{8.55}$$

其中

$$R_{\mathrm{D}} = \sqrt{\left(-x_{\mathrm{flkD}} \sin\alpha_k + \frac{2N-2j+1}{2N} x_{\mathrm{fliD}} \sin\alpha_i \right)^2 + \left(y_{\mathrm{Dk}} + x_{\mathrm{flkD}} \cos\alpha_k - y_{\mathrm{Di}} - \frac{2N-2j+1}{2N} x_{\mathrm{fliD}} \cos\alpha_i \right)^2} \tag{8.56}$$

考虑各水力裂缝之间的相互干扰,通过压降叠加原理,得到所有水力裂缝在第 k 条水力裂缝尖端处的压降为：

$$\bar{\eta}_{fkD} = \sum_{i=1}^{M} \sum_{j=1}^{2N} \bar{\eta}_{fijD}$$

$$= \sum_{i=1}^{M} \sum_{j=1}^{2N} \frac{\bar{q}_{fiD}L_{ref}}{x_{fl} + x_{fr}} \int_{x_{Di,j}}^{x_{Di,j+1}} \left(\begin{array}{l} K_0(\sqrt{sD}R_D) + \lambda_D K_0(\sqrt{sD}R_D) \int_0^{R_D} I_0(\sqrt{sD}\tau) d\tau + \\ \lambda_D I_0(\sqrt{sD}R_D) \int_{R_D}^{\infty} K_0(\sqrt{sD}\tau) d\tau \end{array} \right)$$

$$(\sqrt{1 + \cot^2(\alpha_i)}) dx_{wDi} \qquad (8.57)$$

虽然水力裂缝与水平井井筒成一定夹角，但根据面积相等原则，流体在第 k 条水力裂缝中的流动可以看成是边界压力为裂缝尖端压力，井底压力为水平井筒压力，流动半径为 $\sqrt{(x_{flk} + x_{frk})h/\pi}$ 的平面径向流。所以，水力裂缝向水平井筒的流动方程为：

$$p_{fk} - p_w = \frac{q_{fk}\mu}{2\pi k_F w_F} \ln\left[\frac{\sqrt{(x_{flk} + x_{frk})h/\pi}}{r_w} \right] \qquad (8.58)$$

式中　p_w——井底压力，10^{-1}MPa；

　　　r_w——水平井筒半径，cm。

将式（8.58）无量纲化并作拉氏变换后得到如下表达式：

$$\bar{\eta}_{fkD} - \bar{\eta}_{wD} = -\frac{\bar{q}_{fkD}}{C_{FD}} \ln\left[\frac{\sqrt{(x_{flk} + x_{frk})h/\pi}}{r_w} \right] \qquad (8.59)$$

将式（8.57）代入流动方程式（3.59），得第 k 条水力裂缝的井底压力为：

$$\bar{\eta}_{wkD} = \sum_{i=1}^{M} \sum_{j=1}^{2N} \frac{\bar{q}_{fiD}L_{ref}}{x_{fl} + x_{fr}} \int_{x_{Di,j}}^{x_{Di,j+1}} \left[K_0(\sqrt{sD}R_D) + \lambda_D K_0(\sqrt{sD}R_D) \int_0^{R_D} I_0(\sqrt{sD}\tau) d\tau + \right.$$

$$\left. \lambda_D I_0(\sqrt{sD}R_D) \int_{R_D}^{\infty} K_0(\sqrt{sD}\tau) d\tau \right] \left[\sqrt{1 + \cot^2(\alpha_i)} \right] dx_{wDi} + \frac{\bar{q}_{fkD}}{C_{FD}} \ln\left(\frac{\sqrt{(x_{flk} + x_{frk})h/\pi}}{r_w} \right)$$

$$(8.60)$$

8.2.3　数学模型求解

假设忽略流体在水平井筒中的流动压降，即：

$$\bar{\eta}_{w1D} = \bar{\eta}_{w2D} = \cdots = \bar{\eta}_{wD} \qquad (8.61)$$

因此，将式（8.60）代入式（8.61）中，即可得到 M 条水力裂缝的 M 个线性方程。

由所有水力裂缝产量之和等于总产量，无量纲化并拉氏变换后得：

$$\sum_{i=1}^{M} \bar{q}_{fiD} = \frac{1}{s} \qquad (8.62)$$

联立方程式(8.60)、式(8.61)和式(8.62),得到方程组如下:

$$\begin{bmatrix} A_{1,1} + e_1, & A_{1,2}, & \cdots, & A_{1,M}, & -1 \\ A_{2,1}, & A_{2,2} + e_2, & \cdots, & A_{3,M}, & -1 \\ \vdots & \vdots & & \vdots \\ A_{M,1}, & A_{M,2}, & \cdots, & A_{M,M} + e_M, & -1 \\ 1, & 1, & \cdots, & 1, & 0 \end{bmatrix} \begin{bmatrix} \bar{q}_{f1D} \\ \bar{q}_{f2D} \\ \vdots \\ \bar{q}_{fMD} \\ \bar{\eta}_{wD} \end{bmatrix} = \begin{bmatrix} 0 \\ 0 \\ \vdots \\ 0 \\ 1/s \end{bmatrix} \tag{8.63}$$

其中

$$A_{k,i} = \sum_{j=1}^{2N} \frac{L_{ref}}{x_{flk} + x_{frk}} \int_{x_{Di,j}}^{x_{Di,j+1}} \left[K_0(\sqrt{sD}R_D) + \lambda_D K_0(\sqrt{sD}R_D) \int_0^{R_D} I_0(\sqrt{sD}\tau)\,d\tau + \right.$$

$$\left. \lambda_D I_0(\sqrt{sD}R_D) \int_{R_D}^{\infty} K_0(\sqrt{sD}\tau)\,d\tau \right] \left[\sqrt{1 + \cot^2(\alpha_i)} \right] dx_{wDi} \tag{8.64}$$

$$e_k = \frac{1}{C_{FD}} \ln\left[\frac{\sqrt{(x_{flk} + x_{frk})h/\pi}}{r_w} \right] \tag{8.65}$$

$$R_D = \sqrt{\left(-x_{flkD}\sin\alpha_k + \frac{2N-2j+1}{2N} x_{fliD}\sin\alpha_i \right)^2 + \left(y_{Dk} + x_{flkD}\cos\alpha_k - y_{Di} - \frac{2N-2j+1}{2N} x_{fliD}\cos\alpha_i \right)^2} \tag{8.66}$$

通过 Matlab 软件编程求解上述线性方程组(8.63)即可得到低渗透油藏压裂水平井的压力半解析解 $\bar{\eta}_{wD}$。

考虑井筒储集系数和表皮系数的影响,根据 Duhamel 定理得到拉氏空间下无量纲井底压力为:

$$\bar{\eta}_{wHD} = \frac{s\bar{\eta}_{wD} + S_c}{s + s^2 C_{wD}(s\bar{\eta}_{wD} + S_c)} \tag{8.67}$$

式中 C_{wD}——无量纲井筒储集系数;

S_c——表皮系数。

将 $\bar{\eta}_{wHD}$ 通过 Stehfest 数值反演得到真实空间下 η_{wHD}。

通过摄动变换式:

$$p_{wHD} = -\frac{1}{\xi_D} \ln(1 - \xi_D \eta_{wHD}) \tag{8.68}$$

即可得到真实空间下井底压力 p_{wHD},然后通过数值拉氏变换得到 $\bar{p}_{wHD}$。

根据 Van Everdingen 和 Hurst 的研究表明,油井在拉氏空间下定井底压力生产的无量纲产量与定产量生产的无量纲井底压力有以下关系:

$$\bar{q}_D = \frac{1}{s^2 \bar{p}_{wHD}} \tag{8.69}$$

通过式(8.69)求得拉氏空间下的无量纲产量 $\overline{q}_D$,然后再通过 Stehfest 数值反演,即得到真实空间下的无量纲产量 q_D。

8.3 低渗透油藏压裂水平井产能影响因素分析

基于低渗透油藏压裂水平井不稳定渗流数学模型和求解方法,利用 Matlab 编程进行模拟计算并输出结果,绘制了典型的双对数现代试井曲线和无量纲产能特征曲线,并对主要的产能影响因素进行了分析。

8.3.1 流动阶段划分

为了准确、有效地划分压裂水平井的流动阶段,进一步了解低渗透油藏压裂水平井的渗流特征,采用表 8.1 的基础参数,计算并绘制了无量纲井底压力和无量纲压力导数的双对数现代试井曲线,如图 8.3 所示。

表 8.1 基础参数

参数	数据	参数	数据
井筒储集系数	0.05	表皮系数	0.1
弹性储容比	0.05	窜流系数	0.0001
裂缝间距(m)	50	裂缝单翼长度(m)	5
裂缝无量纲导流能力	10	井筒半径(m)	0.1
裂缝条数	3	裂缝形态	垂直横向缝

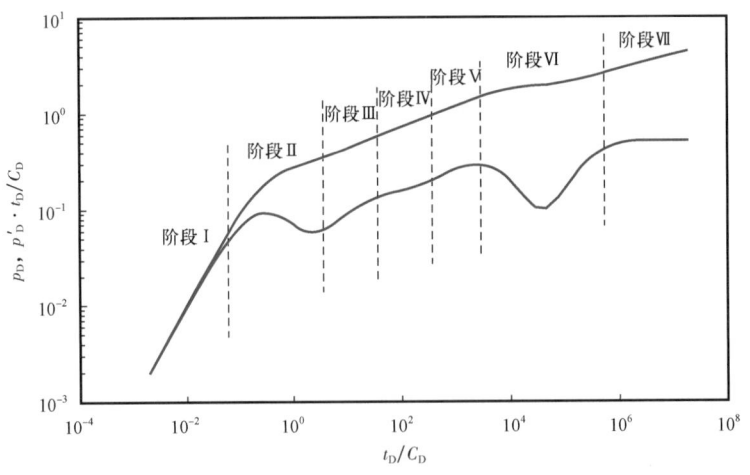

图 8.3 现代试井曲线

由图 8.3 可见,低渗透油藏压裂水平井的渗流可以划分为 7 个流动阶段:

阶段Ⅰ,井筒储集阶段,此阶段特征表现为压力和压力导数曲线相互重合,且是斜率均为 1 的直线,该阶段时间持续的长短受井筒储集系数 C_D 的控制。

阶段Ⅱ,表皮系数影响阶段,此阶段特征表现为压力导数出现明显的驼峰,波峰凸起的程度受表皮系数 Sc 的控制。

阶段Ⅲ,水力裂缝周围线性流阶段,此阶段特征表现为压力导数曲线斜率值为 1/2,流体垂直于水力裂缝面线性流动,裂缝间不发生相互干扰。

阶段Ⅳ,水力裂缝周围拟径向流阶段,此阶段特征表现为压力导数曲线接近水平直线,该阶段的压力导数曲线受水力裂缝长度和间距影响较大,当水力裂缝长度较长、间距较小时,该阶段则可能由于裂缝间的相互干扰而被掩盖。

阶段Ⅴ,地层线性流阶段,此阶段特征表现为压力导数曲线斜率值为 1/2,流体平行于水力裂缝面线性流动。

阶段Ⅵ,地层窜流阶段,此阶段特征表现为压力导数曲线先下降后上升,形成一个明显的"凹子",双重介质储层中的基质开始向天然裂缝补充流体,从而延缓产量下降。

阶段Ⅶ,拟径向流阶段,此阶段特征表现为压力导数曲线为一条水平直线段,地层流体开始向整个多裂缝系统径向流动。

(1)启动压力梯度的影响。

为了研究启动压力梯度对试井曲线的影响,对无量纲启动压力梯度分别取 $0, 5 \times 10^{-4}$ 和 1×10^{-3},计算并绘制压力和压力导数的试井曲线如图 8.4 所示。

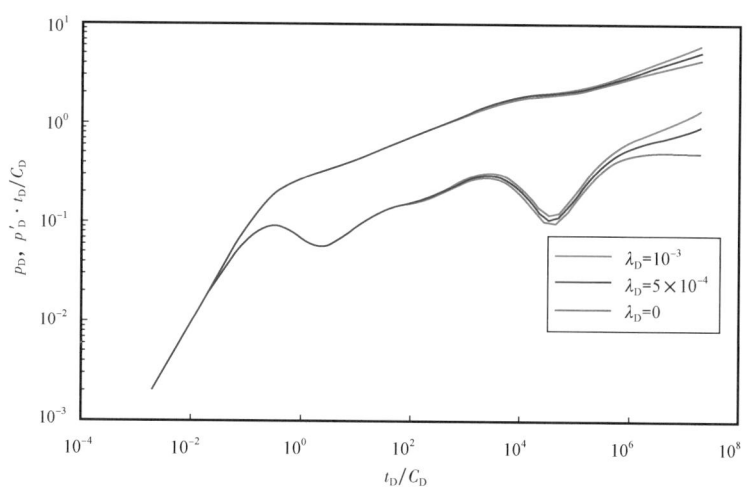

图 8.4　不同启动压力梯度下的试井曲线

从图 8.4 可以看出,对于不同的启动压力梯度,压力和压力导数曲线的差异主要表现在地层线性流(阶段Ⅴ)、地层窜流(阶段Ⅵ)和拟径向流阶段(阶段Ⅶ),即启动压力梯度主要影响压裂水平井渗流的中后期。启动压力梯度越大,压力和压力导数曲线的中后期(阶段Ⅴ、阶段Ⅵ、阶段Ⅶ)位置越高,这主要是因为启动压力梯度越大,流体在地层中的渗流越困难,阻力越大,损失的压力也就越大,因而压力下降值和压力导数值越大。

（2）应力敏感系数的影响。

为了研究应力敏感系数对试井曲线的影响，对无量纲应力敏感系数分别取 0，0.05 和 0.1，计算并绘制试井曲线如图 8.5 所示。

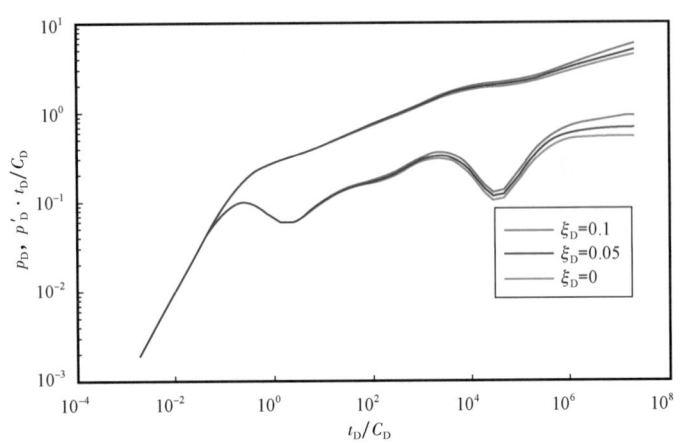

图 8.5　不同应力敏感系数下的试井曲线

从图 8.5 可以看出，对于不同的应力敏感系数，压力和压力导数曲线的差异主要表现在水力裂缝周围拟径向流（阶段Ⅳ）、地层线性流（阶段Ⅴ）、地层窜流（阶段Ⅵ）和拟径向流阶段（阶段Ⅶ），即应力敏感系数主要影响压裂水平井渗流的中后期。应力敏感系数越大，压力和压力导数曲线的中后期（阶段Ⅳ、阶段Ⅴ、阶段Ⅵ、阶段Ⅶ）位置越高，这主要是因为应力敏感系数越大，地层渗透率随压降变小越厉害，流体在地层中的渗流也就越困难，因而压力下降值和压力导数值越大。

（3）弹性储容比的影响。

为了研究弹性储容比对试井曲线的影响，对弹性储容比分别取 0.05，0.5 和 0.15，计算并绘制试井曲线如图 8.6 所示。

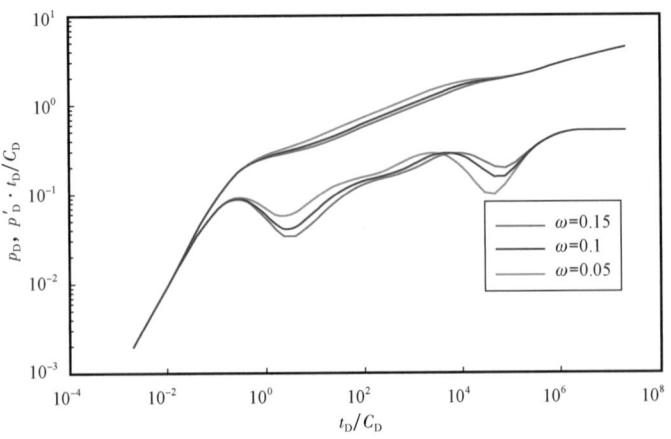

图 8.6　不同弹性储容比下的试井曲线

从图 8.6 可以看出,对于不同的弹性储容比,压力和压力导数曲线的差异主要表现在水力裂缝周围地层线性流阶段(阶段Ⅲ)、水力裂缝周围拟径向流阶段(阶段Ⅳ)、地层线性流阶段(阶段Ⅴ)和地层窜流阶段(阶段Ⅵ),即弹性储容比主要影响压裂水平井渗流的中期。弹性储容比越大,压力曲线位置越低,压力导数"凹子"越浅、越窄,这主要是因为弹性储容比越大,地层天然裂缝系统流体越多,基质系统储存的流体少,因而压力降低小,同时基质系统向裂缝系统窜流量少,窜流阶段持续时间短。

(4)窜流系数的影响。

为了研究窜流系数对试井曲线的影响,对窜流系数分别取 10^{-5},10^{-4} 和 10^{-3},计算并绘制试井曲线如图 8.7 所示。

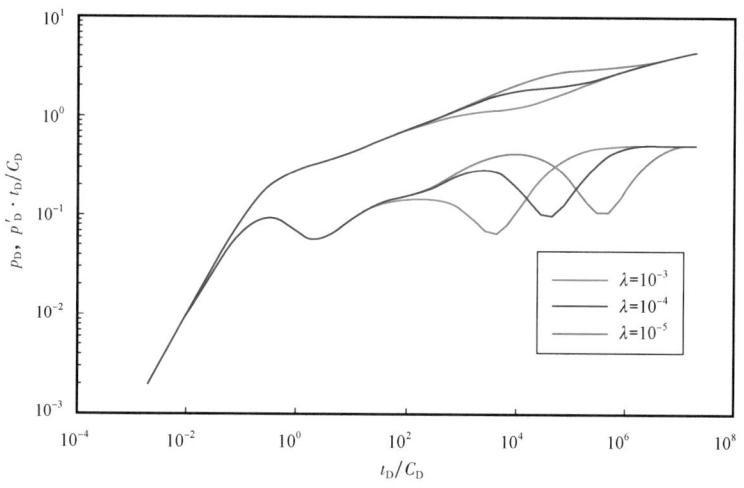

图 8.7　不同窜流系数下的试井曲线

从图 8.7 可以看出,对于不同的窜流系数,压力和压力导数曲线的差异主要表现在地层窜流阶段(阶段Ⅵ),即窜流系数主要影响压裂水平井渗流的中期。窜流系数越大,压力曲线位置越低,压力导数"凹子"位置越往左移,即窜流出现时间越早,这主要是因为窜流系数越大,基质与天然裂缝渗透率差别则越小,基质系统中的流体越容易窜入天然裂缝系统之中,补充系统压力,因而压力下降值低,窜流出现时间早。

8.3.2　产能特征曲线影响因素分析

以某低渗透油藏分段压裂水平井为例,主要参数为:油藏厚度 20m,渗透率 1mD,弹性储容比 0.01,窜流系数 0.0001,分 3 段压裂,每段间距 100m,水力裂缝半长 30m,裂缝夹角 90°,裂缝导流能力 20D·cm。分别取无量纲启动压力梯度 0、无量纲应力敏感系数 0 和无量纲启动压力梯度 0.001、无量纲应力敏感系数 0.1 进行计算,得到无量纲产能特征曲线如图 8.8 所示。

由图 8.8 可见,启动压力梯度和应力敏感效应对低渗透油藏压裂水平井初期的产能影响较小,但对中后期的产能有显著影响。启动压力梯度和应力敏感系数值越大,产能下降越快,中后期产能越低。因此,在低渗透油藏压裂水平井的产能计算与预测中,不可忽视启动压力梯度和应力敏感效应的影响。

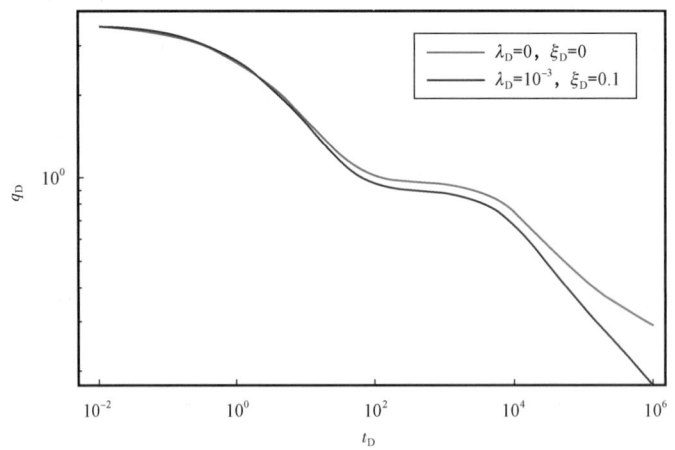

图 8.8　启动压力梯和应力敏感效应对产能特征曲线的影响

（1）表皮系数。

对表皮系数 S_c 分别取 0.05,0.1 和 0.15,计算并绘制产能特征曲线如图 8.9 所示。

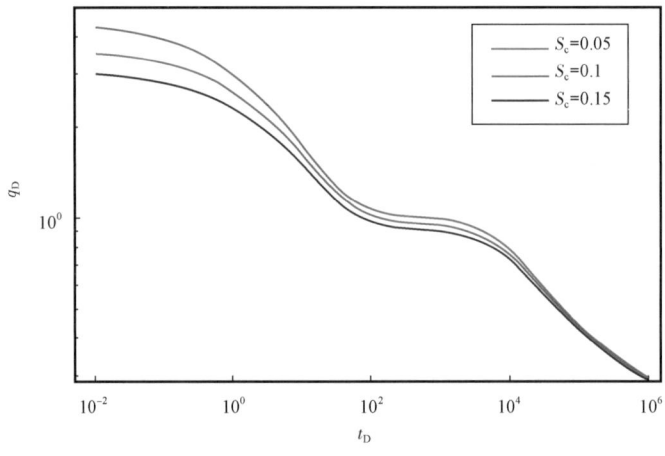

图 8.9　不同表皮系数对产能特征曲线的影响

从图 8.9 可以看出,表皮系数越大,低渗透油藏压裂水平井的产能越低。表皮系数对初期产能有明显影响,但对后期产能影响不大。因此,在低渗透油藏的开发过程中,应尽量减少压裂水平井周围地层的伤害,降低表皮系数,从而提高产能。

（2）裂缝夹角。

对裂缝夹角 α 分别取 30°,60°和 90°,计算并绘制产能特征曲线如图 8.10 所示。

从图 8.10 可以看出,裂缝夹角越大,低渗透油藏压裂水平井中后期的产能越高,但对产能的影响幅度较小。这主要是因为裂缝与井筒夹角越大,裂缝间的垂直距离越大,各裂缝之间的相互干扰越弱,因而产能越高。当裂缝夹角为 90°时,产能最高。因此,在水平井压裂施工时,应尽量使水力裂缝与水平井筒垂直,形成垂直横向缝。

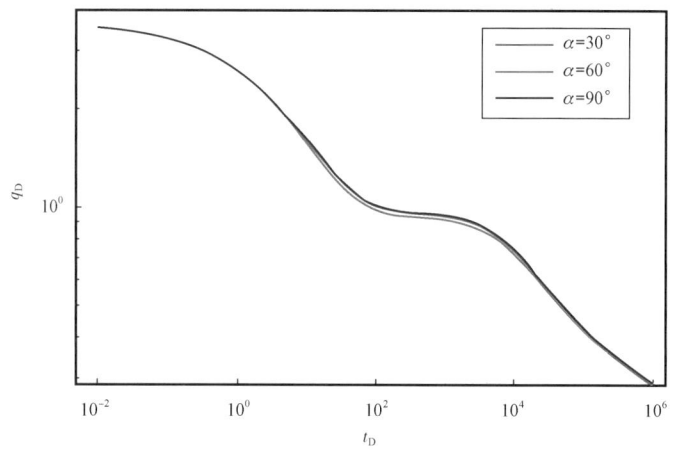

图 8.10　不同裂缝夹角对产能特征曲线的影响

（3）裂缝间距。

对裂缝间距 L 分别取 100m，200m 和 300m，计算并绘制产能特征曲线如图 8.11 所示。

从图 8.11 可以看出，裂缝间距越大，低渗透油藏压裂水平井中后期的产能越高。这是因为水力裂缝间距越远，沟通的泄油面积越大，同时裂缝间的相互干扰也越小，因而产能更高。因此，在水平井压裂施工时，应尽量增大水力裂缝的间距。

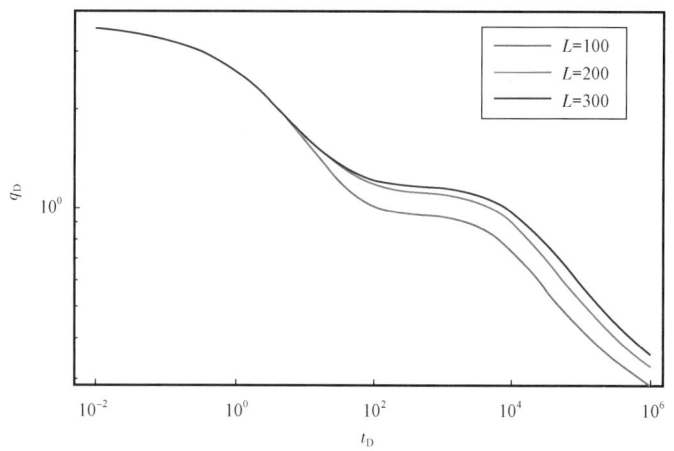

图 8.11　不同裂缝间距对产能特征曲线的影响

（4）裂缝长度。

对裂缝半长 x_f 分别取 10m，30m 和 50m，计算并绘制产能特征曲线如图 8.12 所示。

从图 8.12 可以看出，裂缝半长越长，低渗透油藏压裂水平井的产能越高，影响较大。这是因为水力裂缝越长，泄油面积越大，因而产能越高。因此，水平井压裂施工时，在合理的经济条件下，应尽量增大水力裂缝的长度。特别是对于低渗透油藏压裂水平井，提高裂缝长度可以显著提高产能，这也是低渗透储层采用大型压裂技术造长缝的依据。

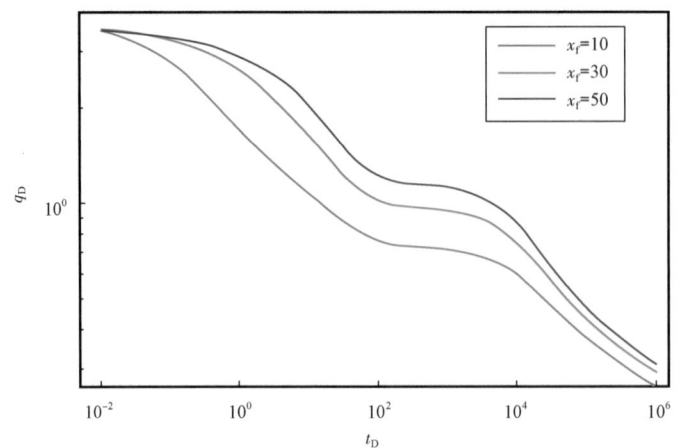

图 8.12　不同裂缝长度对产能特征曲线的影响

（5）裂缝导流能力。

对无量纲裂缝导流能力 C_{FD} 分别取 10，20 和 30，计算并绘制产能特征曲线如图 8.13 所示。

从图 8.13 可以看出，裂缝导流能力越大，低渗透油藏压裂水平井的产能越高。裂缝导流能力的大小对初期产能有明显影响，但对后期产能影响不大。这是因为裂缝导流能力越大，流体在水力裂缝中的流动阻力越小，因而产能越高。但是，随着导流能力的增加，产能增加幅度越来越小。而且，对于低渗透油藏来说，比较容易获得较高的无量纲裂缝导流能力。因此，对于低渗透油藏压裂水平井，盲目地增大导流能力是不合理的，这会大幅增加施工成本，降低经济效益，裂缝导流能力存在一个经济最优值。

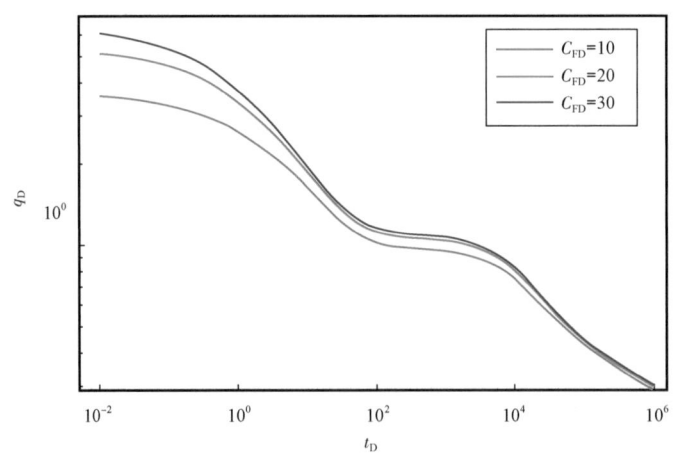

图 8.13　不同裂缝导流能力对产能特征曲线的影响

（6）弹性储容比。

对弹性储容比 ω 分别取 0.001，0.01 和 0.1，计算并绘制产能特征曲线如图 8.14 所示。

从图 8.14 可以看出，弹性储容比越大，低渗透油藏压裂水平井的中期产能越高，但是产能下降快，稳产时间短。这是因为弹性储容比越大，则天然裂缝系统储存的流体越多，基质系统中储存的流体越少,因而基质系统向天然裂缝系统补充的流体就少,所以产能下降快,呈现出"高产而短命"的特征。

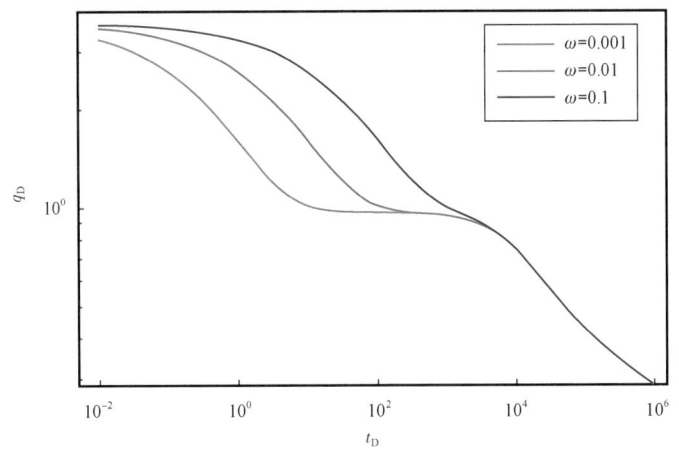

图 8.14　不同弹性储容比对产能特征曲线的影响

(7)窜流系数。

对窜流系数 λ 分别取 10^{-5},10^{-4} 和 10^{-3},计算并绘制产能特征曲线如图 8.15 所示。

从图 8.15 可以看出,窜流系数越大,窜流出现的时间则越早,低渗透油藏压裂水平井的中期产能越高。这是因为窜流系数越大,基质与天然裂缝渗透率差别则越小,基质中的流体越容易窜入天然裂缝系统之中,及时补充天然裂缝系统中的流体,因而窜流出现时间早,产能高。

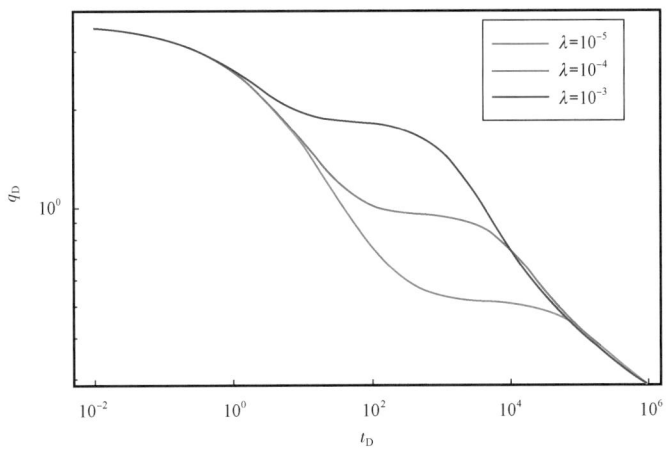

图 8.15　不同窜流系数对产能特征曲线的影响

8.4　水力裂缝布局对产量的影响

水平井压裂过程中,水力裂缝的分布形式会对压后产量产生一定影响。因此,本节以大庆

M1 井的基本参数为例,分别分析了裂缝非均匀长度、裂缝非均匀间距、裂缝转向、裂缝夹角以及裂缝规模等水力裂缝布局模式对低渗透油藏压裂水平井产量的影响,为裂缝布局的优化设计提供一定指导与建议。

8.4.1 裂缝非均匀长度

采用等间距 200m 分布 4 条水力裂缝,在总裂缝长度一定的条件下,设计 5 种不同裂缝长度布局模式,分别为均匀型模式、U 型模式、反 U 型模式、阶梯型模式和错位型模式,裂缝相关参数见表 8.2,裂缝长度布局示意图如图 8.16 至图 8.20 所示。

表 8.2 不同非均匀裂缝长度模式的相关裂缝参数

裂缝模式	裂缝间距(m)	裂缝半长(m)	裂缝总长(m)
均匀型	200	100/100/100/100	800
U 型	200	150/50/50/150	800
反 U 型	200	50/150/150/50	800
阶梯型	200	150/150/50/50	800
错位型	200	150/50/150/50	800

图 8.16 均匀型模式裂缝布局示意图 　　　　图 8.17 U 型模式裂缝布局示意图

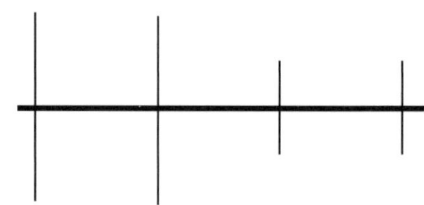

图 8.18 反 U 型模式裂缝布局示意图 　　　　图 8.19 阶梯型模式裂缝布局示意图

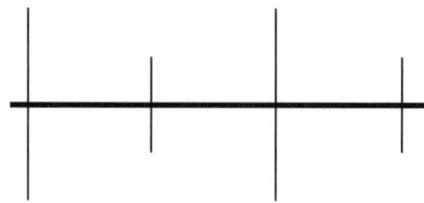

图 8.20 错位型模式裂缝布局示意图

选取均匀型模式、U 型模式和反 U 型模式三种进行计算,日产量和累计产量的结果如图 8.21 和图 8.22 所示。

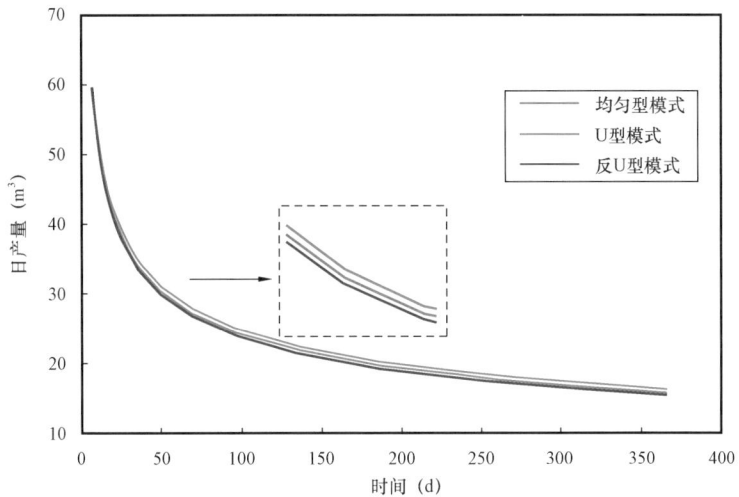

图 8.21　裂缝非均匀长度不同模式下的日产量

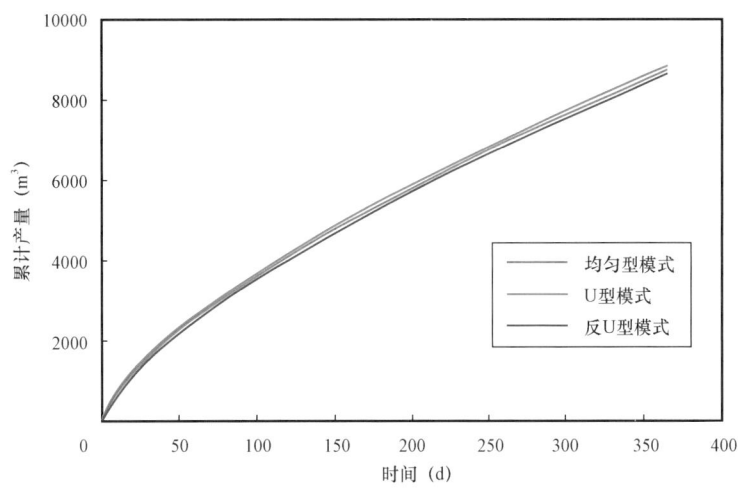

图 8.22　裂缝非均匀长度不同模式下的累计产量

由图 8.21 和图 8.22 可见,U 型模式日产量和累计产量最高,均匀型模式次之,反 U 型模式最低,但是总体差距较小。

为了更方便对比不同裂缝长度布局模式下的产量大小,分别计算了均匀型模式、U 型模式、反 U 型模式、阶梯型模式和错位型模式生产 365 天的平均日产量,结果如图 8.23 所示

由图 8.23 可见,平均日产量:U 型模式 > 错位型模式 > 均匀型模式 > 阶梯型模式 > 反 U 型模式,U 型模式最高,错位型模式次之,反 U 型模式最低。分析原因:一方面是因为水平井两端的水力裂缝控制的泄油面积大,产量贡献率明显高与中部的水力裂缝,因而两端水力裂缝越长越有利于提高产量;另一方面是因为 U 型模式和错位型模式中水力裂缝之间相互干扰

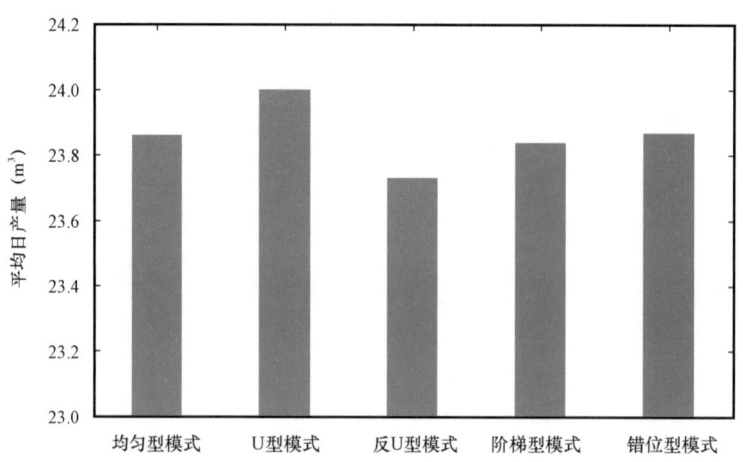

图 8.23　不同模式下的平均日产量对比图

小,因而产量高。但总的来说,5 种模式之间平均日产量差距不大。因此,在总裂缝长度一定的情况下,裂缝长度布局对低渗透油藏压裂水平井的产量有一定影响,水平井压裂施工时裂缝宜采用 U 型模式或错位型模式产量较高。

8.4.2　裂缝非均匀间距

采用 4 条等裂缝半长 100m 的水力裂缝,在总裂缝长度一定的条件下,设计 3 种不同裂缝间距模式,分别为均匀型模式、外密内疏型模式和外疏内密型模式,裂缝相关参数见表 8.3,裂缝长度布局示意图如图 8.24 至图 8.26 所示。

表 8.3　不同非均匀裂缝间距的相关裂缝参数

裂缝模式	裂缝间距(m)	裂缝半长(m)	裂缝总长(m)
均匀型模式	200/200/200	100	800
外密内疏型模式	100/400/100	100	800
外疏内密型模式	250/100/250	100	800

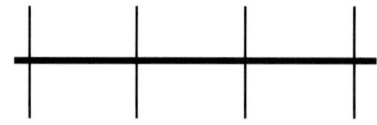

图 8.24　均匀型模式裂缝布局示意图

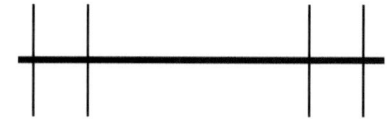

图 8.25　外密内疏型模式裂缝布局示意图

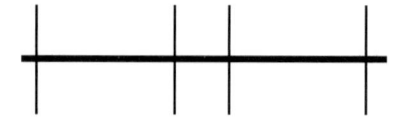

图 8.26　外疏内密型模式裂缝布局示意图

对均匀型模式、外密内疏型模式和外疏内密型模式三种进行计算,日产量和累计产量的结果如图 8.27 和图 8.28 所示。

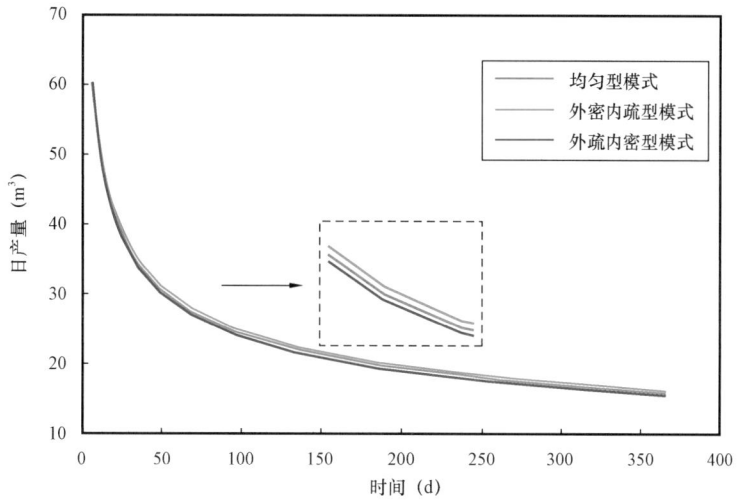

图 8.27　裂缝非均匀间距不同模式下的日产量

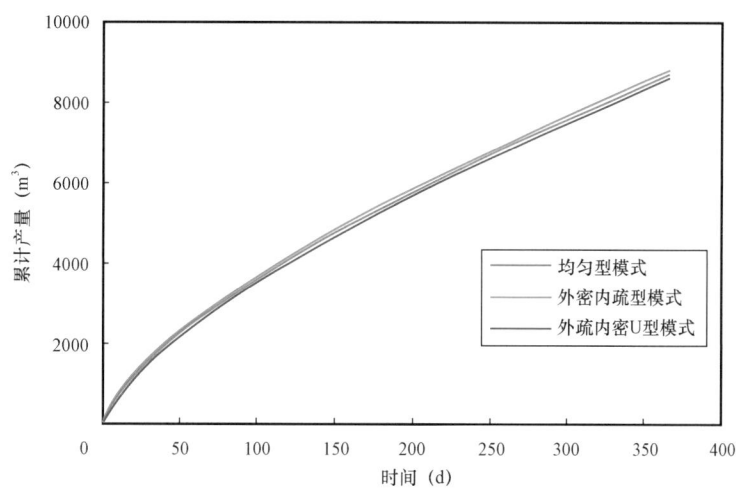

图 8.28　裂缝非均匀间距不同模式下的累计产量

由图 8.27 和图 8.28 可见,外密内疏型模式日产量和累计产量最高,均匀型模式次之,外疏内密型模式最低,但总体差距不大。分析原因,主要是因为水力裂缝位置和水力裂缝间干扰综合影响造成的,水力裂缝越靠近水平井两端,产量越高,而水力裂缝间距越近,干扰越强,产量越低。外密内疏型模式水力裂缝越靠近水平井两端,水力裂缝间距较近,但位置优势大于干扰,因而产量高;外疏内密型模式水力裂缝靠近水平井中部且水力裂缝间距近,干扰强,因而产量最低。但如果外密内疏型模式中水力裂缝数量较多或者过于密集,导致干扰较强,也可能产量较低。因此,低渗透油藏水平井压裂施工时裂缝一般可不考虑裂缝非均匀间距,采用均匀型(等间距)模式产量效果较佳。

8.4.3　裂缝转向

采用4条等裂缝半长100m的水力裂缝,考虑不同的裂缝转向形态,在总裂缝长度一定的条件下,设计3种不同裂缝模式,分别为非转向型(均匀型)模式、Z字转向型模式和X字转向型模式,裂缝长度布局示意图如图8.29至图8.31所示。

图8.29　非转向型(均匀型)模式裂缝布局示意图

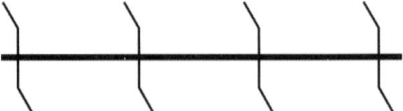

图8.30　Z字转向型模式裂缝布局示意图

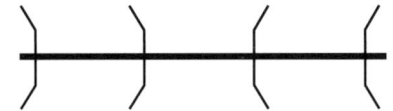

图8.31　X字转向型模式裂缝布局示意图

对非转向型模式、Z字转向型模式和X字转向型模式三种进行计算,日产量和累计产量的结果如图8.32和图8.33所示。

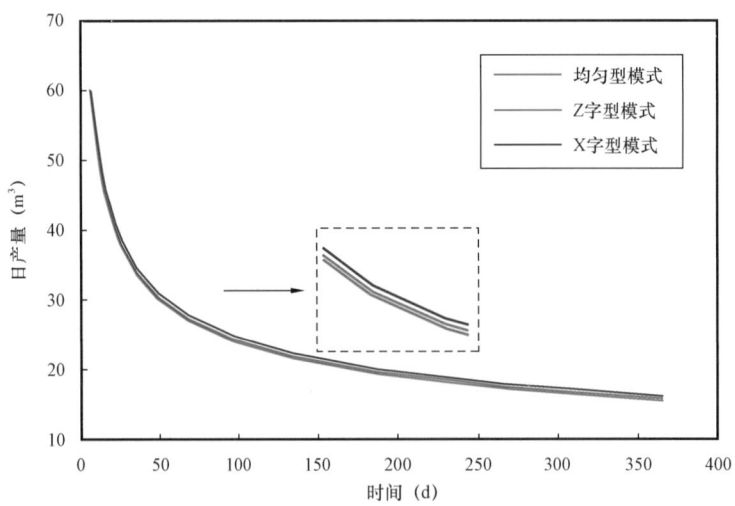

图8.32　裂缝转向不同模式下的日产量

由图8.32和图8.33可见,X字型转向型模式日产量和累计产量最高,非转向型(均匀型)模式次之,Z字型转向型模式最低,但总体差距较小。X字型转向型模式虽然产量稍高,也更容易沟通油藏中存在的天然裂缝,进一步提高产量,但是此种模式地应力情况复杂,施工控制难度大,成本高。因此,在不考虑沟通更多天然裂缝的情况下,低渗透油藏水平井压裂施工时采用非转向型(均匀型)模式经济效益较佳。

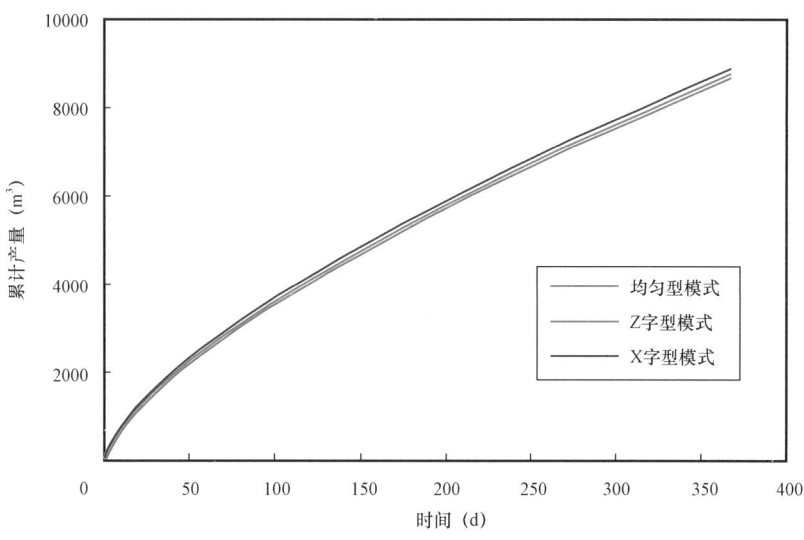

图 8.33　裂缝转向不同模式下的累计产量

8.4.4　裂缝夹角

采用 4 条等裂缝半长 100m、等裂缝间距 200m 的水力裂缝,在总裂缝长度一定的条件下,设计 3 种不同裂缝夹角布局模式,裂缝面与水平井夹角(方位角)分别为 30°,60° 和 90°,裂缝布局示意图如图 8.34 至图 8.36 所示。

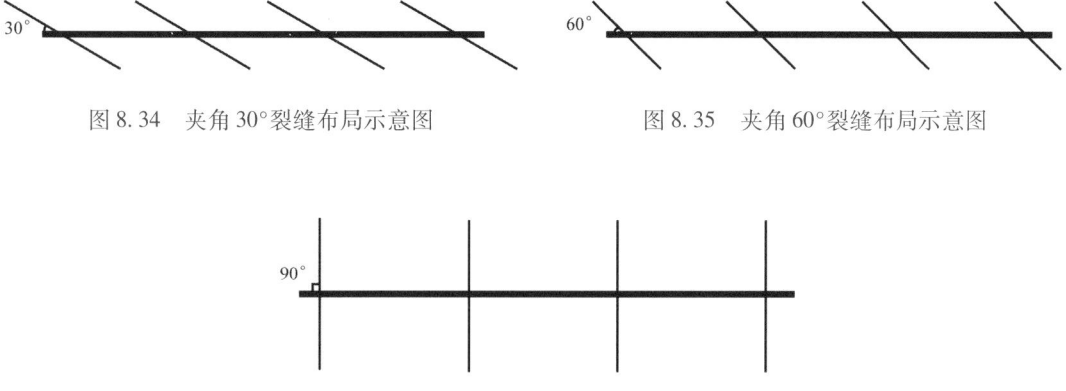

图 8.34　夹角 30°裂缝布局示意图　　　　图 8.35　夹角 60°裂缝布局示意图

图 8.36　夹角 90°裂缝布局示意图

对裂缝夹角为 30°,60° 和 90° 的三种模式进行计算,日产量和累计产量的结果如图 8.37 和图 8.38 所示。

由图 8.37 和图 8.38 可见,裂缝夹角越大,日产量和累计产量越高,90° 时产量最高。分析原因,主要是因为裂缝夹角越大,裂缝间垂直距离越大,干扰越弱,同时控制的泄油面积也越大。因此,低渗透油藏水平井方位设计时应该选择为平行于最小主应力方向,从而有利于形成垂直横向缝,提高压裂水平井产量。

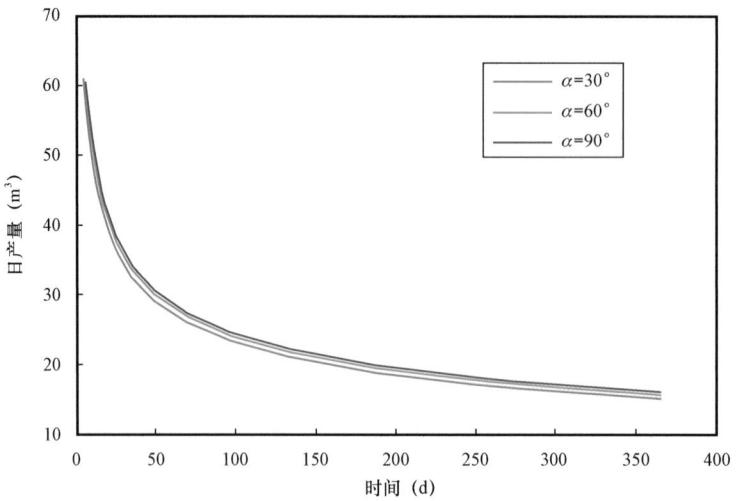

图 8.37　不同裂缝夹角下的日产量

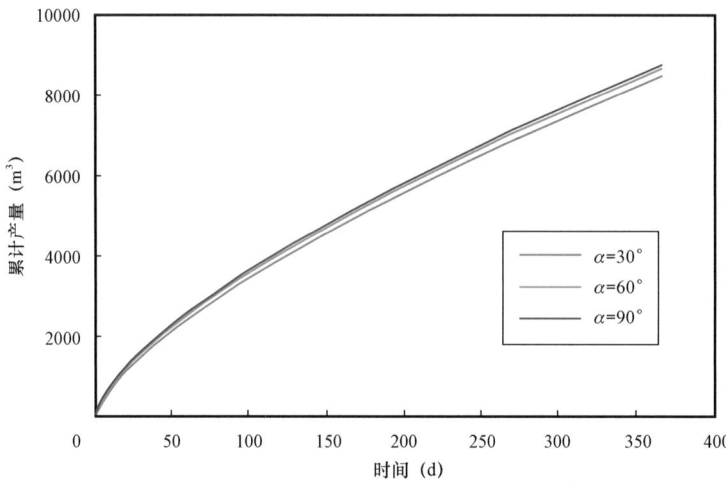

图 8.38　不同裂缝夹角下的累计产量

8.4.5　裂缝规模

采用不同裂缝条数、不同裂缝间距的水力裂缝,在总裂缝长度一定的条件下,设计 3 种不同裂缝规模布局模式,分别为 3 条裂缝 300m 等间距 133m 裂缝半长、4 条裂缝 200m 等间距 100m 裂缝半长和 5 条裂缝 150m 等间距 80m 裂缝半长,裂缝布局示意图如图 8.39 至图 8.41 所示。

对 3 条裂缝 300m 等间距 133m 裂缝半长、4 条裂缝 200m 等间距 100m 裂缝半长和 5 条裂缝 150m 等间距 80m 裂缝半长三种模式进行计算,日产量和累计产量的结果如图 8.42 和图 8.43 所示。

图 8.39　3 条裂缝 300m 等间距 133m 裂缝
半长裂缝布局示意图

图 8.40　4 条裂缝 200m 等间距 100m 裂
缝半长裂缝布局示意图

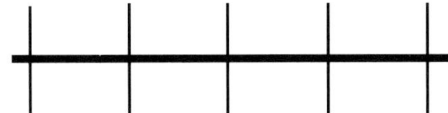

图 8.41　5 条裂缝 150m 等间距 80m 裂缝半长裂缝布局示意图

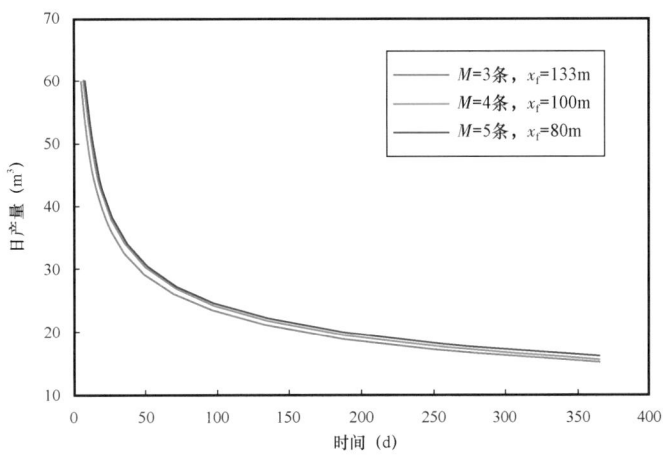

图 8.42　不同裂缝规模下的日产量

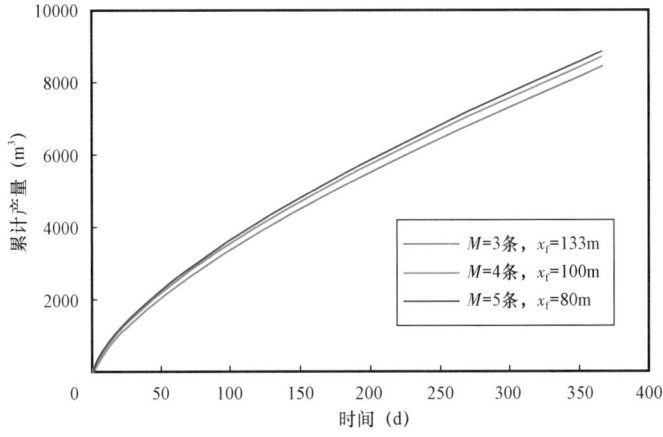

图 8.43　不同裂缝规模下的累计产量

由图 8.42 和图 8.43 可见,多而短的裂缝规模形式日产量和累计产量高于少而长的裂缝规模形式,但是随着裂缝条数的增多,裂缝半长的减小,产量增加幅度逐渐减小。多而短的裂缝规模形式裂缝干扰较强,产量却高于少而长的裂缝规模形式,分析原因,主要是因为裂缝无量纲导流能力较小($C_{FD}=2$),流体在长裂缝中渗流阻力大,从而造成产量低。

取裂缝无量纲导流能力 $C_{FD}=10$,进一步计算上述 3 种不同裂缝规模布局模式下的日产量和累计产量,结果如图 8.44 和图 8.45 所示。

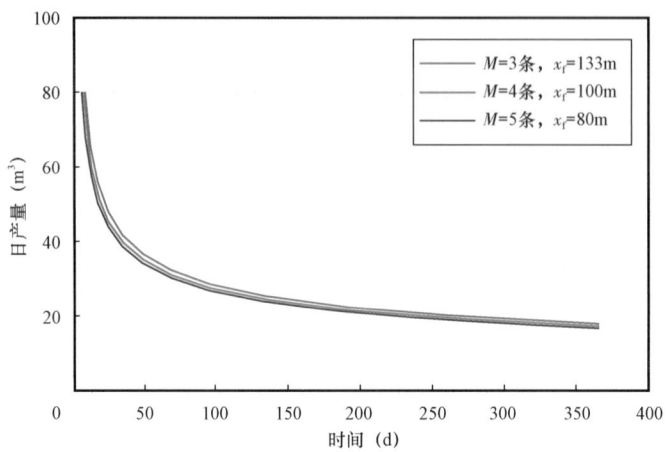

图 8.44　不同裂缝规模下的日产量

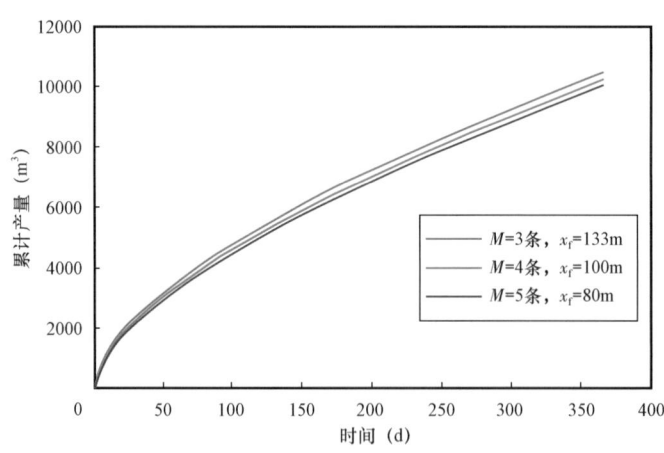

图 8.45　不同裂缝规模下的累计产量

由图 8.44 和图 8.45 可见,少而长的裂缝规模形式的日产量和累计产量高于短而多的裂缝规模形式。因此,在总裂缝长度一定的情况下,低渗透油藏水平井压裂施工时应合理设计裂缝规模,当无量纲裂缝导流能力较大时(油藏渗透率较低或裂缝渗透率较大),宜采用少而长的裂缝形式,在经济和技术条件允许的情况下,尽可能增加压裂规模造长缝而减少裂缝条数;当无量纲裂缝导流能力较小时(油藏渗透率较高或裂缝渗透率较小),宜采用多而短的裂缝形式,适当减小压裂规模造短缝而增加裂缝条数。

第9章 页岩气藏压裂水平井产能模拟

页岩气在储层中的运移机制为有机质中或基质孔隙表面的页岩气解吸,然后从基质孔隙扩散进入天然裂缝系统,在天然裂缝系统以达西流进入水力裂缝,然后通过水力裂缝进入水平井筒,从而产出地面。本章主要建立页岩气藏双重介质渗流模型,利用点源函数思想推导得到点源解,然后建立水力裂缝渗流模型,耦合页岩储层点源解得到压裂水平井产能模型。

9.1 页岩气藏储层渗流模型

页岩储层分为两个部分:基质系统和天然裂缝系统,可用双重介质模型表征,但传统的双重介质模型并不能完全表征页岩气藏各系统中的流动规律,需结合页岩气藏渗流特征进行模型建立。

9.1.1 物理模型及基本假设

页岩气藏压裂水平井物理模型如图9.1所示,水平井筒方向为 y 方向,水力裂缝与 y 轴的交点为 y_i,垂直水平井筒为 x 方向,其基本假设为:

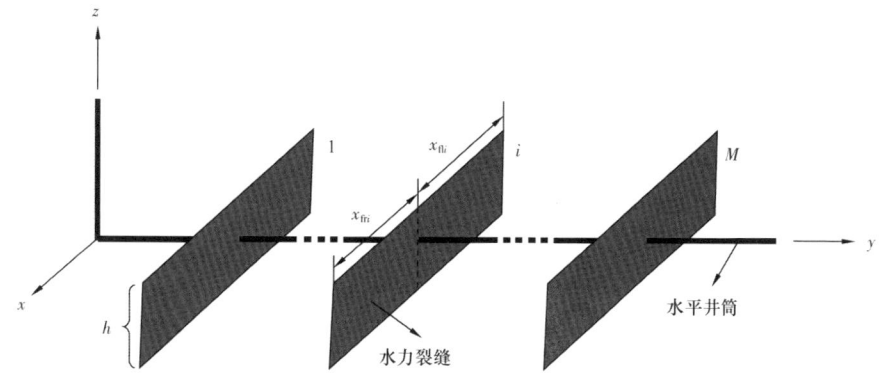

图 9.1 页岩气藏多级压裂水平井物理模型

(1)页岩气藏具有双孔介质特征,包括天然裂缝和含有纳米—微米孔的页岩基质,且气藏上下边界封闭,外边界为无限大;

（2）自由气在天然裂缝系统中运动遵从达西定律,考虑天然裂缝系统是应力敏感的;

（3）球形基质块中储存吸附气和游离气;

（4）由于页岩基质极低的渗透性,不考虑页岩气在基质系统中由于压力差而产生的渗流,而是解吸后以扩散的方式运移到天然裂缝系统中;

（5）页岩气藏开采前处于动态平衡状态,并在标况下以定产量 q_{sc} 生产;

（6）基质孔隙中吸附态页岩气解吸遵循 Langmuir 等温吸附方程;

（7）水力裂缝并不全部垂直于水平井筒,可以与水平井筒有一定的夹角;

（8）气体为单相等温渗流,忽略重力和毛细管力的影响。

9.1.2 页岩气藏储层数学模型

9.1.2.1 基质系统渗流模型

页岩基质中吸附态页岩气的解吸遵循 Langmuir 等温吸附方程;同时由于基质孔隙极低的渗透率,页岩气在其中的流动已经不能用达西定律来表征,而是在浓度差的作用下进行扩散运移,页岩气从基质孔隙向天然裂缝扩散运移采用 Fick 扩散定律描述。下面分别按照拟稳态扩散和非稳态扩散两种模型描述基质孔隙中气体运移。

（1）拟稳态扩散模型。

很多学者通过电镜扫描发现,页岩基质形状是非常不规则的,在进行工程研究时为简化计算,常把基质块假设称为规则的球形,用 Fick 第一定律表示为:

$$\frac{\partial V}{\partial t} = \frac{6D\pi^2}{R^2}(V_E - V) \tag{9.1}$$

式中　V——球形基质块中页岩气的浓度,m^3/m^3;

　　　t——时间,s;

　　　D——扩散系数,m^2/s;

　　　R——基质球块的半径,m;

　　　V_E——基质球块外表面气体与天然裂缝中游离气相平衡时的气体浓度,m^3/m^3。

为了简化后面的计算,定义下面的无量纲变量:

无量纲页岩气浓度

$$V_D = V_i - V \tag{9.2}$$

无量纲页岩气平衡浓度

$$V_{ED} = V_i - V_E \tag{9.3}$$

无量纲时间

$$t_D = \frac{K_i t}{\Lambda L_{ref}^2} \tag{9.4}$$

其中

$$\Lambda = \phi \mu_i C_{gi} + \frac{2\pi K_i h}{q_{sc}}$$

无量纲扩散窜流系数

$$\lambda = \frac{\Lambda L_{ref}^2}{K_i \tau} \tag{9.5}$$

其中

$$\tau = \frac{R^2}{6D\pi^2}$$

式中　V_i——原始条件下页岩气的体积浓度，m^3/m^3；

　　　K_i——原始条件下天然裂缝系统的渗透率，m^2；

　　　μ_i——原始条件下页岩气的黏度，$Pa \cdot s$；

　　　L_{ref}——无量纲定义时所选取的参考长度，m；

　　　ϕ——天然裂缝系统的孔隙度；

　　　C_{gi}——原始条件下的裂缝系统气体压缩系数，Pa^{-1}；

　　　q_{sc}——标准状况下页岩气井的产量，m^3/s。

利用这些无量纲变量对式(9.1)进行无量纲变换，得到如下表达式：

$$\frac{\partial V_D}{\partial t_D} = \lambda (V_{ED} - V_D) \tag{9.6}$$

模型假设吸附态页岩气解吸遵循 Langmuir 等温吸附方程，利用拟压力表达式(9.7)将 Langmuir 等温吸附方程转换为拟压力形式：

$$\varphi(p) = \int_{p_0}^{p} \frac{2p}{\mu Z} dp \tag{9.7}$$

$$V = V_L \frac{\varphi(p)}{\varphi(p_L) + \varphi(p)} \tag{9.8}$$

式中　$\varphi(p_L)$——Langmuir 拟压力，Pa/s；

　　　V_L——页岩气的 Langmuir 体积，m^3/m^3。

因此根据拟压力形式的 Langmuir 等温吸附方程，可以得到原始条件下的页岩气浓度(V_i)和平衡状态时的页岩气浓度(V_E)，其表达式如下：

$$V_i = V_L \frac{\varphi(p_i)}{\varphi(p_L) + \varphi(p_i)} \tag{9.9}$$

$$V_E = V_L \frac{\varphi(p)}{\varphi(p_L) + \varphi(p)} \tag{9.10}$$

根据无量纲气体平衡浓度，联立式(9.9)和式(9.10)可得：

$$V_{ED} = V_i - V_E = \frac{V_L \varphi(p_i)}{\varphi(p_L) + \varphi(p_i)} - \frac{V_L \varphi(p)}{\varphi(p_L) + \varphi(p)}$$

$$= \frac{V_L \varphi(p_L) [\varphi(p_i) - \varphi(p)]}{[\varphi(p_L) + \varphi(p_i)][\varphi(p_L) + \varphi(p)]} \tag{9.11}$$

$$= \sigma \varphi_D$$

式中，φ_D 为无量纲拟压力，其数学表达式定义为：

$$\varphi_D = \frac{\pi K_i h T_{sc}}{p_{sc} q_{sc} T} [\varphi(p_i) - \varphi(p)] \tag{9.12}$$

σ 定义为吸附解吸系数，其数学表达式如下所示：

$$\sigma = \frac{p_{sc} q_{sc} T}{\pi K_i h T_{sc}} \frac{V_L \varphi(p_L)}{[\varphi(p_L) + \varphi(p_i)][\varphi(p_L) + \varphi(p)]} \tag{9.13}$$

从 σ 的定义式中可以看出，其与页岩气的等温吸附参数 V_L 和 p_L 有关，它反映了吸附态页岩气解吸对气体运移的影响，也反映了页岩气藏吸附能力的大小。σ 的定义式中看出其与气体的拟压力有关，但为了方便求取解析解，假设 σ 在所讨论的压力范围内为一个定值，等于储层在初始条件下的值，即认为 $\varphi(p) = \varphi(p_i)$，则式(9.13)可简写为：

$$\sigma = \frac{p_{sc} q_{sc} T}{\pi K_i h T_{sc}} \frac{V_L \varphi(p_L)}{[\varphi(p_L) + \varphi(p_i)]^2} \tag{9.14}$$

式中　p_{sc}——标准状况下压力，Pa；

　　　T_{sc}——标准状况下温度，K；

　　　T——气体温度，K；

　　　h——页岩气藏的厚度，m；

　　　p_i——原始状况下的页岩气藏压力，Pa。

因此，将式(9.11)代入到稳态扩散模型式(9.6)中可得：

$$\frac{\partial V_D}{\partial t_D} = \lambda(\sigma \varphi_D - V_D) \tag{9.15}$$

然后对式(9.15)进行拉普拉斯变换可得：

$$s \overline{V_D} = \lambda(\sigma \overline{\varphi_D} - \overline{V_D}) \tag{9.16}$$

式中　s——拉普拉斯变量；

　　　λ——无量纲窜流系数。

进而得到：

$$\overline{V_D} = \frac{\sigma \lambda}{s + \lambda} \overline{\varphi_D} \tag{9.17}$$

式(9.17)即就为稳态扩散时基质系统的渗流模型解。

(2)非稳态扩散模型。

页岩气藏基质系统中气体流动为解吸和向天然裂缝系统的非稳态扩散，基质中页岩气的浓度是随距离和时间而发生变化的，根据 Fick 扩散第二定律，在球形基质块中，非稳态扩散的

数学模型为:

$$\frac{1}{r_m^2}\frac{\partial}{\partial r_m}\left(r_m^2 D \frac{\partial V}{\partial r_m}\right) = \frac{\partial V}{\partial t} \tag{9.18}$$

式中　r_m——圆球形基质块中距中心的径向距离,m。

在球形基质块的中心视为不流动的边界,则非稳态扩散模型的内边界条件为:

$$\left.\frac{\partial V}{\partial r_m}\right|_{r_m=0} = 0 \tag{9.19}$$

在球形基质块的外表面与天然裂缝系统相连接,因此外表面的页岩气浓度与天然裂缝系统中的游离气浓度处于动态平衡状态,得到非稳态扩散的外边界条件为:

$$V\big|_{r_m=R} = V_E \tag{9.20}$$

非稳态扩散的初始条件为:

$$V\big|_{t=0} = V_i \tag{9.21}$$

球形基质块与天然裂缝系统相接触,在接触面上基质系统中的页岩气浓度变化与裂缝系统中页岩气浓度变化的关系为:

$$\frac{\partial V}{\partial t} = \frac{3D}{R}\frac{\partial V}{\partial r_m}\bigg|_{r_m=R} \tag{9.22}$$

利用式(9.2)式(9.5)所定义的无量纲变量对非稳态扩散数学模型进行无量纲化,所得到结果为:

$$\frac{1}{r_{mD}^2}\frac{\partial}{\partial r_{mD}}\left(r_{mD}^2 \frac{\partial V_D}{\partial r_{mD}}\right) = \frac{1}{\lambda}\frac{\partial V_D}{\partial t_D} \tag{9.23}$$

$$\left.\frac{\partial V_D}{\partial r_{mD}}\right|_{r_{mD}=0} = 0 \tag{9.24}$$

$$V_D\big|_{r_{mD}=1} = V_{ED} \tag{9.25}$$

$$V_D\big|_{t_D=0} = 0 \tag{9.26}$$

$$\frac{\partial V_D}{\partial t_D} = 3\lambda \frac{\partial V_D}{\partial r_{mD}}\bigg|_{r_{mD}=1} \tag{9.27}$$

书中新定义的无量纲变量为:

无量纲径向距离

$$r_{mD} = \frac{r_m}{R} \tag{9.28}$$

非稳态扩散的窜流系数

$$\lambda = \frac{\Lambda L_{ref}^2}{K_i \tau} \tag{9.29}$$

其中

$$\tau = \frac{R^2}{D}$$

然后进行求解非稳态扩散模型,对式(9.23)至式(9.27)进行 Laplace 变换可得:

$$\frac{1}{r_{mD}^2} \frac{d}{dr_{mD}} \left(r_{mD}^2 \frac{d \overline{V_D}}{dr_{mD}} \right) = \frac{1}{\lambda} s \overline{V_D} \tag{9.30}$$

边界条件进行拉普拉斯变换得:

$$\left. \frac{d \overline{V_D}}{dr_{mD}} \right|_{r_{mD}=0} = 0 \tag{9.31}$$

$$\overline{V_D} \big|_{r_{mD}=1} = \overline{V_{ED}} \tag{9.32}$$

基质系统与天然裂缝系统接触面条件方程进行 Laplace 变换得到:

$$s \overline{V_D} = 3\lambda \left. \frac{d \overline{V_D}}{dr_{mD}} \right|_{r_{mD}=1} \tag{9.33}$$

然后在拉氏空间对非稳态扩散模型进行求解,首先令 $\overline{M} = r_D \overline{V_D}$,代入式(9.30)进行数学运算化简得到:

$$\frac{d^2 \overline{M}}{dr_D^2} = \frac{1}{\lambda} s \overline{M} \tag{9.34}$$

利用高等数学知识,采用分离变量法求解上述微分方程,可得其通解为:

$$\overline{M} = A_1 e^{-\sqrt{s/\lambda} r_D} + A_2 e^{\sqrt{s/\lambda} r_D} \tag{9.35}$$

又因为关系式 $\overline{M} = r_D \overline{V_D}$,可得到拉氏空间下无量纲气体浓度为:

$$\overline{V_D} = \frac{A_1 e^{-\sqrt{s/\lambda} r_D}}{r_D} + \frac{A_2 e^{\sqrt{s/\lambda} r_D}}{r_D} \tag{9.36}$$

然后式(9.36)对径向距离 r_D 进行求导,得到:

$$\frac{d \overline{V_D}}{dr_D} = A_1 \frac{-\sqrt{s/\lambda} e^{-\sqrt{s/\lambda} r_D} r_D - e^{-\sqrt{s/\lambda} r_D}}{r_D^2} + A_2 \frac{\sqrt{s/\lambda} e^{\sqrt{s/\lambda} r_D} r_D - e^{\sqrt{s/\lambda} r_D}}{r_D^2} \tag{9.37}$$

再结合拉氏空间的内边界条件式(9.31)可得:

$$\left. \frac{d \overline{V_D}}{dr_D} \right|_{r_{mD}=0} = A_1 \frac{-\sqrt{s/\lambda} e^{-\sqrt{s/\lambda} r_{mD}} r_{mD} - e^{-\sqrt{s/\lambda} r_{mD}}}{r_{mD}^2} + A_2 \frac{\sqrt{s/\lambda} e^{\sqrt{s/\lambda} r_{mD}} r_{mD} - e^{\sqrt{s/\lambda} r_{mD}}}{r_{mD}^2} = 0$$

$$\tag{9.38}$$

为了满足上面的数学关系,得到以下的条件:

$$A_1 = -A_2 \tag{9.39}$$

将以上关系表达式代入式(9.36)化简可得:

$$\overline{V}_D = A_1 \left(\frac{e^{-\sqrt{s/\lambda} r_D}}{r_D} - \frac{e^{\sqrt{s/\lambda} r_D}}{r_D} \right) \tag{9.40}$$

然后式(9.40)再结合拉氏空间的外边界条件式(9.32)可得:

$$\overline{V}_D \big|_{r_{mD}=1} = A_1 \left(\frac{e^{-\sqrt{s/\lambda} r_{mD}}}{r_{mD}} - \frac{e^{\sqrt{s/\lambda} r_{mD}}}{r_{mD}} \right) = \overline{V}_{ED} \tag{9.41}$$

又因为在稳态扩散模型中,无量纲气体平衡浓度与无量纲拟压力的关系式为:

$$V_{ED} = \sigma \varphi_D \tag{9.42}$$

式(9.42)进行 Laplace 变换,然后代入式(9.41)中可得:

$$A_1 (e^{-\sqrt{s/\lambda}} - e^{\sqrt{s/\lambda}}) = \overline{V}_{ED} = \sigma \overline{\varphi}_D \tag{9.43}$$

进行数学运算得到:

$$A_1 = \frac{\sigma \overline{\varphi}_D}{(e^{-\sqrt{s/\lambda}} - e^{\sqrt{s/\lambda}})} \tag{9.44}$$

将式(9.44)代入式(9.40)可得到拉普拉斯空间页岩气藏基质无量纲气体浓度为:

$$\overline{V}_D = \frac{\sigma \overline{\varphi}_D}{(e^{-\sqrt{s/\lambda}} - e^{\sqrt{s/\lambda}})} \left(\frac{e^{-\sqrt{s/\lambda} r_D} - e^{\sqrt{s/\lambda} r_D}}{r_D} \right) \tag{9.45}$$

根据相关的数学知识,双曲函数的定义式为 $\sinh x = \dfrac{e^x - e^{-x}}{2}$,可将式(9.45)化简为:

$$\overline{V}_D = \frac{\sigma \overline{\varphi}_D}{\sinh(\sqrt{s/\lambda})} \frac{\sinh(\sqrt{s/\lambda} r_D)}{r_D} \tag{9.46}$$

然后对式(9.46)进行求导得:

$$\frac{d \overline{V}_D}{dr_D} = \frac{\sigma \overline{\varphi}_D}{\sinh(\sqrt{s/\lambda})} \frac{\sqrt{s/\lambda} \cosh(\sqrt{s/\lambda} r_D) r_D - \sinh(\sqrt{s/\lambda} r_D)}{r_D^2} \tag{9.47}$$

再结合基质系统与天然裂缝系统交界面处的条件式(9.33)可得:

$$s \overline{V}_D = 3\lambda \frac{d \overline{V}_D}{dr_{mD}} \bigg|_{r_{mD}=1} = 3\lambda \frac{\sigma \overline{\varphi}_D}{\sinh(\sqrt{s/\lambda})} [\sqrt{s/\lambda} \cosh(\sqrt{s/\lambda}) - \sinh(\sqrt{s/\lambda})]$$

$$= 3\lambda \sigma \overline{\varphi}_D [\sqrt{s/\lambda} \coth(\sqrt{s/\lambda}) - 1] \tag{9.48}$$

式(9.45)和式(9.48)即为非稳态扩散模型的解。

9.1.2.2　天然裂缝系统渗流模型

根据前面物理模型的基本假设,再结合质量守恒定律、气体状态方程和达西方程,可得到天然裂缝系统渗流数学模型。

（1）质量守恒方程。

根据质量守恒原理,可建立起页岩气藏天然裂缝系统的渗流微分方程为:

$$-\left[\frac{\partial(\rho v_x)}{\partial x}+\frac{\partial(\rho v_y)}{\partial y}+\frac{\partial(\rho v_z)}{\partial z}\right]=\frac{\partial(\rho\phi)}{\partial t}-q_{\mathrm{m}} \tag{9.49}$$

式中 q_{m} 为单位体积气藏中基质系统向裂缝系统窜流的质量流量:

$$q_{\mathrm{m}}=-\rho_{\mathrm{sc}}\frac{\partial V}{\partial t} \tag{9.50}$$

将基质向裂缝发生窜流的表达式代入式(9.49)中可得:

$$-\left[\frac{\partial(\rho v_x)}{\partial x}+\frac{\partial(\rho v_y)}{\partial y}+\frac{\partial(\rho v_z)}{\partial z}\right]=\frac{\partial(\rho\phi)}{\partial t}+\rho_{\mathrm{sc}}\frac{\partial V}{\partial t} \tag{9.51}$$

再将式(9.51)转换为径向坐标下的表达式为:

$$-\frac{1}{r}\frac{\partial(r\rho v)}{\partial r}=\frac{\partial(\rho\phi)}{\partial t}+\rho_{\mathrm{sc}}\frac{\partial V}{\partial t} \tag{9.52}$$

式中　ρ——页岩气的密度,kg/m³;

ρ_{sc}——标准状况下页岩气的密度,kg/m³;

ϕ——孔隙度;

q_{m}——单位体积页岩基质向裂缝窜流的质量流速,kg/(m³·s);

t——时间,s;

x,y,z——三维空间坐标,m;

v——天然裂缝系统中页岩气的流动速度,m/s;

r——径向坐标,m。

（2）状态方程。

采用真实气体状态方程表征页岩气,数学表达式为:

$$pV=ZnRT \tag{9.53}$$

对式(9.53)进行变换可得页岩气的密度为:

$$\rho=\frac{pM_{\mathrm{g}}}{ZRT} \tag{9.54}$$

式中　Z——气体的偏差因子;

n——气体的物质的量,mol;

T——温度,K;

M_{g}——天然气的摩尔质量,kg/mol。

（3）运动方程。

页岩气在天然裂缝系统中流动遵循达西定律，其渗流速度为：

$$v = -\frac{K}{\mu}\frac{\partial p}{\partial r} \tag{9.55}$$

式中　v——页岩气在天然裂缝系统中的渗流速度，m/s；

　　　μ——页岩气的黏度，Pa·s；

　　　K——天然裂缝渗透率，m²；

　　　p——天然裂缝系统的压力，Pa。

随着页岩气藏不断的开采，储层的上覆岩层应力不断增加，致使天然裂缝可能闭合，从而使气藏的渗透性降低，使气体渗流更加困难。而储层的原始渗透率越低，这种影响使渗透率下降就更加明显，而这种渗透率降低的现象是不可逆转的，因此在研究页岩气藏天然裂缝渗流中必须考虑应力敏感现象。

渗透率模量 γ 定义表达式为：

$$\gamma = \frac{1}{K}\frac{\mathrm{d}K}{\mathrm{d}p} \tag{9.56}$$

运用分离变量的方法求解式（9.56）得：

$$\int_{K}^{K_i}\frac{1}{K}\mathrm{d}K = \int_{p}^{p_i}\gamma\mathrm{d}p \tag{9.57}$$

然后对式（9.57）进行积分可得：

$$K = K_i\mathrm{e}^{-\gamma(p_i-p)} \tag{9.58}$$

式中　γ——应力敏感系数，Pa⁻¹；

　　　p_i——原始条件下气藏的压力，Pa；

　　　K_i——原始条件下天然裂缝的渗透率，m²。

式（9.58）是常用的描述裂缝渗透率与地层应力之间的关系表达式，然后将式（9.58）代入运动方程中，得到考虑储层应力敏感的运动方程式为：

$$v = -\frac{K_i\mathrm{e}^{-\gamma(p_i-p)}}{\mu}\frac{\partial p}{\partial r} \tag{9.59}$$

（4）天然裂缝渗流微分方程。

将天然裂缝质量守恒方程（9.52）、状态方程式（9.54）和运动方程式（9.59）结合，可得到页岩气藏天然裂缝系统的渗流微分方程如下：

$$\frac{1}{r}\frac{\partial\left[r\,\dfrac{pM_g}{ZRT}\dfrac{K_i\mathrm{e}^{-\gamma(p_i-p)}}{\mu}\dfrac{\partial p}{\partial r}\right]}{\partial r} = \frac{\partial\left(\dfrac{pM_g}{ZRT}\phi\right)}{\partial t} + \frac{p_{sc}M_g}{Z_{sc}RT_{sc}}\frac{\partial V}{\partial t} \tag{9.60}$$

然后对式（9.60）进行简单运算简化，其中 K_i，M_g，Z 和 T 与距离和时间都没有关系，可消去简化表达式。并且等号右边第一项可继续运算化简为：

$$\frac{\partial \left(\frac{p}{Z}\right)}{\partial t} = \frac{p}{Z}\left(\frac{1}{p} - \frac{1}{Z}\frac{\partial Z}{\partial p}\right)\frac{\partial p}{\partial t} \tag{9.61}$$

气体压缩系数为：

$$C_{\mathrm{g}} = \frac{1}{p} - \frac{1}{Z}\frac{\partial Z}{\partial p} \tag{9.62}$$

将式(9.62)代入式(9.61)中,可得：

$$\frac{\partial \left(\frac{p}{Z}\right)}{\partial t} = \frac{p}{Z}C_{\mathrm{g}}\frac{\partial p}{\partial t} \tag{9.63}$$

将式(9.63)代入到天然裂缝系统的连续性方程中可得：

$$K_{\mathrm{i}}\frac{1}{r}\frac{\partial \left[r\frac{p}{Z}\frac{\mathrm{e}^{-\gamma(p_{\mathrm{i}}-p)}}{\mu}\frac{\partial p}{\partial r}\right]}{\partial r} = \frac{p}{Z}\phi C_{\mathrm{g}}\frac{\partial p}{\partial t} + \frac{Tp_{\mathrm{sc}}}{Z_{\mathrm{sc}}T_{\mathrm{sc}}}\frac{\partial V}{\partial t} \tag{9.64}$$

然后对于气体黏度 μ 和压缩系数 Z 都是天然裂缝压力 p 的函数,对式(9.64)的非线性偏微分方程还需要继续线性化,引入气体拟压力来线性化上面的表达式。气体拟压力为：

$$\varphi(p) = \int_{P_0}^{p}\frac{2p}{\mu Z}\mathrm{d}p \tag{9.65}$$

对式(9.65)再进行数学运算：

$$\frac{\partial p}{\partial r} = \frac{\mu Z}{2p}\frac{\partial \varphi}{\partial r} \tag{9.66}$$

$$\frac{\partial p}{\partial t} = \frac{\mu Z}{2p}\frac{\partial \varphi}{\partial t} \tag{9.67}$$

将式(9.66)和式(9.67)代入式(9.64)化简得：

$$\frac{1}{2}K_{\mathrm{i}}\frac{1}{r}\frac{\partial \left[re^{-\gamma(p_{\mathrm{i}}-p)}\frac{\partial \varphi}{\partial r}\right]}{\partial r} = \frac{1}{2}\mu\phi C_{\mathrm{g}}\frac{\partial \varphi}{\partial t} + \frac{T}{T_{\mathrm{sc}}}\frac{p_{\mathrm{sc}}}{Z_{\mathrm{sc}}}\frac{\partial V}{\partial t} \tag{9.68}$$

由于式(9.68)中含有压力 p 的表达式,还需进一步简化为拟压力的形式,而研究表明,拟压力与压力平方之间存在一定的转化关系,在储层温度下 $\mu Z/p$ 与 p 的变化关系曲线如图9.2所示。

由图9.2中可以看出,在较高的压力情况下,图形的斜率接近于一个常数,即 $p/\mu Z$ 为一个常数,此时根据拟压力的定义可得：

$$\varphi(p) = \int_{P_0}^{p}\frac{2p}{\mu Z}\mathrm{d}p = \frac{2p}{\mu Z}\int_{P_0}^{p}\mathrm{d}p = \frac{2p}{\mu Z}(p - p_0) \tag{9.69}$$

因此,在高压情况下,气体压力与拟压力之间的关系为：

$$p = \frac{\mu Z}{2p} \varphi(p) \tag{9.70}$$

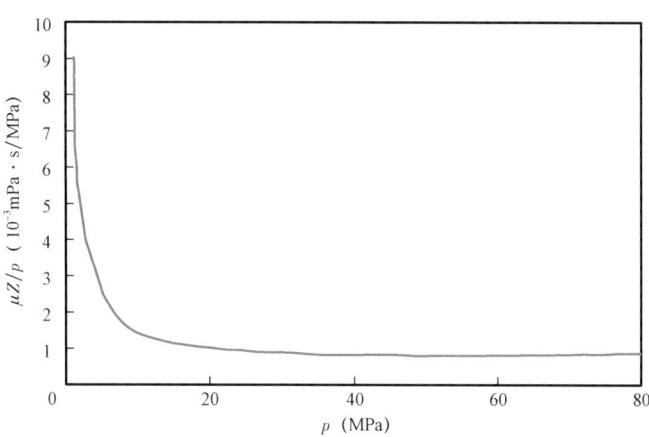

图 9.2　$\mu Z/p$—p 的关系曲线

因此，式(9.68)中的压力项继续用拟压力的形式表征为：

$$\mathrm{e}^{-\gamma(p_i - p)} = \mathrm{e}^{-\gamma\left[\frac{\mu Z}{2p}\varphi(p_i) - \frac{\mu Z}{2p}\varphi(p)\right]} \tag{9.71}$$

根据式(9.71)的特点，定义与渗透率模量有关系的新参数 α：

$$\alpha = \frac{\mu Z}{2p}\gamma \tag{9.72}$$

将式(9.72)代入式(9.71)得到新的表征应力敏感的方程为：

$$\mathrm{e}^{-\gamma(p_i - p)} = \mathrm{e}^{-\gamma\left[\frac{\mu Z}{2p}\varphi(p_i) - \frac{\mu Z}{2p}\varphi(p)\right]} = \mathrm{e}^{-\alpha\left[\varphi(p_i) - \varphi(p)\right]} \tag{9.73}$$

然后将式(9.73)代入裂缝系统的渗流微分方程式(9.68)中可得：

$$\frac{1}{2}K_i \frac{1}{r} \frac{\partial\left[re^{-\alpha(\varphi_i - \varphi)} \frac{\partial\varphi}{\partial r}\right]}{\partial r} = \frac{1}{2}\mu\phi C_g \frac{\partial\varphi}{\partial t} + \frac{T}{T_{sc}} \frac{p_{sc}}{Z_{sc}} \frac{\partial V}{\partial t} \tag{9.74}$$

对上式继续进行数学运算简化为：

$$\frac{1}{r} \frac{\partial\varphi}{\partial r} + \alpha \left(\frac{\partial\varphi}{\partial r}\right)^2 + \frac{\partial^2\varphi}{\partial r^2} = \frac{\mathrm{e}^{\alpha(\varphi_i - \varphi)}}{K_i} \left(\mu\phi C_g \frac{\partial\varphi}{\partial t} + 2 \frac{T}{T_{sc}} \frac{p_{sc}}{Z_{sc}} \frac{\partial V}{\partial t}\right) \tag{9.75}$$

式(9.75)右端的 μ 和 C_g 都是裂缝压力 p 的函数，致使方程不是线性的，可取 μ 和 C_g 为气藏初始条件下的值，对上面的方程进行线性化处理，即取：

$$\mu = \mu(p_i) = \mu_i \tag{9.76}$$

$$C_g = C_g(p_i) = C_{gi} \tag{9.77}$$

将式(9.76)和式(9.77)代入式(9.75)得到：

$$\frac{1}{r}\frac{\partial\varphi}{\partial r} + \alpha\left(\frac{\partial\varphi}{\partial r}\right)^2 + \frac{\partial^2\varphi}{\partial r^2} = \frac{e^{\alpha(\varphi_i - \varphi)}}{K_i}\left(\mu_i\phi C_{g\,i}\frac{\partial\varphi}{\partial t} + 2\frac{Tp_{sc}}{T_{sc}}\frac{\partial V}{\partial t}\right) \quad (9.78)$$

式中 μ_i——原始状态下的气体黏度,Pa·s;

      C_{gi}——原始状态下的气体压缩系数,Pa^{-1};

      φ_i——原始状态下的气体拟压力,Pa/s;

      α——与渗透率模量相关的参数,Pa^{-1}·s。

式(9.78)即为考虑应力敏感效应的天然裂缝连续性方程。

(5)边界条件和初始条件。

假设页岩气藏中有一点源以流量$\hat{q}(t)$定产量生产,内边界条件为:

$$e^{-\gamma(p_i - p)} r\frac{\partial p}{\partial r}\bigg|_{r\to 0} = \frac{p_{sc}\hat{q}(t)T}{\pi K_i h T_{sc}} \quad (9.79)$$

利用拟压力的定义,将内边界条件转化为拟压力形式为:

$$e^{-\alpha(\varphi_i - \varphi)} r\frac{\partial\varphi}{\partial r}\bigg|_{r\to 0} = \frac{p_{sc}\hat{q}(t)T}{\pi K_i h T_{sc}} \quad (9.80)$$

式中 $\hat{q}(t)$——地层中一点源定产量生产的流量,m^3/s;

      K_i——原始条件下天然裂缝的渗透率,m^2;

      h——储层的厚度;m。

页岩气藏外边界为无限大,可得:

$$p\big|_{r\to\infty} = p_i \quad (9.81)$$

转化为拟压力形式为:

$$\varphi\big|_{r\to\infty} = \varphi_i \quad (9.82)$$

页岩气藏在原始条件下处于压力平衡状态,等于原始储层压力,则初始条件拟压力形式为:

$$\varphi\big|_{t=0} = \varphi_i \quad (9.83)$$

因此,天然裂缝系统拟压力形式的渗流微分方程就由式(9.78)至式(9.83)组成。通常为了方便后面的推导和求解,需要把渗流微分方程转化为无因次的形式,进而定义如下的无量纲变量:

无量纲拟压力

$$\varphi_D = \frac{\pi K_i h T_{sc}}{p_{sc}q_{sc}T}[\varphi(p_i) - \varphi(p)] \quad (9.84)$$

无量纲径向距离

$$r_D = \frac{r}{L_{ref}} \quad (9.85)$$

无量纲渗透率模量

$$\gamma_{\mathrm{D}} = \alpha \frac{p_{\mathrm{sc}} q_{\mathrm{sc}} T}{\pi K_{\mathrm{i}} h T_{\mathrm{sc}}} \qquad (9.86)$$

无量纲时间

$$t_{\mathrm{D}} = \frac{K_{\mathrm{i}} t}{\Lambda L^2} \qquad (9.87)$$

弹性储容比

$$\omega = \frac{\phi \mu_{\mathrm{i}} C_{\mathrm{gi}}}{\Lambda} \qquad (9.88)$$

其中

$$\Lambda = \phi \mu_{\mathrm{i}} C_{\mathrm{gi}} + \frac{2\pi K_{\mathrm{i}} h}{q_{\mathrm{sc}}}$$

无量纲点源流量

$$\hat{q}_{\mathrm{D}}(t_{\mathrm{D}}) = \frac{\hat{q}(t)}{q_{\mathrm{sc}}} \qquad (9.89)$$

无量纲页岩气浓度

$$V_{\mathrm{D}} = V_{\mathrm{i}} - V \qquad (9.90)$$

将上面定义的无量纲变量代入式(9.78),可得到无量纲形式的天然裂缝渗流方程。

无量纲连续性方程:

$$\frac{1}{r_{\mathrm{D}}} \frac{\partial \varphi_{\mathrm{D}}}{\partial r_{\mathrm{D}}} - \gamma_{\mathrm{D}} \left(\frac{\partial \varphi_{\mathrm{D}}}{\partial r_{\mathrm{D}}} \right)^2 + \frac{\partial^2 \varphi_{\mathrm{D}}}{\partial r_{\mathrm{D}}^2} = \mathrm{e}^{\gamma_{\mathrm{D}} \varphi_{\mathrm{D}}} \left[\omega \frac{\partial \varphi_{\mathrm{D}}}{\partial t_{\mathrm{D}}} + (1 - \omega) \frac{\partial V_{\mathrm{D}}}{\partial t_{\mathrm{D}}} \right] \qquad (9.91)$$

无量纲边界条件

$$\mathrm{e}^{-\gamma_{\mathrm{D}} \varphi_{\mathrm{D}}} r_{\mathrm{D}} \frac{\partial \varphi_{\mathrm{D}}}{\partial r_{\mathrm{D}}} \bigg|_{r_{\mathrm{D}} \to 0} = - \hat{q}_{\mathrm{D}} \qquad (9.92)$$

$$\varphi_{\mathrm{D}} \big|_{r_{\mathrm{D}} \to \infty} = 0 \qquad (9.93)$$

无量纲初始条件为:

$$\varphi_{\mathrm{D}} \big|_{t_{\mathrm{D}} = 0} = 0 \qquad (9.94)$$

因此,式(9.91)、式(9.92)、式(9.93)和式(9.94)组成了无量纲的天然裂缝渗流数学模型。但从连续性方程可以看出,表达式中含有拟压力偏导数二次项,致使方程的非线性增强,不能方便后期求解出解析解,因此利用摄动法(小参数展开法)来处理上述方程的非线性问题。

经过摄动变换后的无量纲拟压力表达式为:

$$\varphi_{\mathrm{D}}(r_{\mathrm{D}}, t_{\mathrm{D}}) = - \frac{1}{\gamma_{\mathrm{D}}} \ln [1 - \gamma_{\mathrm{D}} \xi_{\mathrm{D}}(r_{\mathrm{D}}, t_{\mathrm{D}})] \qquad (9.95)$$

式中 φ_D——无量纲拟压力;

γ_D——无量纲天然裂缝渗透率模量;

ξ_D——摄动变换后的无量纲拟压力。

将摄动转换式代入无量纲天然裂缝渗流数学模型中,可得到:

$$\frac{1}{r_D}\frac{\partial \xi_D}{\partial r_D} + \frac{\partial^2 \xi_D}{\partial r_D^2} = \frac{1}{1 - \gamma_D \xi_D}\omega\frac{\partial \xi_D}{\partial t_D} + (1 - \omega)\frac{\partial V_D}{\partial t_D} \tag{9.96}$$

$$r_D\frac{\partial \xi_D}{\partial r_D}\bigg|_{r_D \to 0} = -\hat{q}_D \tag{9.97}$$

$$\xi_D\big|_{r_D \to \infty} = 0 \tag{9.98}$$

$$\xi_D\big|_{t_D = 0} = 0 \tag{9.99}$$

根据摄动法的理论,确定幂级数系数,进行截断得:

$$\xi_D = \xi_{D0} + \gamma_D\xi_{D1} + \gamma_D^2\xi_{D2} + \cdots \tag{9.100}$$

$$-\frac{1}{\gamma_D}\ln[1 - \gamma_D\xi_D(r_D,t_D)] = \xi_D + \frac{1}{2}\gamma_D\xi_D^2 + \cdots \tag{9.101}$$

$$\frac{1}{1 - \gamma_D\xi_D(r_D,t_D)} = 1 + \gamma_D\xi_D + \gamma_D^2\xi_D^2 + \cdots \tag{9.102}$$

式中 ξ_{D0}——摄动变换后的零阶无量纲拟压力。

无量纲渗透率模量 γ_D 通常是非常小的,因此零阶的摄动变换解就可以满足精度要求,因此摄动变换后的无量纲拟压力就用零阶摄动变换解代替,天然裂缝的渗流数学模型为:

$$\frac{1}{r_D}\frac{\partial \xi_{D0}}{\partial r_D} + \frac{\partial^2 \xi_{D0}}{\partial r_D^2} = \omega\frac{\partial \xi_{D0}}{\partial t_D} + (1 - \omega)\frac{\partial V_D}{\partial t_D} \tag{9.103}$$

$$r_D\frac{\partial \xi_{D0}}{\partial r_D}\bigg|_{r_D \to 0} = -\hat{q}_D \tag{9.104}$$

$$\xi_{D0}\big|_{r_D \to \infty} = 0 \tag{9.105}$$

$$\xi_{D0}\big|_{t_D = 0} = 0 \tag{9.106}$$

然后对上述的天然裂缝渗流数学模型进行拉普拉斯变化,可得其在拉普拉斯空间下的形式为:

$$\frac{1}{r_D}\frac{d\bar{\xi}_{D0}}{dr_D} + \frac{d^2\bar{\xi}_{D0}}{dr_D^2} = \omega s\bar{\xi}_{D0} + (1 - \omega)s\bar{V}_D \tag{9.107}$$

$$r_D\frac{d\bar{\xi}_{D0}}{dr_D}\bigg|_{r_D \to 0} = -\bar{\hat{q}}_D \tag{9.108}$$

$$\bar{\xi}_{D0}\big|_{r_D \to \infty} = 0 \tag{9.109}$$

式(9.107)、式(9.108)和式(9.109)就组成了拉氏空间零阶天然裂缝系统的渗流数学模型,然后结合基质系统的渗流数学模型就可以得到页岩气藏的点源解。

9.1.2.3　基质与天然裂缝系统耦合模型

上文分别建立了页岩气藏基质系统和天然裂缝系统的渗流数学模型,为了能够得到双重介质页岩气藏的点源解,需要把基质系统与裂缝系统进行耦合求解。基质系统的渗流模型分成了稳态扩散模型和非稳态扩散模型,而天然裂缝系统中页岩气的渗流遵循达西规律,因而其渗流模型是统一的。因此只需要将天然裂缝渗流模型与两种基质系统渗流模型进行耦合,就可得到页岩储层点源解。

(1)拟稳态扩散模型与天然裂缝模型耦合。

拟稳态扩散条件下,基质中页岩气浓度在 Laplace 空间下为:

$$\overline{V_{\mathrm{D}}} = \frac{\sigma\lambda}{s + \lambda}\,\overline{\varphi_{\mathrm{D}}} \tag{9.110}$$

天然裂缝在 Laplace 空间下的渗流方程为:

$$\frac{1}{r_{\mathrm{D}}}\frac{\mathrm{d}\,\overline{\xi}_{\mathrm{D0}}}{\mathrm{d}r_{\mathrm{D}}} + \frac{\mathrm{d}^2\,\overline{\xi}_{\mathrm{D0}}}{\mathrm{d}r_{\mathrm{D}}^2} = \omega s\,\overline{\xi}_{\mathrm{D0}} + (1 - \omega)s\,\overline{V_{\mathrm{D}}} \tag{9.111}$$

将基质系统的拟稳态模型解代入天然裂缝系统的连续性方程中可得:

$$\frac{1}{r_{\mathrm{D}}}\frac{\mathrm{d}\,\overline{\xi}_{\mathrm{D0}}}{\mathrm{d}r_{\mathrm{D}}} + \frac{\mathrm{d}^2\,\overline{\xi}_{\mathrm{D0}}}{\mathrm{d}r_{\mathrm{D}}^2} = \omega s\,\overline{\xi}_{\mathrm{D0}} + (1 - \omega)s\,\frac{\sigma\lambda}{s + \lambda}\,\overline{\varphi_{\mathrm{D}}} \tag{9.112}$$

由于式(9.112)中含有拉氏空间的无量纲拟压力项,采用摄动变换法对其进行处理,代入零阶摄动变化解处理得到:

$$\frac{1}{r_{\mathrm{D}}}\frac{\mathrm{d}\,\overline{\xi}_{\mathrm{D0}}}{\mathrm{d}r_{\mathrm{D}}} + \frac{\mathrm{d}^2\,\overline{\xi}_{\mathrm{D0}}}{\mathrm{d}r_{\mathrm{D}}^2} = \omega s\,\overline{\xi}_{\mathrm{D0}} + (1 - \omega)s\,\frac{\sigma\lambda}{s + \lambda}\,\overline{\xi}_{\mathrm{D0}} \tag{9.113}$$

对式(9.113)进行简化,合并化简后得:

$$\frac{1}{r_{\mathrm{D}}}\frac{\mathrm{d}\,\overline{\xi}_{\mathrm{D0}}}{\mathrm{d}r_{\mathrm{D}}} + \frac{\mathrm{d}^2\,\overline{\xi}_{\mathrm{D0}}}{\mathrm{d}r_{\mathrm{D}}^2} = \left[\omega s + (1 - \omega)s\,\frac{\sigma\lambda}{s + \lambda}\right]\overline{\xi}_{\mathrm{D0}} \tag{9.114}$$

进而定义式(9.114)右端表达式为:

$$f(s) = \omega s + (1 - \omega)s\,\frac{\sigma\lambda}{s + \lambda} \tag{9.115}$$

因此,耦合后双重介质页岩气藏在拉氏空间的渗流连续性方程为:

$$\frac{1}{r_{\mathrm{D}}}\frac{\mathrm{d}\,\overline{\xi}_{\mathrm{D0}}}{\mathrm{d}r_{\mathrm{D}}} + \frac{\mathrm{d}^2\,\overline{\xi}_{\mathrm{D0}}}{\mathrm{d}r_{\mathrm{D}}^2} = f(s)\,\overline{\xi}_{\mathrm{D0}} \tag{9.116}$$

通过观察上面表达式的形式为零阶虚宗量贝塞尔方程,运用高等数学的知识可得此类方程的通解为:

$$\overline{\xi}_{\mathrm{D0}} = AK_0(\sqrt{f(s)}\,r_{\mathrm{D}}) + BI_0(\sqrt{f(s)}\,r_{\mathrm{D}}) \tag{9.117}$$

式中　I_0——零阶第一类修正贝塞尔函数；

　　　K_0——零阶第二类修正贝塞尔函数。

为了求取耦合模型的解通解中的系数 A 和 B，必须结合模型的边界条件，外边界条件为：

$$\bar{\xi}_{D0}\big|_{r_D\to\infty} = 0 \tag{9.118}$$

然后根据虚宗量 Bessel 函数的性质：在 $x\to\infty$ 时，有 $I_0(x)\to\infty$；$K_0(x)\to0$。因此可得出通解中系数 B 等于 0，从而得到通解的表达式为：

$$\bar{\xi}_{D0} = AK_0(\sqrt{f(s)}\,r_D) \tag{9.119}$$

再对式(9.119)进行求导得：

$$\frac{d\bar{\xi}_{D0}}{dr_D} = A[-K_1(\sqrt{f(s)}\,r_D)\ \sqrt{f(s)}] \tag{9.120}$$

再把内边界条件式(9.108)代入式(9.120)可得：

$$r_D\frac{d\bar{\xi}_{D0}}{dr_D}\bigg|_{r_D\to0} = A[-K_1(\sqrt{f(s)}\,r_D)\ \sqrt{f(s)}\,r_D] = -\bar{\hat{q}}_D \tag{9.121}$$

由一阶第二类修正贝塞尔函数 K_1 的基本性质：

$$xK_1(x)\big|_{x\to0} = 1 \tag{9.122}$$

可化简式(9.121)得到系数 A 的值为：

$$A = \bar{\hat{q}}_D \tag{9.123}$$

再将 A 的值代入模型的通解表达式(9.119)中可得到页岩气藏双重介质点源解，其数学表达式为：

$$\bar{\xi}_{D0} = \bar{\hat{q}}_D K_0(\sqrt{f(s)}\,r_D) \tag{9.124}$$

其中

$$f(s) = \omega s + (1-\omega)s\frac{\sigma\lambda}{s+\lambda}$$

即为拟稳态扩散下的页岩气藏点源解。

(2)非稳态扩散模型与天然裂缝模型耦合。

页岩基质系统的非稳态扩散模型解为：

$$s\bar{V}_D = 3\lambda\sigma\bar{\varphi}_D[\sqrt{s/\lambda}\coth(\sqrt{s/\lambda})-1] \tag{9.125}$$

天然裂缝在拉氏空间下的渗流方程为：

$$\frac{1}{r_D}\frac{d\bar{\xi}_{D0}}{dr_D} + \frac{d^2\bar{\xi}_{D0}}{dr_D^2} = \omega s\bar{\xi}_{D0} + (1-\omega)s\bar{V}_D \tag{9.126}$$

将基质系统的解代入天然裂缝的连续性方程中得：

$$\frac{1}{r_D}\frac{\mathrm{d}\overline{\xi}_{D0}}{\mathrm{d}r_D} + \frac{\mathrm{d}^2\,\overline{\xi}_{D0}}{\mathrm{d}r_D^2} = \omega s\,\overline{\xi}_{D0} + 3\lambda\sigma(1-\omega)\left[\sqrt{s/\lambda}\coth(\sqrt{s/\lambda})-1\right]\overline{\varphi}_D \qquad (9.127)$$

同拟稳态扩散模型类似,需要对方程中拉氏空间拟压力项进行处理,采用摄动变化法,代入零阶摄动解得:

$$\frac{1}{r_D}\frac{\mathrm{d}\overline{\xi}_{D0}}{\mathrm{d}r_D} + \frac{\mathrm{d}^2\,\overline{\xi}_{D0}}{\mathrm{d}r_D^2} = \omega s\,\overline{\xi}_{D0} + 3\lambda\sigma(1-\omega)\left[\sqrt{s/\lambda}\coth(\sqrt{s/\lambda})-1\right]\overline{\xi}_{D0} \qquad (9.128)$$

进行数学运算,合并得到:

$$\frac{1}{r_D}\frac{\mathrm{d}\overline{\xi}_{D0}}{\mathrm{d}r_D} + \frac{\mathrm{d}^2\,\overline{\xi}_{D0}}{\mathrm{d}r_D^2} = \left\{\omega s + 3\lambda\sigma(1-\omega)\left[\sqrt{s/\lambda}\coth(\sqrt{s/\lambda})-1\right]\right\}\overline{\xi}_{D0} \qquad (9.129)$$

进而可以定义右端表达式为:

$$f(s) = \omega s + 3\lambda\sigma(1-\omega)\left[\sqrt{s/\lambda}\coth(\sqrt{s/\lambda})-1\right] \qquad (9.130)$$

因此,非稳态扩散模型与天然裂缝模型耦合的数学表达式变为:

$$\frac{1}{r_D}\frac{\mathrm{d}\overline{\xi}_{D0}}{\mathrm{d}r_D} + \frac{\mathrm{d}^2\,\overline{\xi}_{D0}}{\mathrm{d}r_D^2} = f(s)\,\overline{\xi}_{D0} \qquad (9.131)$$

式(9.131)和稳态扩散模型具有相同的形式,只有右端定义的 $f(s)$ 不同,同理,求解此微分方程和拟稳态扩散耦合模型相似,采用贝塞尔函数的方法,对式(9.131)进行求解,得到非稳态扩散模型与天然裂缝耦合模型的点源解形式为:

$$\overline{\xi}_{D0} = \hat{\overline{q}}_D K_0(\sqrt{f(s)}\,r_D) \qquad (9.132)$$

这就是非稳态扩散模型下,页岩气藏双重介质的点源解。

对比拟稳态扩散耦合模型和非稳态扩散耦合模型可知,两个模型的综合微分方程形式相似,分别为式(9.116)和式(9.131)所示,但表达式 $f(s)$ 的形式不同,分别为:

$$f(s) = \begin{cases} \omega s + (1-\omega)s\,\dfrac{\sigma\lambda}{s+\lambda} & \text{(拟稳态)} \\[2mm] \omega s + 3\lambda\sigma(1-\omega)\left[\sqrt{s/\lambda}\coth(\sqrt{s/\lambda})-1\right] & \text{(非稳态)} \end{cases} \qquad (9.133)$$

而拟稳态和非稳态的耦合模型下,在拉普拉斯空间下双重介质页岩气藏具有统一的点源解形式:

$$\overline{\xi}_{D0} = \hat{\overline{q}}_D K_0(\sqrt{f(s)}\,r_D) \qquad (9.134)$$

需要注意的是,拟稳态和非稳态耦合模型中扩散窜流系数 λ 的定义不同,对于双重介质页岩气藏的点源解,结合水力裂缝的渗流模型,就可以研究页岩气井的产能。

9.1.3　水力裂缝数学模型

页岩气藏水力裂缝模型的建立需综合考虑裂缝的导流能力、裂缝的方位角、裂缝不等长、裂缝间相互干扰等因素,可以通过离散水力裂缝,采用叠加原理的方法得到压裂水平井的压力响应。图 9.3 为压裂水平井水力裂缝离散示意图,y 轴沿着水平井筒的方向,水平井压裂产生 M 条水力裂缝,假设每条水力裂缝都离散为 $2N$ 个单元,第 i 条水力裂缝与 y 轴的夹角为 α_i,交点坐标为 $(0, y_i)$,水力裂缝之间的间距为 ΔL_i($\Delta L_i = y_i - y_{i-1}$,其中 $i = 1, 2, 3, \cdots, M$),第 i 条水力裂缝的两翼缝长分别为 x_{fli} 和 x_{fri},水力裂缝物理模型如图 9.3 所示。

根据水力裂缝离散示意图可得到 $2NM$ 个裂缝单元,为了准确表征每个裂缝单元的位置,水力裂缝从水平井根部到趾部依次编号为 $1 \sim M$,每一条水力裂缝离散后微元从左翼尖端到右翼尖端依次编号为 1 到 $2N$。因此可准确表示每一个裂缝微元的位置,以第 i 条水力裂缝的第 j 个微元为例,微元的中心坐标为 $(\bar{x}_{i,j}, \bar{y}_{i,j})$,微元的节点坐标为 $(x_{i,j}, y_{i,j})$,微元坐标位置与裂缝长度、裂缝方位角的具体关系为:

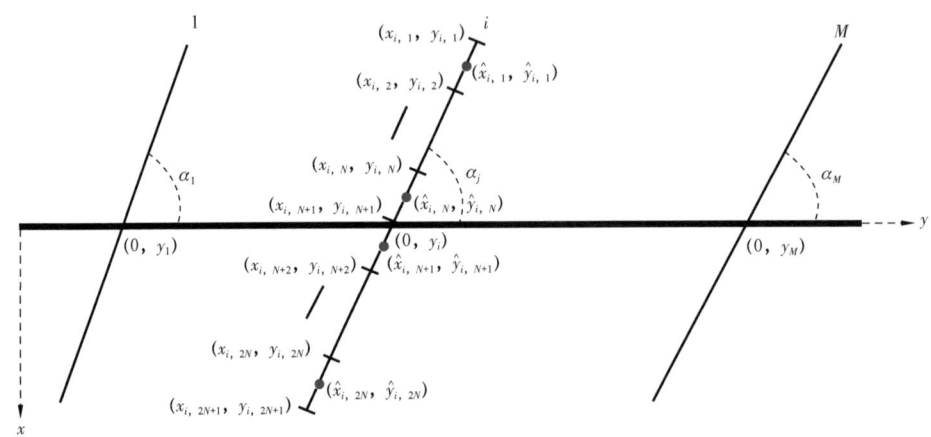

图 9.3 页岩气藏有限导流多级压裂水平井裂缝离散示意图

裂缝微元中心坐标:

$$\begin{cases} \bar{x}_{i,j} = -\dfrac{2N - 2j + 1}{2N} x_{\mathrm{fli}} \sin\alpha_i \\ \bar{y}_{i,j} = y_i + \dfrac{2N - 2j + 1}{2N} x_{\mathrm{fli}} \cos\alpha_i \end{cases} \quad (\text{左翼裂缝 } 1 \leqslant j \leqslant N) \quad (9.135)$$

$$\begin{cases} \bar{x}_{i,j} = \dfrac{2(j - N) - 1}{2N} x_{\mathrm{fri}} \sin\alpha_i \\ \bar{y}_{i,j} = y_i - \dfrac{2(j - N) - 1}{2N} x_{\mathrm{fri}} \cos\alpha_i \end{cases} \quad (\text{右翼裂缝 } N + 1 \leqslant j \leqslant 2N) \quad (9.136)$$

裂缝微元节心坐标:

$$\begin{cases} x_{i,j} = -\dfrac{N - j + 1}{N} x_{\mathrm{fli}} \sin\alpha_i \\ y_{i,j} = y_i + \dfrac{N - j + 1}{N} x_{\mathrm{fli}} \cos\alpha_i \end{cases} \quad (\text{左翼裂缝 } 1 \leqslant j \leqslant N) \quad (9.137)$$

$$\begin{cases} x_{i,j} = \dfrac{j - N - 1}{N} x_{\mathrm{fri}} \sin\alpha_i \\[3mm] y_{i,j} = y_i + \dfrac{j - N - 1}{N} x_{\mathrm{fri}} \cos\alpha_i \end{cases} \quad (\text{右翼裂缝 } N + 1 \leqslant j \leqslant 2N)$$

(9.138)

其中,水力裂缝之间的间距为:$\Delta L_i = y_i - y_{i-1}$,观察裂缝微元横纵坐标之间的关系可得:

$$y_{i,j} = y_i - \cot(\alpha_i) x_{i,j}$$

(9.139)

式中　$\bar{x}_{i,j}$——第 i 条水力裂缝的第 j 个微元的中心横坐标,m;

　　　$\bar{y}_{i,j}$——第 i 条水力裂缝的第 j 个微元的中心纵坐标,m;

　　　$x_{i,j}$——第 i 条水力裂缝的第 j 个微元的节点横坐标,m;

　　　$y_{i,j}$——第 i 条水力裂缝的第 j 个微元的节点纵坐标,m;

　　　$x_{\mathrm{fl}i}$——第 i 条水力裂缝的左翼长度,m;

　　　$x_{\mathrm{fr}i}$——第 i 条水力裂缝的右翼长度,m;

　　　α_i——第 i 条水力裂缝与 y 轴的夹角,(°)。

由前面推导得到的点源函数解式(9.134),可通过积分得到水力裂缝上任意微元$(x_\mathrm{w}, y_\mathrm{w})$对地层任意一点$(x, y)$所产生的线源解为:

$$\begin{aligned} \bar{\xi}_{\mathrm{D}ij} &= \int_l \bar{\hat{q}}_{\mathrm{f}ij\mathrm{D}} K_0(\sqrt{f(s)} R_\mathrm{D}) \mathrm{d}l \\ &= \bar{\hat{q}}_{\mathrm{f}ij\mathrm{D}} \int_l K_0[\sqrt{f(s)} R_\mathrm{D}(x_\mathrm{D}, y_\mathrm{D}, x_\mathrm{wD}, y_\mathrm{wD})] \mathrm{d}l \end{aligned}$$

(9.140)

其中

$$R_\mathrm{D}(x_\mathrm{D}, y_\mathrm{D}, x_\mathrm{wD}, y_\mathrm{wD}) = \sqrt{(x_\mathrm{D} - x_\mathrm{wD})^2 + (y_\mathrm{D} - y_\mathrm{wD})^2}$$

(9.141)

$$\mathrm{d}l = \sqrt{\mathrm{d}x^2 + \mathrm{d}y^2}$$

(9.142)

无量纲变量:

$$x_\mathrm{D} = \frac{x}{L_\mathrm{ref}}$$

(9.143)

$$y_\mathrm{D} = \frac{y}{L_\mathrm{ref}}$$

(9.144)

$$x_\mathrm{wD} = \frac{x_\mathrm{w}}{L_\mathrm{ref}}$$

(9.145)

$$y_\mathrm{wD} = \frac{y_\mathrm{w}}{L_\mathrm{ref}}$$

(9.146)

将上述定义的无量纲变量和表达式带入线源解,并利用坐标转换关系可得:

$$y_{\mathrm{wD}i} = y_{\mathrm{D}i} - \cot(\alpha_i) x_{\mathrm{wD}i}$$

(9.147)

$$\bar{\xi}_{Dij}(x_D, y_D) = \bar{\hat{q}}_{fijD}L_{ref}\int_{x_{Di,j}}^{x_{Di,j+1}} K_0\left[\sqrt{f(s)}R_D(x_D, y_D, x_{wDi})\right]\sqrt{1+\cot^2(\alpha_i)}dx_{wDi} \quad (9.148)$$

其中

$$R_D(x_D, y_D, x_{wDi}) = \sqrt{(x_D - x_{wDi})^2 + (y_D + \cot(\alpha_i)x_{WDi} - y_{Di})^2} \quad (9.149)$$

式中　x_D——地层中某一点的横坐标；

　　　y_D——地层中某一点的纵坐标；

　　　y_{Di}——第 i 条水力裂缝与 y 轴的交点坐标值；

　　　x_{wD}——某一裂缝微元中心的横坐标；

　　　y_{wD}——某一裂缝微元中心的纵坐标；

　　　x_{wDi}——在某一裂缝微元上积分的积分变量；

　　　R_D——某一裂缝微元中心到地层某一点的距离；

　　　L_{ref}——参考长度，m。

前面说明当水力裂缝离散的微元足够小时，可假设裂缝上的流量均匀分布，即第 i 条水力裂缝上的每一个微元流量相等，根据拉氏空间中无量纲裂缝流量的定义，可得到第 i 条水力裂缝上第 j 个裂缝微元为：

$$\bar{\hat{q}}_{fijD} = \frac{\bar{\hat{q}}_{fij}}{q_{sc}} = \frac{1}{2N\Delta l}\frac{\bar{\hat{q}}_{fi}}{q_{sc}} = \frac{\bar{\hat{q}}_{fiD}}{x_{fli} + x_{fri}} \quad (9.150)$$

将式(9.150)代入线源解式(9.148)中可得：

$$\bar{\xi}_{Dij}(x_D, y_D) = \frac{\bar{\hat{q}}_{fiD}L_{ref}}{x_{fli} + x_{fri}}\int_{x_{Di,j}}^{x_{Di,j+1}} K_0\left[\sqrt{f(s)}R_D(x_D, y_D, x_{wDi})\right]\sqrt{1+\cot^2(\alpha_i)}dx_{wDi} \quad (9.151)$$

式中　$\bar{\hat{q}}_{fij}$——微元的线流量，$m^3/(s\cdot m)$；

　　　$\bar{\hat{q}}_{fijD}$——微元的无量纲线流量；

　　　$\bar{\hat{q}}_{fi}$——第 i 条裂缝的流量，m^3/s；

　　　$\bar{\hat{q}}_{fiD}$——第 i 条裂缝的无量纲流量；

　　　Δl——裂缝微元的长度，m。

假设水力裂缝的两翼长度相等，根据压降叠加原理可得到第 i 条水力裂缝所有微元对地层中某一点所产生的压降为：

$$\bar{\xi}_{Di}(x_D, y_D) = \sum_{j=1}^{2N}\bar{\xi}_{Dij}$$

$$= \sum_{j=1}^{2N}\frac{\bar{\hat{q}}_{fiD}L_{ref}}{x_{fli} + x_{fri}}\int_{x_{Di,j}}^{x_{Di,j+1}} K_0\left[\sqrt{f(s)}R_D(x_D, y_D, x_{wDi})\right]\sqrt{1+\cot^2(\alpha_i)}dx_{wDi}$$

$$(9.152)$$

当地层中的某一点为第 m 条水力裂缝的尖端时,则可根据裂缝微元的坐标关系式 (9.137)和式(9.138)得到裂缝尖端的无量纲坐标为:

$$x_{\mathrm{D}} = -\frac{x_{\mathrm{fl}m}}{L_{\mathrm{ref}}}\sin(\alpha_m) = -x_{\mathrm{fl}m\mathrm{D}}\sin(\alpha_m) \qquad (当 j = 1 \ 或 \ 2N + 1) \tag{9.153}$$

$$y_{\mathrm{D}} = \frac{y_m}{L_{\mathrm{ref}}} + \frac{x_{\mathrm{fl}m}}{L_{\mathrm{ref}}}\cos(\alpha_m) = y_{\mathrm{D}m} + x_{\mathrm{fl}m\mathrm{D}}\cos(\alpha_m) \qquad (当 j = 1 \ 或 \ 2N + 1) \tag{9.154}$$

同理根据压降叠加原理,可得到第 i 条水力裂缝所有微元对第 m 条水力裂缝尖端产生的压降为:

$$\bar{\xi}_{m\mathrm{D}i} = \sum_{j=1}^{2N} \frac{\bar{\hat{q}}_{\mathrm{fi}\mathrm{D}}L_{\mathrm{ref}}}{x_{\mathrm{fl}i} + x_{\mathrm{fr}i}} \int_{x_{\mathrm{D}i,j}}^{x_{\mathrm{D}i,j+1}} K_0\left[\sqrt{f(s)}R_{\mathrm{D}}(x_{\mathrm{D}}, y_{\mathrm{D}}, x_{w\mathrm{D}i}) \right] \sqrt{1 + \cot^2(\alpha_i)}\,\mathrm{d}x_{w\mathrm{D}i} \tag{9.155}$$

其中

$$R_{\mathrm{D}} = \sqrt{(-x_{\mathrm{fl}m\mathrm{D}}\sin\alpha_m - x_{w\mathrm{D}i})^2 + (y_{\mathrm{D}m} + x_{\mathrm{fl}m\mathrm{D}}\cos\alpha_m - y_{\mathrm{D}i} + \cot(\alpha_i)x_{w\mathrm{D}i})^2} \tag{9.156}$$

考虑到多条水力裂缝之间的干扰作用,利用叠加原理,得到 M 条水力裂缝共同作用在第 m 条水力裂缝尖端为:

$$\bar{\xi}_{m\mathrm{D}} = \sum_{i=1}^{M}\sum_{j=1}^{2N} \frac{\bar{\hat{q}}_{\mathrm{fi}\mathrm{D}}L_{\mathrm{ref}}}{x_{\mathrm{fl}i} + x_{\mathrm{fr}i}} \int_{x_{\mathrm{D}i,j}}^{x_{\mathrm{D}i,j+1}} K_0\left[\sqrt{f(s)}R_{\mathrm{D}}(x_{\mathrm{D}}, y_{\mathrm{D}}, x_{w\mathrm{D}i}) \right] \sqrt{1 + \cot^2(\alpha_i)}\,\mathrm{d}x_{w\mathrm{D}i} \tag{9.157}$$

为了方便考虑水力裂缝的导流能力,根据面积相等的原则,第 m 条水力裂缝的流动可以看作为平面径向流,边界压力为第 m 条水力裂缝的尖端压力,井底压力等于水平井筒的压力,因此可以得到水力裂缝的渗流方程为:

$$\pi r_{\mathrm{e}}^2 = (x_{\mathrm{fr}m} + x_{\mathrm{fl}m})h \tag{9.158}$$

$$p_{\mathrm{fm}} - p_{\mathrm{w}} = \frac{q_{\mathrm{fm}}\mu}{2\pi K_{\mathrm{F}}w_{\mathrm{F}}}\ln\left(\frac{r_{\mathrm{e}}}{r_{\mathrm{w}}}\right) \tag{9.159}$$

将式(9.158)代入式(9.159)中可得:

$$p_{\mathrm{fm}} - p_{\mathrm{w}} = \frac{q_{\mathrm{fm}}\mu}{2\pi K_{\mathrm{F}}w_{\mathrm{F}}}\ln\left[\frac{\sqrt{(x_{\mathrm{fr}m} + x_{\mathrm{fl}m})h/\pi}}{r_{\mathrm{w}}} \right] \tag{9.160}$$

式中 p_{fm}——裂缝尖端出压力,Pa;

$\quad\quad p_{\mathrm{w}}$——水平井筒压力,Pa;

$\quad\quad K_{\mathrm{F}}$——水力裂缝渗透率,$\mathrm{m}^2$;

$\quad\quad w_{\mathrm{F}}$——水力裂缝宽度,m;

$\quad\quad r_{\mathrm{w}}$——水平井筒半径,m;

定义无量纲变量如下:

无量纲压力

$$p_{fD} = \frac{2\pi K_{fi} h(p_i - p_f)}{q_{sc}\mu} \tag{9.161}$$

无量纲裂缝导流能力

$$C_{FD} = \frac{K_F w_F}{K_{fi} h} \tag{9.162}$$

无量纲井筒半径

$$r_{wD} = \frac{r_w}{L_{ref}} \tag{9.163}$$

无量纲裂缝产量：

$$q_{fmD} = \frac{q_{fm}}{q_{sc}} \tag{9.164}$$

将上述定义的无量纲变量的代入式(9.160)，可得无因次化后的水力裂缝渗流方程为：

$$p_{fmD} - p_{wmD} = -\frac{q_{fmD}}{C_{FD}}\ln\left(\frac{\sqrt{(x_{frmD} + x_{flmD})h/\pi}}{r_{wD}}\right) \tag{9.165}$$

对式(9.165)再进行摄动变换，然后进行拉普拉斯变换后得到入下表达式：

$$\bar{\xi}_{fmD} - \bar{\xi}_{wmD} = -\frac{\bar{q}_{fmD}}{C_{FD}}\ln\left(\frac{\sqrt{(x_{frmD} + x_{flmD})h/\pi}}{r_{wD}}\right) \tag{9.166}$$

然后将式(9.166)代入式(9.157)，得到第 m 条水力裂缝的水平井筒处的压力为：

$$\bar{\xi}_{wmD} = \sum_{i=1}^{M}\sum_{j=1}^{2N}\frac{\hat{\bar{q}}_{fiD}L_{ref}}{x_{fli} + x_{fri}}\int_{x_{Di,j}}^{x_{Di,j+1}}K_0\left[\sqrt{f(s)}R_D(x_D, y_D, x_{wDi})\right]\sqrt{1 + \cot^2(\alpha_i)}dx_{wDi} + $$
$$\frac{\bar{q}_{fmD}}{C_{FD}}\ln\left[\frac{\sqrt{(x_{frmD} + x_{flmD})h/\pi}}{r_{wD}}\right] \tag{9.167}$$

同理可以得到其余水力裂缝在水平井筒处的压力表达式。

9.2 耦合渗流模型求解

假设气体在水平井筒中的流动不存在阻力，即水平井筒处的流动压力处处相同，即：

$$\bar{\xi}_{w1D} = \bar{\xi}_{w2D} = \cdots = \bar{\xi}_{wD} \tag{9.168}$$

联立式(9.167)和式(9.168)，可得 M 个线性方程组，但方程组中的未知变量有 $\bar{\hat{q}}_{f1D}$、$\bar{\hat{q}}_{f2D}$、$\bar{\hat{q}}_{f3D}, \cdots, \bar{\hat{q}}_{fMD}$ 和 $\bar{\xi}_{wD}$ 共 $M+1$ 个，为了能够求解出压力响应，因此还需要一个裂缝产量的限制条件，即所有水力裂缝产量总和等于水平井的总产量，根据流量归一化条件可得：

$$\sum_{i=1}^{M} \hat{q}_{fiD} = 1 \tag{9.169}$$

将流量约束条件转换到拉氏空间得:

$$\sum_{i=1}^{M} \bar{\hat{q}}_{fiD} = \frac{1}{s} \tag{9.170}$$

水平井筒处压力表达式和流量的约束条件式(9.170),耦合得到求取压力响应的线性方程组如下:

$$
\begin{bmatrix}
F_{1,1}+f_1 & F_{1,2} & \cdots & F_{1,M} & -1 \\
F_{2,1} & F_{2,2}+f_2 & \cdots & F_{2,M} & -1 \\
\vdots & \vdots & & \vdots & \vdots \\
F_{M,1} & F_{M,2} & \cdots & F_{M,M}+f_M & -1 \\
1 & 1 & \cdots & 1 & 0
\end{bmatrix}
\begin{bmatrix}
\bar{\hat{q}}_{f1D} \\
\bar{\hat{q}}_{f2D} \\
\vdots \\
\bar{\hat{q}}_{fMD} \\
\bar{\xi}_{wD}
\end{bmatrix}
=
\begin{bmatrix}
0 \\
0 \\
\vdots \\
0 \\
1/s
\end{bmatrix}
\tag{9.171}
$$

式中,下标 m 表示求第 m 条水力裂缝出的井筒压力;下标 i 表示所有裂缝的循环。

$$F_{m,i} = \sum_{j=1}^{2N} \frac{L_{ref}}{x_{flm}+x_{frm}} \int_{x_{Di,j}}^{x_{Di,j+1}} K_0 \left[\sqrt{f(s)} R_D(x_D, y_D, x_{wDi}) \right] \sqrt{1+\cot^2(\alpha_i)} \, \mathrm{d}x_{wDi} \tag{9.172}$$

$$R_D = \sqrt{(-x_{flmD}\sin\alpha_m - x_{wDi})^2 + (y_{Dm} + x_{flmD}\cos\alpha_m - y_{Di} + \cot(\alpha_i)x_{WDi})^2} \tag{9.173}$$

$$f_m = \frac{1}{C_{FD}} \ln \left(\frac{\sqrt{(x_{frmD}+x_{flmD})h/\pi}}{r_{wD}} \right) \tag{9.174}$$

通过编程求解上面的矩阵方程组,可以求得拉氏空间中每条水力裂缝的无量纲流量 $\bar{\hat{q}}_{fiD}$ 以及水平井的井底流压 $\bar{\xi}_{wD}$。

由于气体具有压缩性,需考虑存在井筒储集效应;并且水平井筒由于压裂等措施伤害,必须考虑井筒的表皮效应,因此根据 Duhamel 定理得到拉氏空间下同时考率井筒储集效应和表皮效应的无量纲井底流压表达式为:

$$\bar{\xi}_{wHD} = \frac{s\bar{\xi}_{wD} + S_c}{s + s^2 C_D (s\bar{\xi}_{wD} + S_c)} \tag{9.175}$$

式中　$\bar{\xi}_{wHD}$——Laplace 空间下无量纲井底流压;

　　　C_D——无量纲井筒储集系数(简称井储系数);

　　　S_c——表皮系数。

然后再利用 Stehfest 数值反演方法将拉氏空间下无量纲井底流压 ξ_{wHD} 反演到真实空间得到无量纲井底流压 ξ_{wHD}。

由于数值反演得到的无量纲井底流压 ξ_{wHD} 是通过摄动法处理的,因此利用摄动法反处理得到真实空间下的无量纲井底拟压力为：

$$\varphi_{wHD} = -\frac{1}{\gamma_D}\ln(1 - \gamma_D\xi_{wHD}) \qquad (9.176)$$

为了分析页岩气藏压裂水平井的产能变化，需求得无量纲产量 q_D，因此采用数值拉氏变换的方法，将 φ_{wHD} 转换到拉氏空间下得到 $\overline{\varphi}_{wHD}$，拉氏空间下定井底流压的无量纲产量与定产量下的无量纲井底流压之间的关系为：

$$\overline{q}_D = \frac{1}{s^2\overline{\varphi}_{wHD}} \qquad (9.177)$$

通过计算得到拉氏空间的无量纲产量 $\overline{q}_D$，然后再进行数值反演得到实空间下的无量纲产量 q_D，根据 q_D 与 t_D 之间的关系，可以绘制出压力及压力导数曲线和无量纲产能特征曲线，并能够分析产能的影响因素。

9.3 页岩气藏压裂水平井产能影响因素分析

前面基于双重介质理论建立了页岩气藏储层渗流模型，通过贝塞尔函数、拉普拉斯变换等数学方法求解得到页岩储层的点源解，耦合水力裂缝渗流模型得到顶底封闭、四周无限大的页岩气藏压裂水平井产能模型。本节主要是通过 MATLAB 编程计算，获得不同储层参数和裂缝参数下页岩气藏无量纲产能曲线，并分析各种参数对压裂水平井压力响应及产能的影响规律。

9.3.1 流动阶段的划分

采用表 9.1 的基础参数，通过 Stehfest 数值反演方法，编程模拟计算得到压裂水平井的压力响应曲线，如图 9.4 所示。

表 9.1 页岩气藏压裂水平井模拟计算基础参数

参数	数据	参数	数据
裂缝数量	5	裂缝方位角(°)	75
裂缝间距(m)	100	裂缝半长(m)	30
井筒储集系数	10	表皮系数	0.3
弹性储容比	0.05	扩散窜流系数	1×10^{-9}
吸附解吸系数	1.2	应力敏感系数	0.01
裂缝导流能力	10	井筒半径(m)	0.1

根据图 9.4 的典型试井曲线可以对页岩气藏压裂水平井流动阶段进行划分，结合文献可划分为 9 个流动阶段：

阶段 1，纯井筒储集阶段，两条曲线重合且斜率为 1，持续时间长短受 C_D 控制。

阶段 2，井筒储集之后的第一过渡阶段，压力导数曲线出现峰谷，此阶段主要受到表皮系数的显著影响。

阶段 3，早期线性流阶段[图 9.5(a)]，压力导数曲线为斜率为 0.5 的直线段，在此阶段各条水力裂缝独立生产,未发生干扰,气体垂直于裂缝壁面流动。

阶段4,线性流之后的第二过渡流动阶段。

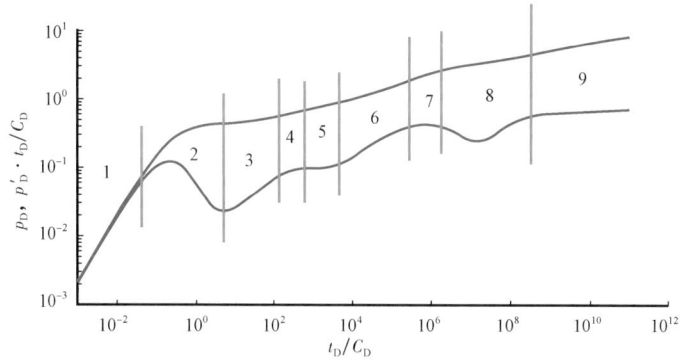

图9.4　页岩气藏压裂水平井生产流动阶段划分

阶段5,中期拟径向流阶段[图9.5(b)],此时气体围绕水力裂缝进行拟径向流动,显著特征为压力导数曲线近似为直线,此阶段受裂缝长度和裂缝间距影响明显,若裂缝长度远大于裂缝间距,试井曲线则不会显示该阶段。

阶段6,中期线性流阶段[图9.5(c)],此阶段裂缝间相互干扰作用显现,显著特征为压力及压力导数曲线近似为平行直线,储层中流体主要做平行于裂缝面的线性流动。

阶段7,中期线性流之后的第三过渡流动阶段,该阶段水力裂缝的影响减小,天然裂缝系统开始出现气体流动,向水力裂缝供气。

阶段8,储层扩散窜流阶段,显著特征为压力倒数曲线上出现"凹子",基质孔隙表面的吸附气解吸,从基质系统向天然裂缝发生扩散。

阶段9,晚期拟径向流阶段[图9.5(d)],此阶段储层中天然裂缝和基质压力达到平衡,流体开始以拟径向流方式流向水力裂缝,压力导数曲线近似为一条直线。

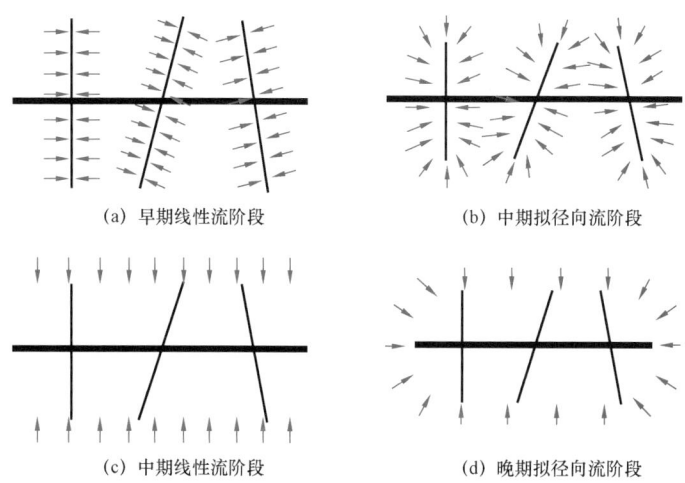

图9.5　页岩气藏压裂水平井流动阶段划分示意图

页岩基质中气体以扩散的方式向天然裂缝系统流动,利用表9.1的数据,分别绘制出两种扩散方式下页岩气藏压裂水平井压力及压力导数曲线和无量纲产能递减曲线如图9.6和图9.7所示。对比非稳态扩散和拟稳态扩散条件下的压力及压力导数曲线可知,页岩气的扩散方式主要影响压裂水平井生产流动的第8阶段,即窜流阶段,产能曲线上不同的扩散方式主要影响早中期,而在后期的计算结果基本一致。这是由于生产初期基质孔隙表面气体浓度梯度大,采用拟稳态扩散模型描述时气体平均浓度随时间变化梯度比较小,因而与非稳态扩散模型的计算结果产生偏差。学者 King 和 Ertekin 研究表明,采用拟稳态扩散模型进行长时间的压力动态预测和产能分析,其计算效率高,而非稳态扩散模型更适合于对气井生产初期的压力动态进行预测。因此本书后面的页岩气产能随时间长期变化的分析主要采用拟稳态扩散模型描述,然后对压裂水平井生产流动阶段进行划分。

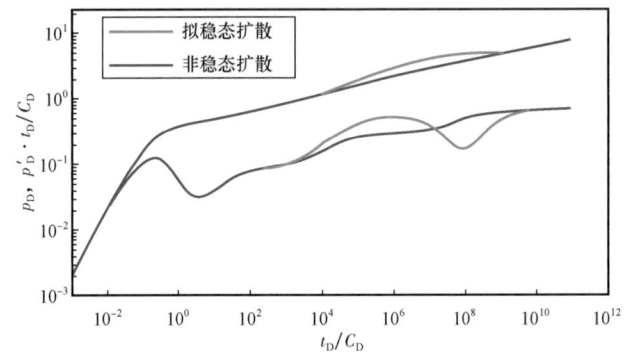

图 9.6 不同扩散方式下页岩气藏压裂水平井压力及压力导数曲线

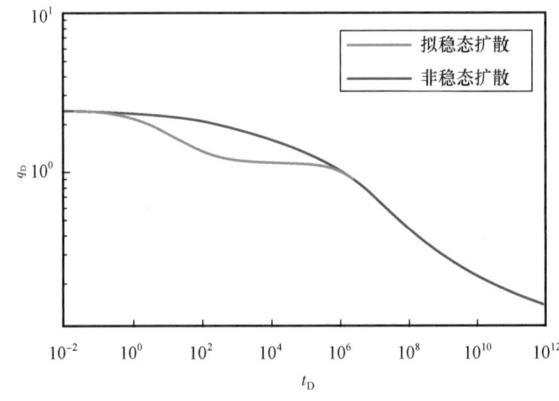

图 9.7 不同扩散方式下页岩气藏压裂水平井无量纲产能递减曲线

9.3.2 产能敏感性分析

页岩气藏产能主要受井筒储集系数、表皮系数、页岩储层参数及水力裂缝参数影响,下面对每一个影响因素进项详细的分析。

9.3.2.1 井筒储存和表皮系数

（1）表皮系数影响。

为了研究表皮系数的影响，表皮系数 S_e 分别取值为 0.05,0.1 和 0.15,其余特征参数取值分别为：水力裂缝条数 $M=5$,裂缝方位角为 75°,无量纲裂缝导流能力为 10,扩散窜流系数为 10^{-9},裂缝半长为 30m,应力敏感系数 0.01,吸附解吸系数为 1.2,裂缝间距 $D_L=100m$,无量纲井储系数为 10,弹性储容比为 0.05。分别绘制典型试井曲线和无量纲产能递减曲线如图 9.8 和图 9.9 所示。

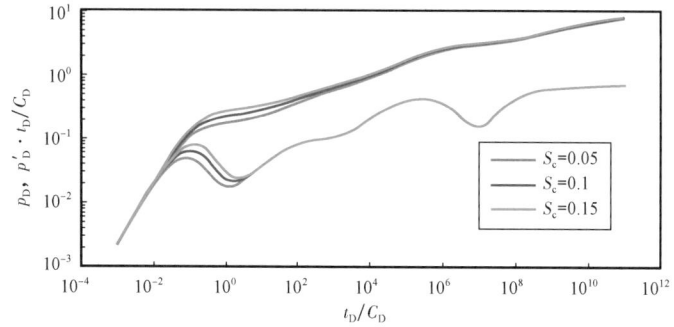

图 9.8 不同表皮系数下页岩气藏压裂水平井典型试井曲线对比图

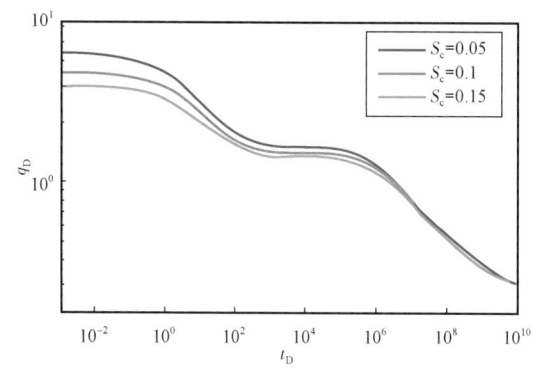

图 9.9 不同表皮系数下页岩气藏压裂水平井产能递减曲线

从图 9.8 可以看出，表皮系数主要影响井筒储集后的第一过渡阶段和早期线性流阶段的压裂水平井压力响应，随着表皮系数的减小，压力及压力导数曲线位置也逐渐降低，说明表皮系数越小，水平井筒周围的伤害减少，致使井筒周围渗透性变好，井底压力也降低，这样使得页岩气井的产能提高，图 9.9 无量纲产能递减曲线也显示这种变化，表皮系数越小，气井在早期的产能也越高。

（2）井储系数影响。

研究井储系数对页岩气井生产动态的影响，分别取井储系数 $C_D=10,1,10$,除 $S_e=0.3$ 外其余参数取值同上文，模拟计算绘制出试井典型曲线和无量纲产能递减曲线，如图 9.10 和图 9.11 所示。

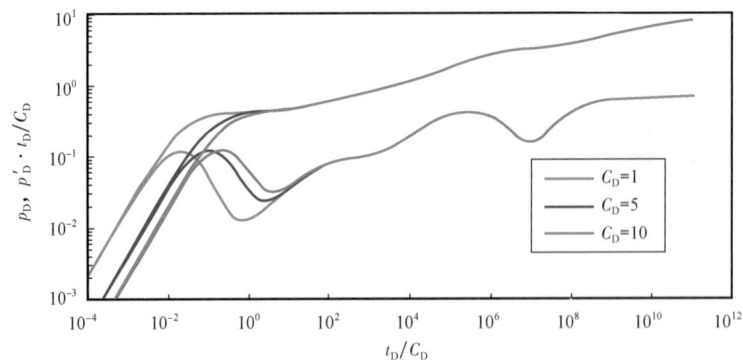

图 9.10   不同井储系数下页岩气藏压裂水平井典型试井曲线

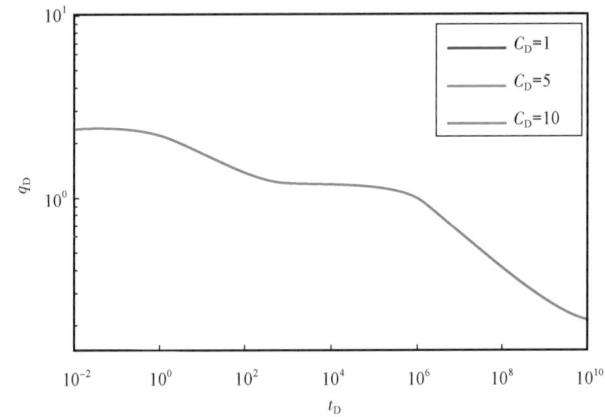

图 9.11   不同井储系数下页岩气藏压裂水平井产能递减曲线

从图 9.10 可以看出,井储系数主要影响生产早期压力动态曲线的变化,斜率为 1 的压力及压力导数直线段位置发生显著变化,在定流量生产的条件下,井储系数越大,井储阶段持续的时间越长,压力导数曲线上驼峰位置逐渐向右移动,早期线性流发生的时间推迟。而图 9.11 显示的无量纲产能递减曲线没有变化,这是由于压裂水平井在定压生产的情况下,井底压力不发生变化,生产过程中不存在井筒储集现象,因此井储系数对产能递减曲线不产生影响。

9.3.2.2   页岩储层参数

页岩储层参数对压裂水平井生产动态影响主要包括:天然裂缝系统的应力敏感系数、弹性储容比、扩散窜流系数和表征页岩气吸附解吸的吸附解吸系数的影响,下面逐一分析各参数的影响规律。

(1)应力敏感系数影响。

分别取应力敏感系数 $\gamma_D = 0, 0.01, 0.02, 0.03$,其余特征参数取值分别为:裂缝条数 $M = 5$,$D_L = 100m$,$\alpha = 75°$,$C_{FD} = 10$,$\omega = 0.05$,裂缝半长为 30m,扩散窜流系数为 10^{-9},吸附解吸系数为 1.2,$C_D = 10$,$S_c = 0.3$。模拟计算绘制出压力及压力导数曲线如图 9.12 所示。

从图 9.12 可以看出,应力敏感系数主要影响压裂水平井生产的中后期曲线形态,相比于不考虑天然裂缝的应力敏感时,随着应力敏感系数的增大,压力导数曲线形态最早在中期线性流时出现变化,扩散窜流阶段压力导数曲线上的凹槽深度变浅宽度变小,到达晚期拟径向流阶段时,压力及压力导数曲线斜率越大,说明压力损失越大,这是因为应力敏感系数越大,地层压力降低后,储层天然裂缝渗透率下降越厉害,气体在页岩储层中的渗流压力损失也越大。

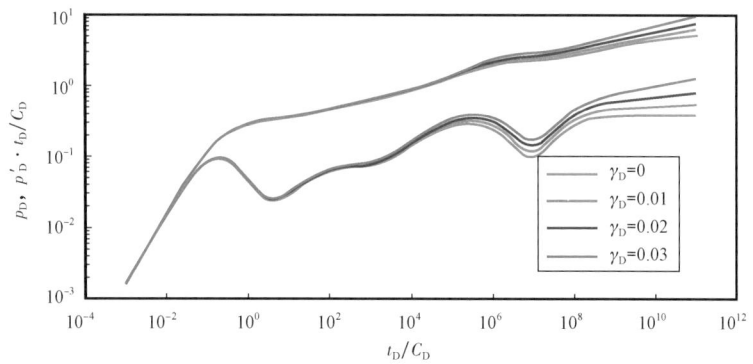

图 9.12　不同应力敏感系数下页岩气藏压裂水平井典型试井曲线

(2)扩散窜流系数影响。

扩散窜流系数能够表征页岩基质系统气体向天然裂缝系统进行扩散流动的能力,也决定了生产时扩散窜流阶段发生时间的早晚。分别取扩散窜流系数为 10^{-6},10^{-7} 和 10^{-8},应力敏感系数为 0.01,其余特征参数取值同上,模拟计算绘制出压裂水平井试井曲线和无量纲产能递减曲线如图 9.13 和图 9.14 所示。

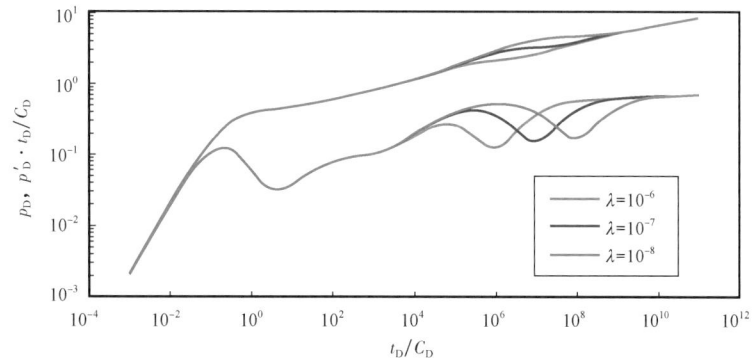

图 9.13　不同扩散窜流系数下页岩气藏压裂水平井典型试井曲线

从图 9.13 中可以看出,扩散窜流系数主要影响压裂水平井生产的窜流阶段,扩散窜流系数 λ 值越小,压力曲线位置逐渐升高,压力导数曲线上表征窜流阶段的凹子向右移动,说明页岩基质系统中气体向天然裂缝系统扩散窜流发生的时间也越晚。这种现象主要是页岩基质与天然裂缝渗透性差别有关,扩散窜流系数越小,表明两者的渗透性差别越大,气体不易扩散进入天然裂缝系统中。

从图 9.14 中可以看出,扩散窜流系数对页岩气井的产能影响很大,扩散窜流系数越大,产能在扩散窜流阶段递减速度明显减缓,中期的产能也越高,这是因为 λ 数值越大,基质与裂缝的渗透性能差别变小,生产时页岩基质中气体窜流到天然裂缝也越早,能够提前增加天然裂缝中的气体流量,致使产能递减明显减缓,中期的产能也高。

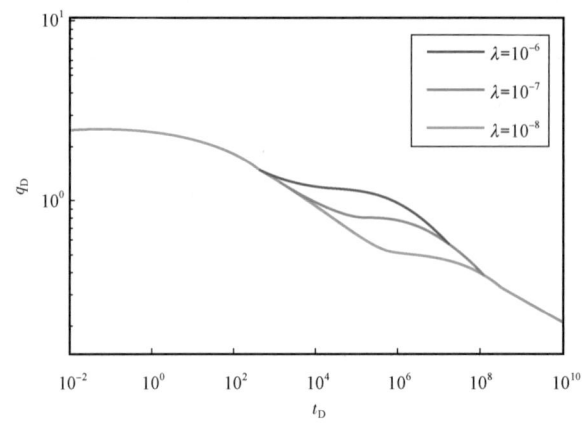

图 9.14　不同扩散窜流系数下页岩气藏压裂水平井无量纲产能递减曲线

(3)弹性储容比影响。

为了研究弹性储容比对页岩压裂水平井生产的影响,分别取弹性储容比为 0.1,0.3 和 0.6,扩散窜流系数取值为 10^{-9},其余特征参数取值同上文,模拟计算绘制出压裂水平井的试井曲线和无量纲产能递减曲线如图 9.15 和图 9.16 所示。

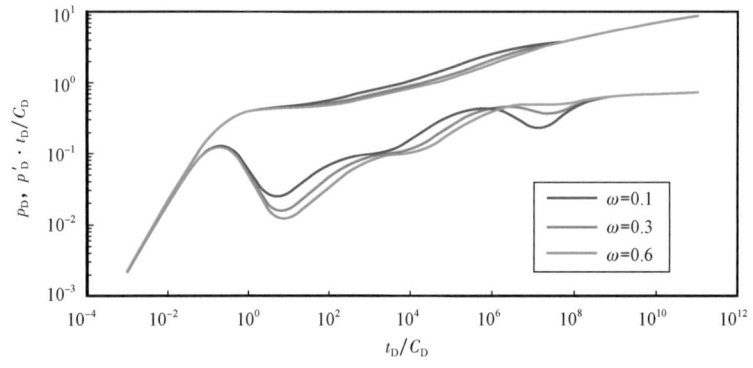

图 9.15　不同弹性储容比下页岩气藏压裂水平井典型试井曲线

从图 9.16 可以看出,弹性储容比对压裂水平井的试井曲线形态影响范围广,主要影响早期线性流到扩散窜流的 4 个阶段曲线形态。可明显地看出弹性储容比越小,压力及压力导数曲线在早期线性流与中期线性流之间位置不断靠上,而且表征扩散窜流阶段的压力导数曲线的凹槽形态就越深越宽;而当弹性储容比越大时,扩散窜流阶段凹槽形态越浅越窄。这是由于弹性储容比小,页岩基质储存流体大于天然裂缝储存的流体,气井在定产量生产的条件下,扩散窜流阶段页岩基质向裂缝发生扩散窜流的时间也越早,扩散窜流流量大,且持续的时间也长,凹子下凹的程度越大,宽度越宽。

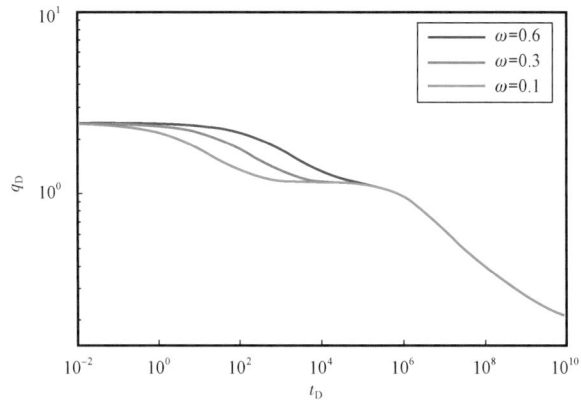

图 9.16 不同弹性储容比下页岩气藏压裂水平井无量纲产能递减曲线

从图 9.16 中可以看出,弹性储容比主要影响产能曲线的早期和中期形态,ω 数值越大,早期产能递减速度显著减缓,稳产的时间也越长,因此早期产能也越高。而到了生产中期,弹性储容比越大,中期产能递减速度增加,这是由于 ω 越大,天然裂缝的储存量远大于页岩基质的储存量,生产中期时基质向天然裂缝供气能力显著降低,使中期产能递减速度加快。

(4)吸附解吸系数影响。

吸附解吸系数的定义式中含有朗格缪尔压力 p_L 和朗格缪尔体积 V_L,反映了页岩基质中吸附气解吸对气体运移的影响,也反映了页岩气藏吸附能力的大小。为了分析吸附解吸系数的影响,分别取值为 1.2,2.4 和 4.8,模拟计算绘制压裂水平井的试井曲线和产能递减曲线如图 9.17 和图 9.18 所示。

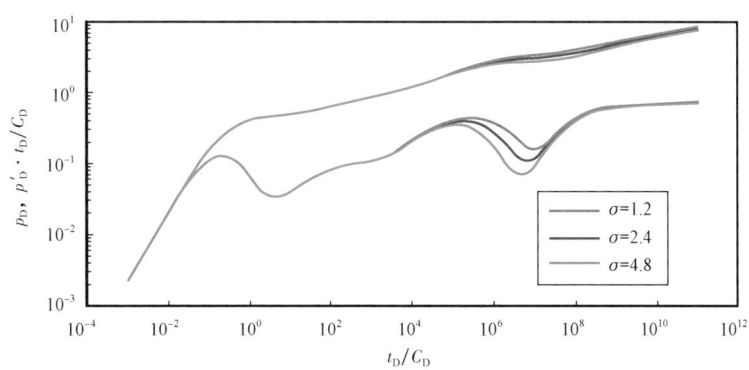

图 9.17 不同吸附解吸系数下页岩气藏压裂水平井典型试井曲线

从图 9.18 可以看出,吸附解吸系数主要影响生产的扩散窜流阶段,吸附解吸系数越大,压力导数曲线上表征扩散窜流阶段的凹子越深也越宽,压力损失就比较小,这是因为吸附解吸系数反映的是基质中吸附气含量的多少,越大的吸附解吸系数,表明基质中吸附气含量越高,在扩散窜流阶段大量吸附气解吸,扩散窜流到天然裂缝系统,以补充天然裂缝的压力损失。从

图9.18也反映出吸附解吸系数越大,气井中后期的产能也越高,递减速度减缓,这也是由于大量吸附气解吸向天然裂缝扩散窜流作用导致。

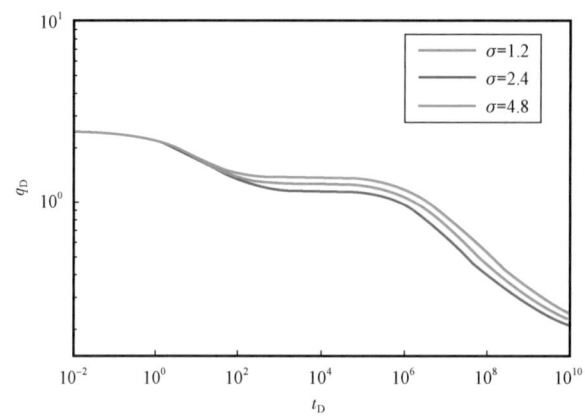

图9.18　不同吸附解吸系数下页岩气藏压裂水平井无因次产能递减曲线

9.3.3　压裂裂缝参数

页岩气藏由于自身储渗的特殊性,必须采取增产改造措施增加效益,通过分段压裂产生的水力裂缝形态对气井的生产动态及产能有很大的影响,下面逐一分析各水力裂缝参数的影响规律。

(1)裂缝导流能力。

分别取无量纲裂缝导流能力 $C_{FD}=5,10,35$,其余特征参数取值分别为:水力裂缝条数 $M=5$,裂缝间距 $D_L=100m$,裂缝方位角为 $75°$,裂缝半长为 $30m$,弹性储容比为 0.05,扩散窜流系数为 10^{-9},应力敏感系数 0.01,吸附解吸系数为 1.2,无量纲井储系数为 10,表皮系数为 0.3。模拟计算绘制不同裂缝导流能力下页岩气藏压裂水平井的典型试井曲线和无量纲产能递减曲线如图9.19 和图9.20 所示。

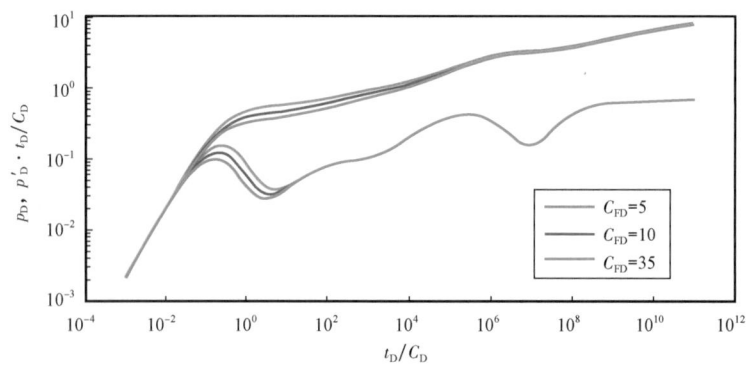

图9.19　不同裂缝导流能力下页岩气藏压裂水平井典型试井曲线

从图9.19 可以看出,裂缝导流能力主要影响第一过渡流动阶段和早期线性流阶段,随着 C_{FD} 数值越大,压力及压力导数曲线位置逐渐下移,说明裂缝中气体流动的阻力变小,压降逐渐变小;当裂缝导流能力增大到一定程度后,压力及压力导数曲线变化不明显,说明裂缝导流能力有一个最优值,并不是裂缝导流能力越大越好。

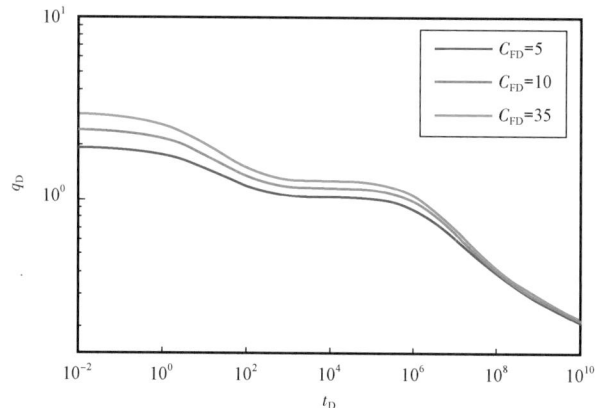

图 9.20 不同裂缝导流能力下页岩气藏压裂水平井无量纲产能递减曲线

图 9.20 的无量纲产能递减曲线也表明了裂缝导流能力主要影响压裂水平井生产的早中期产能,对生产后期的产能影响不明显,并且 C_{FD} 越大,页岩气藏的产能越高,但是增加的幅度是减小的。

（2）裂缝长度。

水力裂缝模型建立假设裂缝左右两翼相等,研究裂缝长度的影响,分别取裂缝半长为 30m,45m 和 70m,C_{FD} 取值为 10,其余特征参数取值同上文,模拟计算绘制不同裂缝半长下页岩气藏压裂水平井的典型试井曲线和无量纲产能递减曲线如图 9.21 和图 9.22 所示。

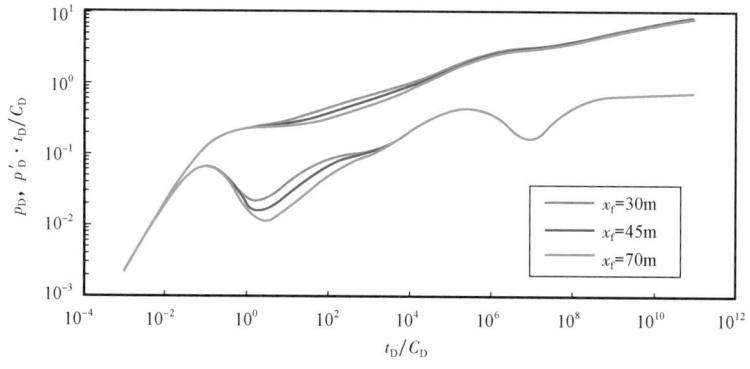

图 9.21 不同裂缝半长下页岩气藏压裂水平井典型试井曲线

从图 9.21 可以看出,水力裂缝长度主要影响早期线性流和中期拟径向流阶段的压力曲线形态,裂缝半长 x_f 数值越大,早期线性流阶段持续的时间增加,而中期拟径向流阶段持续时间变短,并且压力导数曲线上表征中期拟径向流的水平段越来越不明显。

从图 9.22 可以看出,裂缝长度的增加,页岩气井产能越高,这是由于随着裂缝延伸距离增加,页岩储层中受到改造的储层体积增加,渗流面积增大,页岩气井的产能也越高。因此对于低渗的页岩气藏,在进行增产改造时,应该增大裂缝的延伸距离,用来提高页岩气的产能。增加经济效益。

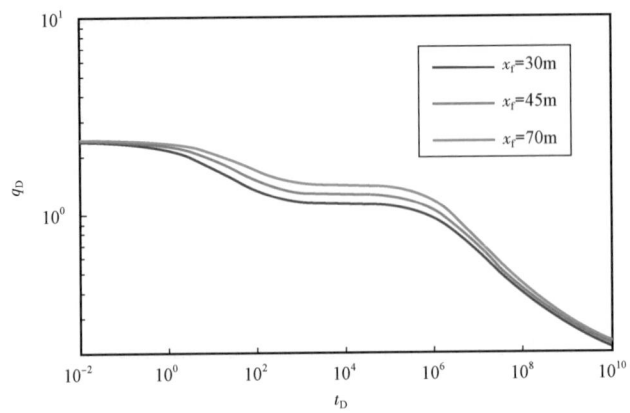

图9.22   不同裂缝半长下页岩气藏压裂水平井无量纲产能递减曲线

(3)裂缝间距。

假设页岩气藏压裂水平井的裂缝是等间距分布的,为了研究裂缝间距的影响,分别取 $D_L = 100, 200, 300 \text{m}, x_f = 30 \text{m}, M = 5$,水平井段长 1500m,其余特征参数取值同上文,模拟计算绘制出压裂水平井的典型试井曲线和无量纲产能递减曲线如图9.23和图9.24所示。

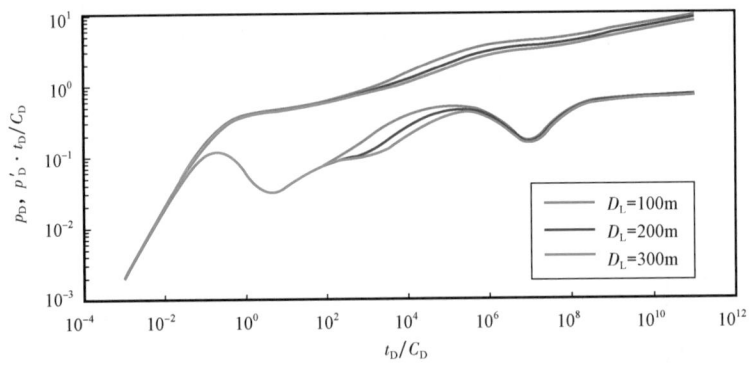

图9.23   不同裂缝间距下页岩气藏压裂水平井典型试井曲线

从图9.23可以看出,水力裂缝间距主要影响中期拟径向流和中期线性流阶段的压力曲线形态。当 D_L 越小时,压力导数曲线上表征中期拟径向流的水平线段越不明显,中期拟径向流阶段持续的时间显著减少,说明间距越小时,水力裂缝之间的干扰作用发生的时间越早。但是中期线性流阶段持续的时间增加。

从图9.24可得出,水力裂缝间距主要影响中后期页岩气井的生产,当 D_L 越大时,中后期页岩气产能越高,这是由于在裂缝条数和长度一定的情况下,裂缝间距越大,裂缝之间的干扰作用越小,在定井底压力条件下生产时,页岩气藏压裂水平井的产能也越高;在进行增产改造时,应该适当增加裂缝的间距以追求高的产量。

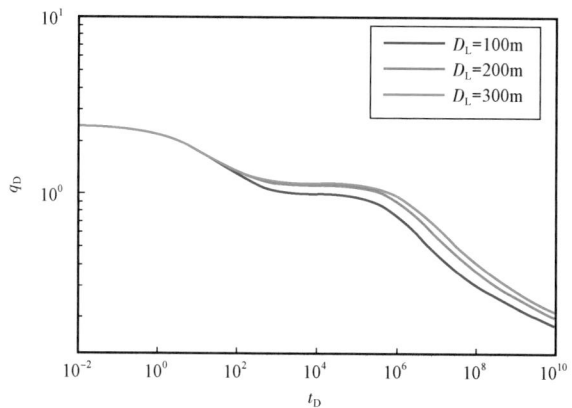

图 9.24　不同裂缝间距下页岩气藏压裂水平井产能递减曲线

（4）裂缝条数。

分别取裂缝条数 $M=3,5,7$，裂缝半长 $x_f=30\text{m}$，水平井段长为 1500m，其余特征参数同上，模拟计算绘制出压裂水平井典型试井曲线和无量纲产能递减曲线如图 9.25 和图 9.26 所示。

从图 9.25 中可以看出，水力裂缝条数主要影响早中期的压裂水平井压力曲线形态，裂缝条数越多，压力和压力导数曲线位置逐渐靠下，且由早期线性流过渡到中期拟径向流的时间越早，这主要是因为压裂裂缝条数增多，水平井筒周围的储层渗透性能会得到大幅改善，流体渗流阻力显著减少，页岩气在水平井筒周围流动的所消耗的压降变小，流动加快，加剧了中期裂缝周围拟径向流动阶段的到来。从图中还可以看出，晚期拟径向流动阶段对裂缝条数不敏感，这是由于晚期的流动范围主要在水力裂缝周围较远储层处。

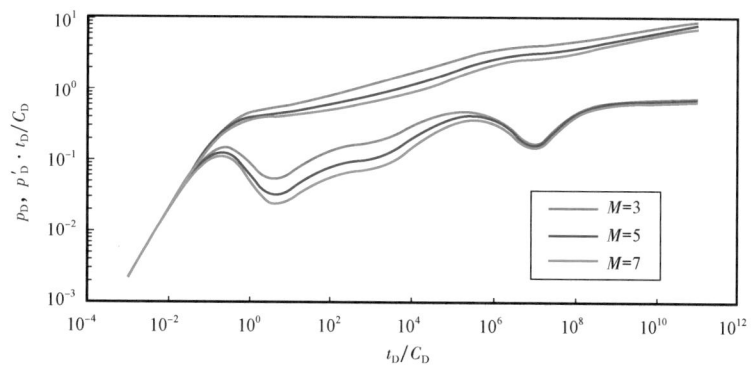

图 9.25　不同裂缝条数下页岩气藏压裂水平井典型试井曲线

从图 9.26 中可以看出，裂缝条数对页岩气藏的产能有很大的贡献，由于裂缝条数增多，页岩储层改造体积增大，控制的渗流区域面积增大，产量明显增大，但是随着裂缝条数的增多，产能增加幅度越来越小，这是由于水平井段长度一定，裂缝条数增加，裂缝间距减小，水力裂缝之间的干扰作用增强，使产能增加幅度减少，因此现场施工时，应优化选择一个合理水力裂缝条数，以达到最该经济效益。

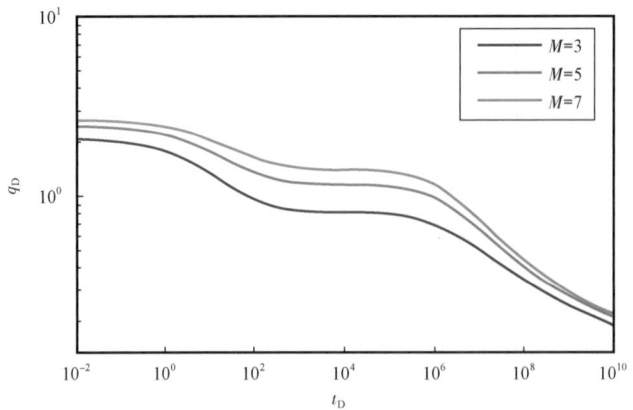

图 9.26　不同裂缝条数下页岩气藏压裂水平井无量纲产能递减曲线

9.3.4　分段多簇压裂水平井产能分析

页岩气藏的增产改造通常采用分段多簇的压裂方式,以达到沟通天然裂缝,增加储层改造体积的作用,并且压裂的簇间距及压裂段数对气井的产能有很大的影响,本节在前面建立的裂缝等间距分布产能模型的基础上,考虑分段多簇压裂的实际情况,结合现场数据,分析簇间距和压裂级数对页岩气井产能的影响规律。

9.3.4.1　簇间距影响

基于表 9.2 中的基础参数,选取无量纲井筒储容为 10,表皮系数为 0.3,无量纲弹性储容比为 0.05,无量纲扩散窜流系数为 10^{-9},吸附解吸系数为 1.2,无量纲应力敏感系数为 0.01,无量纲裂缝导流能力为 10;为了分析压裂簇间距对产能的影响,采用表 9.2 的压裂参数,通过 MATLAB 编程模拟计算得到压力及压力导数曲线图 9.27 和无量纲产能特征曲线图 9.28。

表 9.2　模拟计算压裂基础参数

参数	数据	参数	数据
压裂段间距(m)	100	裂缝方位角(°)	90
簇间距(m)	15/25/35	裂缝半长(m)	76
压裂段数	6	每段压裂簇数	3

从图 9.27 可以看出,页岩气藏采用分段多簇压裂时没有明显的中期拟径向流阶段,直接从早期线性流阶段过渡到中期线性流阶段,这主要是由于每段压裂产生的裂缝缝长明显大于裂缝间距,导致中期拟径向流阶段被掩盖,并且簇间距的大小主要影响渗流的早期线性流和中期线性流阶段,簇间距越大,压力及压力导数曲线的位置越靠下,说明簇间距越大,裂缝之间的干扰作用减小,井周的压降降低。

从图 9.28 可以看出,簇间距主要影响产能的中后期,簇间距越大时,中后期的产能也越高,这主要是由于簇间距增大后,每段内裂缝之间的干扰作用减小,同时簇间距增大,储层的改造程度增大,因此中后期的产能也越高。

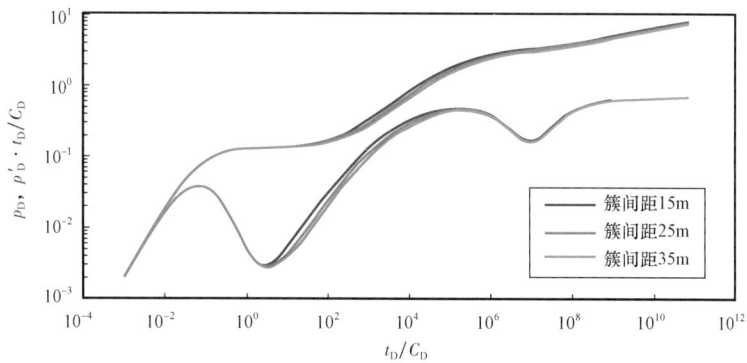

图 9.27　不同簇间距下页岩气藏压裂水平井典型试井曲线

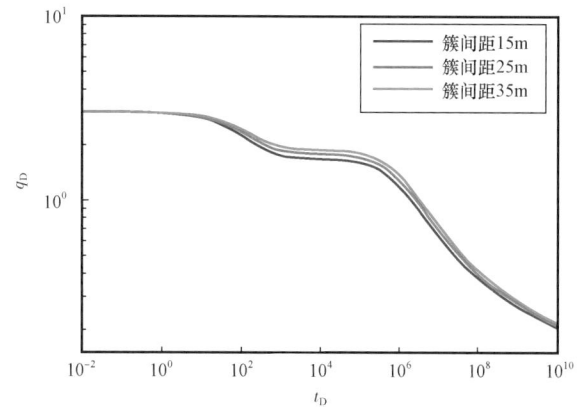

图 9.28　不同簇间距下页岩气藏压裂水平井无量纲产能递减曲线

9.3.4.2　压裂段数影响

分析页岩气藏压裂段数的影响,分别取表 9.3 中压裂参数,模拟计算得到不同压裂段数下页岩气藏压裂水平井典型试井曲线图 9.29 和无量纲产能递减曲线图 9.30。

表 9.3　模拟计算压裂基础参数

参数	数据	参数	数据
压裂段间距(m)	100	裂缝方位角(°)	90
簇间距(m)	30	裂缝半长(m)	76
压裂段数	4/5/6	每段压裂簇数	3

从图 9.29 可以看出,压裂的段数主要影响页岩气井生产的早期和中期线性流阶段,随着压裂段数的增加,压力及压力导数曲线的位置逐渐下移,说明压裂段数增加,储层的改造范围增大,渗透性能提高,井周的渗流压降显著减小。

从图 9.30 可以看出,压裂段数主要影响中后期页岩气井的产能,对早期产能影响不明显,当压裂段数增加时,页岩气井中期产能递减减缓,且稳产时间增长,产能也越高,这主要是由于压裂段数增加,储层的改造体积显著增大,控制的渗流区域增大,使得页岩气井的产能显著增大。

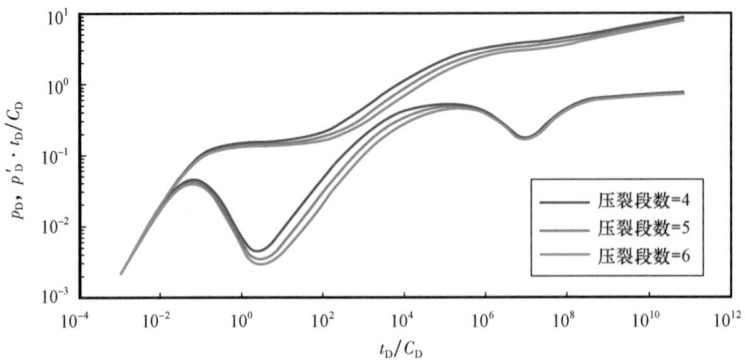

图 9.29　不同压裂段数下页岩气藏压裂水平井典型试井曲线

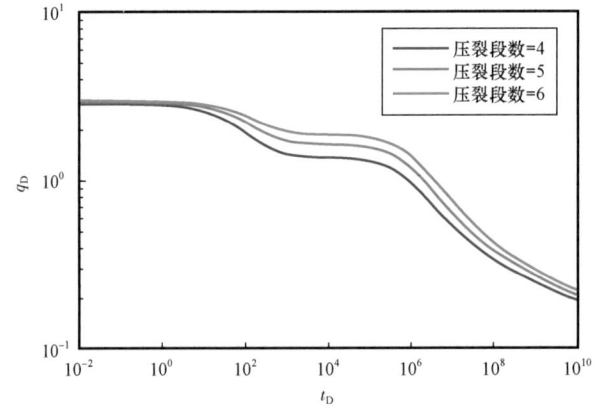

图 9.30　不同压裂段数下页岩气藏压裂水平井无量纲产能递减曲线

第10章 井筒及近井区域温度场半解析模型

基质酸化时,酸液由井筒注入地层,因地层本身所具有的地热梯度以及自身较高的温度,使得垂直井段不仅在沿井深方向产生传热过程,在径向上也受到地层导热;而水平井段由于是与所施工层位直接相接触的部位,除了在沿水平段长与径向上有传热现象以外,酸岩化学反应热对地层和水平井段温度分布也会产生影响。

本章基于传热学理论,在考虑热传导、热对流以及酸岩化学反应热的基础上,建立垂直井筒、水平井筒及近井区域温度场数学模型,并给出其半解析解。

10.1 能量传递机理及能量通量矢量

从热力学角度来看,系统中热量的变化本质上来说是系统中产生了焓变。为了能够准确地描述酸化过程时井筒和地层中的能量变化,本节根据焓的物理和化学意义,从分子(微观)角度上表述能量的传递机理以及分子运动时所做功,并对一些后续章节需要用到的数学参数和公式进行说明。

对一敞开流动体系,能量守恒定律是经典热力学第一定律(对静止的封闭系统)的延伸。由热力学第一定律可知,内能的变化等于系统热量的增量与外力对系统做功之和。而对于流动系统,其内能的变化还需考虑流入系统的热量——由分子微观运动、流体宏观运动所产生的热量以及分子微观运动对系统所做的功。因此,这里需要推导出分子微观运动做功的数学表达式。

首先定义分子应力:

$$\pi_{ij} = p\delta_{ij} + \tau_{ij} \tag{10.1}$$

式中 i 和 j 表示方向;p 为压强;τ 为黏性应力;δ_{ij} 是克罗内克函数(Kronecker delta),即 $i=j$ 时 $\delta_{ij}=1$;$i\neq j$ 时 $\delta_{ij}=0$。

当分子应力作用于分子,使其具有某一速度 $\boldsymbol{v}$,将分子应力所做功率写为分量形式时,每单位面积的功率可表示为:

$$\left.\begin{aligned}
(\boldsymbol{\pi}_x \cdot \boldsymbol{v}) &= \pi_{xx}v_x + \pi_{xy}v_y + \pi_{xz}v_z \equiv \left[\boldsymbol{\pi}_x \cdot \boldsymbol{v}\right]_x \\
(\boldsymbol{\pi}_y \cdot \boldsymbol{v}) &= \pi_{yx}v_x + \pi_{yy}v_y + \pi_{yz}v_z \equiv \left[\boldsymbol{\pi}_y \cdot \boldsymbol{v}\right]_y \\
(\boldsymbol{\pi}_z \cdot \boldsymbol{v}) &= \pi_{zx}v_x + \pi_{zy}v_y + \pi_{zz}v_z \equiv \left[\boldsymbol{\pi}_z \cdot \boldsymbol{v}\right]_z
\end{aligned}\right\} \tag{10.2}$$

对式(10.2)乘以克罗内克函数并相加,得到单位面积的功率矢量,即功通量:

$$(\pi \cdot v) = \delta_x(\pi_x \cdot v) + \delta_y(\pi_y \cdot v) + \delta_z(\pi_z \cdot v) \tag{10.3}$$

则联合能量通量矢量 e 为:

$$e = \left(\frac{1}{2}\rho_f v^2 + \rho U\right)v + [\pi \cdot v] + q \tag{10.4}$$

式(10.4)右边三项为对流能量通量、分子在单位面积所做功率(分子功通量矢量)、分子在单位面积上的传热速率(分子热量通量矢量)。

由式(10.1)和式(10.3)可知,分子在单位面积所做功率可表示为:

$$[\pi \cdot v] = pv + [\tau \cdot v] \tag{10.5}$$

将 pv 与内能 ρUv 结合起来,由焓的定义可得焓项:

$$\rho U v + p v = \rho\left[U + p\frac{1}{\rho_f}\right]v = \rho H v \tag{10.6}$$

因此,联合能量通量矢量 e 可表示为:

$$e = \left(\frac{1}{2}\rho_f v^2 + \rho H\right)v + [\tau \cdot v] + q \tag{10.7}$$

为了计算式(10.7)中的焓,应用标准热力学平衡公式可得:

$$dH = \left(\frac{\partial H}{\partial T}\right)_p dT + \left(\frac{\partial H}{\partial p}\right)_p dp \tag{10.8}$$

对不可压缩流体,可省略式(10.8)中右端的第二项,则式(10.8)近似为:

$$dH = \left(\frac{\partial H}{\partial T}\right)_p dT = c_p dT \tag{10.9}$$

以上各式中,ρ_f 为酸液密度,kg/m^3;ρ 为酸分子密度,kg/m^3;U 为酸分子内能,W;q 为酸分子在单位面积上的传热速率,W/m^2;H 为焓,W;c_p 为比定压热容,J/℃。

10.2　垂直井筒温度场半解析模型

酸液经垂直井筒注入,在到达井底时因在井深方向和径向上发生传热过程,造成井底酸液温度与井口注入温度有很大区别,且酸液在井底温度也是水平段的注入温度。因此,在建立水平井温度场模型时,首先需要建立垂直井段的温度场模型。

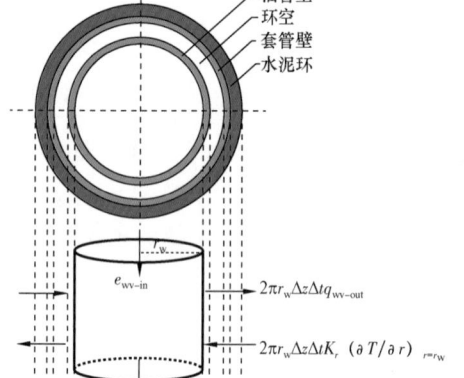

图 10.1　垂直井筒单元图

10.2.1 模型的建立

取如图 10.1 垂直井段单元体为研究对象,流入、流出单元体的能量等于单元体内能量的增量:

$$\Delta E_{w-v} = E_{wv-in} - E_{wv-out} \tag{10.10}$$

单元体内能量的变化等于其内能和动能的变化,则 $\Delta \mathrm{E}_{w-v}$ 可表示为:

$$\Delta E_{w-v} = \pi r_w^2 \Delta z \left(\frac{1}{2} \rho_f v_z{}^2 + \rho U \right) \tag{10.11}$$

流入和流出单位面积单元体的能量可由联合能量通量矢量式(10.7)得出:

$$E_{wv-in} = \pi r_w^2 \left[\left(\frac{1}{2} \rho_f v_z{}^2 + \rho H_z \right) v_z + \tau_{zz} v_z + q_z \right] \Delta t + 2\pi r_w \Delta z \Delta t K_r \left(\frac{\partial T_r}{\partial r} \right)_{r=r_w} \tag{10.12}$$

由牛顿黏性定律可得笛卡尔坐标系下的切应力 $\tau_{zz} = -2\mu \left(\dfrac{\partial v_z}{\partial z} \right) v_z$,且分子在单位面积上的

传热速率 $q_z = -K_f \dfrac{\partial T_f}{\partial z}$,即井筒中酸液分子在扩散作用下的传热速率。则式(10.12)改写为:

$$E_{wv-in} = \pi r_w^2 \left[\frac{1}{2} \rho_f v_z{}^3 + \rho_f H_z v_z - 2\mu \left(\frac{\partial v_z}{\partial z} \right) v_z - K_f \frac{\partial T_f}{\partial z} \bigg|_z \right] \Delta t + 2\pi r_w \Delta z \Delta t K_r \left(\frac{\partial T_r}{\partial r} \right)_{r=r_w}$$

$$\tag{10.13}$$

式(10.13)右端最后一项实际上为地层、水泥环和环空液体对井筒的综合导热。在注液之前地层、水泥环、环空液体(假设注液之前为水)以及井筒内积液处于热平衡状态,注液后因酸液与地层以及固井水泥、环空液体温度差异,产生热传导现象。因石灰岩地层与固井水泥的导热系数相差不大(表 10.1),且相对于地层,固井水泥所包含的热量很小,故可将地层与固井水泥看作为统一热力学系统;尽管环空中水的导热系数很小(即不容易导热),但一般环空厚度只有几厘米,环空中水的热量与地层及水泥系统相比亦很小,因此可将这三者近似为统一热力学系统;此外,由于油管材料的导热系数很大,意味着更容易导热或者温度在该材料中的传播速度更快,且油管厚度常常只有 $1 \sim 2\text{cm}$ 厚,地层、固井水泥和环空液体对井筒酸液的导热很快就会发生,也可理解为前者(忽略油管壁厚)对后者直接进行热传导行为。综上所述,将式(10.13)中右端最后一项可表示为地层对井筒酸液的导热。

表 10.1 各材料热物性参数

材料	导热系数[W/(m · ℃)]	密度(kg/m³)	比热容[J/(kg · ℃)]	热扩散系数(W/m²)
低碳钢(油管)	47.5~50.5	7840	465	$1.30 \times 10^{-5} \sim 1.39 \times 10^{-5}$
固井水泥	1.11~1.74	1900~2100	1880~2220	$2.40 \times 10^{-7} \sim 4.87 \times 10^{-7}$
石灰岩	1.70~2.86	2410~2670	824.8~950.4	$0.82 \times 10^{-6} \sim 1.22 \times 10^{-6}$
白云岩	2.52~3.79	2530~2720	921.1~1000.6	$0.93 \times 10^{-6} \sim 1.63 \times 10^{-6}$

材料	导热系数[W/(m·℃)]	密度(kg/m³)	比热容[J/(kg·℃)]	热扩散系数(W/m²)
砂岩	2.18~5.1	2300~2970	762~1071.8	$0.68 \times 10^{-6} \sim 2.91 \times 10^{-6}$
页岩	1.72	2570~2770	774.6	$8.01 \times 10^{-7} \sim 8.60 \times 10^{-7}$
水	0.674	1000	4195	16.6×10^{-6}

由于是酸化过程,可认为从井口到井底酸液流速不发生变化,且流体不可压缩,因此不考虑机械能转化为内能。类似的,流出单元体的能量 E_{wv-out} 为:

$$E_{wv-out} = \pi r_w^2 \left[\frac{1}{2} \rho_f v_z^3 + \rho_f H_{z+\Delta z} v_z - 2\mu \left(\frac{\partial v_z}{\partial z} \right) v_z - K_f \frac{\partial T_f}{\partial z} \bigg|_{z+\Delta z} \right]$$

$$\Delta t + 2\pi r_w \Delta z \Delta t q_{wv-out} \tag{10.14}$$

式(10.14)中右端最后一项是通过井筒壁向地层的导热。

将式(10.11)、式(10.13)和式(10.14)代入式(10.10),并对时间 Δt、垂直井筒单元体长度 Δz 取极限,可得:

$$\frac{\pi r_w^2 \partial \left(\frac{1}{2} \rho_f v_z^2 + \rho_f U \right)}{\partial t} = -\pi r_w^2 \left(\frac{\rho_f v_z \partial H}{\partial z} + \frac{K_f \partial^2 T_f}{\partial z^2} \right) + 2\pi r_w \left(K_r \frac{\partial T_r}{\partial r} \bigg|_{r=r_w} - q_{wv-out} \right) \tag{10.15}$$

式中 $\rho_f U$ 导数项可由式(10.16)计算:

$$\frac{\partial \rho_f U}{\partial t} = \rho_f \frac{\partial U}{\partial t} + U \frac{\partial \rho_f}{\partial t} \tag{10.16}$$

由于酸液不可压缩,利用焓与内能关系式得:

$$\rho_f \frac{\partial U}{\partial t} = \rho_f \frac{\partial \left(H - \frac{1}{\rho_f} p \right)}{\partial t} + \left(H - \frac{1}{\rho_f} p \right) \frac{\partial (\rho_f)}{\partial t} = \rho_f \frac{\partial H}{\partial t} - \frac{\partial p}{\partial t} \tag{10.17}$$

因酸液注入速度不变,井筒内的压力和动能可视为不变,故式(10.15)中的动能导数和式(10.17)中的压力导数可近似为零,再将式(10.9)代入式(10.15)得:

$$c_f \rho_f \frac{\partial T_f}{\partial t} = -c_f \rho_f v_z \frac{\partial T_f}{\partial z} + K_f \frac{\partial^2 T_f}{\partial z^2} + \frac{2}{r_w} K_r \left(\frac{\partial T_r}{\partial r} \right)_{r=r_w} - \frac{2}{r_w} q_{wv-out} \tag{10.18}$$

式中 c_f——酸液比热容,J/(kg·℃);

ρ_f——酸液密度,kg/m³;

K_f——酸液导热系数,W/(m·℃);

K_r——地层岩石导热系数,W/(m·℃);

q_{wv-out}——通过井壁传递给地层的热流密度,W/m²;

r——径向距离,m;

r_w——井筒半径,m;

t——注酸时间,s;

T_f——酸液温度,℃;

T_r——地层温度,℃;

v_z——注酸速度,m/s;

z——地层垂向深度,m。

式(10.18)中 $K_r\left(\dfrac{\partial T_r}{\partial r}\right)_{r=r_w}$ 和 q_{wv-out} 为未知项。其中 $K_r\left(\dfrac{\partial T_r}{\partial r}\right)_{r=r_w}$ 可看作为地层传给井筒的热流密度,需要知道地层温度梯度;而 q_{wv-out} 可由牛顿冷却定律求出。

$$q_{wv-out} = \frac{R_o}{r_w}(T_f - T_r) \tag{10.19}$$

$$R_o = \cfrac{1}{\cfrac{1}{\alpha_1 r_w} + \cfrac{1}{\lambda_t}\ln\cfrac{r_2}{r_w} + \cfrac{2}{\alpha_2(r_2 + r_3)} + \cfrac{1}{\lambda_t}\ln\cfrac{r_4}{r_3}} \tag{10.20}$$

式中　R_o/r_w——综合热阻,W/(m²·℃);

α_1——酸液对流传热系数,W/(m²·℃);

α_2——环空液体自然对流换热系数,W/(m²·℃);

λ_t——油管材料导热系数,W/(m·℃)。

r_2, r_3, r_4——半径。

为了求出 $K_r\left(\dfrac{\partial T_r}{\partial r}\right)_{r=r_w}$,需要建立地层非稳态导热方程,该方程可由下式表示:

$$\frac{\partial T_r}{\partial t} = \frac{K_r}{\rho_r c_r}\left(\frac{\partial^2 T_r}{\partial r^2} + \frac{1}{r}\frac{\partial T_r}{\partial r}\right) \tag{10.21}$$

式中　$\dfrac{K_r}{\rho_r c_r}$——地层热扩散系数,m²/s。

10.2.2　模型的求解

垂直井段温度场数学模型由井筒传热方程[式(10.18)]和地层导热方程[式(10.21)]组成,须联立以上两方程才能求出该段温度分布。从式(10.18)中可以看出,井筒传热方程包含有地层温度在径向距离上的导数以及地层温度这两项未知数。因此,本小节首先对地层非稳态导热方程进行求解,进而求出井筒温度分布。

假设注液前地层及井筒处于热平衡状态,则初始条件为:

$$T_{r,j}(r, z, t = 0) = az + T_0 = f(z) \tag{10.22}$$

式中　a——地层温度梯度,℃/m;

j——在垂向上将地层划分为 j 层,$j = 1, 2, \cdots, n(z_{j-1} \leqslant z \leqslant z_j)$;

T_0——地面常温层温度,℃。

因地层非稳态导热方程为二阶,故需给出两个边界条件才能对方程进行求解。其中外边界条件为第一类边界条件,由式(10.23)给出:

$$T_{r,j}(r \to \infty, z, t) = f(z) \tag{10.23}$$

假设知道井筒与地层界面处的热流密度,则内边界条件为第二类边界条件,由式(10.24)给出:

$$\lambda \frac{\partial T_{r,j}}{\partial r}\bigg|_{r=r_w} = \frac{R_o}{r_w}(T_{f,j} - T_{r,j}\big|_{r=r_w}) \tag{10.24}$$

式中 λ——地层导热系数,W/(m·℃)。

式(10.21)至式(10.24)四式构成地层非稳态导热方程的定解问题。

为了对以上定解问题进行求解,需对式(10.21)中的一些变量进行无量纲化。

$$r_D = r\frac{1}{r_w},\ t_D = \frac{v_z}{h}t,\ T_{rD} = \frac{T_r - f(z)}{T_i - T_0} \tag{10.25}$$

将式(10.25)代入式(10.21),无量纲地层非稳态导热方程可表示为:

$$\frac{\partial T_{rD,j}}{\partial t_D} = \frac{hK_r}{v_z\rho_r c_r r_w^2}\left(\frac{\partial^2 T_{rD,j}}{\partial r_D^2} + \frac{1}{r_D}\frac{\partial T_{rD,j}}{\partial r_D}\right) \tag{10.26}$$

对初始条件和边界条件进行无量纲化,并对无量纲化后的定解条件以及无量纲地层非稳态导热方程进行 Laplace 变换得:

$$\overline{T_{rD,j}}(r_D,0) = 0,\ \overline{T_{rD,j}}(r_D \to \infty,0) = 0,\ \frac{\partial \overline{T_{rD,j}}}{\partial r_D}\bigg|_{r_D=1} = \frac{R_o}{\lambda}(\overline{T_{fD,j}} - \overline{T_{rD,j}}\big|_{r_D=1}) \tag{10.27}$$

$$s\overline{T_{rD,j}} = \frac{hK_r}{v_z\rho_r c_r r_w^2}\left(\frac{\partial^2 \overline{T_{rD,j}}}{\partial r_D^2} + \frac{1}{r_D}\frac{\partial \overline{T_{rD,j}}}{\partial r_D}\right) \tag{10.28}$$

式中 h——井深,m;

r_D——无量纲径向距离;

t_D——无量纲时间;

T_{rD}——无量纲地层温度;

T_i——注入温度,℃;

$\overline{T_{rD,j}}$——Laplace 空间的无量纲地层温度;

$\overline{T_{fD,j}}$——Laplace 空间的无量纲井筒温度;

s——Laplace 变换因子。

式(10.28)可化简为常见的贝塞尔方程标准形式,省略化简过程,该方程的解可由第一类虚宗量以及第二类虚宗量贝塞尔函数表示:

$$\overline{T_{rD,j}} = A_1 I_0\left(\sqrt{\frac{s}{b_1}}r_D\right) + B_1 K_0\left(\sqrt{\frac{s}{b_1}}r_D\right) \tag{10.29}$$

式中 I_0——第一类虚宗量 0 阶贝塞尔函数;

K_0——第二类虚宗量 0 阶贝塞尔函数。

其中

$$A_1 = \frac{K_0\sqrt{\frac{s}{b_1}}r_D}{K_0\sqrt{\frac{s}{b_1}} \cdot I_0\sqrt{\frac{s}{b_1}}r_D - I_0\sqrt{\frac{s}{b_1}} \cdot K_0\sqrt{\frac{s}{b_1}}r_D}$$

$$B_1 = \frac{I_0\sqrt{\frac{s}{b_1}}r_D}{K_0\sqrt{\frac{s}{b_1}} \cdot I_0\sqrt{\frac{s}{b_1}}r_D - I_0\sqrt{\frac{s}{b_1}} \cdot K_0\sqrt{\frac{s}{b_1}}r_D}$$

$$b_1 = \frac{hK_r}{v_z\rho_r c_r r_w^2}$$

第一类和第二类虚宗量贝塞尔函数的标准写法为:

$$I_n = i^{-n}J_n(ix) = \sum_{k=0}^{\infty}\frac{x^{n+2k}}{2^{n+2k}k!\,\Gamma(n+k+1)} \tag{10.30}$$

$$K_n = \frac{\pi}{2}\frac{I_{-n}(x) - I_n(x)}{\sin n\pi} \tag{10.31}$$

式中　J_n——第一类贝塞尔函数;

　　Γ——伽马函数[见式(10.32)]。

当 $x > 0$ 时,广义积分

$$\Gamma(x) = \int_0^{+\infty}u^{x-1}e^{-u}du = \lim_{n \to \infty}\frac{n!\,n^x}{x(x+1)\cdots(x+n)} \tag{10.32}$$

称为伽马函数。

值得注意的是,I_n 和 K_n 都不是振荡函数,在 $(0,\infty)$ 区域内都不存在零点。在 $x \to 0$ 时,$K_n \to \infty$;当 $x \to \infty$ 时,$I_n \to \infty$。故考虑外边界条件(式(10.27)的第二式),有 $A_1 = 0$。

将其他定解条件代入式(10.29)得:

$$\overline{T_{rD,j}} = \frac{\frac{R_o}{\lambda}\overline{T_{fD,j}}}{\frac{R_o}{\lambda}K_0\left(\sqrt{\frac{s}{b_1}}\right) + \sqrt{\frac{s}{b_1}}K_1\left(\sqrt{\frac{s}{b_1}}\right)}K_0\left(\sqrt{\frac{s}{b_1}}r_D\right) \tag{10.33}$$

10.2.3　垂直井筒导热方程的定解问题

本书所建立的垂直井筒导热方程[见式(10.18)]综合考虑了井筒内流体之间的热扩散和地层对井筒导热的作用。与地层非稳态导热方程一样,需对方程中的参数进行无量纲化以便于求解。

$$z_D = z \frac{1}{h}, T_{fD} = \frac{T_f - f(z)}{T_i - T_0} \tag{10.34}$$

式中 z_D——无量纲垂向距离；

T_{fD}——无量纲井筒中流体温度。

在建立垂直井筒导热微分方程的时候，由于没有考虑井筒中流体的热扩散作用，使得导热方程呈一阶非线性偏微分方程。要求解一阶微分方程，除初始条件外，只需给出一个边界条件即可。而本书中式(10.18)因考虑井筒中流体热扩散作用呈二阶非线性偏微分方程，因此需给出两个边界条件才能对此方程进行求解。初始条件及边界条件由式(10.35)给出：

$$T_{f,j}(z,0) = f(z), T_{f,j}(0,t) = T_i, T_{f,j}(z \to \infty, t) = f(z) \tag{10.35}$$

运用无量纲参数[式(10.34)]将井筒导热微分方程无量纲化，化简后整理得：

$$\frac{\partial T_{fD,j}}{\partial t_D} + \frac{\partial T_{fD,j}}{\partial z_D} - a_1 \frac{\partial^2 T_{fD,j}}{\partial z_D^2} + a_2 (T_{fD,j} - T_{rD,j}|_{r_D=1}) + a_3 = 0 \tag{10.36}$$

其中 a_1, a_2 和 a_3 由式(10.37)给出：

$$a_1 = \frac{K_f}{c_f \rho_f v_z h}, a_2 = \frac{2R_o h}{c_f \rho_f v_z r_w^2}, a_3 = \frac{hf'(z)}{T_i - T_0} - \frac{h}{c_f \rho_f v_z r_w} \frac{\partial T_{rD,j}}{\partial r_D}\bigg|_{r_D=1} \tag{10.37}$$

对式(10.36)进行 Laplace 变换，得到 Laplace 空间的井筒导热方程：

$$\frac{\partial \overline{T_{fD,j}}}{\partial z_D} - a_1 \frac{\partial^2 \overline{T_{fD,j}}}{\partial z_D^2} + (s + a_2) \overline{T_{fD,j}} - a_2 \overline{T_{rD,j}}|_{r_D=1} + \frac{a_3}{s} = 0 \tag{10.38}$$

式中含有地层径向上导热梯度 $\overline{T_{rD,j}}|_{r_D=1}$ 项，根据式(10.33)可得：

$$\overline{T_{rD,j}}|_{r_D=1} = \frac{\dfrac{R_o}{\lambda} \overline{T_{fD,j}} K_0\left(\sqrt{\dfrac{s}{b_1}}\right)}{\dfrac{R_o}{\lambda} K_0\left(\sqrt{\dfrac{s}{b_1}}\right) + \sqrt{\dfrac{s}{b_1}} K_1\left(\sqrt{\dfrac{s}{b_1}}\right)} \tag{10.39}$$

将式(10.39)代入式(10.38)中，化简整理得：

$$\frac{\partial^2 \overline{T_{fD,j}}}{\partial z_D^2} - \frac{1}{a_1} \frac{\partial \overline{T_{fD,j}}}{\partial z_D} - a_4 \overline{T_{fD,j}} = \frac{a_3}{a_1 s} \tag{10.40}$$

式中 a_4 由式(10.41)给出：

$$a_4 = \frac{s + a_2 - \dfrac{a_2 \dfrac{R_o}{\lambda} \overline{T_{rD,j}} K_0\left(\sqrt{\dfrac{s}{b_1}}\right)}{\dfrac{R_o}{\lambda} K_0\left(\sqrt{\dfrac{s}{b_1}}\right) + \sqrt{\dfrac{s}{b_1}} K_1\left(\sqrt{\dfrac{s}{b_1}}\right)}}{a_1} \tag{10.41}$$

式(10.40)是标准的二阶非齐次线性方程，该方程的通解由含有指数函数 $y = e^{\omega x}$ 的项组成。由边界条件[式(10.35)中第三项]$T_{f,j}(z\to\infty,t)=f(z)$可以看出当井深无穷大时,井筒流体温度是关于井深 z 的函数。但实际情况下,井深不可能趋于无穷大,且当井深无穷大时,指数函数 $e^{\omega x}$ 也趋于无穷大,使得真实条件下的井筒流体温度趋于无穷大,这显然不可能。实际上,$T_{f,j}(z\to\infty,t)=f(z)$ 是为了保证井筒中注液时,在距离井底一定距离处流体温度对地层温度不再产生扰乱,这个距离可假设位于离井口 1.1h 处,故下边界条件可改写为 $T_{f,j}(z=1.1h,t)=f(z)$。略去化简过程,将初始条件和边界条件代入二阶非齐次线性方程,其通解为:

$$\overline{T_{fD,j}} = A_2 e^{1.1\lambda_1 z_D} + B_2 e^{1.1\lambda_2 z_D} + Y_1 \tag{10.42}$$

其中 λ_1 和 λ_2,A_2 和 B_2 以及 Y_1 为:

$$\lambda_1 = \frac{1+\sqrt{1+4a_4 a_1^2}}{2a_1}, \lambda_2 = \frac{1-\sqrt{1+4a_4 a_1^2}}{2a_1} \tag{10.43}$$

$$\begin{cases} A_2 = \left(\frac{1}{s}+\frac{a_3}{a_1 a_4 s}\right)\frac{e^{1.1\lambda_2}}{(e^{1.1\lambda_2 z_D}-e^{1.1\lambda_1 z_D})}, B_2 = -\left(\frac{1}{s}+\frac{a_3}{a_1 a_4 s}\right)\frac{e^{1.1\lambda_1}}{(e^{1.1\lambda_2 z_D}-e^{1.1\lambda_1 z_D})} \\ Y_1 = -\frac{a_3}{a_1 a_4 s} \end{cases} \tag{10.44}$$

10.3 水平井筒及近井区域温度场半解析模型

酸液在水平井筒流动时产生的热传过程包含由注入流量引起的热对流、井筒酸液流入渗透性地层引起的热对流、注入酸液与地层温度之间的温差引起的热传导以及酸岩化学反应热构成。在众多传热机理中,井筒中的热对流占主导地位,但受近井筒地层条件控制的热传导同样影响着井筒温度分布。从图 10.2 中可以看见近井筒区域分为连通和不连通区域。酸化时不连通区域不产生热对流过程,整个传热只受热传导控制;但在连通区域,即酸液可流入地层的区域,热对流、热传导以及酸岩化学反应热均影响着近井筒区域的温度分布。本节将建立水平井筒及近井区域温度场数学模型并给出其在 Laplace 空间解。

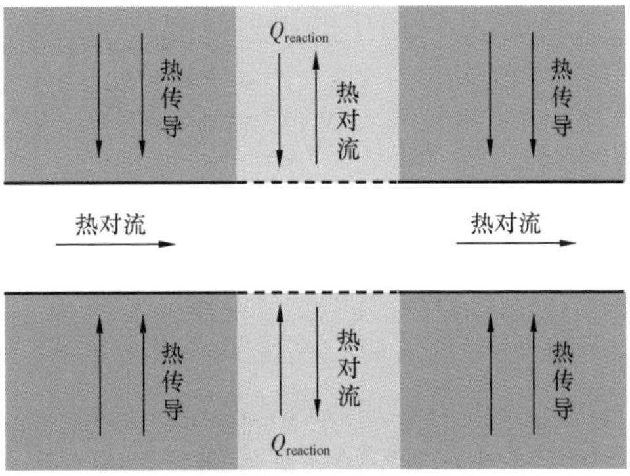

图 10.2 地层单元图

10.3.1 近井筒区域地层温度场

(1)与井筒连通区域的地层温度场。

对水平段进行酸化时,连通区域是指酸液流出井筒后流入地层的部分,可由割缝衬管射孔或预射孔区域形成,在裸眼水平井中,整个裸眼段均可看作连通区域。假设连通区域地层为不可压缩径向流。

流入、流出地层单元体的能量等于单元体内能量的变化加上酸岩化学反应热:

$$E_{\text{fy-in}} - E_{\text{fy-out}} + E_{\text{reaction}} = \Delta E_{\text{f-y}} \qquad (10.45)$$

利用联合能量通量矢量公式依次可得流入、流出地层单元体以及地层单元体内能量的变化量：

$$E_{\text{fy-in}} = \left[\left(\frac{1}{2}\rho_f v_y{}^2 + \rho H_y \right) v_y + \tau_y v_y - K_f \frac{\partial T_r}{\partial y} \bigg|_y \right] \Delta y \Delta t + \left(-2\pi r \Delta y \Delta t K_r \frac{\partial T_r}{\partial r} \right)_r \quad (10.46)$$

$$E_{\text{fy-out}} = \left[\left(\frac{1}{2}\rho_f v_y{}^2 + \rho H_{y+\Delta y} \right) v_y + \tau_y v_y - K_f \frac{\partial T_r}{\partial y} \bigg|_{y+\Delta y} \right] \Delta y \Delta t + \left(-2\pi r \Delta y \Delta t K_T \frac{\partial T_r}{\partial r} \right)_{r+\Delta r}$$

$$(10.47)$$

$$\Delta E_{\text{f-y}} = 2\pi r \Delta r \Delta y \left\{ \left(\frac{1}{2}\rho_f \phi v_y{}^2 + \rho_f \phi U_f \right) + \left[\frac{1}{2}\rho_r (1-\phi) v_y^2 + \rho_r (1-\phi) U_r \right] \right\} \quad (10.48)$$

$$E_{\text{reaction}} = \Delta w \Delta y \Delta z \Delta t Q_{\text{reaction}} \qquad (10.49)$$

式中　ρ_f——酸液密度，kg/m^3；

　　　ρ——酸分子密度，kg/m^3；

　　　H_y——酸液在轴向上的焓，W；

　　　K_f——酸液导热系数，W/(m·℃)；

　　　K_r——地层岩石导热系数，W/(m·℃)；

　　　r——径向距离，m。

式（10.49）表示酸液流入地层后溶蚀裂缝，在 Δt 时间内裂缝体积变化为 $\Delta w \Delta y \Delta z$ 时的酸岩化学反应热。

将式（10.46）至式（10.49）代入式（10.45），利用式（10.9）和式（10.17），考虑动能项不变、忽略式（10.17）中的压力导数及 y 方向上的热扩散项，则式（10.45）改写为：

$$2\pi r [\phi c_f \rho_f + (1-\phi) c_r \rho_r] \frac{\partial T_r}{\partial t} = -c_f \rho_f v_y \frac{\partial T_r}{\partial r} + 2\pi K_r \frac{\partial}{\partial r} \left(r \frac{\partial T}{\partial r} \right) + \Delta w \Delta z Q_{\text{reaction}} \quad (10.50)$$

式中　ϕ——地层岩石孔隙度；

　　　c_r——地层岩石比热容，J/(kg·℃)；

　　　ρ_r——地层岩石密度，kg/m^3；

　　　v_y——每米注入量，m^2/s。

式（10.50）为连通区域的地层温度方程，式中等号右端第一项为酸液流入地层时流动方向热对流，第二项为径向上的热对流和热传导，最后一项是酸岩化学反应热。

（2）非连通区域地层温度场。

非连通区域是指井筒中酸液不能流入地层的部分，可由割缝衬管或者中心管上的非射孔区域形成。由于在非连通区域没有酸液流入地层，因此在垂直水平段方向上没有热对流、热传导和反应热，只有地层内的传热，故其传热方程可由式（10.50）简化而来，即省略等号右边第一项和第三项。

$$2\pi r\left[\phi c_f\rho_f + (1-\phi)c_r\rho_r\right]\frac{\partial T_r}{\partial t} = 2\pi K_r\frac{\partial}{\partial r}\left(r\frac{\partial T_r}{\partial r}\right) \tag{10.51}$$

10.3.2　水平井筒温度场

　　酸液在水平段流动时涉及的传热过程有因酸液流动而产生的热对流、流动方向上的热传导、井筒与地层因温度差而产生的热传导以及酸液流出井筒进入地层时所带走的热量。取水平井单元体为研究对象,假设井筒中为一维单相不可压缩流动(图10.3)。

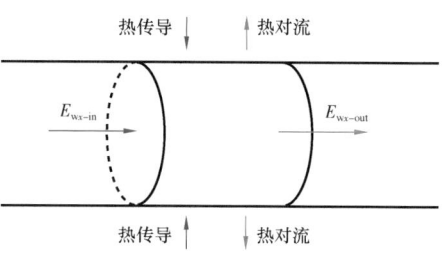

图 10.3　水平井筒单元图

　　流入、流出井筒单元体的能量等于井筒单元体能量的变化量,可由式(10.52)表示:

$$E_{wx-in} - E_{wx-out} = \Delta E_{wx} \tag{10.52}$$

　　利用联合能量通量矢量公式依次可得流入、流出水平井筒单元体以及水平井筒单元体内能量的变化量。

$$E_{wx-in} = \pi r_w^2\left[\frac{1}{2}\rho_f v_x^3 + \rho_f H_x v_x - 2\mu\left(\frac{\partial v_x}{\partial x}\right)v_x - K_f\frac{\partial T_f}{\partial z}\bigg|_x\right]\Delta t + 2\pi r_w\Delta x\Delta t K_r\left(\frac{\partial T_r}{\partial r}\right)_{r=r_w} \tag{10.53}$$

$$E_{wv-out} = \pi r_w^2\left[\frac{1}{2}\rho_f v_x^3 + \rho_f H_{x+\Delta x} v_x - 2\mu\left(\frac{\partial v_x}{\partial x}\right)v_x - K_f\frac{\partial T_f}{\partial x}\bigg|_{x+\Delta x}\right]\Delta x\Delta t + \tag{10.54}$$

$$\left[\frac{1}{2}\rho_f v_y^3 + \rho_f H_y v_y - 2\mu\left(\frac{\partial v_y}{\partial x}\right)v_y - q_y\right]\Delta x\Delta t$$

$$\Delta E_{wx} = \pi r_w^2\Delta x\left(\frac{1}{2}\rho_f v_x^2 + \rho U\right) \tag{10.55}$$

　　对比式(10.53)和式(10.54)发现后者等号右端含有两项联合能量通量矢量项,除了第一项表示沿流动方向上的热对流和热传导外,第二项表示酸液流出井筒进入地层时所带走的能量。在酸液流入地层时,式(10.54)等号右端第二项括号中的动能项$\frac{1}{2}\rho_f v_y^3$、黏性剪切能项$2\mu\left(\frac{\partial v_y}{\partial x}\right)v_y$和热传导项$q_y$均可忽略。

　　将式(10.53)至式(10.55)代入式(10.52),利用式(10.9)和式(10.17),考虑动能项不变、忽略式(10.17)中的压力导数,则式(10.52)改写为:

$$c_f\rho_f\frac{\partial T_f}{\partial t} = -c_f\rho_f v_x\frac{\partial T_f}{\partial x} + K_f\frac{\partial^2 T_f}{\partial x^2} + \frac{2}{r_w}K_r\left(\frac{\partial T_r}{\partial r}\right)_{r=r_w} - c_f\rho_f v_y T_f \tag{10.56}$$

式中 v_x ——水平段上酸液流速,m/s。

水平井筒温度场的热量传递包括四部分,即沿酸液流动方向上的热对流和热传导、地层对井筒的导热以及酸液流出井筒所带走的热量。

10.3.3 模型的求解

与求解直井段导热方程一样,水平井的导热方程也分为井筒和地层两部分,不同之处在于水平段近井区域部分的导热方程分连通与非连通两部分。除此之外,由于水平段地层的导热是在同一水平面内的径向导热,因此边界条件也会发生改变。

10.3.3.1 近井筒区域非稳态导热方程的定解问题

(1)连通区域。

连通区域非稳态导热方程的初始条件和边界条件由式(10.57)给出:

$$T_{hr}(x,r,0) = T_e, T_{hr}(x,r_w,t) = T_w(x,t), T_{hr}(x,r_e,t) = T_e \tag{10.57}$$

式中 x ——水平段距跟部距离,m;

T_{hr} ——水平段上的近井区域地层温度,℃;

T_e ——水平段地层原始温度,℃;

T_w ——水平段井筒温度,℃。

为了方便求出导热方程的通解,对式(10.50)中 t,r,x 和 T_{hr} 以及初始条件和边界条件做无量纲变换:

$$t_D = t\frac{c_f\rho_f v_y}{2\pi[\phi c_f\rho_f + (1-\phi)c_r\rho_r]r_w^2}, r_D = r\frac{1}{r_w}, x_D = x\frac{1}{L}, T_{hrD} = \frac{T_e - T_{hr}(r,t)}{T_e - T_w} \tag{10.58}$$

式中 t_D ——无量纲时间;

r_D ——无量纲径向距离;

x_D ——无量纲水平距离;

T_{hrD} ——地层无量纲温度。

$$T_{hrD}(x_D,r_D,0) = 0, T_{hrD}(x_D,1,t_D) = 1, T_{hrD}(x_D,R_D,t_D) = 0 \tag{10.59}$$

式中 R_D ——油藏无量纲径向边界,$R_D = \dfrac{r_e}{r_w}$。

将式(10.58)代入式(10.50),化简整理得无量纲化后的非稳态导热方程:

$$\frac{\partial^2 T_{hrD}}{\partial r_D^2} + \left(1 - \frac{c_f\rho_f v_y}{2\pi K_r}\right)\frac{1}{r_D}\frac{\partial T_{hrD}}{\partial r_D} - \frac{c_f\rho_f v_y}{2\pi K_r}\frac{\partial T_{hrD}}{\partial t_D} = \frac{\Delta w\Delta z Q_{reaction}}{2\pi K_r} \tag{10.60}$$

式(10.60)为二阶非齐次线性微分方程,与其对应的齐次方程为式(10.61)。对于非齐次微分方程的求解,首先应求出相应齐次方程的通解,再根据常数变易法进而可求出非齐次方程的通解。

$$\frac{\partial^2 T_{hrD}}{\partial r_D^2} + \left(1 - \frac{c_f\rho_f v_y}{2\pi K_r}\right)\frac{1}{r_D}\frac{\partial T_{hrD}}{\partial r_D} - \frac{c_f\rho_f v_y}{2\pi K_r}\frac{\partial T_{hrD}}{\partial t_D} = 0 \tag{10.61}$$

对边界条件和式(10.61)进行 Laplace 变换得 Laplace 空间的非稳态导热方程及其定解条件：

$$\frac{\partial^2 \overline{T_{hrD}}}{\partial r_D^2} + (1-c_1)\frac{1}{r_D}\frac{\partial \overline{T_{hrD}}}{\partial r_D} - c_1 s\frac{\partial \overline{T_{hrD}}}{\partial t_D} = 0 \tag{10.62}$$

$$\overline{T_{hrD}}(1,s) = \frac{1}{s},\ T_{hrD}(R_D,s) = 0 \tag{10.63}$$

其中 c_1 为：

$$c_1 = \frac{c_f \rho_f v_y}{2\pi K_r} \tag{10.64}$$

式(10.62)是特殊形式的贝塞尔函数，与标准式对比可发现，特殊式中多了 c_1 这一项。为了求解该特殊式，需要进行一系列极其复杂的函数变换和繁琐的数学运算，将省略计算过程，将 Laplace 空间的边界条件代入式(10.62)得：

$$\overline{T_{hrD}} = r_D^\eta [F_1 I_\eta(\sqrt{sc_1}r_D) + G_1 K_\eta(\sqrt{sc_1}r_D)] + Y_2 \tag{10.65}$$

其中

$$\begin{cases} \eta = \frac{c_1}{2} = \frac{c_f\rho_f v_y}{4\pi K_r},\ F_1 = \frac{1}{s}\frac{-K_\eta(\sqrt{sc_1}R_D)}{K_\eta(\sqrt{sc_1})I_\eta(\sqrt{sc_1}R_D) - K_\eta(\sqrt{sc_1}R_D)I_\eta(\sqrt{sc_1})} \\ G_1 = \frac{1}{s}\frac{I_\eta(\sqrt{sc_1}R_D)}{K_\eta(\sqrt{sc_1})I_\eta(\sqrt{sc_1}R_D) - K_\eta(\sqrt{sc_1}R_D)I_\eta(\sqrt{sc_1})},\ Y_2 = \frac{\Delta w\Delta z Q_{reaction}}{s^2} \end{cases} \tag{10.66}$$

式(10.65)即为水平段近井区域非稳态导热方程在 Laplace 空间的通解，其中各未知数的表达式见式(10.66)。该解由第一类虚宗量 η 阶贝塞尔函数、第二类虚宗量 η 阶贝塞尔函数和特解 Y 组成。

（2）非连通区域。

非连通区域的导热方程，其边初始条件和边界条件为：

$$T_{hru}(r,0) = T_e,\ T_{hru}(r_w,t) = T_w(x,t),\ T_{hru}(r_e,t) = T_e \tag{10.67}$$

用式(10.58)对式(10.51)和式(10.67)进行无量纲化得：

$$\frac{\partial T_{hruD}}{\partial t_D} = \frac{2\pi K_r}{\rho_r c_r v_y}\left(\frac{\partial^2 T_{hruD}}{\partial r_D^2} + \frac{1}{r_D}\frac{\partial T_{hruD}}{\partial r_D}\right) \tag{10.68}$$

$$T_{hruD}(r_D,0) = 0,\ T_{hruD}(1,t_D) = 1,\ T_{hruD}(R_D,t_D) = 0 \tag{10.69}$$

对以上两式进行 Laplace 变换，省略运算步骤得：

$$s\overline{T_{hruD}} = \frac{2\pi K_r}{\rho_r c_r v_y}\left(\frac{\partial^2 \overline{T_{hruD}}}{\partial r_D^2} + \frac{1}{r_D}\frac{\partial \overline{T_{hruD}}}{\partial r_D}\right) \tag{10.70}$$

$$\overline{T_{hruD}}(1,s) = 1, \overline{T_{hruD}}(R_D,s) = 0 \tag{10.71}$$

式(10.70)是贝塞尔方程的标准形式之一,将边界条件式(10.71)代入式(10.70)后得:

$$\overline{T_{hruD}} = -\frac{K_0\left(\sqrt{\dfrac{s}{c_2}}R_D\right)}{K_0\left(\sqrt{\dfrac{s}{c_2}}\right)I_0\left(\sqrt{\dfrac{s}{c_2}}R_D\right) - I_0\left(\sqrt{\dfrac{s}{c_2}}\right)K_0\left(\sqrt{\dfrac{s}{c_2}}R_D\right)}I_0\left(\sqrt{\dfrac{s}{c_2}}r_D\right) +$$

$$\frac{I_0\left(\sqrt{\dfrac{s}{c_2}}R_D\right)}{K_0\left(\sqrt{\dfrac{s}{c_2}}\right)I_0\left(\sqrt{\dfrac{s}{c_2}}R_D\right) - I_0\left(\sqrt{\dfrac{s}{c_2}}\right)K_0\left(\sqrt{\dfrac{s}{c_2}}R_D\right)}K_0\left(\sqrt{\dfrac{s}{c_2}}r_D\right) \tag{10.72}$$

其中 c_2 为:

$$c_2 = \frac{2\pi K_r}{\rho_r c_r v_y} \tag{10.73}$$

10.3.3.2 水平井筒非稳态导热方程的定解问题

注液时井筒中酸液经垂直井筒流入水平段,流体在井筒跟部位置处的温度相即为水平段的初始温度。与垂直井筒导热方程不同,水平井筒中的流体是在沿井筒轴线的水平面上进行导热的。首先给出求解水平井筒非稳态导热方程的所必需的定解条件:

$$T_{hw}(x,0) = T_e, T_{hw}(0,t) = T_w(z,t), T_{hw}(x\to\infty,t) = T_e \tag{10.74}$$

类似地,为了方便求解导热方程,定义无量纲时间、无量纲轴向距离、无量纲温度为:

$$t_{hD} = t\frac{q_w}{A_w L}, x_D = x\frac{1}{L}, T_{hwD} = \frac{T_e - T_{hw}}{T_e - T_w(z,t)} \tag{10.75}$$

式中 A_w——井筒截面积,$A_w = \pi r_w^2$,m^2;

      t_{hD}——无量纲时间;

      x_D——无量纲轴向距离;

      T_{hwD}——水平井筒无量纲温度;

      q_w——注入体积排量,m^3/min;

      L——水平井筒长度;

      x——水平井筒上距跟部距离,m。

将式(10.75)代入导热方程[式(10.56)]以及定解条件[式(10.74)]中对这两个方程进行无量纲化得:

$$\frac{\partial^2 T_{hwD}}{\partial x_D^2} - c_3\frac{\partial T_{hwD}}{\partial x_D} - c_4 T_{hwD} = c_3\frac{\partial T_{hwD}}{\partial t_D} + c_5 \tag{10.76}$$

$$T_{hwD}(0,t_D) = 1, T_{hwD}(x_D \to \infty, t_D) = 0 \qquad (10.77)$$

其中

$$c_3 = \frac{c_t \rho_f q_w L}{A_w K_f}, c_4 = \frac{c_t \rho_f q_w L^2}{A_w K_f}, c_5 = \frac{L^2}{A_w K_f} 2\pi K_r \left(\frac{\partial T_{hrD}}{\partial r_D}\right)_{r_D=1} \qquad (10.78)$$

类似地,对无量纲化后的导热方程和边界条件进行 Laplace 变换,得:

$$\frac{\partial^2 \overline{T_{hwD}}}{\partial x_D^2} - c_3 \frac{\partial \overline{T_{hwD}}}{\partial x_D} - (c_4 + c_3 s) \overline{T_{hwD}} = -\frac{c_5}{s} \qquad (10.79)$$

$$T_{hwD}(0,s) = \frac{1}{s}, T_{hwD}(x_D \to \infty, s) = 0 \qquad (10.80)$$

Laplace 空间的导热方程[式(10.78)]是二阶非齐次线性微分方程的标准形式,可先求出该方程对应的齐次方程的解,再利用边界条件求出其通解。

$$\frac{\partial^2 \overline{T_{hwD}}}{\partial x_D^2} - c_3 \frac{\partial \overline{T_{hwD}}}{\partial x_D} - (c_4 + c_3 s) \overline{T_{hwD}} = 0 \qquad (10.81)$$

式(10.81)的通解是含有指数函数的项,其通解与 β_1 和 β_2 的表达式为:

$$\overline{T_{hwD}} = F_2 \exp(\beta_1 x_D) + G_2 \exp(\beta_2 x_D) \qquad (10.82)$$

其中,F_2 和 G_2 均为常数。

$$\begin{cases} \beta_1 = -\frac{1}{s} \dfrac{\exp\left[\dfrac{c_3 - \sqrt{c_3^2 + 4(c_4 + c_3 s)}}{2}\right]}{\exp\left[\dfrac{c_3 + \sqrt{c_3^2 + 4(c_4 + c_3 s)}}{2}\right] - \exp\left[\dfrac{c_3 - \sqrt{c_3^2 + 4(c_4 + c_3 s)}}{2}\right]} \\[6ex] \beta_2 = \frac{1}{s} \dfrac{\exp\left(\dfrac{c_3 + \sqrt{c_3^2 + 4(c_4 + c_3 s)}}{2}\right)}{\exp\left[\dfrac{c_3 + \sqrt{c_3^2 + 4(c_4 + c_3 s)}}{2}\right] - \exp\left[\dfrac{c_3 - \sqrt{c_3^2 + 4(c_4 + c_3 s)}}{2}\right]} \end{cases} \qquad (10.83)$$

由边界条件(式(10.80)第二项)可知,因 $\dfrac{c_3 + \sqrt{c_3^2 + 4(c_4 + c_3 s)}}{2} > 0$,当 $x_D \to \infty$ 时,导热方程在 Laplace 空间通解中 $\exp(\beta_2 x_D) \to \infty$,导致整个解的不收敛。为了使通解有意义,故 $G_2 = 0$。求得特解后,将式(10.80)中第一项代入式(10.82)中得导热方程在 Laplace 空间的最终通解为:

$$\overline{T_{hwD}} = \left[\frac{1}{s} - \frac{c_5}{s(c_4 + c_3 s)}\right] \exp(\beta_1 x_D) + \frac{c_5}{s(c_4 + c_3 s)} \qquad (10.84)$$

10.4 数值反演

10.4.1 Stehfest 数值反演

从前文得到的结果来看,为了得到垂直井筒、水平井筒和地层温度在物理空间的解,需要对式(10.42)、式(10.65)、式(10.72)和式(10.75)进行 Laplace 逆变换(也称 Laplace 反演)。Laplace 反演分解析反演和数值反演两种方法。解析反演通常是根据现有的 Laplace 变换表(以 Laplace 变换的各种性质为基础)或者按着反演公式(以围道积分为基础)将像函数 $f(s)$ 反演为原函数 $f(t)$。但变换表只适用于某些特定的函数,而利用围道积分进行反演则非常费时费力。由于本节得出像函数极其复杂,很难运用解析反演法求出起原函数。

数值反演法目前常用的有基于函数概率密度理论的 Stehfest 方法和基于 Fouier 理论的 Crump 方法。其中 Crump 法虽然可以预先设定计算误差从而控制计算精度,但由于要提前确定像函数奇点的位置,使得该计算过程较为繁琐。而 Stehfest 法计算过程简单明了,非常适用于变化平缓的函数,其缺点是反演结果受 N 值(与反演精度有关的系数,为偶数,无量纲)的影响。综合考虑下,本节采用 Stehfest 法对所得到的 Laplace 空间解进行数值反演。

1970 年,Stehfest 根据 Gaver 所考虑函数 $f(t)$ 对于概率密度为 $f_n(a,t)$ 的期望,其中 $f_n(a,t)$ 为:

$$f_n(a,t) = a\,\frac{(2n)!}{n!(n-1)!}\,(1-\mathrm{e}^{-at})^n\mathrm{e}^{-nat} \qquad (a > 0) \tag{10.85}$$

提出如下反演公式:

$$f(t) = \frac{\ln 2}{t}\sum_{i=1}^{N} V_i\,\bar{f}\!\left(\frac{i\ln 2}{t}\right) \tag{10.86}$$

其中,N 为偶数,V_i 由下式给出:

$$V_i = (-1)^{\frac{N}{2}+i}\sum_{k=\left[\frac{i+1}{2}\right]}^{\min\left(i,\frac{N}{2}\right)}\frac{k^{\frac{N}{2}}(2k)!}{\left(\frac{N}{2}-k\right)!k!(k-1)!(i-k)!(2k-i)!} \tag{10.87}$$

式中 t——原函数中的时间参数,此处为无量纲时间。

10.4.2 实例计算

以元坝某气井为例,地层和施工参数见表 10.2。如图 10.4 所示,井底电子压力计 6 月 7 日 21:00 开始工作,至 6 月 13 日 16:30 酸化施工开始,累计时间 139.5h。6 月 13 日 16:30—19:14 酸化施工时间 2.73h,累计时间 142.23h。根据该井酸化施工开始到施工结束开井时的施工曲线可以看出,酸化施工前井底最高温度为 143℃,酸化施工过程中井底最低温度为 65℃(红色曲线)。

表 10.2　元坝某气井地层和施工参数(数值反演实例)

$Q(\mathrm{m^3/min})$	$c_f[\mathrm{J/(kg\cdot ^\circ C)}]$	$c_r[\mathrm{J/(kg\cdot ^\circ C)}]$	$\rho_f(\mathrm{kg/m^3})$	$\rho_r(\mathrm{kg/m^3})$	$h(\mathrm{m})$	$T_e(^\circ C)$
2	3240	1000	2500	1080	3500	143
$T_0(^\circ C)$	$T_i(^\circ C)$	$K_r[\mathrm{W/(m\cdot ^\circ C)}]$	$K_f[\mathrm{W/(m\cdot ^\circ C)}]$	N	r_w	
20	30	3.6	0.6	12	0.08	

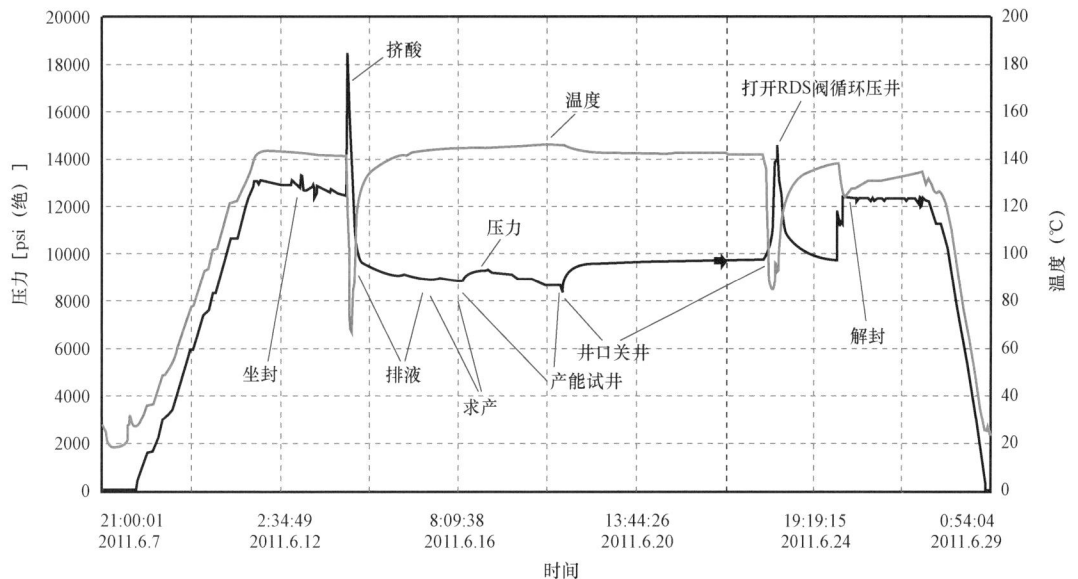

图 10.4　元坝某气井酸化施工曲线

　　利用本书模型得到井底温度分布如图 10.5 所示。从图 10.5 可以看出,在酸化施工开始时,模拟井底温度下降较快,而实际温度呈缓慢下降趋势;施工一段时间后,模拟和实际井底温度呈良好吻合趋势。造成施工初期井底温度分布较大差异主要有以下原因:由于通常情况下碳酸盐岩储层裸眼水平井跟部位置地层伤害情况比较严重,致使该位置处渗透和滤失较多的酸液,同时进入地层的酸液与地层发生反应所放出的热量对井筒有一加热作用,使得对井筒降温效果不明显。此外,在模型的建立过程中忽略了中间层以及水泥坏的热阻,而注液初期管内积液被酸液顶替过程中并不是完全活塞流动,这些都会造成模型计算初期井底温度与实际略有差别。

　　本书在建立垂直井筒温度场数学模型的时候,考虑了井筒中流体热扩散作用和地层对井筒的导热作用[式(10.18)中等号右端第二项和第三项]。热扩散作用实际上表示的是分子之间的传热作用,或者称为分子在扩散作用下的传热。注酸后,井筒与地层之间的热平衡状态已被扰乱,由于井筒中冷流体的注入,地层会对井筒产生导热。在以上两种作用下,同一井深下的井筒温度会适当升高。如图 10.6 所示,当排量为 $Q = 1.0\mathrm{m^3/min}$,在井深较大时,本书和文献计算的井筒温度差 $\Delta T = 2^\circ C$ 左右;当井深较小时,ΔT 很小,因为井深较小时,因地热作用地层与井筒之间的温度差异较小,地层对井筒的导热和井筒中流体热扩散作用不明显。排量越大,同一井深时ΔT越小,因为排量越大,单位时间注入井筒中的酸液越多,则单位时间经地层导热和流体热扩散作用传递给单位体积酸液的热量越小,使得井筒温度升高值较小。

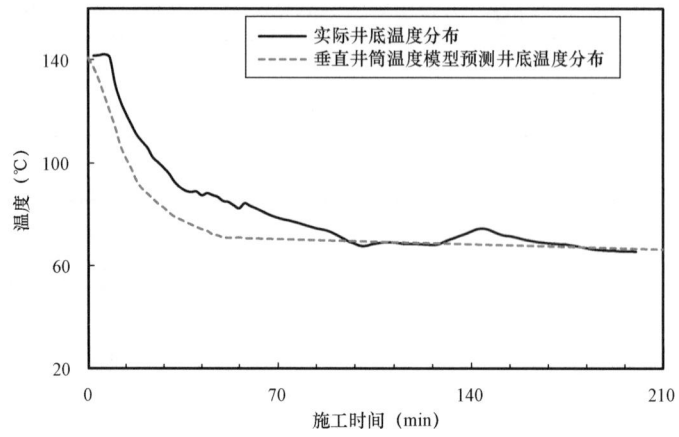

图 10.5　井底温度实际与模型计算曲线对比

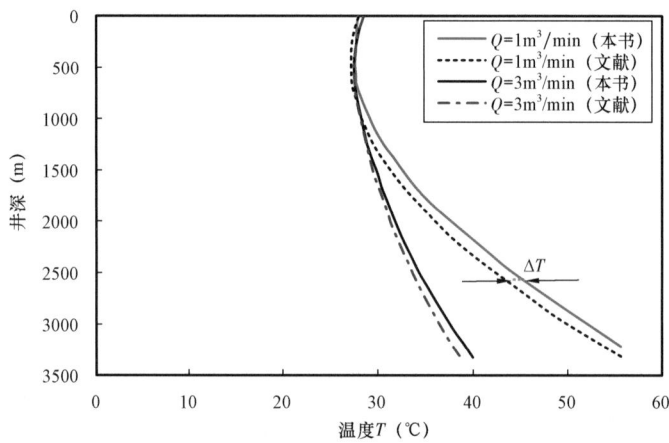

图 10.6　本书和文献计算井底温度变化曲线

虽然这种由于模型误差造成预测井底温度的ΔT较小,但在酸化压裂压过程中,精确预测井底温度有利于确定酸液添加剂温度稳定性的范围。

10.5　水平井筒温度场模拟分析

本节对建立的水平井非稳态温度场半解析模型进行验证,并对影响井筒温度分布的敏感性因素进行分析。

10.5.1　模型验证

为了能够体现水平井筒温度场模型的准确性,本小节及下文仍然以元坝某气井为例,地层

及施工参数见表 10.3。将元坝某气井的地层和施工参数代入水平井筒温度场模型中,并与第
10.4.2 小节中的垂直井筒温度场模型计算结果进行对比。表 10.3 为元坝某气井地层及施工
计算参数。

表 10.3　元坝某气井地层及施工计算参数(水平井筒温度场模拟分析)

$c_r(\mathrm{J \cdot kg^{-1} \cdot K^{-1}})$	$c_w(\mathrm{J \cdot kg^{-1} \cdot K^{-1}})$	$C^0\mathrm{HCl}(\%)$	$H(\mathrm{m})$	$K_T(\mathrm{W \cdot m^{-1} \cdot K^{-1}})$	$K_a(\mathrm{W \cdot m^{-1} \cdot K^{-1}})$
1000	3240	15	3000	3.6	0.6
β_F	ϕ	$r_e(\mathrm{m})$	$r_w(\mathrm{m})$	$r_2(\mathrm{m})$	$r_3(\mathrm{m})$
1.37	0.15	10	0.008	0.0365	0.0789
$r_4(\mathrm{m})$	$\rho_r(\mathrm{kg/m^3})$	$\rho_w(\mathrm{kg/m^3})$	$T_0(℃)$	$T_i(℃)$	$T_e(℃)$
0.0895	2500	1080	20	30	120

从计算结果中可以发现(图 10.7),水平井筒温度场模型计算的井底平均温度分布较垂直
井筒计算的高 1~2℃。这是因为前者在计算地层对井筒导热时考虑了酸岩化学反应热,再加
上地层本身所产生的导热,使得该模型在相同条件下模拟同一口井的井底温度较垂直井筒模
型的高。

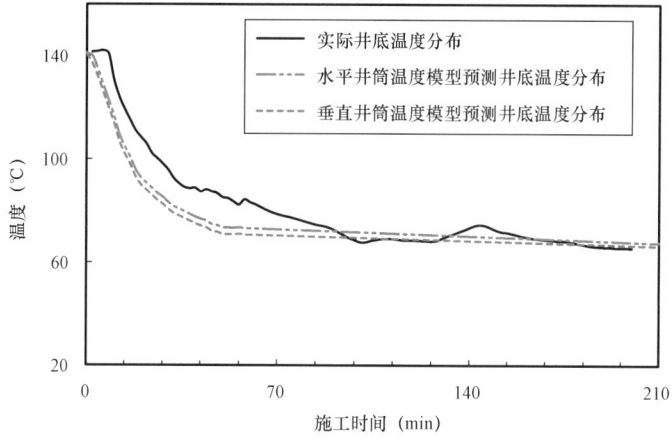

图 10.7　实际井底温度与模型预测值对比曲线

10.5.2　主要参数分析

(1)注入时间。

图 10.8 为施工排量 $Q=1\mathrm{m^3/min}$ 时的水平井筒温度分布,根部位置处的初始温度由垂直
井筒温度场模型计算得出。模拟发现,水平段注液初期,井筒温度分布出现一最低点(A 点),
这是由于计算模型考虑了流出井筒的酸液(流入地层)所带走的热量[式(10.56)右端第四
项],该项存在的意义正是对井筒热储的削弱。B 点处井筒温度达到最高值,这是因为计算模
型中在计算地层对井筒导热时考虑了酸岩化学反应热,且由于后续酸液的对流作用,使得井筒
温度由最高点降到 C 点。随着时间的增加,井筒与地层间的热交换处于准稳态,上述过程会
逐渐减缓直至消失。

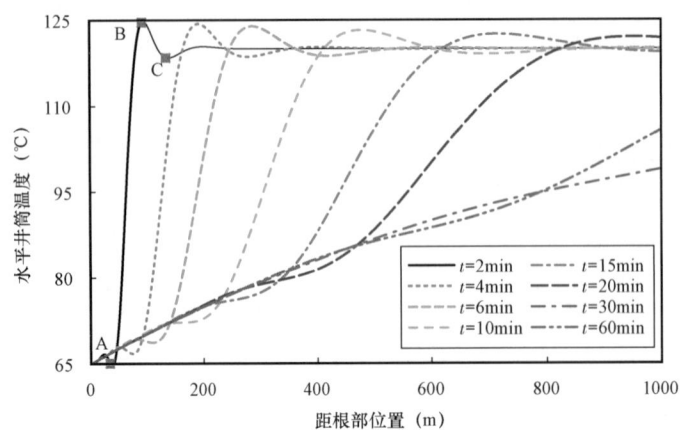

图 10.8 排量 $Q=1m^3/min$ 下注入时间对水平井筒温度分布的影响

（2）施工排量。

施工排量的大小对水平井筒温度的分布具有明显的影响，排量越高，温度越低。如图 10.9 所示，施工时间较小（2min），排量为 $1m^3/min$ 时距根部 60m 处井筒温度最高值可达 125℃，而排量为 $4m^3/min$ 时相同位置处温度只有 72℃左右。这是因为排量越大，对流作用更强，削弱了地层对井筒的导热。但是随着时间推移，排量对井筒温度的影响逐渐减弱，如当时间为 60min 时，距根部同一位置处的井筒温度最大温差只有几摄氏度而已。

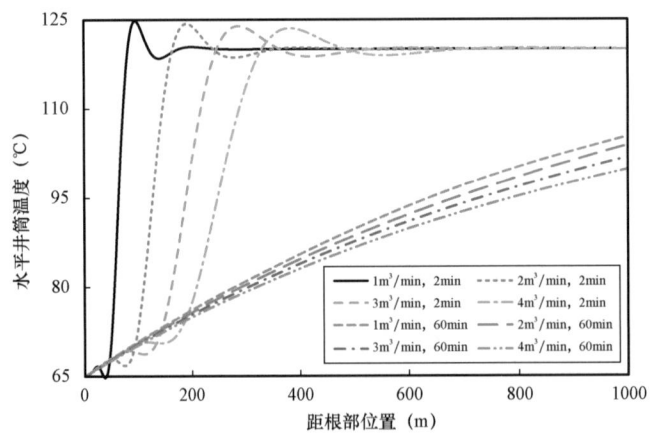

图 10.9 施工排量对水平井筒温度分布的影响

（3）注入温度。

在酸化压裂过程中可能会涉及注热液的情况，如某些时候为了加速隔离剂成胶等。从图 10.10 可以看出，水平井筒根部位置处的初始温度增加，地层对井筒的加热作用会逐渐减弱；且根部位置初始温度越高，水平井筒温度分布越均匀。注液时间为 60min 时，根部位置初始温度从从 45℃增加到 65℃，趾部温度增加 12℃；而初始温度从 65℃增加到 85℃时，趾部温度只增加了 2℃左右。当根部初始温度为 85℃，趾部温度只有 104℃左右，温差只有 19℃，在注热液时，水平段上的流体温度分布可认为变化不大。

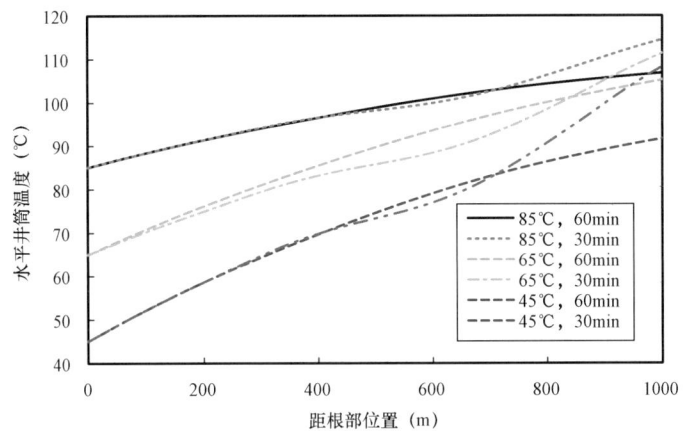

图 10.10　不同注入温度对水平井筒温度的影响

10.6　水平段近井区域温度场模拟分析

酸化时酸液从水平井筒流入地层,并与地层岩石发生化学反应,产生的化学反应热影响着地层温度分布。本节根据表 10.3 的计算参数对酸化时的地层温度进行模拟分析。

10.6.1　酸化地层温度场模拟

酸液流入基质孔隙型碳酸盐岩时产生均匀溶蚀,迫使一部分孔隙不断变大直到形成蚓孔的临界孔隙,此时溶蚀状态转变为非均匀溶蚀,并最终形成蚓孔;酸液流入天然裂缝发育的碳酸盐岩时,较宽的天然裂缝被溶蚀变得更宽,酸液穿透裂缝壁面处的微裂缝形成酸蚀蚓孔,以上这两种蚓孔形成的过程都会产生酸岩化学反应热。图 10.11 表明酸液在接触岩石的一瞬间变产生了反应热,随着反应距离的增加,酸液浓度降低,逐渐变为残酸,减缓了酸岩反应速度,生成热因此逐渐减小。从图 10.11 中可以看到,当反应距离在 100cm 时反应热生成速度变基本为零,此时酸液中有效 H^+ 浓度可视为零,表明了酸液在地层的有效作用距离,这个距离在酸化解堵或转向酸设计时非常重要。

图 10.12 为水平段连通区域注酸时间为 30min 和 120min 时反应热对地层温度影响。不考虑反应热,在径向距离为零时,酸液的温度保持为连通段的初始温度 70℃;而考虑反应热时,连通段处的酸液初始温度变为 75℃ 和 88℃,意味着该位置处的生成热对酸液有明显的加热作用。此外,生成热使得靠近连通区域的地层温度较地层原始温度高,且随着时间推移,升高值越大,最高可达 4℃(注酸 120min 时)。径向距离越大,生成热作用范围越小,在 150～250cm 处基本可以忽略其影响。

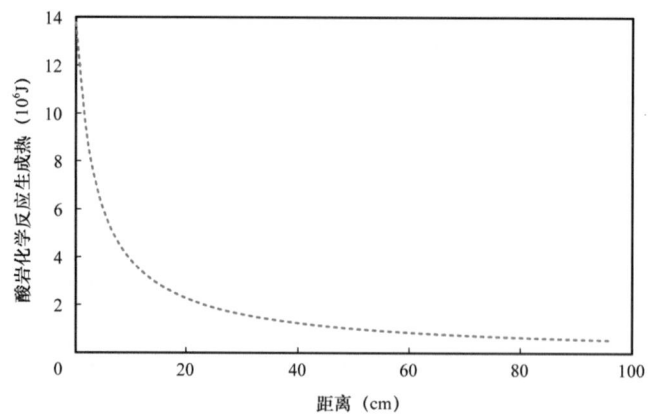

图 10.11　酸岩化学反应生成热在地层中的分布

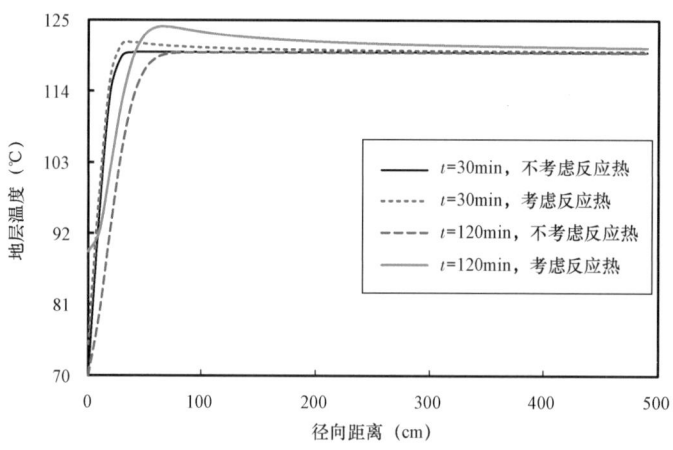

图 10.12　酸岩反应热对地层温度的影响

10.6.2　主要参数分析

（1）注入排量。

图 10.13 至图 10.16 分别为施工排量是 1~4m³/min 时的连通区域的地层温度场分布。施工排量和时间对地层温度分布有着不可忽视的影响。施工排量越大，注酸时间越长，连通区域地层受酸岩反应热的影响越大。排量为 1m³/min 时，虽然酸岩一接触变产生了化学热，但产生的热量较少，不足以影响地层温度；随着时间的推移（约 $t=60$min），反应热增多，由于热的累积，反应热终将开始影响地层温度。当排量增加到 4m³/min 时，由于单位时间内注入地层的酸液量增加，反应热量激增，使得在 $t=15$min 时反应热即开始影响地层温度分布。图中还表现出了排量越大，连通区域地层最高温度越大。

由于反应热对地层温度的影响，因此在用稠化酸处理设计裂缝型或溶蚀型低原生孔隙度地层或者用由芳香族溶剂和相应的稳定剂及盐酸组成的混合物除垢时，必须认真检测稠化剂和稳定剂在高温下的稳定性。

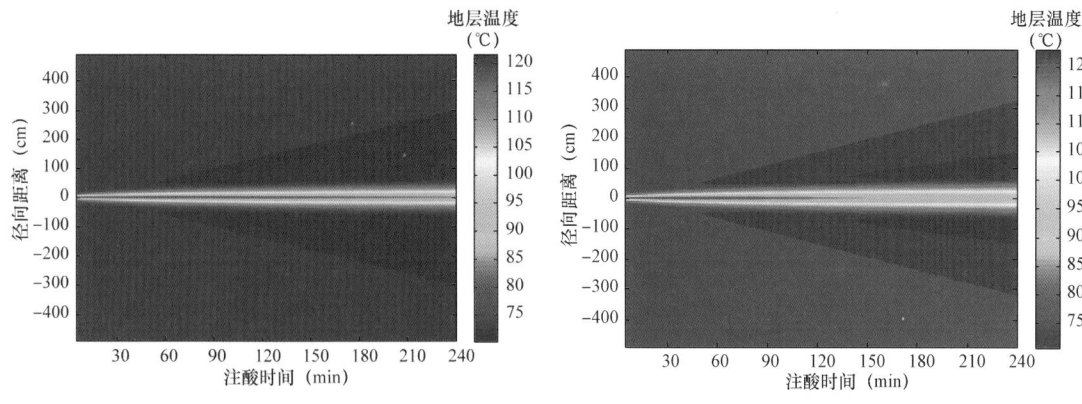

图 10.13　地层温度随时间的变化($Q=1\text{m}^3/\text{min}$)　　　图 10.14　地层温度随时间的变化($Q=2\text{m}^3/\text{min}$)

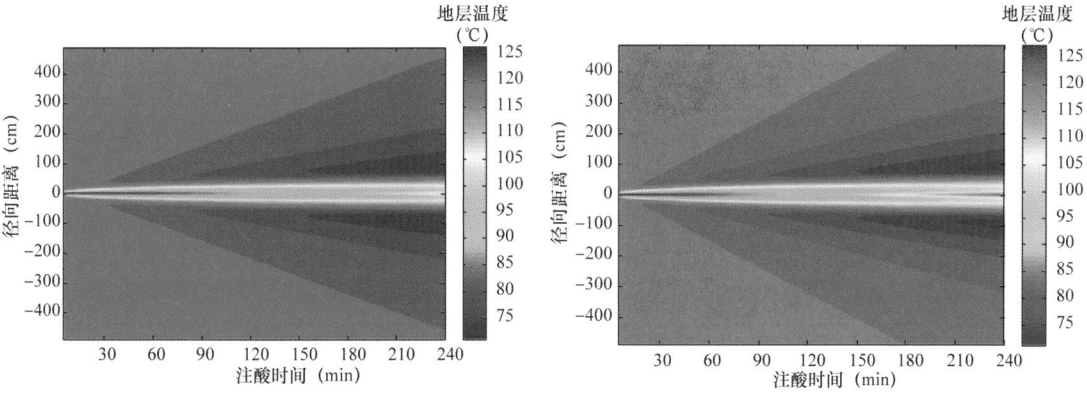

图 10.15　地层温度随时间的变化($Q=3\text{m}^3/\text{min}$)　　　图 10.16　地层温度随时间的变化($Q=4\text{m}^3/\text{min}$)

（2）注入温度。

图 10.17 和图 10.18 为施工排量为 $2\text{m}^3/\text{min}$、注入温度分别为 60℃ 和 90℃ 时的地层温度分布。由于酸岩反应速度对温度非常敏感，其值随着温度的增高呈指数增长，故当注入温度越高，反应热对连通区域处的地层温度影响越大，且施工时间较长时，径向距离为零处也出现了反应热对地层的加热作用强与对流对地层降温的现象。当注入温度从 60℃ 增加 90℃ 时，反应热对地层温度的影响提前了约 30min，且地层最高温度提高了近 3℃。故在高温地层实施酸化施工时，在前提条件满足的情况下应注前置液对井筒及地层进行降温处理，以便酸液添加剂性能处于其较为稳定的温度范围之内。

（3）地层孔隙度。

地层孔隙度的变化对酸岩反应热的生成也有一定影响，当地层孔隙度从 0.05 增加到 0.15 时，反应热对连通区域地层温度影响的时间提前了近 40min，但地层最高温度只增加了约 2℃ 左右。这是由于孔隙度增加，酸液的穿透距离变强，使得酸液能够与更多的岩石表面反应，故释放的反应热较多，但限于排量不变，单位时间内流入地层内的有效 H^+ 不变，使得地层温度最高值升高不大。此外，孔隙度增加，施工时间较长时，反应热对地层的加热超过了对流对地层降温的作用，这在裂缝溶洞型碳酸盐岩地层实施酸化时，需要注意酸液添加剂使用温度。

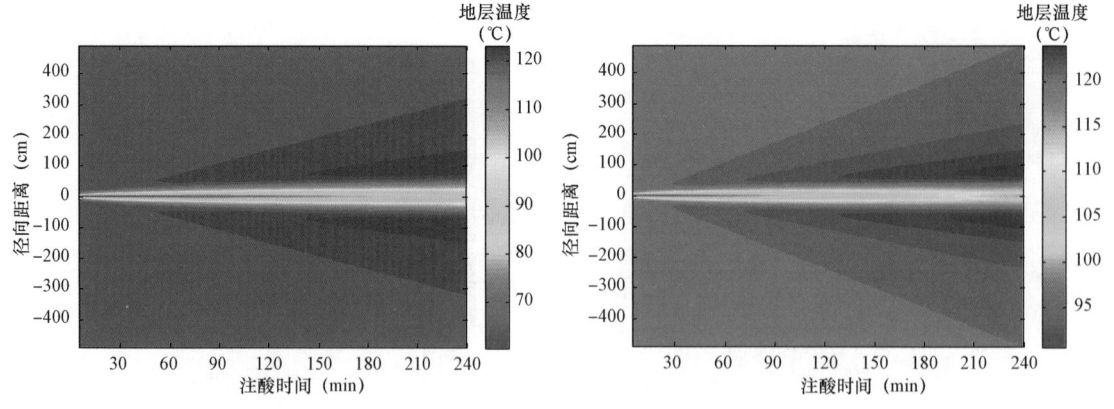

图 10.17 地层温度随时间的变化
（注入温度为60℃）

图 10.18 地层温度随时间的变化
（注入温度为90℃）

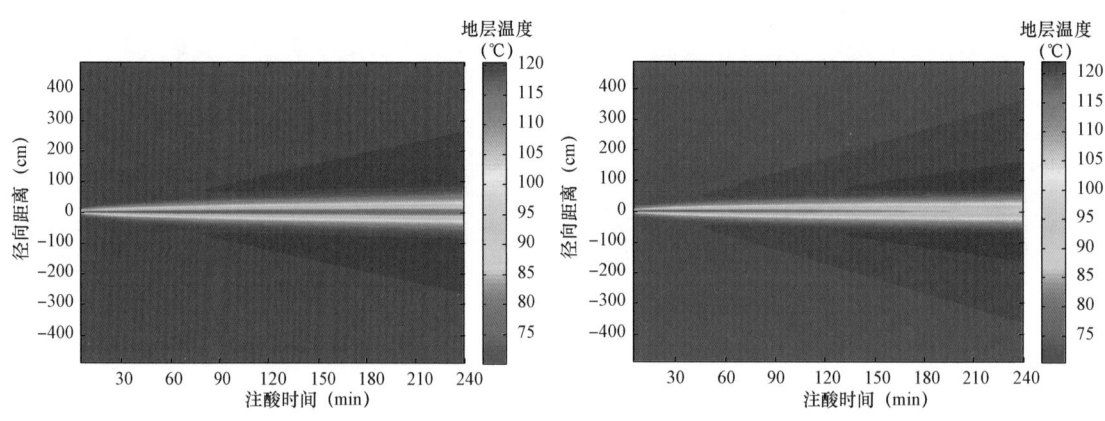

图 10.19 地层温度随时间的变化($\phi = 0.05$)

图 10.20 地层温度随时间的变化($\phi = 0.15$)

第11章 碳酸盐岩储层酸化裂缝温度场

酸液由地面泵入裂缝性碳酸盐岩储层中时,酸液流动情况既不同于基质酸化,也不同于酸压。对相对均质、无天然裂缝发育的碳酸盐岩地层进行酸化作业时,酸液首先穿透孔隙形成蚓孔;酸压时,酸液溶蚀相对较宽的裂缝,对裂缝表面进行均匀溶蚀。当对天然裂缝发育的碳酸盐岩地层进行酸化时,酸液既能穿透孔隙形成蚓孔,也能均匀溶蚀裂缝壁面。温度是影响缝中酸岩反应的重要参数,对碳酸岩盐储层溶蚀类型有着不可忽视的作用。因此,有必要对碳酸盐岩储层裂缝中酸液温度分布展开研究。

前人对裂缝温度场进行了大量的研究,D－W模型,K－D－R模型中均假设工作液在缝中呈一维流动,忽略缝高上的热交换。但实际情况中,由于酸液的溶蚀,缝高不断增加,这种情况不可忽略缝高方向的传热。本章在考虑缝高方向的传热、变缝宽的情况下建立裂缝温度场数学模型,模拟酸化施工时缝中温度变化情况。

11.1　天然裂缝酸化温度场

在实际地层情况下,由于埋深和非均质性,碳酸盐岩储层的天然裂缝通常以网络结构存在。但裂缝网络的基本组成单元是各单一裂缝。由于裂缝网络结构复杂,模拟裂缝网络内的酸液温度场难度较大,绝大多数都是研究单裂缝温度场。从前人研究来看,目前主要有三种单裂缝温度场数学模型,即D－W模型、熊宏杰－任书泉模型和K－D－R模型。其中D－W模型在定缝高、缝宽的基础上,假设缝壁面处的温度等于该处流体温度,推导出了水力压裂裂缝温度场数学模型。从传热学角度看,当酸液流入缝内后,由于酸液和地层温度存在温差,且酸液不断地溶蚀岩石和穿透地层,使得缝壁面形成一定厚度的滤失带,而滤失带的形成阻碍了酸液与地层的热交换,造成了酸液和与之接触处缝壁面的温度存在较大差值。熊宏杰和任书泉认为,D－W模型在酸压裂缝中的滤失系数应为常数。因为滤饼的存在阻碍了酸液的滤失,而酸液对地层岩石的溶蚀和穿透又导致了酸液不断的滤失,两种综合作用下酸压裂缝内的滤失情况不同于水力裂缝内的滤失情况。K－D－R模型在计算平均缝宽的基础上,建立缝内一维流动流体的温度场数学模型。虽然该模型目前为止应用较为广泛,但是它只计算了缝内一维温度场,没有考虑缝高处的酸液温度变化以及缝长方向没有考虑热扩散作用。

本节在K－D－R模型的基础上,以组成裂缝网络的基本单元—单裂缝为研究对象,综合考虑缝宽、缝高、缝长方向的热交换以及酸岩化学反应热,模拟单裂缝酸化温度场。

11.1.1　缝中流体质量守恒方程

一般情况下认为酸液从裂缝中心运移到裂缝壁面是通过滤失和扩散作用进行的,且所有的滤失酸和扩散酸均与裂缝壁面接触并发生化学反应,在这种情况下不会产成酸蚀蚓孔。但实验表明,酸液流入典型宽度的天然裂缝,更倾向于穿透裂缝壁面形成酸蚀蚓孔而不是溶蚀裂缝壁面,且酸液存不存在滤失作用对溶蚀类型没有决定性关系。几乎所有的滤失酸是沿着垂直于缝壁的酸蚀蚓孔流动而不是溶蚀裂缝壁面,这意味着绝大多数滤失酸流经裂缝壁面时可近似视为没有与缝壁发生化学反应。

因此,酸液在裂缝中的流动分为两部分——酸液滤失和酸液扩散。这里,为了区分这两种流动,分别定义表观滤失和扩散滤失。其中表观滤失作用在酸液流动中处于主导地位:穿透裂缝壁面形成垂直于缝壁的酸蚀蚓孔;扩散滤失为酸液通过扩散作用与缝壁发生化学反应并溶蚀、拓宽缝壁形成扩散滤失带(其实还有很小一部分滤失酸在穿透缝壁面形成酸蚀蚓孔之前也会与溶蚀裂缝壁面)。

酸液流入天然裂缝后溶蚀地层岩石,缝内流体遵循质量守恒定律。酸液流动物理过程如图 11.1 所示。

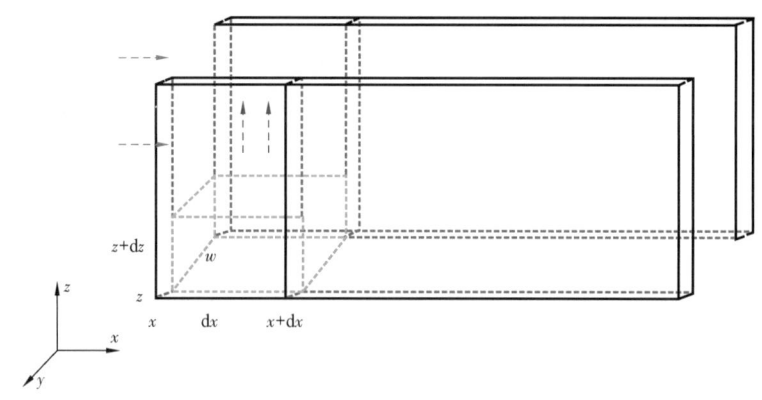

图 11.1　酸液流入天然裂缝示意图

流入、流出缝长为 Δx、缝宽 w、缝高 Δz 裂缝单元体的酸液质量变化等于裂缝单元体积的变化。

$$\Delta m_{\text{f-in}} - \Delta m_{\text{f-out}} = \Delta V_{\text{frac}} \tag{11.1}$$

式(11.1)中 $\Delta m_{\text{f-in}}$,$\Delta m_{\text{f-out}}$ 和 ΔV_{frac} 分别为流入、流出裂缝单元体酸液质量以及裂缝单元体积变化。

$$\Delta m_{\text{f-in}} = \rho_{\text{f}} w v_x \Delta t \Delta z + \rho_{\text{f}} w v_z \Delta t \Delta x \tag{11.2}$$

$$\Delta m_{\text{f-out}} = \rho_{\text{f}} w v_{x+\Delta x} \Delta t \Delta z + \rho_{\text{f}} w v_{z+\Delta z} \Delta t \Delta x + 2 v_{\text{f-1}} \Delta x \Delta z \Delta t \tag{11.3}$$

$$\Delta V_{\text{frac}} = \rho_{\text{f}} w \Delta x \Delta z \tag{11.4}$$

式中　ρ_{f}——酸液密度,kg/m^3;

w——裂缝宽度,m;

$v_{\text{f-1}}$——缝壁处酸液滤失速度,m/s;

v_x,v_z——缝长和缝高方向上酸液流速,m/s;

t——施工时间，s。

酸液溶蚀碳酸盐岩地层时会释放 CO_2，使裂缝中流动呈现两相流状态。但由于在地层条件下，可认为 CO_2 处在临界状态，即酸液密度不受 CO_2 影响，故此处可省去其影响。

将式(11.2)至式(11.4)代入式(11.1)，整理得：

$$-\frac{\partial w v_x}{\partial x} - \frac{\partial w v_z}{\partial z} - 2v_{f-1} = \frac{\partial w}{\partial t} \tag{11.5}$$

式(11.5)即为单裂缝内酸液流动质量方程。

当雷诺数较小，流动是线性流情况下，裂缝中某点处的渗透率可近似为 $w^2/12$，则宽度为 w 的裂缝中的流体平均流速可以表示为：

$$v_x = -\frac{w^2}{12\mu}\frac{\partial p}{\partial x}, v_z = -\frac{w^2}{12\mu}\frac{\partial p}{\partial z} \tag{11.6}$$

式中　w——裂缝宽度，m；

　　　μ——酸液黏液，mPa·s；

　　　ρ——压力，Mpa。

将式(11.6)代入式(11.5)，裂缝中流体质量守恒方程可表示为：

$$\frac{1}{12\mu}\frac{\partial}{\partial x}\left(w^3\frac{\partial p}{\partial x}\right) + \frac{1}{12\mu}\frac{\partial}{\partial z}\left(w^3\frac{\partial p}{\partial z}\right) - 2v_{f-1} = \frac{\partial w}{\partial t} \tag{11.7}$$

11.1.2　裂缝流体能量守恒方程

酸液在裂缝中流动时，缝中能量也处于守恒状态，即流入流出裂缝单元体能量的变化等于单元体内能量的变化。

$$E_{f-in} - E_{f-out} = \Delta E_{frac} \tag{11.8}$$

式(11.8)即为裂缝内能量守恒方程，其中 E_{f-in}，E_{f-out} 和 ΔE_{frac} 分别为缝内流入流出能量及缝内动能和内能的变化，由下式给出：

$$E_{f-in} = e_x w\Delta z\Delta t + e_z w\Delta x\Delta t + e_{formation}\Delta x\Delta z\Delta t \tag{11.9}$$

$$E_{f-out} = e_{x+\Delta x}w\Delta z\Delta t + e_{z+\Delta z}w\Delta x\Delta t + e_{leak-off}\Delta x\Delta z\Delta t + e_{diffusion}\Delta x\Delta z\Delta t \tag{11.10}$$

$$\Delta E_{frac} = \left(\frac{1}{2}\rho_f \boldsymbol{v}^2 + \rho U\right)w\Delta x\Delta z \tag{11.11}$$

式中 e_x 和 e_z 分别表示为单位时间通过缝长和缝高方向联合能量通量矢量；$e_{formation}$，$e_{leak-off}$ 和 $e_{diffusion}$ 分别为单位面积扩散滤失带单位时间对缝内流体的导热、单位缝壁面积单位时间因表观滤失作用所失去的能量、酸液形成扩散滤失时所失去的能量。

由联合能量通量矢量分别可得式(11.12)至式(11.14)：

$$E_{f-in} = \left[\left(\frac{1}{2}\rho_f\boldsymbol{v}^2 + \rho_f H\right)\boldsymbol{v} + (\tau\cdot\boldsymbol{v}) + q_{fw}\right]_x w\Delta z\Delta t +$$

$$\left[\left(\frac{1}{2}\rho_{\mathrm{f}}\boldsymbol{v}^2 + \rho_{\mathrm{f}}H\right)\boldsymbol{v} + (\tau \cdot \boldsymbol{v}) + q_{\mathrm{fw}}\right]_z w\Delta x\Delta t + e_{\mathrm{formation}}\Delta x\Delta z\Delta t \qquad (11.12)$$

$$E_{\mathrm{f-out}} = \left[\left(\frac{1}{2}\rho_{\mathrm{f}}\boldsymbol{v}^2 + \rho_{\mathrm{f}}H\right)\boldsymbol{v} + (\tau \cdot \boldsymbol{v}) + q_{\mathrm{fw}}\right]_{x+\Delta x} w\Delta z\Delta t + e_{\mathrm{diffusion}}\Delta x\Delta z\Delta t +$$

$$\left[\left(\frac{1}{2}\rho_{\mathrm{f}}\boldsymbol{v}^2 + \rho_{\mathrm{f}}H\right)\boldsymbol{v} + (\tau \cdot \boldsymbol{v}) + q_{\mathrm{fw}}\right]_{z+\Delta z} w\Delta x\Delta t + e_{\mathrm{leak-off}}\Delta x\Delta z\Delta t \qquad (11.13)$$

$$\Delta E_{\mathrm{frac}} = \left(\frac{1}{2}\rho_{\mathrm{f}}\boldsymbol{v}^2 + \rho_{\mathrm{f}}U\right)w\Delta x\Delta z \qquad (11.14)$$

将式(11.12)至式(11.14)代入式(11.8)得:

$$\left(\frac{1}{2}\rho_{\mathrm{f}}\boldsymbol{v}^2 + \rho_{\mathrm{f}}U\right)w\Delta x\Delta z = \left\{\left[\left(\frac{1}{2}\rho_{\mathrm{f}}\boldsymbol{v}^2 + \rho_{\mathrm{f}}H\right)\boldsymbol{v} + [\tau \cdot \boldsymbol{v}] + q_{\mathrm{fw}}\right]_x - \right.$$

$$\left.\left[\left(\frac{1}{2}\rho_{\mathrm{f}}\boldsymbol{v}^2 + \rho_{\mathrm{f}}H\right)\boldsymbol{v} + [\tau \cdot \boldsymbol{v}] + q_{\mathrm{fw}}\right]_{x+\Delta x}\right\}w\Delta z\Delta t +$$

$$\left\{\left[\frac{1}{2}\rho_{\mathrm{f}}\boldsymbol{v}^2 + \rho_{\mathrm{f}}H\right]\boldsymbol{v} + [\tau \cdot \boldsymbol{v}] + q_{\mathrm{fw}}\right]_z - $$

$$\left[\left(\frac{1}{2}\rho_{\mathrm{f}}\boldsymbol{v}^2 + \rho_{\mathrm{f}}H\right)\boldsymbol{v} + [\tau \cdot \boldsymbol{v}] + q_{\mathrm{fw}}\right]_{z+\Delta z}\right\}w\Delta x\Delta t +$$

$$e_{\mathrm{formation}}\Delta x\Delta z\Delta t - e_{\mathrm{leak-off}}\Delta x\Delta z\Delta t - e_{\mathrm{diffusion}}\Delta x\Delta z\Delta t \qquad (11.15)$$

将式(11.15)Δx 和 Δz 左除、Δt 右除,并对 Δx,Δz 和 Δt 取极限得:

$$\frac{\partial\left(\frac{1}{2}\rho_{\mathrm{f}}\boldsymbol{v}^2 + \rho_{\mathrm{f}}U\right)w}{\partial t} = -\frac{\partial\left[\left(\frac{1}{2}\rho_{\mathrm{f}}\boldsymbol{v}^2 + \rho_{\mathrm{f}}H\right)\boldsymbol{v} + (\tau \cdot \boldsymbol{v}) + q_{\mathrm{fw}}\right]w}{\partial x} - e_{\mathrm{leak-off}} - e_{\mathrm{diffusion}} - $$

$$\frac{\partial\left[\left(\frac{1}{2}\rho_{\mathrm{f}}\boldsymbol{v}^2 + \rho_{\mathrm{f}}H\right)\boldsymbol{v} + (\tau \cdot \boldsymbol{v}) + q_{\mathrm{fw}}\right]w}{\partial z} + e_{\mathrm{formation}} \qquad (11.16)$$

对式(11.16)变形得:

$$\frac{\partial\left(\frac{1}{2}\rho_{\mathrm{f}}\boldsymbol{v}^2 + \rho_{\mathrm{f}}U\right)w}{\partial t} = -\frac{\partial\left[\rho_{\mathrm{f}}H\boldsymbol{v} + q_{\mathrm{fw}} + \left(\frac{1}{2}\rho_{\mathrm{f}}\boldsymbol{v}^2\boldsymbol{v} + [\tau \cdot \boldsymbol{v}]\right)\right]w}{\partial x} - e_{\mathrm{leak-off}} - e_{\mathrm{diffusion}} - $$

$$\frac{\partial\left[\rho_{\mathrm{f}}H\boldsymbol{v} + q_{\mathrm{f}} + \left(\frac{1}{2}\rho_{\mathrm{f}}\boldsymbol{v}^2\boldsymbol{v} + [\tau \cdot \boldsymbol{v}]\right)\right]w}{\partial z} + e_{\mathrm{formation}} \qquad (11.17)$$

对牛顿流体,x 和 z 方向的剪切应力为:

$$\tau_x = 2\mu\frac{\partial v_x}{\partial x} - \frac{2}{3}\mu\left[\frac{1}{r}\frac{\partial(rv_r)}{\partial r} + \frac{\partial v_x}{\partial x}\right], \tau_z = 2\mu\frac{\partial v_z}{\partial z} - \frac{2}{3}\mu\left[\frac{1}{r}\frac{\partial(rv_r)}{\partial r} + \frac{\partial v_z}{\partial z}\right] \qquad (11.18)$$

因为在缝长和缝高方向,忽略径向上的流速 v_r,即不存在滑移现象,则以上两式可变为:

$$\tau_x = \frac{4}{3}\mu\frac{\partial v_x}{\partial x}, \tau_z = \frac{4}{3}\mu\frac{\partial v_z}{\partial z} \qquad (11.19)$$

将式(11.19)代入式(11.17)得:

$$\frac{\partial\left(\frac{1}{2}\rho_f\boldsymbol{v}^2 + \rho_f U\right)w}{\partial t} = -\frac{\partial\left[\left(\frac{1}{2}\rho_f v_x^{\,2} + \rho_f H\right)v_x + \frac{4}{3}\mu\frac{\partial v_x}{\partial x}v_x + q_{fw}\right]w}{\partial x} -$$

$$\frac{\partial\left[\left(\frac{1}{2}\rho_f v_z^{\,2} + \rho_f H\right)v_z + \frac{4}{3}\mu\frac{\partial v_z}{\partial z}v_z + q_{fw}\right]w}{\partial z} + e_{formation} - e_{leak-off} - e_{diffusion} \qquad (11.20)$$

记:

$$\begin{cases} -\dfrac{\partial}{\partial x}\left[\left(\dfrac{1}{2}\rho_f v_x^{\,2}\right)v_x\right] - \dfrac{\partial}{\partial z}\left[\left(\dfrac{1}{2}\rho_f v_z^{\,2}\right)v_z\right] = E_{KE} \\[3mm] -\dfrac{4}{3}\dfrac{\partial}{\partial x}\left(\mu\dfrac{\partial v_x}{\partial x}v_x\right) - \dfrac{4}{3}\dfrac{\partial}{\partial z}\left(\mu\dfrac{\partial v_z}{\partial z}v_z\right) = E_{VS} \end{cases} \qquad (11.21)$$

式(11.21)中 E_{KE} 和 E_{VS} 分别为动能项和黏性剪切能项,对系统内能量的变化贡献不大,且在低速流动中可以忽略动能的导数,故式(11.20)变为:

$$\frac{\partial \rho_f U w}{\partial t} = -\frac{\partial(\rho_f H v_x + q_{fw})w}{\partial x} - \frac{\partial(\rho_f H v_z + q_{fw})w}{\partial z} + e_{formation} - e_{leak-off} - e_{diffusion} \qquad (11.22)$$

由于式(11.22)中存在内能和焓项,利用式(11.9),且 q_{fw} 为分子在单位面积上的传热速率,由式(11.23)给出:

$$q_{fw} = -k_f\nabla T_f \qquad (11.23)$$

将式(11.23)代入式(11.22)整理得:

$$c_t\rho_f\frac{\partial w T_f}{\partial t} = -c_t\rho_f\left(\frac{\partial w v_x T_f}{\partial x} + \frac{\partial w v_z T_f}{\partial z}\right) + k_f\left(\frac{\partial^2 w T_f}{\partial x^2} + \frac{\partial^2 w T_f}{\partial z^2}\right) +$$

$$e_{formation} - e_{leak-off} - e_{diffusion} \qquad (11.24)$$

由式(11.24)可以看出,为了得到裂缝温度场的微分方程,需要知道单位面积扩散滤失带单位时间内对缝内流体的导热 $e_{formation}$、单位缝壁面积单位时间内因表观滤失作用所失去的能量 $e_{leak-off}$ 以及酸液形成扩散滤失带时所失去的能量 $e_{diffusion}$。

在地层条件下,因地层温度远高于酸液注入温度,地层通过滤失带将热量传递给缝内酸液。假设扩散滤失带的温度为 $T_{diffusion}$、扩散滤失带的传热系数为 $K_{diffusion}$,则由牛顿冷却定律——单位时间从单位面积散失的热量与温度差成正比可知:

$$e_{formation} = 2K_{diffusion}(T_{diffusion} - T_f) \qquad (11.25)$$

由式(11.25)可求出 $e_{\text{formation}}$。因为扩散滤失带是由酸液溶蚀地层岩石所形成的,其根本组成物质主要是地层岩石矿物,所以扩散滤失带的传热系数为 $K_{\text{diffusion}}$ 与地层岩石的传热系数属同一量级。由式(11.26)给出:

$$K_{\text{diffusion}} = \frac{k_{\text{f}} Nu}{w} \qquad (11.26)$$

式中 k_{f} 为酸液导热系数。从式(11.26)可以看出 $K_{\text{diffusion}}$ 为一变量,这说明随着缝宽的变化,缝壁到酸液之间的传热速率下降。Nu 是努塞尔数,物理意义表示对流换热强度的一个准数,又表示层流流体底层的导热阻力与对流传热阻力的比。对一充分发展的层流流动流体(雷诺数 1~100),努塞尔数取值范围为 4~4.5。而酸化时,可认为缝中流体为充分发展的层流流动。

为了求出 $e_{\text{leak-off}}$,假设裂缝两壁处的滤失速度相同,由热量计算公式得:

$$e_{\text{leak-off}} = 2c_{\text{f}}\rho_{\text{f}}v_{\text{f-1}}T_{\text{f}} \qquad (11.27)$$

由于酸化是以低于裂缝破裂压力的注入速度注入地层岩石的,使得以往将酸液在缝中表观滤失速度取为定值,即滤失速度与缝宽变化无关。这就造成在缝宽很小的时候,酸液流动速度小于其表观滤失速度,最终该处酸液浓度会变为零甚至负值。因此,考虑酸化时酸液在天然裂缝中的表观滤失速度为:

$$v_{\text{f-1}} = \frac{K}{\mu}\frac{p - p_{\text{e}}}{l_{\text{leak-off}}} \qquad (11.28)$$

式中 K——基质渗透率,mD;

μ——酸液黏度,mPa·s;

$l_{\text{leak-off}}$——滤失穿透深度,m;

p_{e}——地层压力,MPa;

p——缝内压力,MPa。

由式(11.28)可以看出,酸化时缝内的表观滤失速度为压差和滤失穿透深度的函数。

而 $e_{\text{diffusion}}$ 可由式(11.29)给出:

$$e_{\text{diffusion}} = 2c_{\text{f}}\rho_{\text{f}}k_{\text{g}}(T_{\text{diffusion}} - T_{\text{f}}) \qquad (11.29)$$

将式(11.25)至式(11.29)代入式(11.24)得:

$$c_{\text{f}}\rho_{\text{f}}\frac{\partial wT_{\text{f}}}{\partial t} = -c_{\text{f}}\rho_{\text{f}}\left(\frac{\partial wv_xT_{\text{f}}}{\partial x} + \frac{\partial wv_zT_{\text{f}}}{\partial z}\right) + k_{\text{f}}\left(\frac{\partial^2 wT_{\text{f}}}{\partial x^2} + \frac{\partial^2 wT_{\text{f}}}{\partial z^2}\right) +$$

$$2\frac{k_{\text{f}}Nu}{w}(T_{\text{diffusion}} - T_{\text{f}}) - 2\frac{c_{\text{f}}\rho_{\text{f}}K(p - p_{\text{e}})T_{\text{f}}}{\mu l_{\text{leak-off}}} - 2c_{\text{f}}\rho_{\text{f}}k_{\text{g}}(T_{\text{diffusion}} - T_{\text{f}}) \quad (11.30)$$

由裂缝中流体速度和裂缝宽度及缝中压力的关系,式(11.30)可改为:

$$c_{\text{f}}\rho_{\text{f}}\frac{\partial wT_{\text{f}}}{\partial t} = -\frac{c_{\text{f}}\rho_{\text{f}}}{12\mu}\left[\frac{\partial}{\partial x}\left(w^3T_{\text{f}}\frac{\partial p}{\partial x}\right) + \frac{\partial}{\partial z}\left(w^3T_{\text{f}}\frac{\partial p}{\partial z}\right)\right] + k_{\text{f}}\left(\frac{\partial^2 wT_{\text{f}}}{\partial x^2} + \frac{\partial^2 wT_{\text{f}}}{\partial z^2}\right) +$$

$$2 \frac{k_f Nu}{w}(T_{diffusion} - T_f) - 2\frac{c_f \rho_f K(p - p_e)T_f}{\mu l_{leak-off}} - 2c_f \rho_f k_g(T_{diffusion} - T_f) \qquad (11.31)$$

式(11.31)为酸化时缝内流体能量守恒方程。

式中　c_f——酸液比热容,J/(kg·K);

　　　ρ_f——酸液密度,kg/m³;

　　　k_f——酸液导热系数,W/(m·K);

　　　Nu——努塞尔数;

　　　T_f——酸液温度,K;

　　　w——裂缝宽度,m;

　　　k_g——酸液表观传质速度,m/min;

　　　$T_{diffusion}$——扩散滤失带温度,K。

从缝内流体能量守恒方程[式(11.31)]可以看出,为了求出缝内酸液温度 T_f,需要知道缝宽 w、缝中压力分布 p、扩散滤失带温度 $T_{diffusion}$ 分布。

11.1.3　裂缝宽度变化及缝中酸液运移

(1)裂缝中心到裂缝壁面处酸液浓度梯度的处理。

酸液在裂缝中流动时,运移到裂缝壁面的酸液不断地和岩石发生化学反应,使得缝壁处的酸液浓度低于裂缝中心处的酸浓度,这样造成了酸液在裂缝中心和裂缝壁面处存在浓度梯度。Roberts 和 Guin 在研究酸液穿透缝壁形成溶蚀通道时讨论了缝宽方向上的酸浓度梯度问题,并对该问题提出了一种简化的处理方式,用表观传质系数和酸液平均浓度来表示浓度梯度,即 $-D\frac{\partial C}{\partial y}\big|_{y=\frac{w}{2}} = k_g(\overline{C} - C_w)$。其中 $\overline{C}$ 和 C_w 分别表示为裂缝中心到裂缝壁面上的酸液平均浓度和裂缝壁面处的酸液浓度;D 为 H^+ 传质系数。由于盐酸和碳酸盐岩反应很快,在缝壁处的酸液浓度可近似为零,则酸液浓度梯度可改写为 $-D\frac{\partial C}{\partial y}\big|_{y=\frac{w}{2}} = k_g\overline{C}$,该式的物理意义是 Δt 时间内运移到长 Δx、高为 Δz 的裂缝壁面上的酸液质量。

(2)裂缝宽度变化方程。

酸液在裂缝中是通过滤失和扩散作用将其由裂缝中心运移到裂缝壁面的,在单位时间 Δt 内运移到裂缝壁面的酸液质量为 $2v_{f-1}\Delta t\Delta x\Delta z\,\overline{C} + 2k_g\Delta t\Delta x\Delta z\overline{C}$。其中绝大多数滤失酸液流向酸蚀蚓孔,这些酸液几乎不参与对裂缝壁面的溶蚀,只有很少一部分与会与裂缝壁面发生化学反应。所以,使得缝宽产生变化的主要是通过扩散作用传递到裂缝壁面的酸液并发生酸岩化学反应进而溶蚀裂缝壁面。基于以上讨论,对由滤失作用运移到裂缝壁面并对缝宽变化做出贡献的酸液质量需要乘以系数 η,则运移到裂缝壁面的酸液质量可改写为 $2\eta v_{f-1}\Delta t\Delta x\Delta z\overline{C} + 2k_g\Delta t\Delta x\Delta z\overline{C}$,其中 $\eta\ll1$。则该质量的酸液所溶解的岩石质量可表示为:

$$\frac{\beta}{\rho_r(1-\phi)}(2\eta v_{f-1}\Delta t\Delta x\Delta z\,\overline{C}_{,z} + 2k_g\Delta t\Delta x\Delta z\,\overline{C}_{x,z}) \qquad (11.32)$$

式中　β——酸液溶解岩石的能力;

ρ_r——岩石密度,kg/m^3;

ϕ——孔隙度;

$\overline{C}_{x,z}$—— 裂缝内点(x,z)处的平均酸液浓度,mol/L。

酸液溶蚀裂缝壁面时裂缝体积会发生变化,Δt 时间内裂缝体积变化量为 $\Delta x \Delta z \Delta w$。由以上关系式可得 Δt 时间内酸液溶解岩石的质量等于裂缝体积的变化:

$$\frac{\beta}{\rho_r(1-\phi)}(2\eta v_{f-1}\Delta t \Delta x \Delta z \overline{C}_{x,z} + 2k_g \Delta t \Delta x \Delta z \overline{C}_{x,z}) = \Delta x \Delta z \Delta w \tag{11.33}$$

整理式(11.33),并对时间取极限可得缝宽变化方程:

$$\frac{\beta}{\rho_r(1-\phi)}(2\eta v_{f-1}\overline{C} + 2k_g \overline{C}) = \frac{\partial w}{\partial t} \tag{11.34}$$

从式(11.34)可以看出,要想求得缝宽变化,需要知道裂缝中平均酸液浓度 $\overline{C}$ 的值。

(3)裂缝中酸液运移方程。

Δt 时间内流入、流出裂缝单元体的酸量可表示为:

$$\begin{cases} \Delta t (v_x \Delta z w_{x,z} \overline{C}_{x,z} + v_z \Delta x w_{x,z} \overline{C}_{x,z}) & (11.35a) \\ \Delta t [v_{x+\Delta x}\Delta z w_{x+\Delta x,z} \overline{C}_{x+\Delta x,z} + v_{z+\Delta z}\Delta x w_{x,z+\Delta z} \overline{C}_{x,z+\Delta z} + 2\overline{C}_{x,z}\Delta x \Delta z(v_{f-1} + k_g)] & (11.35b) \end{cases}$$

其中,式(11.35a)表示 Δt 时间内流入裂缝单元体的酸量;式(11.35b)表示 Δt 时间内流出裂缝单元体的酸量。

裂缝单元体内酸液的变化量可表示为 $\Delta x \Delta z \Delta \overline{C} \Delta w$。裂缝单元体中流入、流出的酸量等于单元体内酸的变化量,则:

$$\Delta x \Delta z \Delta \overline{C} \Delta w = \Delta t \left[v_x \Delta z w_{x,z} \overline{C}_{x,z} - v_{x+\Delta x}\Delta z w_{x+\Delta x,z} \overline{C}_{x+\Delta x,z} + v_z \Delta x w_{x,z} \overline{C}_{x,z} - \right.$$

$$\left. v_{z+\Delta z}\Delta x w_{x,z+\Delta z} \overline{C}_{x,z+\Delta z} - 2v_{f-1}\overline{C}_{x,z}\Delta x \Delta z - 2k_g \overline{C}_{x,z}\Delta x \Delta z \right] \tag{11.36}$$

重新整理式(11.36),并对 $\Delta x, \Delta z$ 和 Δt 取极限得:

$$\frac{\partial(\overline{C}v_x w)}{\partial x} + \frac{\partial(\overline{C}v_z w)}{\partial z} - 2v_{f-1}\overline{C} - 2k_g \overline{C} = \frac{\partial(\overline{C}w)}{\partial t} \tag{11.37}$$

将裂缝中层流情况下的速度近似公式(11.6)代入式(11.37)可得:

$$\frac{1}{12\mu}\frac{\partial}{\partial x}\left(\overline{C}w^3 \frac{\partial p}{\partial x}\right) + \frac{1}{12\mu}\frac{\partial}{\partial z}\left(\overline{C}w^3 \frac{\partial p}{\partial z}\right) - 2v_{f-1} - 2k_g \overline{C} = \frac{\partial(\overline{C}w)}{\partial t} \tag{11.38}$$

式(11.38)即为裂缝中酸液运移方程。

11.1.4 扩散滤失带能量守恒方程

酸化时,酸液在天然裂缝中流动因表观滤失穿透缝壁形成蚓孔以及因扩散滤失溶蚀裂缝壁面都会不可避免地与地层岩石发生化学反应,化学反应生成热对缝内流体和地层温度分布都会产生影响,使得滤失带与缝内流体和地层产生一定温度差。

在计算酸压裂缝或水力裂缝滤失带温度分布时,因为不考虑酸液穿透裂缝壁面形成酸蚀蚯孔,常常将滤失速度按水力压裂受压裂液黏度控制的滤失速度计算,即 $F = \dfrac{C_{\mathrm{I}}}{\sqrt{t_{\mathrm{et}}}}$,其中 C_{I} 和 t_{et} 为受压裂液黏度控制的滤失系数($m/\min^{0.5}$)和滤失时间(min),这不同于酸化时酸液流入天然裂缝时的滤失。

取扩散滤失带微单元体,则微单元体内能量的变化等于流入、流出滤失带的能量与化学反应生成热之和。

$$\Delta E_{\mathrm{diffusion}} = E_{\mathrm{diffusion-in}} - E_{\mathrm{diffusion-out}} + E_{\mathrm{created}} \qquad (11.39)$$

式中 $\Delta E_{\mathrm{diffusion}}$,$E_{\mathrm{diffusion-in}}$,$E_{\mathrm{diffusion-out}}$ 和 E_{created} 分别为扩散滤失带微单元体内能量的变化、流入微单元体的能量、流出微单元体的能量和化学反应生成热。

尽管扩散滤失带是由酸液溶蚀地层岩石所形成的,但为了计算方便,仍然假设扩散滤失带的矿物组成与原始地层矿物组成相同,则:

$$\Delta E_{\mathrm{diffusion}} = \left(\frac{1}{2}\rho_{\mathrm{f}}v^2 + \rho_{\mathrm{f}}U_{\bar{\mathrm{f}}}\right)\phi\delta\Delta x\Delta z + \left(\frac{1}{2}\rho_{\mathrm{r}}v^2 + \rho_{\mathrm{r}}U_{\bar{\mathrm{r}}}\right)(1 - \phi)\delta\Delta x\Delta z \qquad (11.40)$$

式中　ρ_{r}——地层岩石密度,kg/m^3;

ϕ——基质孔隙度;

δ——扩散滤失带厚度,m;

$U_{\bar{\mathrm{f}}}$,$U_{\bar{\mathrm{r}}}$——单位面积单位时间内扩散滤失带内酸液和岩石的内能。

$$E_{\mathrm{diffusion-in}} = \left[\left(\frac{1}{2}\rho_{\mathrm{f}}k_{\mathrm{g}}^2 + \rho_{\mathrm{f}}U_{\mathrm{f}}\right) - \left(\frac{1}{2}\rho_{\mathrm{f}}k_{\mathrm{g}}^2 + \rho_{\mathrm{f}}U_{\mathrm{diffusion}}\right)\right]k_{\mathrm{g}}\Delta x\Delta z\Delta t +$$
$$D_{\mathrm{formation}}\left(\frac{\partial T_{\mathrm{formation}}}{\partial y}\bigg|_{y=0}\right)\Delta x\Delta z\Delta t \qquad (11.41)$$

式中　k_{g}——酸液表观传质速度,$m/\min$;

U_{f}——单位面积单位时间内缝内酸液内能;

$D_{\mathrm{formation}}$——滤失带以外地层岩石热扩散系数,$m^2/\min$;

$T_{\mathrm{formation}}$——地层温度,K。

$$E_{\mathrm{diffusion-out}} = K_{\mathrm{diffusion}}(T_{\mathrm{f}} - T_{\mathrm{diffusion}})\Delta x\Delta z\Delta t \qquad (11.42)$$

$$E_{\mathrm{created}} = e_{\mathrm{created}}\Delta x\Delta z\Delta t \qquad (11.43)$$

式中　e_{created}——单位面积单位时间内酸岩化学生成热,J;

$T_{\mathrm{diffusion}}$——扩散滤失带温度,K;

T_{f}——酸液温度,K。

将式(11.41)至式(11.43)代入式(11.39)并忽略动能项,取极限后整理方程得:

$$\frac{\left[\rho_{\mathrm{f}}\phi U_{\bar{\mathrm{f}}} + \rho_{\mathrm{r}}U_{\bar{\mathrm{r}}}(1 - \phi)\right]\delta}{\Delta t} = (\rho_{\mathrm{f}}U_{\mathrm{f}} - \rho_{\mathrm{f}}U_{\mathrm{diffusion}})k_{\mathrm{g}} +$$

$$D_{\text{formation}}\left(\frac{\partial T_{\text{formation}}}{\partial y}\Big|_{y=0}\right) - K_{\text{diffusion}}(T_{\text{f}} - T_{\text{diffusion}}) + e_{\text{created}} \qquad (11.44)$$

式(11.44)左边 $U_{\bar{\text{f}}}$ 和 $U_{\bar{\text{r}}}$ 为扩散滤失带酸液和岩石的内能。由于这两项很难计算,因此可用滤失带的内能 $U_{\text{diffusion}}$ 作为中间项来代替这两项,且忽略酸液以及扩散滤失带的压缩性得:

$$[c_i\rho_{\text{f}}\phi + c_{\text{r}}\rho_{\text{r}}(1-\phi)]\delta\frac{\partial T_{\text{diffusion}}}{\partial t} =$$

$$c_{\text{f}}\rho_{\text{f}}k_{\text{g}}(T_{\text{f}} - T_{\text{diffusion}}) + D_{\text{formation}}\left(\frac{\partial T_{\text{formation}}}{\partial y}\Big|_{y=0}\right) - K_{\text{diffusion}}(T_{\text{f}} - T_{\text{diffusion}}) + e_{\text{created}}$$

$$(11.45)$$

式(11.45)即为扩散滤失带能量守恒方程。可以看出,该方程由酸液因扩散滤失传递给滤失带的能量、滤失带以外地层对滤失带的导热、扩散滤失带对缝内流体的导热和酸液溶蚀缝壁产生的化学反应热四部分组成。

从式(11.45)可以看出,若要求得滤失带的温度分布,则需要知道地层温度在垂直于缝长方向上的温度梯度 $\left(\dfrac{\partial T_{\text{formation}}}{\partial y}\Big|_{y=0}\right)$。由于前文所建立的地层温度场数学方程是基于径向导热,故在此需要重新建立地层在直角坐标系下的地层温度场数学方程。

Kamphuis 和 Davies 在研究压裂液在水里裂缝中的温度分布时运用到了地层岩石的导热方程。由于压裂液的滤失特征,地层导热方程中需考虑滤失对地层岩石温度的影响。但对有天然裂缝发育的地层实施酸化作业时,绝大多数酸液优先流入缝宽较大的天然裂缝,而缝宽较小的天然裂缝经酸液穿透形成酸蚀蚓孔。这种情况下,滤失到地层岩石的酸液量可以忽略不计,这与压裂液在水里裂缝中的滤失特征不同。

只考虑在垂直缝长方向上的一维导热,地层导热方程由式(11.46)给出:

$$c_{\text{r}}\rho_{\text{r}}\frac{\partial T_{\text{formation}}}{\partial t} = K_{\text{r}}\frac{\partial^2 T_{\text{formation}}}{\partial y^2} \qquad (11.46)$$

式(11.46)的定解条件为:

$$T_{\text{formation}}(y, t=0) = T_{\text{e}}, T_{\text{formation}}(y=0, t) = T_{\text{w}}, T_{\text{formation}}(y \to \infty, t) = T_{\text{e}} \qquad (11.47)$$

定义无量纲时间、垂直于缝长方向上的无量纲距离以及无量纲温度:

$$t_{\text{D}} = t\frac{K_{\text{r}}}{c_{\text{r}}\rho_{\text{r}}r_{\text{e}}^2}, y_{\text{D}} = y\frac{1}{r_{\text{e}}}, T_{\text{formationD}} = \frac{T_{\text{formation}} - T_{\text{w}}}{T_{\text{e}} - T_{\text{w}}} \qquad (11.48)$$

将无量纲参数组[式(11.48)]代入式(11.46)得无量纲化后的导热方程:

$$\frac{\partial T_{\text{formationD}}}{\partial t_{\text{D}}} = \frac{\partial^2 T_{\text{formationD}}}{\partial y_{\text{D}}^2} \qquad (11.49)$$

对式(11.47)和式(11.49)进行 Laplace 变换得:

$$T_{\text{formation}}(y_D = 0, s) = 0, T_{\text{formation}}(y_D \rightarrow \infty, s) = \frac{1}{s} \tag{11.50}$$

$$\frac{\partial^2 \overline{T_{\text{formationD}}}}{\partial y_D^2} - s \overline{T_{\text{formationD}}} = 0 \tag{11.51}$$

式(11.51)是二阶齐次线性微分方程,求解后将 Laplace 空间的定解条件[式(11.50)]代入该解得:

$$\overline{T_{\text{formationD}}} = A_4 \exp(\sqrt{s}y_D) + B_4 \exp(-\sqrt{s}y_D) \tag{11.52}$$

将式(11.50)的第二式代入式(11.52),为了使该解有意义,则 $A_4 = 0$,再将式(11.52)等号右端的第一项代入方程得:

$$\overline{T_{\text{formationD}}} = \frac{1}{s} \exp(-\sqrt{s}y_D) \tag{11.53}$$

根据 Laplace 变换规则,$\frac{1}{s}\exp(-\sqrt{s}y_D)$ 的原函数为 $\text{erfc}\left(\frac{y_D}{2\sqrt{t}}\right)$,可求出式(11.53)的原函数:

$$T_{\text{formation}} = \text{erfc}\left(\frac{y_D}{2\sqrt{t}}\right) \tag{11.54}$$

将 y_D 的表达式带入式(11.54)最终得地层岩石的导热方程:

$$T_{\text{formationD}} = \text{erfc}\left(\frac{1}{2r_e\sqrt{t}}y\right) = 1 - \text{erf}\left(\frac{1}{2r_e\sqrt{t}}y\right) \tag{11.55}$$

对式(11.55)进行求导,接触 $y=0$ 位置出的的地层温度梯度:

$$\left.\frac{\partial T_{\text{formation}}}{\partial y}\right|_{y=0} = -\frac{1}{2r_e\sqrt{t}}\frac{2}{\sqrt{\pi}} \tag{11.56}$$

将式(11.56)代入式(11.45),滤失带能量守恒方程最终形式变为:

$$[c_f\rho_f\phi + c_r\rho_r(1-\phi)]\delta\frac{\partial T_{\text{diffusion}}}{\partial t} = c_f\rho_f k_g(T_f - T_{\text{diffusion}}) -$$
$$D_{\text{formation}}\frac{1}{2r_e\sqrt{t}}\frac{2}{\sqrt{\pi}} - K_{\text{diffusion}}(T_f - T_{\text{diffusion}}) + e_{\text{created}} \tag{11.57}$$

11.1.5 酸液反应热的计算

酸液流入碳酸盐岩储层裂缝时,酸液与地层岩石发生化学反应放出的热量对缝内酸液和地层温度均产生影响。酸与岩石的反应过程,就是酸液被消耗的过程,这一过程进行的快慢,可用酸与岩石的反应速度来表示。质量作用定律表明,化学反应速率与各反应物的浓度的幂的乘积成正比,其中各反应物的浓度的幂的指数即为基元反应方程式中该反应物化学计量数的绝对值。而对于液固相反应来说,固相反应物的浓度可视作不变。因此,考虑恒温恒压情况

下,酸岩反应速度为:

$$-\frac{\partial C}{\partial t} = kC^m \tag{11.58}$$

式中　C——反应时间为 t 时刻的酸液浓度,mol/L;

　　　$\frac{\partial C}{\partial t}$——$t$ 时刻的酸岩反应速度,mol/(L·s);

　　　m——反应级数,描述反应物浓度对反应速度影响程度的值;

　　　k——反应速度常数,$(mol/L)^{1-m}/s$。

由于酸岩反应是复相反应,且面容比对酸岩对酸岩反应速度影响较大。因此,在实际测量酸岩反应速度时,采用面容比校正后的反应速度:

$$-\left(\frac{\partial C}{\partial t}\right)\frac{S}{V} = kC^m \tag{11.59}$$

式中 $\frac{S}{V}$ 为面容比,即反应系统岩石的反应面积与参加反应的酸液体积之比。对于宽 w、高 Z、单翼缝长 X 的双翼垂直裂缝:

$$S_{\varphi} = \frac{S}{V} = \frac{4ZX}{2wZX} = \frac{2}{w} \tag{11.60}$$

将式(11.60)代入式(11.59)得:

$$-\left(\frac{\partial C}{\partial t}\right) = \frac{2kC^m}{w} \tag{11.61}$$

记单位时间内溶解宽 w、高 Δz、长 Δx 的岩石所消耗盐酸的量为:

$$\Delta M = \frac{2kC^m}{w}w\Delta x\Delta z \tag{11.62}$$

则消耗 $\Delta M(mol)$ 盐酸所放出的热量为:

$$e_{created} = \Delta Q_{reaction}\Delta M \tag{11.63}$$

目前,盐酸为碳酸盐岩储层酸化时所用的主体酸。因此,本书考虑酸液为盐酸,碳酸岩盐储层为方解石。盐酸与方解石的化学反应式为:

$$HCl + CaCO_3 \longrightarrow CaCl_2 + CO_2 + H_2O \tag{11.64}$$

消耗 1mol 盐酸所放出的热量可由式(11.65)计算:

$$\Delta Q_{reaction} = \sum \left|\Delta H(生成物)\right| - \sum \left|\Delta H(反应物)\right| \tag{11.65}$$

式中　ΔH——焓变,kcal/mol。

各物质的焓变见表 11.1。则 1mol 盐酸反应热为:

$$\Delta Q_{reaction} = 2.32kcal/mol(CaCO_3) = 1.16kcal/mol(HCl) \tag{11.66}$$

表 11.1 各物质焓变

物质名称	焓变 ΔH(kcal/mol)
$CaCO_3$	-289.5
HCl	-39.85
$CaCl_2$	-209.15
CO_2	-68.32
H_2O	-94.05

换算为 SI 单位为:

$$\Delta Q_{\text{reaction}} = 9.71 \text{kJ/mol}(CaCO_3) = 4.855 \text{kJ/mol}(HCl) \tag{11.67}$$

将式(11.67)和式(11.62)代入式(11.68)得酸盐反应热计算方程:

$$e_{\text{created}} = 9.71 k C^m \Delta x \Delta z \tag{11.68}$$

11.2 模型求解

上一节从理论上推导出了酸化时天然裂缝温度场的数学方程。该数学方程由裂缝中流体质量守恒方程[式(11.7)]、缝内流体能量守恒方程[式(11.31)]、裂缝宽度变化方程[式(11.34)]、裂缝中酸液运移方程[式(11.38)]、扩散滤失带能量守恒方程[式(11.57)]和酸岩反应热计算方程[式(11.68)]6 个方程组成。其中,主体为裂缝中流体能量守恒方程,其他 5 个方程作为求解其中未知参数的辅助方程。

11.2.1 定解条件

在注酸之前,即裂缝内酸液浓度为零,裂缝内各点与地层处于压力平衡状态。注酸时酸液在流入裂缝和地层岩石后,在注入排量稳定的条件下,裂缝入口处的压力等于缝内净压力。假设裂缝顶部和底部为非渗透层,不产生酸液流动现象,而裂缝出口端的压力为地层原始压力。此外,认为酸液在裂缝入口处的初始浓度为 C_0。则模型的定解条件为:

初始条件

$$p(x,z,t=0)=0, w(x,z,t=0)=w_0, \overline{C}(x,z,t=0)=0 \tag{11.69}$$

边界条件

$$p(0,z,t)=p_{\text{net}}, p(l,z,t)=p_{\text{e}}, \frac{\partial p}{\partial z}\Big|_{z=0}=0, \frac{\partial p}{\partial z}\Big|_{z=h_{\text{w}}}=0, \overline{C}(0,z,t)=C_0 \tag{11.70}$$

式中 h_{w}——裂缝高度,m;

C_0——酸液初始质量浓度,kg/m³;

p_{net}——裂缝内净压力,MPa;

p_{e}——地层原始压力,MPa。

11.2.2　求解思路

第11.1节的6个方程组以及第11.2.1小节中的定解条件组构成了天然裂缝酸化温度数学模型。由于该数学模型构成方程组较多,方程组中含有未知数较多,且多数为二维方程,求出其解析或半解析解的难度极大,只能采取数值法对其进行求解。根据有限差分法解题思路,对上述方程组进行离散处理,可得出方程组的数值解。将整个酸化施工过程按时间步长分成多份,假设每个时间步长内的裂缝宽度不变,即$\frac{\partial w}{\partial t}=0$,则简化后的缝中流体质量守恒方程[式(11.7)]和缝中酸液运移方程[式(11.38)]为:

$$\frac{1}{12\mu}\frac{\partial}{\partial x}\left(w^3\frac{\partial p}{\partial x}\right)+\frac{1}{12\mu}\frac{\partial}{\partial z}\left(w^3\frac{\partial p}{\partial z}\right)-2v_{\text{f-1}}=0 \tag{11.71}$$

$$\frac{1}{12\mu}\frac{\partial}{\partial x}\left(\overline{C}w^3\frac{\partial p}{\partial x}\right)+\frac{1}{12\mu}\frac{\partial}{\partial z}\left(\overline{C}w^3\frac{\partial p}{\partial z}\right)-2v_{\text{f-1}}\overline{C}-2k_g\overline{C}=w\frac{\partial\overline{C}}{\partial t} \tag{11.72}$$

式(11.71)表示酸液在裂缝中呈稳态流动。在一个时间步长内,该方程式只有p为未知参数,故可直接求出。求出p后将其代入式(11.72)可求出$\overline{C}$,再将所求的$\overline{C}$代入式(11.34)即可求出该时间步长内的缝宽变化。将求出的缝宽变化代入式(11.31),结合滤失带能量方程(11.71)从而求解出该时间步长内的缝内酸液温度分布。以上为第一个时间步长内的运算过程。

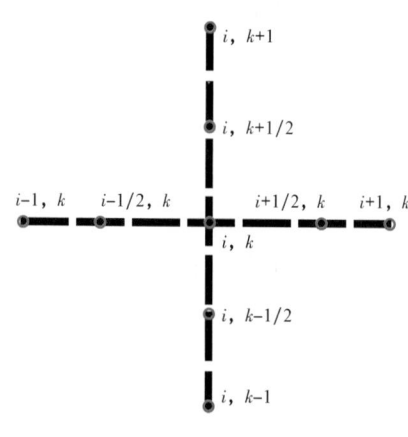

图11.2　节点分布

下一个时间步长,将求出来的新的缝宽代入式(11.72)求出新的压力p,从而求出新的浓度$\overline{C}$,接前述所示的求解过程,直到时间步长增加到施工时间为止,从而得到裂缝能酸液温度分布。采用Gauss – Seidel迭代法对方程组引进迭代,可达到求解精度。

11.2.3　模型的离散

(1)缝中流体质量守恒方程差分形式。

将天然裂缝沿缝长方向进行网格划分(图11.2),式(11.71)在位置(i,k)处的差分形式如下。图中i和k分别代表x和z方向。

式(11.73)中的第一项为在点(i,k)处缝内压力对距离x的二阶导数,其差分形式为:

$$\frac{1}{12\mu}\frac{\partial}{\partial x}\left(w^3\frac{\partial p}{\partial x}\right)_{i,k}=\frac{1}{12\mu}\frac{1}{\Delta x}\left[\left(w^3\frac{\partial p}{\partial x}\right)_{i+\frac{1}{2},k}-\left(w^3\frac{\partial p}{\partial x}\right)_{i-\frac{1}{2},k}\right] \tag{11.73}$$

式中$\left(w^3\frac{\partial p}{\partial x}\right)_{i+\frac{1}{2},k}$为压力$p$在点$(i+1/2,k)$处的一阶导数,其表达式如下:

$$\left(w^3\frac{\partial p}{\partial x}\right)_{i+\frac{1}{2},k}=w_{i+\frac{1}{2}}^3\frac{p_{i+1,k}-p_{i,k}}{\Delta x},\ w_{i+\frac{1}{2}}^3=\frac{w_{i+1,k}^3 w_{i,k}^3}{(w_{i+1,k}^3+w_{i,k}^3)} \tag{11.74}$$

类似地可写出 $\left(w^3\dfrac{\partial p}{\partial x}\right)_{i-\frac{1}{2},k}$，$w_{i-\frac{1}{2}}^3$，$\left(w^3\dfrac{\partial p}{\partial x}\right)_{i,k+\frac{1}{2}}$，$\left(w^3\dfrac{\partial p}{\partial x}\right)_{i,k-\frac{1}{2}}$，$w_{k+\frac{1}{2}}^3$ 和 $w_{k-\frac{1}{2}}^3$ 的表达式：

$$\left.\begin{aligned}
\frac{1}{12\mu}\frac{\partial}{\partial x}\left(w^3\frac{\partial p}{\partial x}\right)_{i,k} &= \frac{1}{12\mu(\Delta x)^2}\left(\frac{p_{i+1,k}-p_{i,k}}{\frac{1}{w_{i+1,k}^3}+\frac{1}{w_{i,k}^3}}-\frac{p_{i,k}-p_{i-1,k}}{\frac{1}{w_{i,k}^3}+\frac{1}{w_{i-1,k}^3}}\right)\\
\frac{1}{12\mu}\frac{\partial}{\partial z}\left(w^3\frac{\partial p}{\partial z}\right)_{i,k} &= \frac{1}{12\mu(\Delta z)^2}\left[\frac{p_{i,k+1}-p_{i,k}}{\frac{1}{w_{i,k+1}^3}+\frac{1}{w_{i,k}^3}}-\frac{p_{i,k}-p_{i,k-1}}{\frac{1}{w_{i,k}^3}+\frac{1}{w_{i,k-1}^3}}\right]
\end{aligned}\right\} \quad (11.75)$$

将式(11.75)代入式(11.71)得裂缝中酸液质量守恒方程的差分形式：

$$\frac{\left(\dfrac{p_{i+1,k}-p_{i,k}}{\frac{1}{w_{i+1,k}^3}+\frac{1}{w_{i,k}^3}}-\dfrac{p_{i,k}-p_{i-1,k}}{\frac{1}{w_{i,k}^3}+\frac{1}{w_{i-1,k}^3}}\right)}{12\mu(\Delta x)^2}+\frac{\left(\dfrac{p_{i+1,k}-p_{i,k}}{\frac{1}{w_{i+1,k}^3}+\frac{1}{w_{i,k}^3}}-\dfrac{p_{i,k}-p_{i-1,k}}{\frac{1}{w_{i,k}^3}+\frac{1}{w_{i-1,k}^3}}\right)}{12\mu(\Delta z)^2}-\frac{k}{\mu}\frac{p_{i,k}-p_e}{l_{\text{leak-off}}}=0$$

$$(11.76)$$

对式(11.76)进行化简整理得：

$$AA_{i,k}p_{i+1,k}+AB_{i,k}p_{i,k}+AC_{i,k}p_{i-1,k}+AD_{i,k}p_{i,k+1}+AE_{i,k}p_{i,k-1}=AF_{i,k}p_{i,k} \quad (11.77)$$

式中 $AA_{i,k},AB_{i,k},AC_{i,k},AD_{i,k},AE_{i,k}$ 和 $AF_{i,k}$ 由下式给出：

$$\left.\begin{aligned}
AA_{i,k}&=(\Delta z)^2\frac{w_{i+1,k}^3 w_{i,k}^3}{w_{i+1,k}^3+w_{i,k}^3},AB_{i,k}=-\left[(\Delta z)^2\frac{w_{i+1,k}^3 w_{i,k}^3}{w_{i+1,k}^3+w_{i,k}^3}+(\Delta z)^2\frac{w_{i,k}^3 w_{i-1,k}^3}{w_{i,k}^3+w_{i-1,k}^3}+\right.\\
&\qquad\left.(\Delta x)^2\frac{w_{i,k+1}^3 w_{i,k}^3}{w_{i,k+1}^3+w_{i,k}^3}+(\Delta x)^2\frac{w_{i,k}^3 w_{i,k-1}^3}{w_{i,k}^3+w_{i,k-1}^3}\right]\\
AC_{i,k}&=(\Delta z)^2\frac{w_{i,k}^3 w_{i-1,k}^3}{w_{i,k}^3+w_{i-1,k}^3},AD_{i,k}=(\Delta x)^2\frac{w_{i,k+1}^3 w_{i,k}^3}{w_{i,k+1}^3+w_{i,k}^3}\\
AE_{i,k}&=(\Delta x)^2\frac{w_{i,k}^3 w_{i,k-1}^3}{w_{i,k}^3+w_{i,k-1}^3},AF_{i,k}=-\frac{24k(\Delta x)^2(\Delta z)^2 p_e}{l_{\text{leak-off}}}
\end{aligned}\right\}$$

$$(11.78)$$

(2)酸液运移方程的差分形式。

同样地，根据式(11.75)可写出式(11.38)第一项的差分形式。

$$\frac{1}{12\mu}\frac{\partial}{\partial x}\left(\overline{C}w^3\frac{\partial p}{\partial x}\right)=\frac{1}{12\mu\Delta x}\left[\left(\overline{C}w^3\frac{\partial p}{\partial x}\right)_{i+\frac{1}{2},k}-\left(\overline{C}w^3\frac{\partial p}{\partial x}\right)_{i-\frac{1}{2},k}\right] \quad (11.79)$$

式中 $\left(\overline{C}w^3\dfrac{\partial p}{\partial x}\right)_{i+\frac{1}{2},k}$ 由式(11.80)给出：

$$\left(\overline{C}w^3 \frac{\partial p}{\partial x}\right)_{i+\frac{1}{2},k} = \frac{\overline{C}_{i+1,k} + \overline{C}_{i,k}}{2} \frac{w_{i+1,k}^3 w_{i,k}^3}{w_{i+1,k}^3 + w_{i,k}^3} \frac{p_{i+1,k} - p_{i,k}}{\Delta x} \tag{11.80}$$

类似地写出$\left(\overline{C}w^3 \frac{\partial p}{\partial x}\right)_{i-\frac{1}{2},k}$, $\left(\overline{C}w^3 \frac{\partial p}{\partial z}\right)_{i,k+\frac{1}{2}}$和$\left(\overline{C}w^3 \frac{\partial p}{\partial z}\right)_{i,k-\frac{1}{2}}$表达式,并代入式(11.72),省略计算过程得:

$$\frac{1}{24\mu(\Delta x)^2}\left[\begin{array}{l}\overline{C}_{i+1,k}^{n+1}(p_{i+1,k} - p_{i,k})\dfrac{w_{i+1,k}^3 w_{i,k}^3}{w_{i+1,k}^3 + w_{i,k}^3} + \overline{C}_{i,k}^{n+1}(p_{i+1,k} - p_{i,k})\dfrac{w_{i+1,k}^3 w_{i,k}^3}{w_{i+1,k}^3 + w_{i,k}^3} \\[4mm] - \overline{C}_{i,k}^{n+1}(p_{i,k} - p_{i-1,k})\dfrac{w_{i,k}^3 w_{i-1,k}^3}{w_{i,k}^3 + w_{i-1,k}^3} - \overline{C}_{i-1,k}^{n+1}(p_{i,k} - p_{i-1,k})\dfrac{w_{i,k}^3 w_{i-1,k}^3}{w_{i,k}^3 + w_{i,-1k}^3}\end{array}\right] +$$

$$\frac{1}{24\mu(\Delta z)^2}\left[\begin{array}{l}\overline{C}_{i,k+1}^{n+1}(p_{i,k+1} - p_{i,k})\dfrac{w_{i,k+1}^3 w_{i,k}^3}{w_{i,k+1}^3 + w_{i,k}^3} + \overline{C}_{i,k}^{n+1}(p_{i,k+1} - p_{i,k})\dfrac{w_{i,k+1}^3 w_{i,k}^3}{w_{i,k+1}^3 + w_{i,k}^3} \\[4mm] - \overline{C}_{i,k}^{n+1}(p_{i,k} - p_{i,k-1})\dfrac{w_{i,k}^3 w_{i,k-1}^3}{w_{i,k}^3 + w_{i,k-1}^3} - \overline{C}_{i,k-1}^{n+1}(p_{i,k} - p_{i,k-1})\dfrac{w_{i,k}^3 w_{i,k-1}^3}{w_{i,k}^3 + w_{i,k-1}^3}\end{array}\right] -$$

$$\overline{C}_{i,k}^{n+1}\frac{2k}{\mu}\frac{p_{i,k} - p_e}{l_{\text{leak-off}}} - 2k_g\overline{C}_{i,k}^{n+1} = w_{i,k}\frac{\overline{C}_{i,k}^{n+1} - \overline{C}_{i,k}^n}{\Delta t} \tag{11.81}$$

整理式(11.81)得:

$$BA_{i,k}\overline{C}_{i+1,k}^{n+1} + BB_{i,k}\overline{C}_{i,k}^{n+1} + BC_{i,k}\overline{C}_{i-1,k}^{n+1} + BD_{i,k}\overline{C}_{i,k+1}^{n+1} + BE_{i,k}\overline{C}_{i,k-1}^{n+1} = BF_{i,k} \tag{11.82}$$

式中系数$BA_{i,k}$,$BB_{i,k}$,$BC_{i,k}$,$BD_{i,k}$,$BE_{i,k}$和$BF_{i,k}$由下式给出:

$$\left.\begin{array}{l} BA_{i,k} = (\Delta z)^2(p_{i+1,k} - p_{i,k})\dfrac{w_{i+1,k}^3 w_{i,k}^3}{w_{i+1,k}^3 + w_{i,k}^3} \\[5mm] BB_{i,k} = (\Delta z)^2\left[(p_{i+1,k} - p_{i,k})\dfrac{w_{i+1,k}^3 w_{i,k}^3}{w_{i+1,k}^3 + w_{i,k}^3} - (p_{i,k} - p_{i-1,k})\dfrac{w_{i,k}^3 w_{i-1,k}^3}{w_{i,k}^3 + w_{i-1k}^3}\right] + \\[5mm] \qquad (\Delta x)^2\left[(p_{i,k+1} - p_{i,k})\dfrac{w_{i,k+1}^3 w_{i,k}^3}{w_{i,k+1}^3 + w_{i,k}^3} - (p_{i,k} - p_{i,k-1})\dfrac{w_{i,k}^3 w_{i,k-1}^3}{w_{i,k}^3 + w_{i,k-1}^3}\right] - \\[5mm] \qquad 48(\Delta z)^2(\Delta x)^2\left[\dfrac{k(p_{i,k} - p_e)}{l_{\text{leak-off}}} - k_g\mu - 24\mu\dfrac{w_{i,k}}{\Delta t}\right] \\[5mm] BC_{i,k} = -\dfrac{(\Delta z)^2(p_{i,k} - p_{i-1,k})w_{i,k}^3 w_{i-1,k}^3}{w_{i,k}^3 + w_{i-1k}^3}, BD_{i,k} = \dfrac{(\Delta x)^2(p_{i,k+1} - p_{i,k})w_{i,k+1}^3 w_{i,k}^3}{w_{i,k+1}^3 + w_{i,k}^3} \\[5mm] BE_{i,k} = -(\Delta x)^2(p_{i,k} - p_{i,k-1})\dfrac{w_{i,k}^3 w_{i,k-1}^3}{w_{i,k}^3 + w_{i,k-1}^3}, BF_{i,k} = -\dfrac{24\mu(\Delta z)^2(\Delta x)^2 \overline{C}_{i,k}^n}{\Delta t} \end{array}\right\}$$

$$\tag{11.83}$$

求出裂缝中各点压力p后,即可根据式(11.82)得出裂缝中酸液浓度$\overline{C}$。

(3)裂缝宽度变化方程的差分形式。

裂缝宽度变化方程组成较为简单,在求出裂缝中压力p和浓度$\overline{C}$后,可由式(3.34)求出时间步长内的裂缝宽度变化,其有限差分形式为:

$$\frac{\beta}{\rho_r(1-\phi)}\left(\frac{2\eta k}{\mu}\frac{p_{i,k}-p_e}{l_{\text{leak-off}}}\overline{C}_{i,k}+2k_g\overline{C}_{i,k}\right)=\frac{w_{i,k}^{n+1}-w_{i,k}^n}{\Delta t} \tag{11.84}$$

（4）扩散滤失带能量守恒方程的差分形式。

由（11.34）可知，若要求得裂缝中流体的温度分布，必须知道滤失带的温度分布。由于滤失带能量方程构成较简单，直接给出其差分形式。

$$[c_f\rho_f\phi+c_f\rho_r(1-\phi)]\delta\frac{T_{\text{diffusion}}^{n+1}-T_{\text{diffusion}}^n}{\Delta t}=c_f\rho_f k_g(T_{fi,k}^{n+1}-T_{\text{diffusioni},k}^{n+1})$$

$$-D_{\text{formation}}\frac{1}{2r_e}\frac{1}{\sqrt{n\Delta t}}\frac{2}{\sqrt{\pi}}-K_{\text{diffusion}}(T_{fi,k}^{n+1}-T_{\text{diffusioni},k}^{n+1})+9.71k\overline{C}^m\Delta x\Delta z \tag{11.85}$$

（5）裂缝流体能量守恒方程的差分形式。

当求出缝宽变化和裂缝中各点压力值，在知道滤失带温度分布的情况下，可求出裂缝中流体温度分布。

式（11.34）中 $\frac{\partial}{\partial x}\left(w^3 T_f\frac{\partial p}{\partial x}\right)$ 和 $\frac{\partial}{\partial z}\left(w^3 T_f\frac{\partial p}{\partial z}\right)$ 项的差分形式如下：

$$\left.\begin{array}{l}\dfrac{\partial}{\partial x}\left(w^3 T_f\dfrac{\partial p}{\partial x}\right)_{i,k}=\dfrac{\dfrac{p_{i+1,k}-p_{i,k}}{\dfrac{1}{w_{i+1,k}^3}+\dfrac{1}{w_{i,k}^3}}(T_{fi+1,k}^{n+1}+T_{fi,k}^{n+1})-\dfrac{p_{i,k}-p_{i-1,k}}{\dfrac{1}{w_{i,k}^3}+\dfrac{1}{w_{i-1,k}^3}}(T_{fi,k}^{n+1}+T_{fi-1,k}^{n+1})}{2(\Delta x)^2}\\[6mm]\dfrac{\partial}{\partial z}\left(w^3 T_f\dfrac{\partial p}{\partial z}\right)_{i,k}=\dfrac{\dfrac{p_{i+1,k}-p_{i,k}}{\dfrac{1}{w_{i+1,k}^3}+\dfrac{1}{w_{i,k}^3}}(T_{fi,k+1}^{n+1}+T_{fi,k}^{n+1})-\dfrac{p_{i,k}-p_{i-1,k}}{\dfrac{1}{w_{i,k}^3}+\dfrac{1}{w_{i-1,k}^3}}(T_{fi,k}^{n+1}+T_{fi,k-1}^{n+1})}{2(\Delta z)^2}\end{array}\right\} \tag{11.86}$$

$\frac{\partial^2 w T_f}{\partial x^2}$ 和 $\frac{\partial^2 w T_f}{\partial z^2}$ 的差分形式如下：

$$\left\{\begin{array}{l}\left(\dfrac{\partial^2 w T_f}{\partial x^2}\right)_{i,k}=\dfrac{\dfrac{(T_{fi+1,k}^{n+1}-T_{fi,k}^{n+1})}{\dfrac{1}{w_{i+1,k}^3}+\dfrac{1}{w_{i,k}^3}}-\dfrac{(T_{fi,k}^{n+1}-T_{fi-1,k}^{n+1})}{\dfrac{1}{w_{i,k}^3}+\dfrac{1}{w_{i-1,k}^3}}}{(\Delta x)^2}\\[8mm]\left(\dfrac{\partial^2 w T_f}{\partial z^2}\right)_{i,k}=\dfrac{\dfrac{(T_{fi,k+1}^{n+1}-T_{fi,k}^{n+1})}{\dfrac{1}{w_{i,k+1}^3}+\dfrac{1}{w_{i,k}^3}}-\dfrac{(T_{fi,k}^{n+1}-T_{fi,k-1}^{n+1})}{\dfrac{1}{w_{i,k}^3}+\dfrac{1}{w_{i,k-1}^3}}}{(\Delta z)^2}\end{array}\right. \tag{11.87}$$

将式（11.87）和（11.88）代入式（11.34），化简整理得：

$$CA_{i,k}T_{fi+1,k}^{n+1}+CB_{i,k}T_{fi,k}^{n+1}+CC_{i,k}T_{fi-1,k}^{n+1}+CD_{i,k}T_{fi,k+1}^{n+1}+CE_{i,k}T_{fi,k-1}^{n+1}=CF_{i,k}T_{fi,k}^n+CG_{i,k}$$

$$\tag{11.88}$$

式中系数 $CA_{i,k} \sim CG_{i,k}$ 由下式给出:

$$
\begin{cases}
CA_{i,k} = ab_5 - ab_1 = \dfrac{24\mu k_{\mathrm f}(\Delta z)^2 w_{i+1,k} w_{i,k}}{(w_{i+1,k}^3 + w_{i,k}^3)^{\frac{1}{3}}} - \dfrac{c_{\mathrm f}\rho_{\mathrm f}(\Delta z)^2 (p_{i+1,k} - p_{i,k}) w_{i+1,k}^3 w_{i,k}^3}{w_{i+1,k}^3 + w_{i,k}^3} \\[2mm]
CB_{i,k} = -ab_0 + ab_1 + ab_2 + ab_3 + ab_4 - ab_5 - ab_6 - ab_7 - ab_8 - ab_9 - ab_{10} + ab_{11} \\[2mm]
CC_{i,k} = 24\mu k_{\mathrm f}(\Delta z)^2 \left(\dfrac{w_{i,k}^3 w_{i-1,k}^3}{w_{i,k}^3 + w_{i-1,k}^3} \right)^{\frac{1}{3}} - c_{\mathrm f}\rho_{\mathrm f}(\Delta z)^2 (p_{i,k} - p_{i-1,k}) \left(\dfrac{w_{i,k}^3 w_{i-1,k}^3}{w_{i,k}^3 + w_{i-1,k}^3} \right) \\[2mm]
CD_{i,k} = 24\mu k_{\mathrm f}(\Delta x)^2 \left(\dfrac{w_{i,k+1}^3 w_{i,k}^3}{w_{i,k+1}^3 + w_{i,k}^3} \right)^{\frac{1}{3}} - c_{\mathrm f}\rho_{\mathrm f}(\Delta x)^2 (p_{i,k+1} - p_{i,k}) \left(\dfrac{w_{i,k+1}^3 w_{i,k}^3}{w_{i,k+1}^3 + w_{i,k}^3} \right) \\[2mm]
CE_{i,k} = 24\mu k_{\mathrm f}(\Delta x)^2 \left(\dfrac{w_{i,k}^3 w_{i,k-1}^3}{w_{i,k}^3 + w_{i,k-1}^3} \right)^{\frac{1}{3}} - c_{\mathrm f}\rho_{\mathrm f}(\Delta x)^2 (p_{i,k} - p_{i,k-1}) \left(\dfrac{w_{i,k}^3 w_{i,k-1}^3}{w_{i,k}^3 + w_{i,k-1}^3} \right) \\[2mm]
CF_{i,k} = -\dfrac{c_{\mathrm f}\rho_{\mathrm f} w_{i,k} 24\mu (\Delta x)^2 (\Delta z)^2}{\Delta t} \\[2mm]
CG_{i,k} = 48\mu (\Delta x)^2 (\Delta z)^2 \left(c_{\mathrm f}\rho_{\mathrm f} k_{\mathrm g} - \dfrac{k_{\mathrm f} Nu}{w_{i,k}} \right) T_{\mathrm{diffusion}i,k}^{n+1}
\end{cases}
$$

$$(11.89)$$

其中 $ab_0 \sim ab_{11}$ 的表达式如下:

$$
\begin{cases}
ab_0 = \dfrac{c_{\mathrm f}\rho_{\mathrm f} w_{i,k} 24\mu (\Delta x)^2 (\Delta z)^2}{\Delta t}, \quad ab_1 = c_{\mathrm f}\rho_{\mathrm f}(\Delta z)^2 \dfrac{(p_{i+1,k} - p_{i,k}) w_{i+1,k}^3 w_{i,k}^3}{w_{i+1,k}^3 + w_{i,k}^3} \\[2mm]
ab_2 = \dfrac{c_{\mathrm f}\rho_{\mathrm f}(\Delta z)^2 (p_{i,k} - p_{i-1,k})}{\dfrac{w_{i,k}^3 + w_{i-1,k}^3}{w_{i,k}^3 w_{i-1,k}^3}}, \quad ab_3 = \dfrac{c_{\mathrm f}\rho_{\mathrm f}(\Delta x)^2 (p_{i,k+1} - p_{i,k})}{\dfrac{w_{i,k+1}^3 + w_{i,k}^3}{w_{i,k+1}^3 w_{i,k}^3}} \\[2mm]
ab_4 = c_{\mathrm f}\rho_{\mathrm f}(\Delta x)^2 \dfrac{(p_{i,k} - p_{i,k-1}) w_{i,k}^3 w_{i,k-1}^3}{w_{i,k}^3 + w_{i,k-1}^3}, \quad ab_5 = 24\mu k_{\mathrm f}(\Delta z)^2 \left(\dfrac{w_{i+1,k}^3 w_{i,k}^3}{w_{i+1,k}^3 + w_{i,k}^3} \right)^{\frac{1}{3}} \\[2mm]
ab_6 = 24\mu k_{\mathrm f}(\Delta z)^2 \left(\dfrac{w_{i,k}^3 w_{i-1,k}^3}{w_{i,k}^3 + w_{i-1,k}^3} \right)^{\frac{1}{3}}, \quad ab_7 = 24\mu k_{\mathrm f}(\Delta x)^2 \left(\dfrac{w_{i,k+1}^3 w_{i,k}^3}{w_{i,k+1}^3 + w_{i,k}^3} \right)^{\frac{1}{3}} \\[2mm]
ab_8 = 24\mu k_{\mathrm f}(\Delta x)^2 \left(\dfrac{w_{i,k}^3 w_{i,k-1}^3}{w_{i,k}^3 + w_{i,k-1}^3} \right)^{\frac{1}{3}}, \quad ab_9 = 48\mu (\Delta x)^2 (\Delta z)^2 \dfrac{k_{\mathrm f} Nu}{w_{i,k}} \\[2mm]
ab_{10} = 48 (\Delta x)^2 (\Delta z)^2 \dfrac{c_{\mathrm f}\rho_{\mathrm f} k (p_{i,k} - p_{\mathrm e})}{(l_{\mathrm{leak-off}})}, \quad ab_{11} = 48\mu (\Delta x)^2 (\Delta z)^2 c_{\mathrm f}\rho_{\mathrm f} k_{\mathrm g}
\end{cases}
$$

$$(11.90)$$

11.3 天然裂缝中酸液滤失计算分析

酸液在天然裂缝中流动时,会产生滤失现象。本节先以流体质量守恒、裂缝宽度变化和酸液运移有限差分方程为基础,利用 MATLAB 编程对进行模拟分析天然裂缝宽度变化和天然裂缝内的滤失情况,模拟参数见表(11.2),下文再对天然裂缝温度分别进行计算与分析。

表 11.2　模拟参数表

参数	数据	参数	数据
岩石密度(kg/m^3)	2700	酸液密度(kg/m^3)	1000
岩石溶解率	0.85	综合压缩系数(MPa^{-1})	1.45×10^{-4}
酸液扩散系数(m^2/s)	9×10^{-10}	基质渗透率(mD)	3
酸液黏度($mPa \cdot s$)	15	酸液浓度(%)	15
基质孔隙度(%)	5	裂缝净压力范围(MPa)	1~4

图 11.3 和图 11.4 分别为注酸后不同净压力下天然裂缝宽度的变化及天然裂缝中滤失量随时间变化得示意图。酸液在天然裂缝中流动反应时,在裂缝入口端处酸液浓度大,酸岩反应速度快,酸蚀缝宽越大。随着酸液在缝中不断推进,浓度逐渐减小并变为残酸,酸岩反应逐渐趋于零,在裂缝出口端处几乎不会产生溶蚀现象,进而出口端处的裂缝宽度也不发生变化。净压力越高,酸蚀裂缝宽度和酸蚀裂缝长度越大,且距入口端越近,酸蚀宽度越大。如当 p_{net} = 4MPa 时,酸蚀裂缝宽度和长度可达 0.2cm 和 60cm;p_{net} = 1MPa 时,酸蚀裂缝宽度和长度只有 0.08cm 和 15cm。净压力与滤失量大小呈线性关系,净压力越大,滤失速度越大,故相同时间内,净压力大的滤失量也大。

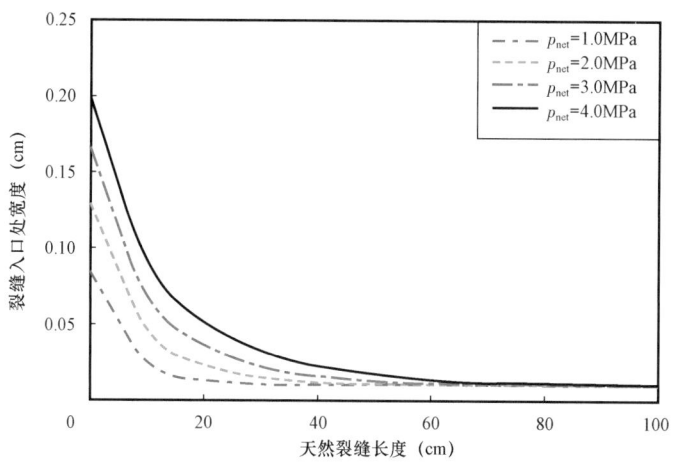

图 11.3　不同净压力下裂缝入口宽度在缝长方向上的变化

从整体上看,注酸过后的天然裂缝入口端宽而高,出口端窄而低(图 11.5),且天然裂缝初始缝宽增加时,酸蚀裂缝宽度和长度均变大。当天然裂缝初始缝宽为 0.02cm 时,酸液在裂缝中的溶蚀距离可达 90~100cm;而初始缝宽为 0.01cm 时,酸液的溶蚀距离只有 40~50cm。由此可见,天然裂缝的初始缝宽较大时,其酸蚀缝宽和缝长会产生显著变化,引起酸液的大量滤失,这是造成裂缝性碳酸盐岩储层酸压过程酸液滤失的主要因素。

初始缝宽越大,流入天然裂缝中的酸液越多,酸液在裂缝中的酸蚀宽度越大,使得靠近裂缝入口端处存在较多的鲜酸,该处流体压力保持不变;随着酸液在裂缝中的穿透,酸液浓度下降,逐渐变为残酸,裂缝中流体压力开始下降。当初始缝宽为0.02cm时,鲜酸可在裂缝中穿透距离为20cm左右;初始缝宽为0.005cm时,鲜酸的穿透距离只有7cm左右(图11.6)。

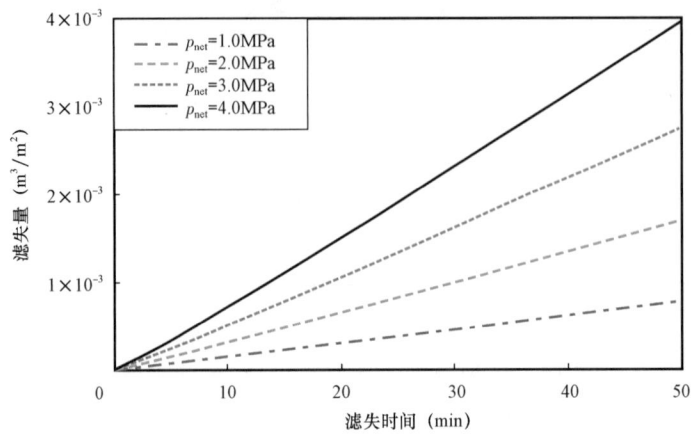

图11.4 不同净压力下天然裂缝中滤失量随时间的变化

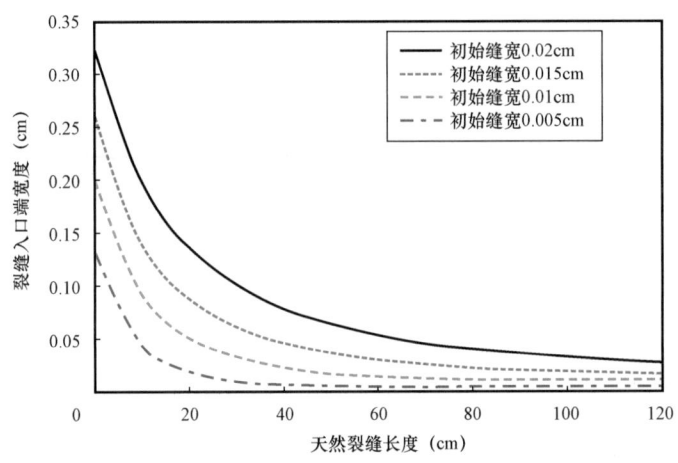

图11.5 不同初始缝宽下裂缝入口宽度在缝长方向的变化

由图11.7可以看出,初始缝宽越宽,相同时间内滤失越大,这是因为初始缝宽越大,酸液溶蚀裂缝的宽度和长度越大,使得裂缝体积变的更大,故初始缝宽大小与滤失量成正比关系。但是当初始缝宽越大时,滤失增量先增大后减小,如当初始缝宽从0.005cm增加到0.01cm时,滤失增量约为$2 \times 10^{-3} m^3/m^2$,而当初始缝宽从0.02cm增加到0.04cm时,滤失增量只有$0.3 \times 10^{-3} m^3/m^2$左右。裂缝中流量一定时,酸液有效传质系数与裂缝宽度成反比,且酸液与裂缝壁面的化学反应由酸液在裂缝中的有效传质系数和表面反应速度中较小值所控制。初始裂缝宽度较小,酸液的有效传质系数较大,且大于表面反应速度,此时酸岩反应由表面反应速度控制;当裂缝宽度增加到某一临界值,此时酸液有效传质系数与表面反应速度相等。在这个裂缝宽度增加、酸液有效传质系数减小的过程内,酸岩反应速度与传质系数的减小成正比,故滤失增量不断增大。当裂缝宽度继续变大,酸液有效传质系数小于表面反应速度后,酸岩反应

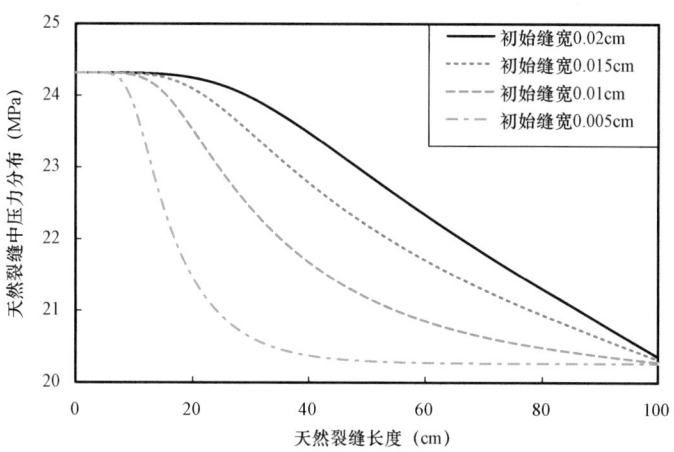

图 11.6 不同初始缝宽下天然裂缝中压力在缝长方向上的变化

转变为由传质系数所控制。虽然该过程仍然为裂缝宽度增加、酸液有效传质系数减小,但限于酸岩反应已转变为由传质所控制,使得酸岩反应随有效传质系数的减小而减小,故这个过程内滤失增量不断减小。

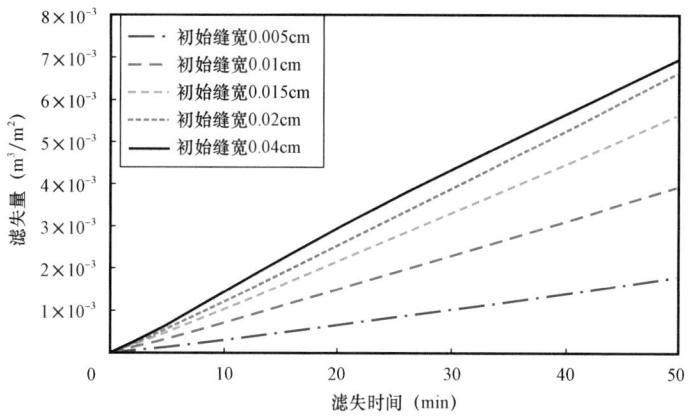

图 11.7 不同初始缝宽下天然裂缝中滤失量随时间的变化

11.4 天然裂缝酸化温度场模拟分析

流入天然裂缝的酸液由于与地层原始温度存在温度差,使得缝中的酸液与地层不断产生热量交换,造成缝中酸液温度的升高,因此有必要对缝中酸液的温度分布进行模拟与分析。

11.4.1 模型对比与验证

图 11.8 为根据式(11.34)与 Kamphuis – Davies – Roodhart(K – D – R)模型计算出来的天然裂缝酸化时缝长方向上的温度分布。从图 11.8 中可以发现两种模型计算的温度曲线在裂

缝入口端和出口端吻合度较好,在裂缝中部处出现一定的温度差,且本书计算的温度在整个缝长方向上较 K – D – R 模型计算的高。由于式(3.34)在建立模型时考虑了缝长方向的热扩散作用(a)以及缝宽方向上酸液因离子扩散到裂缝壁面上形成滤失带时所失去的热量(b)(a 对裂缝中酸液产生加热作用,b 起降温作用),且 a 的贡献大于 b,造成了本书计算的温度高于文献计算的温度。

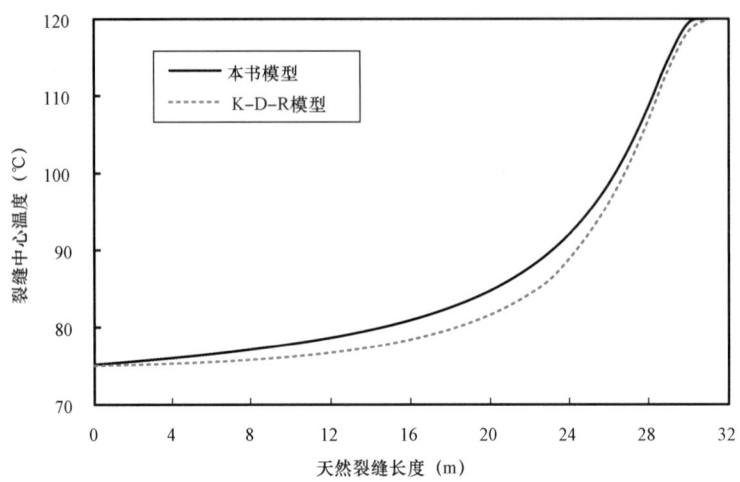

图 11.8　根据式(3.34)和 K – D – R 模型计算的天然裂缝酸化时长度方向上的温度分布($t = 30\text{min}$)

当酸液从入口端流入裂缝中时,在靠近入口端处高温地层对低温酸液作用时间最长(a 值最大),酸液的对流作用最大(b 值最大);裂缝出口端处 a 与 b 的值最小,二者相互抵消,使得裂缝两端温度与文献计算的相差不大。在远离两端处由于 a 值大于 b 值,造成了裂缝中部温度高于文献计算值。

11.4.2　主要参数分析

(1)注入时间。

酸化时天然裂缝中心的温度在缝长方向上随注入时间的增加变得越平缓,更接近裂缝入口端温度,但出口端时温度急剧升高直至接近地层原始温度,表明在靠近入口端处,酸液的对流降温作用强于地层对裂缝的加热作用。该曲线可以用来推断酸液在裂缝中的流动剖面,如当注入时间为 120min 时,酸液可在裂缝中推进 40m 左右(图 11.9)。

(2)注入排量。

在低于裂缝延伸的临界压力下分析注入排量对裂缝中心流体温度的影响。注入排量对裂缝温度分布有着较大影响,排量越大,裂缝温度分布越平缓,在靠近裂缝入口端处温度更接近酸液初始温度,且酸液在裂缝中的推进距离更远(图 11.10)。

(3)注入温度。

图 11.11 为不同注入温度下天然裂缝长度方向上温度的分布曲线。注入温度越高,缝长方向上温度分布越均匀,酸液推进的距离越远。如注入温度为 95℃时,酸液在天然裂缝中的推进距离约 20m,注入温度为 75℃时推进距离只有 10m 左右,这是由于温度越高,酸岩反应速

度快,进而酸液的穿透距离越长。故对该类储层进行酸化施工时,在符合添加剂稳定性的情况下,适当提高注入温度有助于造成更长的酸蚀裂缝。

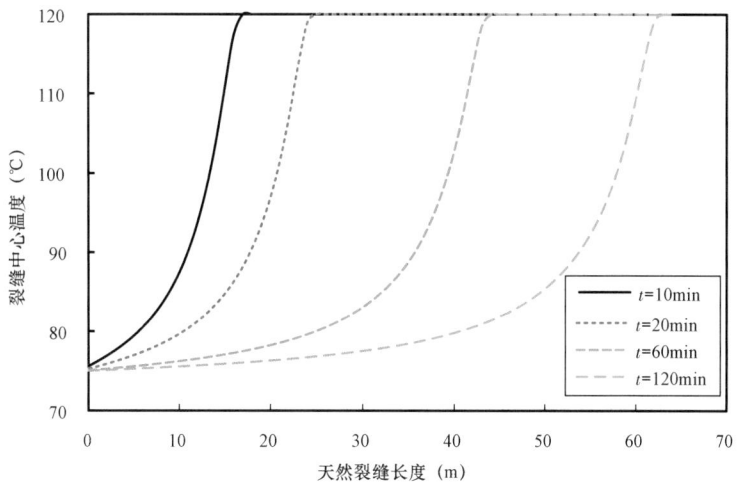

图 11.9　天然裂缝长度方向上温度随时间的变化

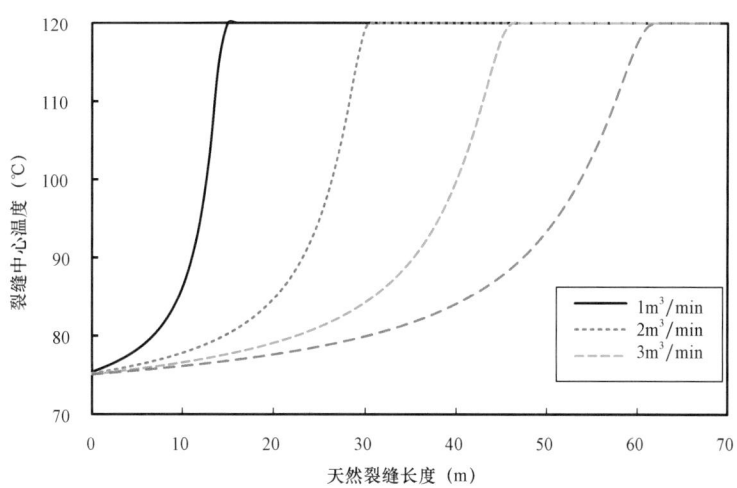

图 11.10　注入排量对天然裂缝长度方向上温度分布的影响($t=30\text{min}$)

(4)裂缝高度。

缝高越大,酸液在天然裂缝中的推进距离越小;缝高越小,缝长方向上的温度分布越均匀(图 11.12)。这是因为在定排量下,缝高的增加会减弱酸液在缝长方向上的对流强度,进而减小酸液的穿透距离;而缝高越小,缝长方向上酸液分布越均匀,使得温度分布亦均匀。因此,对缝高较大的天然裂缝进行酸化时,为了得到所需要的酸蚀裂缝长度,需要尽可能地提高施工排量增加施工时间。

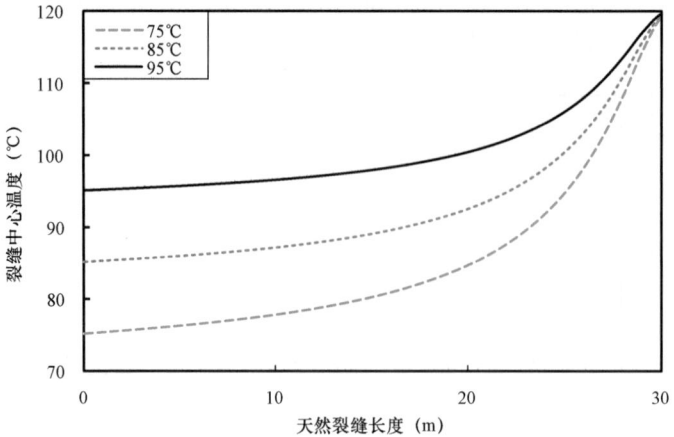

图 11.11　注入温度对天然裂缝长度方向上温度分布的影响($t=30\mathrm{min}$)

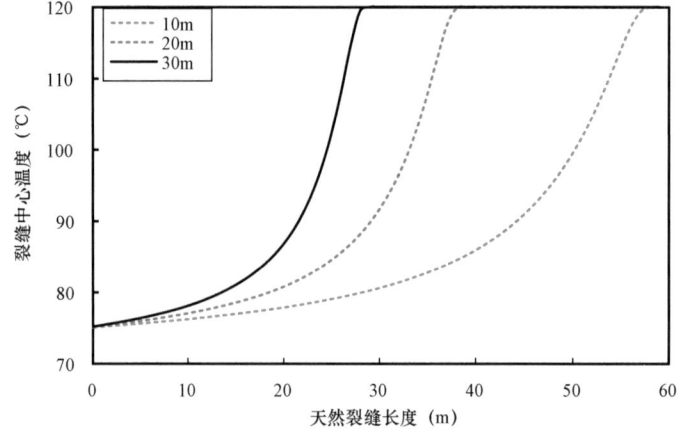

图 11.12　缝高对天然裂缝长度方向上温度分的影响($t=30\mathrm{min}$)

第12章 转向酸蚓孔发育模型

酸蚀蚓孔是酸液在非均匀碳酸盐岩地层的大孔隙或天然裂缝中反应溶蚀而形成的具有高导流能力的流动通道,具有延伸随机、形态复杂与难以预测的特点,对其形态的预测与受控因素的研究对指导酸化改造作业具有重要意义。对酸蚀蚓孔的数值模型研究从无量纲模型、网络模型和单蚓孔模型,到目前应用最广泛、最实用的为双尺度模型。在现存的双尺度模型中,未考虑温度对酸液性质的影响,将酸液的反应性能和传质性能设定为常数。而实际上酸液在高温地层中渗流是化学反应、传质与传热多种机理耦合的复杂现象,忽略传热现象将导致对地层条件下酸蚀蚓孔发育认识发生偏差。因此,需要将传热过程耦合进双尺度模型,使其能够反映不同地层温度条件下酸蚀蚓孔的发育情况。

12.1 模型建立

12.1.1 基本假设

酸液在碳酸盐岩油气井近井地带的反应性流动与传热机理如图 12.1 所示。

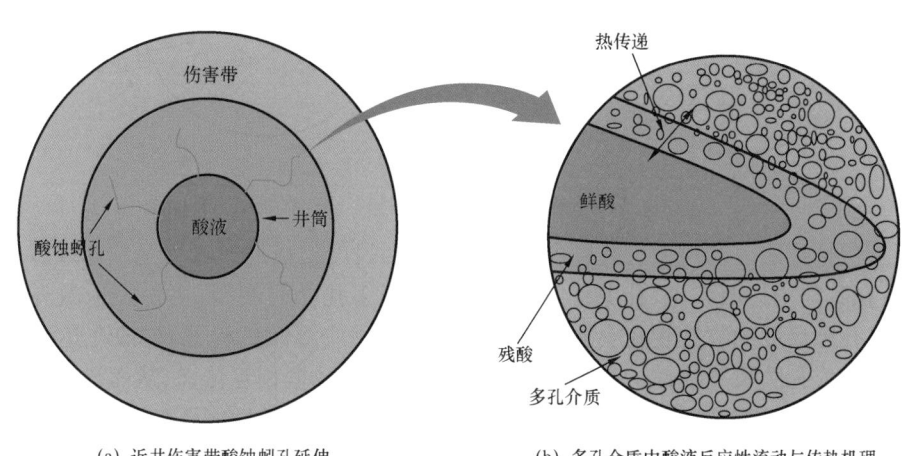

(a) 近井伤害带酸蚀蚓孔延伸　　　(b) 多孔介质中酸液反应性流动与传热机理

图 12.1　碳酸盐岩储层近井地带酸液反应性流动与传热机理示意图

如图 12.1(a)所示,当酸液不断注入碳酸盐岩储层,将在井壁上溶蚀形成少数曲折复杂的酸蚀蚓孔。如果这些蚓孔能够成功突破近井伤害带,将有效地提升油气渗流条件,实现油气产量恢复甚至提升。在酸蚀蚓孔形成的过程中,伴随着化学反应、传质与传热等复杂过程。如图

12.1(b)所示,鲜酸不断地在蚓孔中流动,并在其壁面发生化学反应,反应后的残酸向多孔介质内部滤失。此时,热量从高温地层到酸液流动,加热酸液并改变酸液性质,从而影响酸液反应溶蚀过程。

基于上述反应性流动与传热机理,提出如下假设:

(1)碳酸盐岩储层为非均匀性多孔介质,不考虑裂缝与溶洞分布;

(2)碳酸盐岩储层孔隙度分布遵从正态分布规律;

(3)酸液在碳酸盐岩储层中的流动为不可压缩的达西流动;

(4)忽略酸液在多孔介质中渗流过程中重力的影响;

(5)温度只影响酸液的粘度、扩散系数与反应速度常数,忽略温度对酸液密度的影响;

(6)酸液在多孔介质中受迫对流换热满足局部热平衡条件,即在单位网格内多孔介质中固体颗粒和流体间不存在温差。

12.1.2 转向酸双尺度模型

双尺度模型首次由 Panga 提出,并由 Kalia 扩展至径向双尺度模型,增强可应用性。它能够呈现不同注酸速度条件下碳酸盐岩岩心的溶蚀过程,且通过与实验数据的对比验证了模型的可靠性,近年来被广泛地应用于碳酸盐岩基质酸化数值模拟领域。图 12.2 所示为双尺度模型中各类尺度示意图。

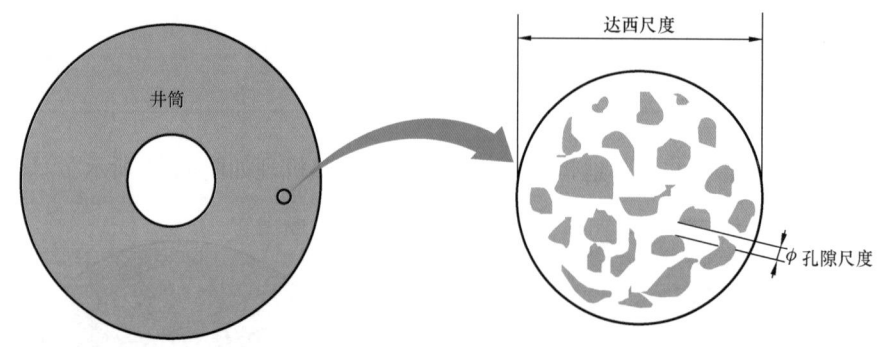

图 12.2 双尺度模型中各类尺度示意图

该模型包括达西尺度模型与孔隙尺度模型。达西尺度是描述厘米级至微米级多孔介质的模型,酸液在其间为达西渗流,孔隙尺度模型为微米级多孔介质模型,主要表示微观孔隙介质物性变化。孔隙尺度的物性变化会影响达西尺度酸液反应溶蚀过程,而酸液在达西尺度上的反应溶蚀会造成孔隙尺度物性的变化,通过将两种尺度的数据相互传递,从而描述酸液在多孔介质中流动传质与反应溶解,最终能够近似模拟非均值储层中酸蚀蚓孔的扩展形态。

由于碳酸盐岩只由 $CaCO_3$ 组成,酸液与碳酸盐岩的反应式为:

$$CaCO_3 + 2H^+ \Longrightarrow Ca^{2+} + H_2O + CO_2 \uparrow \tag{12.1}$$

12.1.2.1 达西尺度模型

在宏观条件下,酸液在多孔介质中遵从达西定律进行反应性流动,而这将引起多孔介质微观孔隙结构与物性参数发生变化。为了具体描述其反应性流动过程,需要对酸液连续流动过程中的压力场、流速场、酸液浓度场、Ca^{2+} 浓度场、VES 浓度场和孔隙度场进行求解。

转向酸酸液在多孔介质流动为达西流动,因此其径向流速方程为:

$$(u_r, u_\theta) = -\frac{K}{\mu}\left(\frac{\partial p}{\partial r}, \frac{1}{r}\frac{\partial p}{\partial \theta}\right) \tag{12.2}$$

式中　u_r——酸液在 r 方向的流速,m/s;

　　　u_θ——酸液在 θ 方向的流速,m/s;

　　　r——径向距离,m;

　　　θ——极角;

　　　K——储层渗透率,D;

　　　μ——酸液黏度,Pa·s;

　　　p——储层压力,MPa。

基于质量守恒,获得注酸过程中近井地带的压力分布为:

$$\frac{\partial \phi}{\partial t} + \frac{1}{r}\frac{\partial}{\partial r}(ru_r) + \frac{1}{r}\frac{\partial u_\theta}{\partial \theta} = 0 \tag{12.3}$$

式中　ϕ——孔隙度;

　　　t——时间,s。

基于酸液浓度守恒方程,考虑酸液的传质与反应消耗,获得酸液在近井地带的浓度分布为:

$$\frac{\partial(\phi C_f)}{\partial t} + \frac{1}{r}\frac{\partial(ru_r C_f)}{\partial r} + \frac{1}{r}\frac{\partial(u_\theta C_f)}{\partial \theta} = \frac{1}{r}\frac{\partial}{\partial r}\left(r\phi \boldsymbol{D}_{er}\frac{\partial C_f}{\partial r}\right) + \frac{1}{r}\frac{\partial}{\partial \theta}\left(\frac{\phi \boldsymbol{D}_{e\theta}}{r}\frac{\partial C_f}{\partial \theta}\right) - R(C_s)a_v$$

$$\tag{12.4}$$

式中　C_f——孔隙中酸液浓度,mol/m^3;

　　　D_{er}——r 方向的有效扩散张量,m^2/s;

　　　$D_{e\theta}$——θ 方向的有效扩散张量,m^2/s;

　　　C_s——孔隙壁面处酸液浓度,mol/m^3;

　　　a_v——岩石比表面积,m^2/m^3。

钙离子随着酸液对储层的反应溶蚀逐渐生成,根据反应方程式,消耗 2mol 酸液生成 1mol 钙离子,因此钙离子浓度方程式为:

$$\frac{\partial(\phi C_{Ca^{2+}})}{\partial t} + \frac{1}{r}\frac{\partial(ru_r C_{Ca^{2+}})}{\partial r} + \frac{1}{r}\frac{\partial(u_\theta C_{Ca^{2+}})}{\partial \theta}$$

$$= \frac{1}{r}\frac{\partial}{\partial r}\left(r\phi \boldsymbol{D}_{er}\frac{\partial C_{Ca^{2+}}}{\partial r}\right) + \frac{1}{r}\frac{\partial}{\partial \theta}\left(\frac{\phi \boldsymbol{D}_{e\theta}}{r}\frac{\partial C_{Ca^{2+}}}{\partial \theta}\right) + 0.5R(C_s)a_v \tag{12.5}$$

式中　$C_{Ca^{2+}}$——孔隙中钙离子浓度,mol/m^3。

表面活性剂不参与酸岩反应,因此它在酸液流动过程中只受对流扩散影响,其浓度分布方程式为:

$$\frac{\partial(\phi C_{VES})}{\partial t} + \frac{1}{r}\frac{\partial(ru_r C_{VES})}{\partial r} + \frac{1}{r}\frac{\partial(u_\theta C_{VES})}{\partial \theta} = \frac{1}{r}\frac{\partial}{\partial r}\left(r\phi \boldsymbol{D}_{er}\frac{\partial C_{VES}}{\partial r}\right) + \frac{1}{r}\frac{\partial}{\partial \theta}\left(\frac{\phi \boldsymbol{D}_{e\theta}}{r}\frac{\partial C_{VES}}{\partial \theta}\right)$$

$$(12.6)$$

式中 C_{VES}——孔隙中表面活性剂浓度，mol/m^3。

式(12.4)中，式右边最后一项，$R(C_s)a_v$，表示酸液在多孔介质中流动时由于反应而引起的酸液浓度的下降。对酸液消耗的表征取决与酸液在孔隙中的传质与反应机理，其消耗速度的快慢由孔隙中 H^+ 的传质速度与反应速度共同控制。当 H^+ 在液固界面上的反应速度低于 H^+ 向岩面的传递速度或反应生成物离开岩面的速度，则酸液消耗速度由反应控制；当反应速度相较于 H^+ 向岩石表面的传质速度很快，则酸液消耗速度由传质控制。综合考虑两种控制机理，基于 Panga 研究，酸岩反应速度可以表示如下：

$$R(C_s) = k_c(C_f - C_s) \tag{12.7}$$

盐酸与碳酸钙的反应可看作一级不可逆反应，因此孔隙壁面处的酸液浓度 C_s 为：

$$C_s = \frac{C_f}{1 + \dfrac{k_s}{k_c}} \tag{12.8}$$

式中 k_c——本地传质系数，m/s；

k_s——反应速度常数，m/s；

C_s——孔隙壁面处酸液浓度，mol/m^3。

结合式(12.8)，式(12.7)可表示为：

$$R(C_s) = k_s C_s \tag{12.9}$$

随着酸液对多孔介质的不断反应溶蚀，其孔隙度变化速度为：

$$\frac{\partial \phi}{\partial t} = \frac{R(C_s)\alpha a_v}{\rho_s} \tag{12.10}$$

式中 α——酸溶解能力数，定义为单位摩尔酸液溶解的岩石质量，g/mol；

ρ_s——岩石密度，kg/m^3。

12.1.2.2 孔隙尺度模型

酸液在达西尺度渗流的过程中不断溶解岩石，改变多孔介质孔隙的微观结构，进而提升介质的孔隙度与渗透率。而这种变化会反过来影响酸液在达西尺度的渗流过程。因此，为了使达西尺度模型实时获得孔隙尺度相关物性参数，需要建立相关关系式描述物性参数之间的联系以及它们随着酸液作用的变化。

现在没有确定的解析关系能够描述酸溶蚀情况下碳酸盐岩物性参数的变化，本书采用 Civan 提出的半经验公式构建酸蚀过程中孔隙度与渗透率的关系：

$$\frac{K}{K_0} = \frac{\phi}{\phi_0}\left[\frac{\phi(1-\phi_0)}{\phi_0(1-\phi)}\right]^{2\beta} \tag{12.11}$$

式中 K_0——储层初始平均渗透率,D;

    ϕ_0——储层初始平均孔隙度;

    β——与孔隙结构相关参数。

将式(12.11)扩展至酸溶蚀过程中孔隙半径与比表面积的变化关系如下:

$$\frac{r_p}{r_{p0}} = \left(\frac{K\phi_0}{K_0\phi}\right)^{1/2} \tag{12.12}$$

$$\frac{a_v}{a_0} = \frac{\phi r_{p0}}{\phi_0 r_p} \tag{12.13}$$

式中 r_p——孔隙半径,m;

    r_{p0}——孔隙平均初始半径,m;

    a_v——岩石比表面积,m^2/m^3;

    a_0——岩石初始平均比表面积。

在多孔介质中,H^+ 从孔隙中的酸液传递到液固界面决定于传质系数 k_c,k_c 受孔隙结构、反应速度和流体流速综合影响。随着酸液溶蚀对孔隙结构的改变,酸液的传质也受到重要影响。Gupta 与 Santhosh 等就各因素对酸液传质影响进行了详细研究,他们采用无量纲传质系数 Sherwood 数进行描述直孔隙中任意界面的传质现象。

$$Sh = \frac{2k_c r_p}{D_m} = Sh_\infty + \frac{0.7}{m^{1/2}} Re_p^{1/2} Sc^{1/3} \tag{12.14}$$

式中 Sh——Sherwood 数;

    D_m——分子扩散系数,m^2/s;

    Sh_∞——渐进 Sherwood 数;

    m——孔隙长度与半径之比;

    Re_p——孔隙尺度雷诺数;

    Sc——Schmidt 数。

酸液在孔隙中的扩散则通过两个独立的扩散张量表示:

$$\begin{cases} \boldsymbol{D}_{er} = \alpha_{os}D_m + \dfrac{2\lambda_r |U| r_p}{\phi} \\[3mm] \boldsymbol{D}_{e\theta} = \alpha_{os}D_m + \dfrac{2\lambda_\theta |U| r_p}{\phi} \end{cases} \tag{12.15}$$

式中 α_{os},λ_r,λ_θ——为基于孔隙几何尺寸相关的常数。

12.1.3 传热方程

酸液从井口到井底经历短暂的井筒传热后,其温度较原始地层温度依然存在较大差距。因此,转向酸溶蚀改造地层的过程中,依然受到高温地层的传热作用。酸液从井底向非均匀碳酸盐岩地层反应流动,形成具有高导流能力的酸蚀蚓孔,低温酸液沿酸蚀蚓孔非径向推进,导致近井地带温度的重新分布。温度对转向酸液性质影响显著,体现于对转向酸黏度、反应速度和传质速度方面的强烈影响,而这些性质的变化,将影响地层的最终溶蚀形态。因此,建立较为精准的基质酸化近井温度场模型十分必要。

取近井区域极坐标微元控制体如图 12.3 所示,在 z 方向取单位长度 1,忽略二阶微量后,其体积为 $r\mathrm{d}\theta\mathrm{d}r\cdot1$。假设酸液在多孔介质中流动遵从局部热平衡条件,即同一微元中酸液与岩石具备相同温度。由于酸液充满多孔介质的孔隙,因此微元本身携带的热量单位时间的变化为:

$$-\left[\rho_s c_{ps}(1-\phi)+\rho_a c_{pa}\phi\right]\partial Tr\mathrm{d}\theta\mathrm{d}r\cdot1 \tag{12.16}$$

式中 c_{ps}——岩石比热容,$\mathrm{J/(kg\cdot K)}$;

$\quad\quad c_{pa}$——酸液比热容,$\mathrm{J/(kg\cdot K)}$;

$\quad\quad \rho_a$——酸液密度,$\mathrm{kg/m^3}$;

$\quad\quad \rho_s$——岩石密度,$\mathrm{kg/m^3}$;

$\quad\quad T$——微元温度,K。

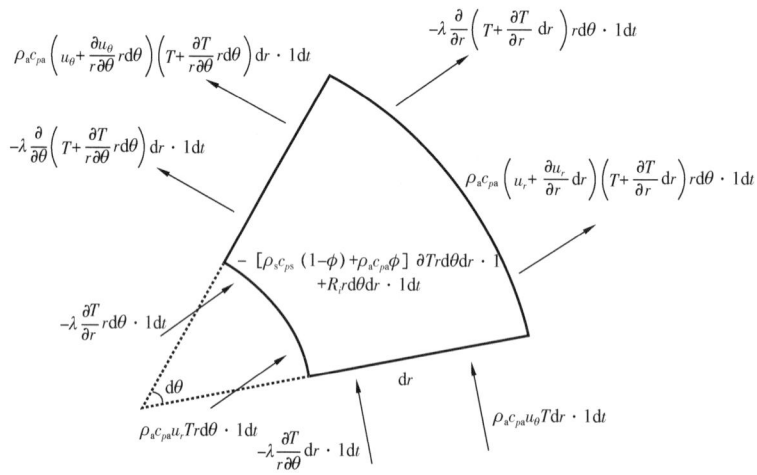

图 12.3 微元控制体热能量平衡示意图

微元体四个面热量进出如图 12.3 所示,每个面均具备导热和热对流两种传热形式。导热包括多孔介质导热和酸液导热两部分,由于同一微元温度相同,综合导热系数 λ 可以表示为 $(1-\phi)\lambda_s+\phi\lambda_a$,其中,$\lambda_s$ 和 λ_a 分别为岩石基质与酸液的热导率,$\mathrm{W/(m\cdot K)}$。热对流由流体流动决定,在多孔介质中只有酸液流动,因此只考虑酸液的热对流。

单位时间内流入微元控制体的能量为:

$$-\lambda\frac{\partial T}{\partial r}r\mathrm{d}\theta\cdot1\mathrm{d}t+\rho_a c_{pa}u_r Tr\mathrm{d}\theta\cdot1\mathrm{d}t-\lambda\frac{\partial T}{r\mathrm{d}\theta}\mathrm{d}r\cdot1\mathrm{d}t+\rho_a c_{pa}u_\theta T\mathrm{d}r\cdot1\mathrm{d}t \tag{12.17}$$

单位时间内从微元控制体流出的能量为:

$$- \lambda \frac{\partial}{r \partial \theta} \Big(T + \frac{\partial T}{r \partial \theta} r \mathrm{d}\theta \Big) \mathrm{d}r \cdot 1 \mathrm{d}t + \rho_a c_{pa} \Big(u_\theta + \frac{\partial u_\theta}{r \partial \theta} r \partial \theta \Big) \Big(T + \frac{\partial T}{r \partial \theta} r \mathrm{d}\theta \Big) \mathrm{d}r \cdot 1 \mathrm{d}t$$
$$- \lambda \frac{\partial}{\partial r} \Big(T + \frac{\partial T}{\partial r} \mathrm{d}r \Big) r \mathrm{d}\theta \cdot 1 \mathrm{d}t + \rho_a c_{pa} \Big(u_r + \frac{\partial u_r}{\partial r} \partial r \Big) \Big(T + \frac{\partial T}{\partial r} \mathrm{d}r \Big) r \mathrm{d}\theta \cdot 1 \mathrm{d}t \tag{12.18}$$

酸与碳酸盐岩发生的反应为放热反应,单位时间在微元中由于反应产生的热量为:

$$R_t r \mathrm{d}\theta \mathrm{d}r \cdot 1 \mathrm{d}t \tag{12.19}$$

由流体力学可知,不可压缩流体的二元定常流动的连续性方程为:

$$\frac{\partial u_r}{\partial r} + \frac{\partial u_\theta}{r \partial \theta} = 0 \tag{12.20}$$

基于能量守恒方程,对式(12.16)至式(12.19)进行展开简化,应用连续性方程[式(12.20)],并忽略二阶微量,最后可得能量方程为:

$$\Big[\rho_s c_{ps} (1 - \phi) + \rho_a c_{pa} \phi \Big] \frac{\partial T}{\partial t} + \rho_a c_{pa} u_\theta \frac{\partial T}{r \partial \theta} + \rho_a c_{pa} u_r \frac{\partial T}{\partial r} = \lambda \frac{\partial^2 T}{r^2 \partial^2 \theta} + \lambda \frac{\partial^2 T}{\partial^2 r} + R_i \tag{12.21}$$

在本书中模拟的区域为非均质储层,每个孔隙结构和物性参数都不相同,因此式(12.21)可以写为:

$$\frac{\partial [(\rho_s (1 - \phi) c_{ps} + \rho_a \phi c_{pa}) T]}{\partial t} + \rho_a c_{pa} \frac{1}{r} \Big[\frac{\partial (r u_r T)}{\partial r} + \frac{\partial (u_\theta T)}{\partial \theta} \Big]$$
$$= \frac{1}{r} \frac{\partial}{\partial r} \Big(r \lambda \frac{\partial T}{\partial r} \Big) + \frac{1}{r^2} \frac{\partial}{\partial \theta} \Big(\lambda \frac{\partial T}{\partial \theta} \Big) + R_i \tag{12.22}$$

式中 λ——微元综合热导率,W/(m·K);

R_i——反应热产生速度,J/mol。

式(12.22)即为基质酸化近井传热方程。

酸液溶蚀碳酸盐岩的过程中,将释放反应热。反应热由酸液消耗量和单位酸液消耗时而释放的热量决定。结合式(12.9),酸岩反应热可表示为:

$$R_i = \Delta H_r R(C_s) A_v \tag{12.23}$$

式中 ΔH_r——反应 1mol 酸液所释放的热量,J/mol。

实际上,酸与岩石反应时释放的反应热就是酸岩反应的标准反应焓,其数值上等于反应物与生成物标准摩尔生成焓的差值。基于基尔霍夫定律,任意物质的标准反应焓都随温度而变化,因此,酸岩反应释放的反应热也随温度变化而变化,可表示为:

$$\Delta H_r (T) = \Big| \sum_{\text{resultants}} \Delta H(298K) - \sum_{\text{reactants}} \Delta H(298K) + \int_{298}^{T} \sum_{B} v_B c_{p,m}(B) \mathrm{d}T \Big| \tag{12.24}$$

式中 ΔH——反应物或生成物在 298K 时的标准摩尔反应焓,J/mol;

v_B——B 物质在反应中的化学计量数;

$c_{p,m}$——物质的摩尔热容。

假设模拟碳酸盐岩地层只含石灰岩,则酸岩反应涉及的标准摩尔反应焓和摩尔热容参数见表12.1。

基于表12.1数据,结合式(12.24),计算获得消耗单位摩尔酸液释放热量为:

$$\Delta H_r(T) = |-6846 + 8.038T - 3.22 \times 10^{-3}T^2 - 870.3T^{-1}| \qquad (12.25)$$

表 12.1 酸岩反应反应物与生成物的标准摩尔反应焓和摩尔热容

物质	$\Delta H(J/mol)$	$c_{p,m}(T) = a + bT + c^1T^{-2}$		
		$a[J/(mol \cdot K)]$	$b[10^{-3}J/(mol \cdot K^2)]$	$c^1[10^5J/(mol \cdot K^2)]$
$CaCO_3$	-1206.87	104.52	21.92	-25.941
H^+	0	0	0	0
Ca^{2+}	-542.83	0.97	0	0
H_2O	-285.85	75.29	0	0
CO_2	-393.51	44.34	9.037	-8.535

注:a,b,c—摩尔热容计算经验参数;T—温度,℃。

12.1.4 定解条件

为了求解建立的双尺度模型和径向传热模型,提出相应的初始条件和边界条件。

12.1.4.1 初始条件

在酸液注入之前,储层中压力和温度均保持地层原始状态,地层中不存在酸液,因此相应的初始条件为:

$$\begin{cases} p(r,\theta) = p_i \\ C_f(r,\theta) = 0 \\ C_{Ca^{2+}}(r,\theta) = 0 \qquad t = 0 \\ C_{VES}(r,\theta) = 0 \\ T(r,\theta) = T_i \end{cases} \qquad (12.26)$$

式中 p_i——原始地层压力,MPa;

      T_i——原始地层温度,K。

双尺度模型最大的优势为能够模拟非均质碳酸盐岩储层的酸蚀形态。目前大多研究均采用平均随机分布模式模拟非均质储层。平均随机分布就是通过在区间$[-\Delta\phi, \Delta\phi]$中平均分布着一系列的随机数来模拟储层的非均匀孔隙度,$\Delta\phi$越大,储层非均质程度越大。然而,柳明的研究表明,碳酸盐岩的孔隙度分布更加近似于正态分布,而非平均随机分布。在本书中,碳酸盐岩初始孔隙度分布表示为:

$$\phi = \begin{cases} 0.99, & (\phi \geqslant 0.99) \\ \phi_0 + \phi_0 \sigma G(r,\theta), & (0.005 < \phi < 0.99), \\ 0.005 & (\phi \leqslant 0.005) \end{cases} \tag{12.27}$$

式中　σ——标准偏差；

　　　$G(r,\theta)$——服从正太分布的变量。

在孔隙度服从正态分布的非均质储层中，其非均质性由标准偏差 σ 控制，σ 越大，储层非均质性越强。

12.1.4.2　边界条件

模拟区域的压力、酸液浓度、Ca^{2+} 浓度、VES 浓度与温度边界条件如下：

$$\begin{cases} -\dfrac{K}{\mu}\dfrac{\partial p}{\partial r} = u_0, C_f = C_{f0}, C_{Ca^{2+}} = 0, C_{VES} = C_{VES0}, T = T_{f0} & (r = r_w) \\[2mm] p = p_i, \dfrac{\partial C_f}{\partial r} = 0, \dfrac{\partial C_{Ca^{2+}}}{\partial r} = 0, \dfrac{\partial C_{VES}}{\partial r} = 0, \dfrac{\partial T}{\partial r} = 0 & (r = r_e) \end{cases} \tag{12.28}$$

式中　u_0——酸液注入速度，m/s；

　　　C_0——鲜酸浓度，mol/L；

　　　C_{VES0}——鲜酸表面活性剂浓度，mol/m^3；

　　　T_{f0}——井底酸液温度，K。

当模拟多层位同时进酸时，忽略层位之间的垂向压差，各层位进酸入口处的压力相同。因此其他边界条件不变，不同层位的入口处压力边界条件如下：

$$p_1 = p_2 = \cdots = p_i \qquad (r = r_w) \tag{12.29}$$

式中　p_i——第 i 层位入口处压力，MPa。

12.2　模型求解

12.2.1　无量纲化

由于上节中建立模型涉及参数众多，单位复杂，为了避免单位换算对计算结果的影响，简化计算，对上述模型采用无量纲化进行处理。在本节中采用以下无量纲参数对建立模型进行无量纲化：

$$r_D = \frac{r}{r_e}, r_{wD} = \frac{r_w}{r_e}, u_{rD} = \frac{u_r}{u_0}, u_{\theta D} = \frac{u_\theta}{u_0}, \rho_{sD} = \frac{\rho_s}{\rho_a}$$

$$C_{fD} = \frac{C_f}{C_0}, t_D = \frac{t}{(r_e/u_0)}, r_{pD} = \frac{r_p}{r_{p0}}, a_{vD} = \frac{a_v}{a_0}$$

$$C_{\mathrm{CaD}} = \frac{C_{\mathrm{Ca2+}}}{C_0}, C_{\mathrm{VESD}} = \frac{C_{\mathrm{VES}}}{C_0}, \mu_{\mathrm{D}} = \frac{\mu}{\mu_0}, c_{psD} = \frac{c_{ps}}{c_{pa}}$$

$$T_{\mathrm{D}} = \frac{T - T_{s0}}{T_{f0} - T_{s0}}, D_{\mathrm{a}} = \frac{k_s a_0 r_e}{u_0}, p_{\mathrm{D}} = \frac{p - p_i}{\dfrac{\mu_0 u_0 r_e}{K_0}}, K_{\mathrm{D}} = \frac{K}{K_0}$$

$$\phi^2 = \frac{2k_s r_{p0}}{D_m}, \Phi^2 = \frac{k_s a_0 r_e^2}{D_m}, N_{\mathrm{ac}} = \frac{\alpha C_0}{\rho_s}$$

$$\lambda_{\mathrm{D}} = \frac{(1 - \phi)\lambda_s + \phi\lambda_a}{\rho_a c_{pa} u_0 r_e}, \eta = \frac{2r_{p0}}{r_e}, H_{rD} = \frac{\Delta H_r C_0}{\rho_a c_{pa}(T_{f0} - T_{s0})}$$

将上述无因次参数带入建立模型进行逐项计算,获得模型无量纲方程为:

$$(u_{rD}, u_{\theta D}) = -\frac{K_{\mathrm{D}}}{\mu_{\mathrm{D}}}\left(\frac{\partial p_{\mathrm{D}}}{\partial r_{\mathrm{D}}}, \frac{1}{r_{\mathrm{D}}}\frac{\partial p_{\mathrm{D}}}{\partial \theta}\right) \tag{12.30}$$

$$\frac{\partial \phi}{\partial t_{\mathrm{D}}} + \frac{1}{r_{\mathrm{D}}}\frac{\partial}{\partial r_{\mathrm{D}}}(r_{\mathrm{D}} u_{rD}) + \frac{1}{r_{\mathrm{D}}}\frac{\partial u_{\theta D}}{\partial \theta} = 0 \tag{12.31}$$

$$\frac{\partial(\phi C_{\mathrm{fD}})}{\partial t_{\mathrm{D}}} + \frac{1}{r_{\mathrm{D}}}\frac{\partial(r_{\mathrm{D}} u_{rD} C_{\mathrm{fD}})}{\partial r_{\mathrm{D}}} + \frac{1}{r_{\mathrm{D}}}\frac{\partial(u_{\theta D} C_{\mathrm{fD}})}{\partial \theta}$$

$$= \frac{1}{r_{\mathrm{D}}}\frac{\partial}{\partial r_{\mathrm{D}}}\left[r_{\mathrm{D}}\left(\frac{\alpha_{os}\phi D_a}{\Phi^2} + \lambda_r |U| r_{pD}\eta\right)\frac{\partial C_{\mathrm{fD}}}{\partial r_{\mathrm{D}}}\right] + \tag{12.32}$$

$$\frac{1}{r_{\mathrm{D}}^2}\frac{\partial}{\partial \theta}\left[\left(\frac{\alpha_{os}\phi D_a}{\Phi^2} + \lambda_\theta |U| r_{pD}\eta\right)\frac{\partial C_{\mathrm{fD}}}{\partial \theta}\right] - \frac{D_a a_{vD} C_{\mathrm{fD}}}{\left(1 + \dfrac{\phi^2 r_{pD}}{sh}\right)}\frac{\partial(\phi C_{\mathrm{CaD}})}{\partial t_{\mathrm{D}}} +$$

$$\frac{1}{r_{\mathrm{D}}}\frac{\partial(r_{\mathrm{D}} u_{rD} C_{\mathrm{CaD}})}{\partial r_{\mathrm{D}}} + \frac{1}{r_{\mathrm{D}}}\frac{\partial(u_{\theta D} C_{\mathrm{CaD}})}{\partial \theta}$$

$$= \frac{1}{r_{\mathrm{D}}}\frac{\partial}{\partial r_{\mathrm{D}}}\left[r_{\mathrm{D}}\left(\frac{\alpha_{os}\phi D_a}{\Phi^2} + \lambda_r |U| r_{pD}\eta\right)\frac{\partial C_{\mathrm{CaD}}}{\partial r_{\mathrm{D}}}\right] + \tag{12.33}$$

$$\frac{1}{r_{\mathrm{D}}^2}\frac{\partial}{\partial \theta}\left[\left(\frac{\alpha_{os}\phi D_a}{\Phi^2} + \lambda_\theta |U| r_{pD}\eta\right)\frac{\partial C_{\mathrm{CaD}}}{\partial \theta}\right] + 0.5\frac{D_a a_{vD} C_{\mathrm{fD}}}{\left(1 + \dfrac{\phi^2 r_{pD}}{sh}\right)}\frac{\partial(\phi C_{\mathrm{VESD}})}{\partial t_{\mathrm{D}}} +$$

$$\frac{1}{r_{\mathrm{D}}}\frac{\partial(r_{\mathrm{D}} u_{rD} C_{\mathrm{VESD}})}{\partial r_{\mathrm{D}}} + \frac{1}{r_{\mathrm{D}}}\frac{\partial(u_{\theta D} C_{\mathrm{VESD}})}{\partial \theta}$$

$$= \frac{1}{r_{\mathrm{D}}}\frac{\partial}{\partial r_{\mathrm{D}}}\left[r_{\mathrm{D}}\left(\frac{\alpha_{os}\phi D_a}{\Phi^2} + \lambda_r |U| r_{pD}\eta\right)\frac{\partial C_{\mathrm{VESD}}}{\partial r_{\mathrm{D}}}\right] + \tag{12.34}$$

$$\frac{1}{r_{\mathrm{D}}^2}\frac{\partial}{\partial \theta}\left[\left(\frac{\alpha_{os}\phi D_a}{\Phi^2} + \lambda_\theta |U| r_{pD}\eta\right)\frac{\partial C_{\mathrm{VESD}}}{\partial \theta}\right]\frac{\partial[(\rho_{sD}(1 - \phi)c_{psD} + \phi)T_D]}{\partial t_D} +$$

$$\frac{1}{r_{\mathrm D}}\left[\frac{\partial(r_{\mathrm D}u_{r\mathrm D}T_{\mathrm D})}{\partial r_{\mathrm D}} + \frac{\partial(u_{\theta\mathrm D}T_{\mathrm D})}{\partial\theta}\right]$$

$$= \frac{1}{r_{\mathrm D}}\frac{\partial}{\partial r_{\mathrm D}}\left(r_{\mathrm D}\lambda_{\mathrm D}\frac{\partial T_{\mathrm D}}{\partial r_{\mathrm D}}\right) + \frac{1}{r_{\mathrm D}^2}\frac{\partial}{\partial\theta}\left(\lambda_{\mathrm D}\frac{\partial T_{\mathrm D}}{\partial\theta}\right) + \frac{D_{\mathrm a}a_{v\mathrm D}C_{\mathrm f\mathrm D}H_{r\mathrm D}}{\left(1 + \dfrac{\phi^2 r_{\mathrm p\mathrm D}}{sh}\right)} \tag{12.35}$$

$$\frac{\partial\phi}{\partial t_{\mathrm D}} = \frac{D_{\mathrm a}N_{\mathrm{ac}}a_{v\mathrm D}C_{\mathrm f\mathrm D}}{\left(1 + \dfrac{\phi^2 r_{\mathrm p\mathrm D}}{sh}\right)} \tag{12.36}$$

无量纲初始条件为:

$$\begin{cases} p_D(r,\theta) = 1 \\ C_{\mathrm f\mathrm D}(r,\theta) = 0 \\ C_{\mathrm{CaD}}(r,\theta) = 0 \qquad t_{\mathrm D} = 0 \\ C_{\mathrm{VESD}}(r,\theta) = 0 \\ T_{\mathrm D}(r,\theta) = 0 \end{cases} \tag{12.37}$$

无量纲边界条件为:

$$\begin{cases} p_D = 0, \dfrac{\partial C_{\mathrm f\mathrm D}}{\partial r_{\mathrm D}} = 0, \dfrac{\partial C_{\mathrm{CaD}}}{\partial r_{\mathrm D}} = 0, \dfrac{\partial C_{\mathrm{VESD}}}{\partial r_{\mathrm D}} = 0, \dfrac{\partial T_{\mathrm D}}{\partial r_{\mathrm D}} = 0 \quad (r_{\mathrm D} = 1) \\ -K_{\mathrm D}\dfrac{\partial p_{\mathrm D}}{\partial r_{\mathrm D}} = 1, C_{\mathrm f\mathrm D} = 1, C_{\mathrm{CaD}} = 0, C_{\mathrm{VESD}} = 1, T_{\mathrm D} = 1 \quad (r_{\mathrm D} = r_{\mathrm w\mathrm D}) \end{cases} \tag{12.38}$$

存在多层物性不同储层同时进酸时,其酸液注入端压力边界条件为:

$$p_{1\mathrm D} = p_{2\mathrm D} = \cdots = p_{i\mathrm D} \qquad (r_{\mathrm D} = r_{\mathrm w\mathrm D}) \tag{12.39}$$

12.2.2　模型离散

本书建立了耦合地层径向传热过程的酸蚀蚓孔发育模型,涉及化学反应、传质与传热多种过程相互影响,这样复杂的模型难以通过解析方法计算。因此,采用数值方法计算其数值解。

目前,求解流体流动与传热方程的数值计算方法主要有:有限差分法、有限元法和有限体积法。有限体积法以积分形式的控制方程为出发点,符合变量在控制容积中的守恒性,满足求解域的整体守恒性,各离散项均有明确的物理意义,是当前求解流动和传热问题应用最成功和最广泛的方法。

12.2.2.1　区域离散

模拟区域径向网格划分如图 12.4 所示。在 θ 方向按顺时针等角度划分编号,共划分 m 个网格,每个网格所对应的角度为 $\Delta\theta$。在 r 方向等距划分编号,共划分 n 个网格,每个网格对应

长度为 Δr。取一控制单元编号为 (i,j)，其控制范围在 θ 方向介于 $[\theta_s,\theta_n]$，在 r 方向介于 $[r_{Dw}, r_{De}]$，其相邻的四个单元 $(i-1,j)$，$(i+1,j)$，$(i,j-1)$ 和 $(i,j+1)$ 分别位于网格的 s 方向、n 方向、w 方向与 e 方向。由于采用有限体积法离散模拟区域，控制方程离散形式直接满足控制单元内的通量守恒。

12.2.2.2　控制方程离散

　　基于上述网格划分，对耦合传热过程的径向酸蚀蚓孔延伸模型进行离散。采用有限体积法对模型每条控制方程进行积分，使特征变量满足在控制容积内的守恒特性，继而对方程按照控制容积单元进行离散，使离散各项具备明确的物理意义。

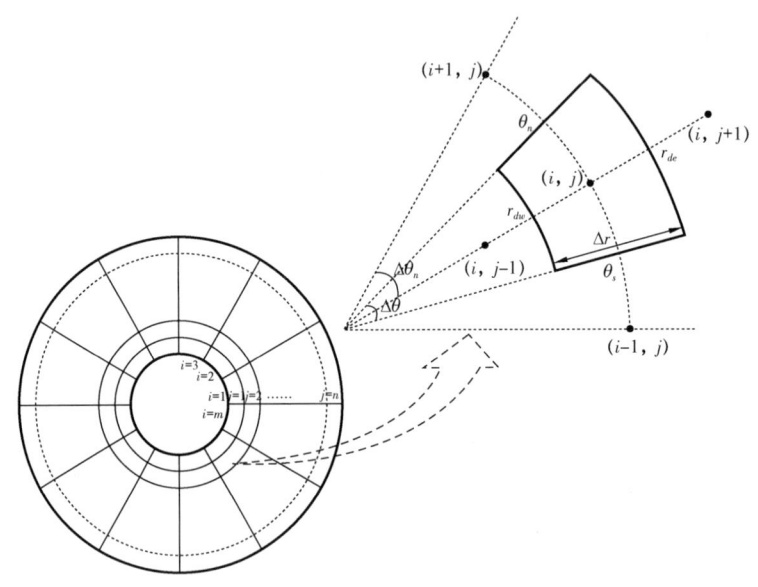

图 12.4　模拟区域数值网格划分

（1）压力场方程离散。

　　对压力场控制方程式（12.27）进行积分，由于模拟区域网格均匀划分，在编号为 (i,j) 控制单元的界面 $\theta_{i-1/2}$ 和 $\theta_{i+1/2}$ 可分别表示为 θ_s 和 θ_n，$r_{Dj-1/2}$ 和 $r_{Dj+1/2}$ 可分别表示为 r_{Dw} 和 r_{De}。因此，积分后整理得：

$$\int_{r_{Dw}}^{r_{De}}\int_{\theta_s}^{\theta_n} r_D\frac{\partial\phi}{\partial t_D}\mathrm{d}\theta\mathrm{d}r_D = \int_{r_{Dw}}^{r_{De}}\int_{\theta_s}^{\theta_n}\left[\frac{\partial}{\partial r_D}\left(\frac{r_D K_D}{\mu_D}\frac{\partial p_D}{\partial r_D}\right)+\frac{\partial}{\partial\theta}\left(\frac{K_D}{r_D\mu_D}\frac{\partial p_D}{\partial\theta}\right)\right]\mathrm{d}\theta\mathrm{d}r_D \quad (12.40)$$

　　在压力场中，对空间项进行中心差分、对时间项进行向前差分隐式差分格式，将式（12.40）离散可得：

$$\frac{r_{Dj-1/2}^2-r_{Dj+1/2}^2}{2}\Delta\theta\frac{\partial\phi}{\partial t_D} = \Delta\theta\frac{r_D K_D^n}{\mu_D}\frac{\partial p_D^{n+1}}{\partial r_D}\Big|_{i,j-1/2}^{i,j+1/2}+\left(\frac{K_D^n}{\mu_D r_D}\frac{\partial p_D^{n+1}}{\partial\theta}\Big|_{i-1/2,j}^{i+1/2,j}\right)\lg\left(\frac{r_{Dj+1/2}}{r_{Dj-1/2}}\right) \quad (12.41)$$

　　整理式（12.41）可得：

$$\Delta\Psi\Delta\theta\frac{\partial\phi}{\partial t_D} = \lg\left(\frac{r_{Dj+1/2}}{r_{Dj-1/2}}\right)\frac{K_{Di-1/2,j}^n}{\mu_D\Delta\theta}p_{Di-1,j}^{n+1} + \Delta\theta\frac{r_{Dj-1/2}K_{Di,j-1/2}^n}{\mu_D\Delta r_D}p_{Di,j-1}^{n+1} -$$

$$\left(\lg\left(\frac{r_{Dj+1/2}}{r_{Dj-1/2}}\right)\frac{K_{Di-1/2,j}^n}{\mu_D\Delta\theta} + \Delta\theta\frac{r_{Dj-1/2}K_{Di,j-1/2}^n}{\mu_D\Delta r_D}\right)p_{Di,j}^{n+1} -$$

$$\left(\Delta\theta\frac{r_{Dj+1/2}K_{Di,j+1/2}^n}{\mu_D\Delta r_D} + \lg\left(\frac{r_{Dj+1/2}}{r_{Dj-1/2}}\right)\frac{K_{Di+1/2,j}^n}{\mu_D\Delta\theta}\right)p_{Di,j}^{n+1} +$$

$$\Delta\theta\frac{r_{Dj+1/2}K_{Di,j+1/2}^n}{\mu_D\Delta r_D}p_{Di,j+1}^{n+1} + \lg\left(\frac{r_{Dj+1/2}}{r_{Dj-1/2}}\right)\frac{K_{Di+1/2,j}^n}{\mu_D\Delta\theta}p_{Di+1,j}^{n+1} \tag{12.42}$$

其中

$$\Delta\Psi = \frac{r_{Dj-1/2}^2 - r_{Dj+1/2}^2}{2}。$$

式（12.42）中涉及参数 $r_{Dj-1/2}$ 和 $r_{Dj+1/2}$，与 K_D 在控制单元的四个界面上的界面参数 $K_{Di-1/2,j}$，$K_{Di+1/2,j}$，$K_{Di,j-1/2}$ 和 $K_{Di,j+1/2}$。由于划分网格为径向网格，所以根据达西定律，$r_{Dj+1/2}$ 可表示为：

$$r_{Di,j+1/2} = \frac{\Delta r_D}{\lg\left(\frac{r_{Dj+1}}{r_{Dj}}\right)} \tag{12.43}$$

由于酸液在 r 方向为径向流动，因此 $K_{Di,j+1/2}$ 可表示为：

$$K_{Di,j+1/2} = \frac{\lg\left(\frac{r_{Dj+1}}{r_{Dj}}\right)}{\frac{1}{K_{Di,j}}\lg\left(\frac{r_{Dj+1/2}}{r_{Dj}}\right) + \frac{1}{K_{Di,j+1}}\lg\left(\frac{r_{Dj+1}}{r_{Dj+1/2}}\right)} \tag{12.44}$$

酸液在 θ 方向流动相当于酸液在串联的各网格间流动，因此 $K_{Di+1/2,j}$ 可表示为：

$$\frac{\Delta\theta_{i+1/2}}{K_{Di+1/2,j}} = \frac{\theta_{i+1} - \theta_{i+1/2}}{K_{Di+1,j}} + \frac{\theta_{i+1/2} - \theta_i}{K_{Di,j}} \tag{12.45}$$

（2）浓度场方程离散。

对酸液浓度场控制方程式（12.32）在编号为 (i,j) 的控制单元进行积分整理得：

$$\int_{r_{Dw}}^{r_{De}}\int_{\theta_s}^{\theta_n}\frac{\partial(\phi C_{fD})}{\partial t_D} + \frac{1}{r_D}\frac{\partial(r_D u_{rD}C_{fD})}{\partial r_D} + \frac{1}{r_D}\frac{\partial(u_{\theta D}C_{fD})}{\partial\theta}d\theta dr_D$$

$$= \int_{r_{Dw}}^{r_{De}}\int_{\theta_s}^{\theta_n}\frac{1}{r_D}\frac{\partial}{\partial r_D}\left[r_D\left(\frac{\alpha_{os}\phi D_a}{\Phi^2} + \lambda_r|U|r_{pD}\eta\right)\frac{\partial C_{fD}}{\partial r_D}\right] + \tag{12.46}$$

$$\frac{1}{r_D^2}\frac{\partial}{\partial\theta}\left[\left(\frac{\alpha_{os}\phi D_a}{\Phi^2} + \lambda_\theta|U|r_{pD}\eta\right)\frac{\partial C_{fD}}{\partial\theta}\right] - \frac{D_a a_{vD}C_{fD}}{\left(1 + \frac{\Phi^2 r_{pD}}{sh}\right)}d\theta dr_D$$

离散式(12.46)可得:

$$
\Delta\Psi\Delta\theta \frac{\partial(\phi C_{fD})}{\partial t_D} + \left(r_D u_{rD}^{n+1} C_{fD}^{n+1} \mid_{i,j-1/2}^{i,j+1/2} \right)\Delta\theta + \left(u_{\theta D}^{n+1} C_{fD}^{n+1} \mid_{i-1/2,j}^{i+1/2,j} \right)\Delta r_D
$$

$$
= \left[\left(\frac{\alpha_{os}\phi D_a}{\Phi^2} + \lambda_r \mid U^{n+1} \mid r_{pD}^n \eta \right) \frac{r_D \partial C_{fD}^{n+1}}{\partial r_D} \mid_{i,j-1/2}^{i,j+1/2} \right]\Delta\theta +
$$

$$
\left[\left(\frac{\alpha_{os}\phi D_a}{\Phi^2} + \lambda_\theta \mid U^{n+1} \mid r_{pD}^n \eta \right) \frac{\partial C_{fD}^{n+1}}{\partial\theta} \mid_{i-1/2,j}^{i+1/2,j} \right]\lg\left(\frac{r_{Dj+1/2}}{r_{Dj-1/2}}\right) - \qquad (12.47)
$$

$$
\Delta\Psi\Delta\theta \frac{D_a a_{vDi,j}^n C_{fDi,j}^{n+1}}{\left(1 + \dfrac{\phi^2 r_{pDi,j}^n}{sh} \right)}
$$

整理式(12.47),对时间项采用向前差分隐式差分格式,对空间项离散时,考虑到对流的输运性对对流项采用迎风差分格式,对扩散项采用中心差分格式。迎风差分格式就是在计算控制界面上的变量或其他参数值时规定,恒取上游节点处的值。基于此,获得浓度场离散公式为:

$$
a_P C_{fDi,j}^n = a_W C_{fDi,j-1}^{n+1} + a_S C_{fDi-1,j}^{n+1} + a_{PP} C_{fDi,j}^{n+1} + a_N C_{fDi+1,j}^{n+1} + a_E C_{fDi,j+1}^{n+1} \qquad (12.48)
$$

其中

$$
a_W = -\left\{ \frac{\alpha_{os}\phi D_a}{\Phi^2} + \lambda_r \mid U^{n+1} \mid r_{pD}^n \eta \right\} r_D \mid_{i,j-1/2} \frac{\Delta\theta}{\Delta r_D} - \max\left(u_{rDi,j-1/2}^{n+1}, 0 \right) r_{Dj-1/2}\Delta\theta
$$

$$
a_E = -\left\{ \frac{\alpha_{os}\phi D_a}{\Phi^2} + \lambda_r \mid U^{n+1} \mid r_{pD}^n \eta \right\} r_D \mid_{i,j+1/2} \frac{\Delta\theta}{\Delta r_D} - \max\left(0, -u_{rDi,j+1/2}^{n+1} \right) r_{Dj+1/2}\Delta\theta
$$

$$
a_S = -\left\{ \frac{\alpha_{os}\phi D_a}{\Phi^2} + \lambda_r \mid U^{n+1} \mid r_{pD}^n \eta \right\} \mid_{i-1/2,j} \lg\left(\frac{r_{Dj+1/2}}{r_{Dj-1/2}}\right)\frac{1}{\Delta\theta} - \max\left(u_{\theta Di-1/2,j}^{n+1}, 0 \right)\Delta r_D
$$

$$
a_N = -\left\{ \frac{\alpha_{os}\phi D_a}{\Phi^2} + \lambda_r \mid U^{n+1} \mid r_{pD}^n \eta \right\} \mid_{i+1/2,j} \lg\left(\frac{r_{Dj+1/2}}{r_{Dj-1/2}}\right)\frac{1}{\Delta\theta} - \max\left(0, -u_{\theta Di+1/2,j}^{n+1} \right)\Delta r_D
$$

$$
a_{PP} = -a_W - a_E - a_S - a_N + u_{rDi,j+1/2}^{n+1} r_{Dj+1/2}\Delta\theta - u_{rDi,j-1/2}^{n+1} r_{Dj-1/2}\Delta\theta +
$$

$$
u_{\theta Di+1/2,j}^{n+1}\Delta r_D - u_{\theta Di-1/2,j}^{n+1}\Delta r_D + \Delta\Psi\Delta\theta\left[\frac{D_a a_{vDi,j}^n (1 + Nac C_{fD}^n)}{1 + \dfrac{\phi^2 r_{pDi,j}^n}{sh}} + \frac{\phi^n}{\Delta t} \right]
$$

$$
a_P = \Delta\Psi\Delta\theta \frac{\phi^n}{\Delta t}
$$

由于钙离子浓度场方程式(12.33)与 VES 浓度场方程式(12.34)与氢离子浓度场方程式(12.32)十分相近,可以采用相同的方法处理。

因此对钙离子浓度场方程式(12.33)积分离散整理可得:

$$a_{\mathrm{P}} C_{\mathrm{Ca}Di,j}^{n} + b_{\mathrm{P}} = a_{W} C_{\mathrm{Ca}Di,j-1}^{n+1} + a_{S} C_{\mathrm{Ca}Di-1,j}^{n+1} + b_{\mathrm{PP}} C_{\mathrm{Ca}Di,j}^{n+1} + a_{N} C_{\mathrm{Ca}Di+1,j}^{n+1} + a_{E} C_{\mathrm{Ca}Di,j+1}^{n+1} \quad (12.49)$$

其中

$$b_{\mathrm{PP}} = - a_{W} - a_{E} - a_{S} - a_{N} + u_{rDi,j+1/2}^{n+1} r_{Dj+1/2} \Delta\theta - u_{rDi,j-1/2}^{n+1} r_{Dj-1/2} \Delta\theta +$$

$$u_{\theta Di+1/2,j}^{n+1} \Delta r_{\mathrm{D}} - u_{\theta Di-1/2,j}^{n+1} \Delta r_{\mathrm{D}} + \Delta\Psi\Delta\theta \left[\frac{Daa_{vDi,j}^{n} NacC_{\mathrm{f}D}^{n+1}}{\left(1 + \dfrac{\phi^{2} r_{\mathrm{p}Di,j}^{n}}{sh}\right)} + \frac{\phi^{n}}{\Delta t} \right]$$

$$b_{\mathrm{P}} = \Delta\Psi\Delta\theta \frac{0.5 D_{a} a_{vD} C_{\mathrm{f}D}^{n+1}}{\left(1 + \dfrac{\phi^{2} r_{\mathrm{p}Di,j}^{n}}{sh}\right)}$$

对 VES 浓度场方程式(12.34)积分离散整理得:

$$a_{\mathrm{P}} C_{\mathrm{Ca}Di,j}^{n} = a_{W} C_{\mathrm{Ca}Di,j-1}^{n+1} + a_{S} C_{\mathrm{Ca}Di-1,j}^{n+1} + c_{\mathrm{PP}} C_{\mathrm{Ca}Di,j}^{n+1} + a_{N} C_{\mathrm{Ca}Di+1,j}^{n+1} + a_{E} C_{\mathrm{Ca}Di,j+1}^{n+1} \quad (12.50)$$

其中

$$c_{\mathrm{PP}} = - a_{W} - a_{E} - a_{S} - a_{N} + u_{rDi,j+1/2}^{n+1} r_{Dj+1/2} \Delta\theta - u_{rDi,j-1/2}^{n+1} r_{Dj-1/2} \Delta\theta +$$

$$u_{\theta Di+1/2,j}^{n+1} \Delta r_{\mathrm{D}} - u_{\theta Di-1/2,j}^{n+1} \Delta r_{\mathrm{D}} + \Delta\Psi\Delta\theta \left(\frac{D_{a} a_{vDi,j}^{n} N_{ac} C_{\mathrm{f}D}^{n+1}}{1 + \dfrac{\phi^{2} r_{\mathrm{p}Di,j}^{n}}{sh}} + \frac{\phi^{n}}{\Delta t} \right)$$

(3)温度场方程离散。

对浓度场控制方程式(12.35)在编号为(i,j)的控制单元进行积分整理得:

$$\int_{r_{Dw}}^{r_{De}} \int_{\theta_{s}}^{\theta_{n}} r_{\mathrm{D}} \frac{\partial \left[(\rho_{sD}(1-\phi) c_{psD} + \phi) T_{\mathrm{D}} \right]}{\partial t_{\mathrm{D}}} + \frac{\partial (r_{\mathrm{D}} u_{rD} T_{\mathrm{D}})}{\partial r_{\mathrm{D}}} + \frac{\partial (u_{\theta D} T_{\mathrm{D}})}{\partial \theta} \mathrm{d}\theta \mathrm{d}r_{\mathrm{D}}$$

$$= \int_{r_{Dw}}^{r_{De}} \int_{\theta_{s}}^{\theta_{n}} \frac{\partial}{\partial r_{\mathrm{D}}} \left(r_{\mathrm{D}} \lambda_{\mathrm{D}} \frac{\partial T_{\mathrm{D}}}{\partial r_{\mathrm{D}}} \right) + \frac{1}{r_{\mathrm{D}}} \frac{\partial}{\partial \theta} \left(\lambda_{\mathrm{D}} \frac{\partial T_{\mathrm{D}}}{\partial \theta} \right) - \frac{r_{\mathrm{D}} D_{a} a_{vD} C_{\mathrm{f}D} H_{rD}}{\left(1 + \dfrac{\phi^{2} r_{\mathrm{p}D}}{sh}\right)} \mathrm{d}\theta \mathrm{d}r_{\mathrm{D}} \qquad (12.51)$$

同理,离散式(12.39)可得

$$\Delta\Psi\Delta\theta \frac{\partial \left[(\rho_{sD}(1-\phi) C_{psD} + \phi) T_{Di,j} \right]}{\partial t_{\mathrm{D}}} + \left(r_{\mathrm{D}} u_{rD}^{n+1} T_{\mathrm{D}}^{n+1} \big|_{i,j-1/2}^{i,j+1/2} \right) \Delta\theta + \left(u_{\theta D}^{n+1} T_{\mathrm{D}}^{n+1} \big|_{i-1/2,j}^{i+1/2,j} \right) \Delta r_{\mathrm{D}}$$

$$= r_{\mathrm{D}} \lambda_{\mathrm{D}} \frac{\partial T_{\mathrm{D}}^{n+1}}{\partial r_{\mathrm{D}}} \big|_{i,j-1/2}^{i,j+1/2} \Delta\theta + \lambda_{\mathrm{D}} \frac{\partial T_{\mathrm{D}}^{n+1}}{\partial \theta} \big|_{i-1/2,j}^{i+1/2,j} \lg\left(\frac{r_{Dj+1/2}}{r_{Dj-1/2}} \right) + \Delta\Psi\Delta\theta \frac{D_{a} a_{vDi,j}^{n} H_{rDi,j}^{n+1} C_{\mathrm{f}Di,j}^{n+1}}{\left(1 + \dfrac{\phi^{2} r_{\mathrm{p}Di,j}^{n}}{sh}\right)} \quad (12.52)$$

整理式(12.40),对时间项向前隐式差分,对空间对流项采用迎风差分格式,对扩散项采用中心差分格式,获得离散方程如下:

$$d_P T_{\mathrm{D}i,j}^n + S_u = d_W T_{\mathrm{D}i,j-1}^{n+1} + d_S T_{\mathrm{D}i-1,j}^{n+1} + d_{PP} T_{\mathrm{D}i,j}^{n+1} + d_N T_{\mathrm{D}i+1,j}^{n+1} + d_E T_{\mathrm{D}i,j+1}^{n+1} \qquad (12.53)$$

其中

$$d_W = -r_{\mathrm{D}} \lambda_{\mathrm{D}} \big|_{i,j-1/2} \frac{\Delta\theta}{\Delta r_{\mathrm{D}}} - \max(u_{r\mathrm{D}i,j-1/2}^{n+1},0) r_{\mathrm{D}j-1/2} \Delta\theta$$

$$d_E = -r_{\mathrm{D}} \lambda_{\mathrm{D}} \big|_{i,j+1/2} \frac{\Delta\theta}{\Delta r_{\mathrm{D}}} - \max(0, -u_{r\mathrm{D}i,j+1/2}^{n+1}) r_{\mathrm{D}j+1/2} \Delta\theta$$

$$d_S = -\lambda_{\mathrm{D}i-1/2,j} \lg\left(\frac{r_{\mathrm{D}j+1/2}}{r_{\mathrm{D}j-1/2}}\right) \frac{1}{\Delta\theta} - \max(u_{\theta\mathrm{D}i-1/2,j}^{n+1},0) \Delta r_{\mathrm{D}}$$

$$d_N = -\lambda_{\mathrm{D}i+1/2,j} \lg\left(\frac{r_{\mathrm{D}j+1/2}}{r_{\mathrm{D}j-1/2}}\right) \frac{1}{\Delta\theta} - \max(0, -u_{\theta\mathrm{D}i+1/2,j}^{n+1}) \Delta r_{\mathrm{D}}$$

$$d_{PP} = -a_W - a_E - a_S - a_N + u_{r\mathrm{D}i,j+1/2}^{n+1} r_{\mathrm{D}j+1/2} \Delta\theta - u_{r\mathrm{D}i,j-1/2}^{n+1} r_{\mathrm{D}j-1/2} \Delta\theta + u_{\theta\mathrm{D}i+1/2,j}^{n+1} \Delta r_{\mathrm{D}} - u_{\theta\mathrm{D}i-1/2,j}^{n+1} \Delta r_{\mathrm{D}} + \Delta\Psi\Delta\theta\left[\frac{D_a a_{v\mathrm{D}i,j}^n (1-c_{ps\mathrm{D}}) N_{ac} C_{fi,j}^{n+1}}{\left(1+\frac{\phi^2 r_{p\mathrm{D}i,j}^n}{sh}\right)} + \frac{\rho_{s\mathrm{D}}(1-\phi)c_{ps\mathrm{D}}+\phi}{\Delta t}\right]$$

$$d_P = \Delta\Psi\Delta\theta \frac{\rho_{s\mathrm{D}}(1-\phi)c_{ps\mathrm{D}}+\phi}{\Delta t}$$

$$S_u = \Delta\Psi\Delta\theta \frac{D_a a_{v\mathrm{D}i,j}^n H_{r\mathrm{D}i,j}^{n+1} C_{f\mathrm{D}i,j}^{n+1}}{\left(1+\frac{\phi^2 r_{p\mathrm{D}i,j}^n}{sh}\right)}$$

12.2.3 求解步骤

基于上述离散方程,组装对应的五对角矩阵,顺序求解模拟区域中的压力场、流速场、酸液浓度场、孔隙度场和温度场,每个时间步长均更新对应的孔隙物性参数和酸液性能参数,最终模拟酸液溶蚀反应过程。其具体求解步骤如图12.5所示。

为了保证模拟结果的收敛性,每计算完一时间步长获得 $t+\Delta t$ 的参数(如 $\phi_{t+\Delta t}$ 和 $C_{ft+\Delta t}$)后,采用 t 时刻对应的参数计算 $t+1/2\Delta t$ 时刻的压力场、浓度场和孔隙度场,并基于此计算 $t+\Delta t$ 时刻的孔隙度场 ϕ_{new} 和浓度场 C_{fnew} 。如果二者差值 $|\phi_{t+\Delta t}-\phi_{new}|$ 与 $|C_{ft+\Delta t}-C_{fnew}|$ 在收敛条件允许范围内,则使用该时间步长计算下一步长参数,反之则采用更小的时间步长 Δt_{new} 重新计算 $t+\Delta t_{new}$ 时刻参数,验证收敛性,直至 Δt_{new} 满足收敛条件。

当酸液注入端压力降低为初始注入压力的1%时视为酸液突破模拟区域。因为酸化的主要目的为提高近井地带渗透率,降低渗流阻力,当注入端压力降低为初始注入压力的0.01倍时,可以视为近井地带渗透率得到了有效改善。

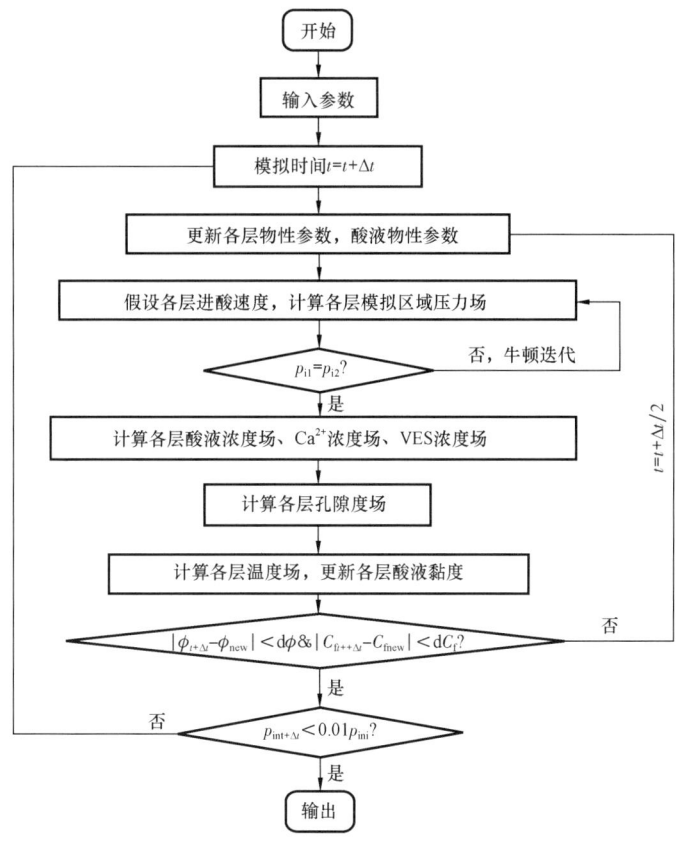

图 12.5　酸液反应溶蚀计算流程图

12.3　模型验证

双尺度模型广泛应用于酸蚀蚓孔数值模拟领域,但是由于对其求解为数值求解,数值算法中会涉及风向选择和网格界面值近似计算等问题,可能导致误差。基于此,在本节中,对本书所建立的数值模型分别进行物质守恒验证和与发表文献的实验数据进行对比,藉此说明本节建立模型的可靠性。如无特别说明,模拟采用参数见表 12.2。

表 12.2　模拟参数

参数	数值	参数	数值
初始平均孔隙度 ϕ_0	0.15	初始平均比表面积 a_{v0}（m^{-1}）	5000
初始平均孔隙半径 r_{p0}（m）	1×10^{-6}	注入端半径 r_w（m）	0.05
出口端半径 r_e（m）	0.5	碳酸盐岩密度 ρ_s（kg/m^3）	2600
20% 盐酸密度 ρ_a（kg/m^3）	1100	鲜酸浓度 C_{f0}（mol/L）	4.4

参数	数值	参数	数值
碳酸盐岩比热容 $c_{ps}[\text{J}/(\text{kg} \cdot \text{K})]$	1040	盐酸比热容 $c_{pa}[\text{J}/(\text{kg} \cdot \text{K})]$	2510
碳酸盐岩热导率 $\lambda_s[\text{W}/(\text{m} \cdot \text{K})]$	2	酸液热导率 $\lambda_a[\text{W}/(\text{m} \cdot \text{K})]$	0.67
标准偏差	0.2	与孔隙结构相关的指数 β	1

12.3.1　物质守恒验证

在酸化过程中,酸液以恒定速度注入地层,溶蚀近井地带的大孔隙,形成酸蚀蚓孔。在这过程中,注入地层的酸液一部分溶蚀岩石,另一部分在酸蚀蚓孔的流动。因此,注入地层中的酸液量等于模拟过程踪溶蚀岩石的酸液量与在模拟区域流动的酸液量。

在二维模型中,由于酸液以恒定速度注入地层,因此注入地层中的酸液量为:

$$Q_{\text{total}} = 2\pi r_w u_0 t C_0 \tag{12.54}$$

注酸过程中,溶解碳酸盐岩消耗的酸液量为:

$$Q_d = \sum \Delta\phi_{i,j} r_i \Delta\theta \Delta r \rho_s / \alpha \tag{12.55}$$

在蚓孔中流动的酸液量为:

$$Q_f = \sum \phi_{i,j} r_i \Delta\theta \Delta r C_{f\,i,j} \tag{12.56}$$

式中　Q_{total}——总的注入酸液量,mol;

r_w——井眼半径,m;

u_0——酸液注入速度,m/s;

t——注入时间,s;

C_0——酸液初始浓度,mol/m^3;

Q_d——溶蚀碳酸盐岩消耗酸液量,mol;

$\Delta\phi_{i,j}$——溶蚀单元对应的孔隙度;

r_i——溶蚀单元对应半径,m;

Q_f——在蚓孔中流动的酸液量,mol;

$C_{f\,i,j}$——流动的酸液浓度,mol/m^2。

基于物质守恒定律,理论注入地层的酸液量和模拟过程中模拟区域现存与消耗的酸液量相同,因此

$$Q_{\text{total}} = Q_d + Q_f \tag{12.57}$$

采用表 12.2 的参数,模拟 $u_0 = 0.01\text{m/s}$ 时的酸蚀蚓孔分布。注酸后的孔隙分布和酸液浓度分布如图 12.6 所示。

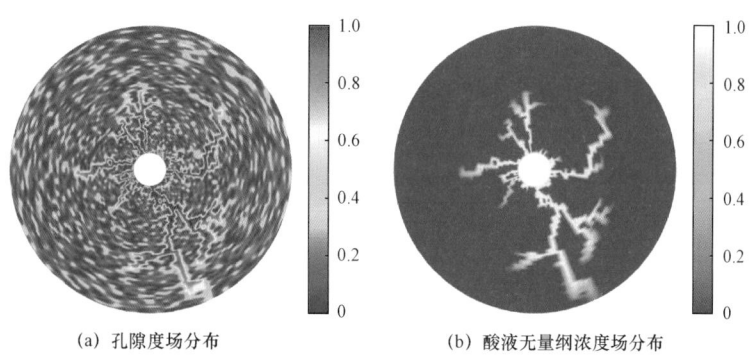

(a) 孔隙度场分布　　　　　　　(b) 酸液无量纲浓度场分布

图 12.6　酸液突破模拟区域时的孔隙度场与酸液无量纲浓度场分布

如图 12.6(a)所示,当酸液在非均质区域中流动时,反应溶蚀渗流阻力小的单元,使其孔隙度增加,渗透率增大,逐步向前推进,最终形成曲折复杂的酸蚀蚓孔突破模拟区域。如图 12.6(b)所示,酸液在酸蚀蚓孔内保持高浓度状态,在蚓孔前沿处出现明显的酸液浓度下降,表明酸液主要消耗于酸蚀蚓孔前沿。

基于上述物质守恒推导,追踪模拟过程中酸液的分布,获得溶蚀岩石的酸液量随时间的变化如图 12.7 所示。

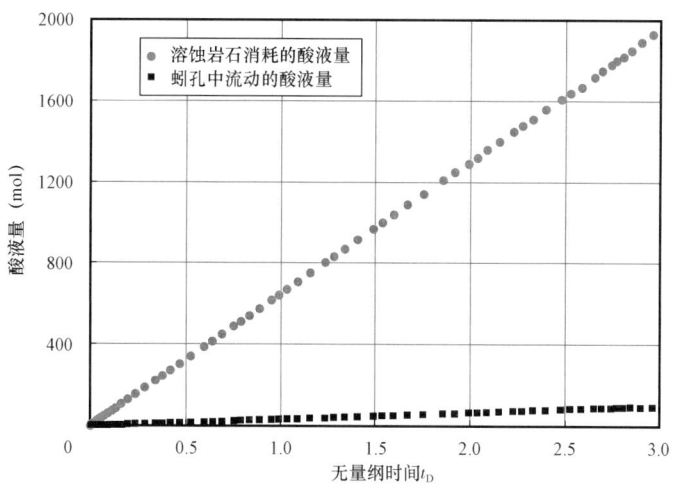

图 12.7　模拟过程中酸液消耗量随无量纲注入时间 t_D 变化关系

如图 12.7 所示,溶蚀岩石的酸液量随着无量纲注入时间的增加呈现线性增长趋势。因为随着酸液从注入端定流速注入,酸液在注入端优先溶蚀孔隙较大、阻力较小的单元,各条蚓孔同时生长。酸液流动方向从中心向外流动,对流强度大于扩散强度,造成酸液主要溶蚀蚓孔前沿岩石,促进蚓孔向外延伸,而在酸蚀蚓孔轴向上,当酸蚀蚓孔半径增长到一定程度后,不再增长,最终形成长而细的复杂蚓孔,如图 12.6 所示。蚓孔中流动的酸液量远远少于溶蚀岩石消耗的酸液量,随着时间增加,两者差距逐渐增大。

图 12.8 显示了理论注入酸量与模拟过程中消耗酸量的对比。在模拟过程中,消耗酸量与

理论注入酸量差距一直很小,二者相对误差稳定于1.5%,因此,可以视为本书数值模拟过程遵从物质守恒。出现误差的原因主要为数值算法的缺陷,比如计算过程中压力场、浓度场和孔隙度场的依次求解,而非同时求解,造成采用上一时间步长的参数计算下一时间步长的参数,比如迎风格式处理对流项,中心差分格式处理扩散项,会造成假扩散现象。但根据误差分析,本书数值求解方法造成的误差是可以接受的。

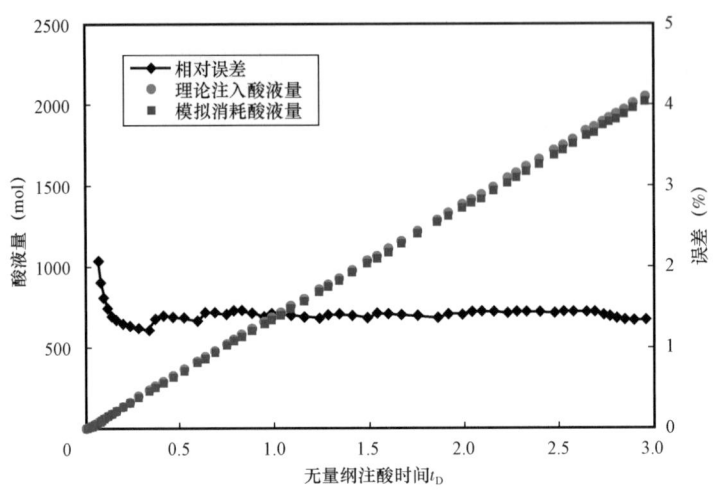

图 12.8   理论用酸量与实际用酸量对比

12.3.2   实验结果对比

本书建立模型耦合了近井地带传热过程,传热过程将改变酸液粘度、反应和扩散性能,进而影响酸蚀形态,最终影响酸化效果。Bazin 曾就温度对酸化影响进行了详细研究,在岩心线性流动实验条件下,研究了不同温度时的酸化效率。本书采用线性双尺度模型,并耦合传热过程,获得不同温度条件下岩心的酸液突破孔隙体积,并与 Bazin 获得的实验结果对比。

本书采用 200×50 个网格(轴向流动方向 200 个网格,垂直流动方向 50 个网格)模拟 Bazin 岩心流动实验中长 20cm,直径 5cm 的碳酸盐岩岩心。当注入端压力下降为初始注入端压力的 1% 时视为酸液突破岩心,模拟结束。图 12.9 显示了酸液突破时的模拟孔隙度场和实际实验中形成的酸蚀蚓孔形态对比,二者形态相似,形成了一条主蚓孔突破岩性,主蚓孔上生长有分支蚓孔,形态曲折复杂。

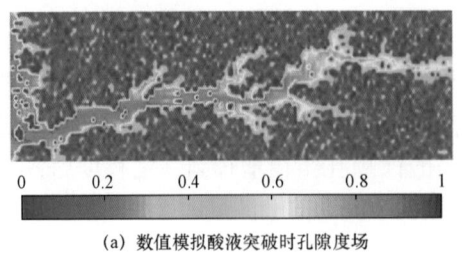

(a) 数值模拟酸液突破时孔隙度场

(b) 实验溶蚀形成酸蚀蚓孔形态

图 12.9   本书模型模拟结果与实验结果对比(15% HCl,323K)

　　分别采用 293K,323K 和 353K 的 HCl 注入平均孔隙度 ϕ_0 为 0.22 的岩心,测试其酸液突破孔隙体积(PV_{BT}),并与 Bazin 的实验结果相对比,如图 12.10 所示。如图所示,在不同注入速度条件下,模拟的酸液突破孔隙体积 PV_{BT} 和实验结果存在一定偏差。出现偏差的主要原因有:酸蚀蚓孔实际上为三维复杂形态,但本书建立的二维模型,模拟结果自然会出现偏差;此外,本书生成的初始孔隙度分布是基于正态随机分布函数,而这样的孔隙度分布也许不适用与 Bazin 实验中的碳酸盐岩岩心。但是,本书数值模拟结果与实验结果依然显示出良好的匹配,二者呈现出相同的趋势,最优注入速度 u_{opt} 和最小酸液突破孔隙体积 PV_{BTmin} 都随着温度的增加而增加,温度升高将降低酸化效率。

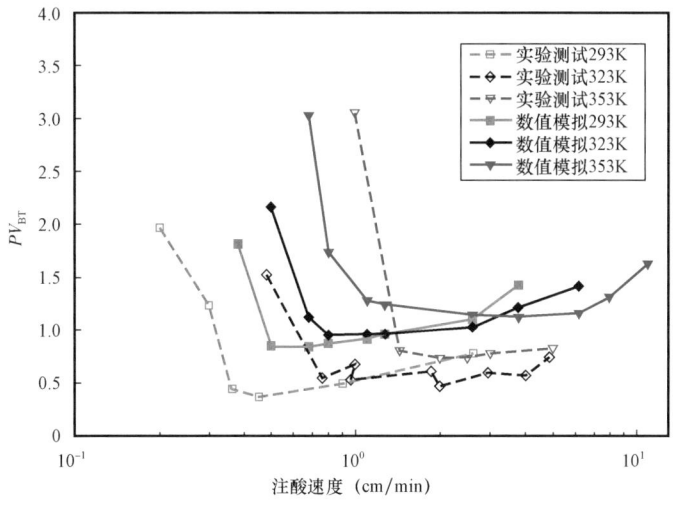

图 12.10　不同温度下本书模型数值模拟与实验测试 PV_{BT} 对比

12.4　转向酸化模型模拟与分析

12.4.1　单层岩心模拟分析

(1)溶蚀形态模拟。

　　基于表 12.2 数据,注入速度为 0.002m/s,注入酸液量为 0.5PV 时,获得转向酸溶蚀岩心形态如图 12.11(a)所示。注入 1PV 转向酸后,在径向岩心中形成了 5 条酸蚀蚓孔向外扩展,酸液在蚓孔壁面上反应溶蚀,反应后生产的 Ca^{2+} 被进入的鲜酸压迫,随着残酸向蚓孔外流动,所以在蚓孔内几乎没有 Ca^{2+} 存在,如图 12.11(b)所示。VES 转向剂不断随着酸液注入而注入,在蚓孔中浓度最高,如图 12.11(c)所示。由图 12.11(d)可以看出,鲜酸在蚓孔中流动,残酸影响范围也只在蚓孔周围,因此 H^+ 只存在于蚓孔中与蚓孔周围,在远离蚓孔的区域,pH 值保持 7。综合上述离子分布,获得转向酸在模拟区域的残酸分布如图 12.11(e)所示,由于鲜酸不断进入,蚓孔中保持低黏状态,而在蚓孔周围分布着黏度较高的残酸,高黏残酸的存在会阻止蚓孔继续向前延伸,促使酸液转向其他蚓孔流动。模拟区域内压力分布如图 12.11(f)所示,从注入端到出口端压力逐渐下降,在高黏残酸聚集的区域内存在高压。

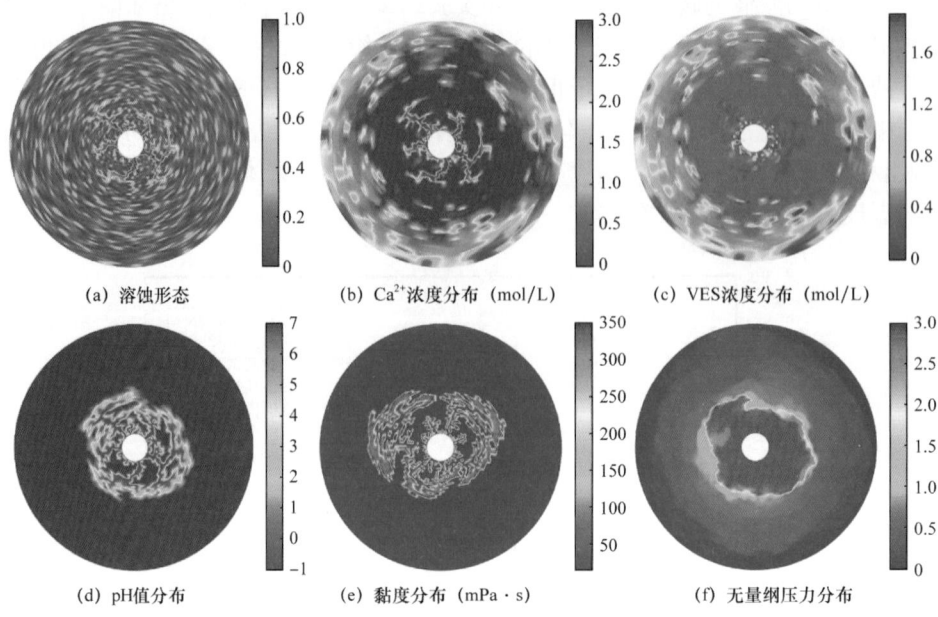

(a) 溶蚀形态　　　　　　　(b) Ca²⁺浓度分布 (mol/L)　　　　　(c) VES浓度分布 (mol/L)

(d) pH值分布　　　　　　　(e) 黏度分布 (mPa·s)　　　　　　(f) 无量纲压力分布

图 12.11　单层径向地层溶蚀形态模拟

(2)与普通酸液溶蚀对比。

注入速度为 0.008m/s,在同样孔隙度分布的岩心中分别注入普通盐酸和 VES 转向酸,溶蚀模拟结果如图 12.12 所示,压降曲线如图 12.13 所示。在单层岩心中注入盐酸,由于储层的非均质性,酸液主要沿单条蚓孔溶蚀流动,形成一条主蚓孔为主突破近井区域,在这种情况下,随着酸蚀蚓孔的不断延伸,其入口端的压力逐渐下降。注入转向酸时,由于蚓孔周围与蚓孔前缘均存在高黏残酸,阻止主蚓孔向前延伸,反逼注入端压力升高,如图 12.13 红色压降曲线,先上升,后下降,迫使酸液转向,促进其他方向的酸蚀蚓孔向前发育,除主蚓孔外其他蚓孔发育得更长,因此注入转向酸的岩心中酸蚀蚓孔发育得更加均匀,如图 12.13 所示。

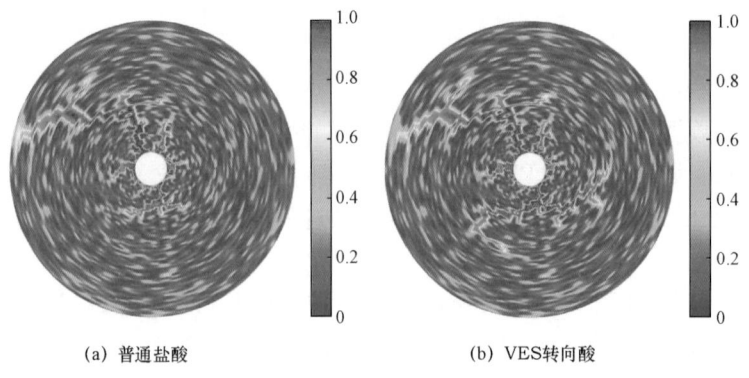

(a) 普通盐酸　　　　　　　　　　　　　(b) VES转向酸

图 12.12　溶蚀形态对比($u_0 = 0.008m/s$)

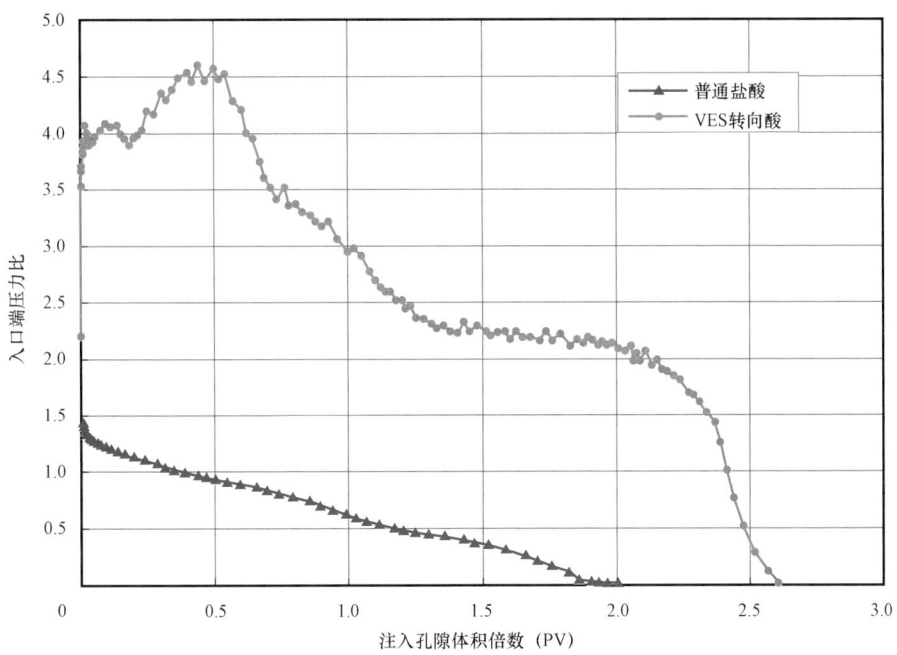

图 12.13　普通盐酸与 VES 转向酸注入压降曲线对比($u_0 = 0.008\mathrm{m/s}$)

12.4.2　多层岩心模拟分析

模拟存在两层渗透率不同的地层,高渗透层平均孔隙度为 0.15,低渗透层平均孔隙度为 0.10。注入速度 $u_0 = 0.007\mathrm{m/s}$,采用普通盐酸注入,高低渗透层溶蚀形态如图 12.14 所示,采用 VES 转向酸注入,高低渗透层溶蚀形态如图 12.15 所示。

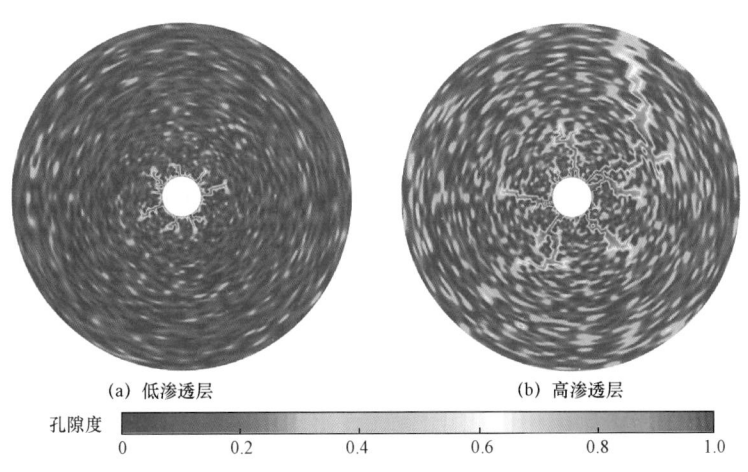

图 12.14　注入盐酸溶蚀后高低渗透层溶蚀形态

注入普通盐酸,由于高渗透层渗流阻力更小,酸液主要进入高渗透层反应溶蚀,形成较长蚓孔突破近井区域,而低渗透层只能进入较少酸液,形成很短的酸蚀蚓孔,如图 12.14 所示。

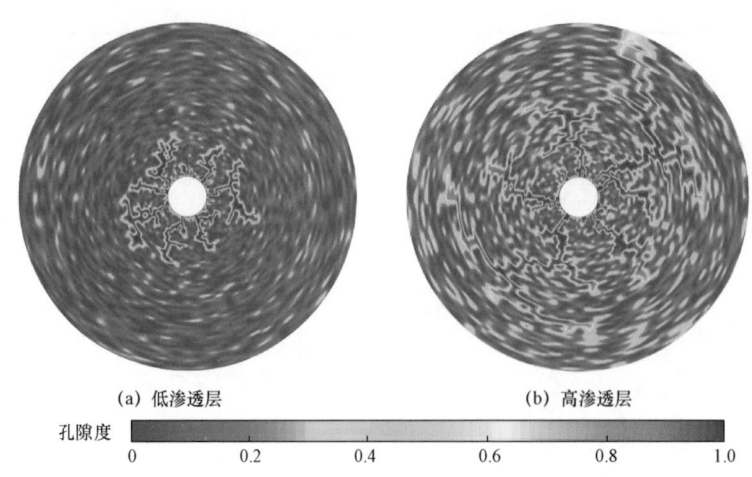

(a) 低渗透层　　　　　　　　　　　　(b) 高渗透层

孔隙度

0　　　　　0.2　　　　　0.4　　　　　0.6　　　　　0.8　　　　　1.0

图 12.15　注入转向酸溶蚀后高低渗透层溶蚀形态

注入 VES 转向酸,高低渗透层均获得酸液反应溶蚀,在低渗透层也明显地发育有较长酸蚀蚓孔,证明酸液有效地转向了低渗透层,如图 12.15 所示。对比图 12.14,注入转向酸后,在高渗透层形成的蚓孔更多,除了突破近井区域的那条蚓孔外,其他蚓孔发育较长,而注入普通盐酸只有一条长的主蚓孔,其他蚓孔发育较短。表明注入转向酸,不仅使各层间的布酸更加均匀,也使各层内的蚓孔发育更加均匀。尽管转向酸有所转向,由于高渗透层物性的优势,酸液还是优先在高渗透层获得突破。

　　对各层进酸速度进行追踪,注入普通盐酸时高低渗透层的进液速度如图 12.16 所示。随着注酸时间增加,高渗透层的进酸速度逐渐加快,而低渗透层的进酸速度越来越慢。高渗透层孔隙度大,对流体渗透流的阻力小,开始注入酸液后,进入高渗透层的酸液速度即超过低渗透层,使高渗透层酸蚀蚓孔快速发育,而这进一步降低高渗透层对酸液的阻力,导致高渗透层的进酸速度越来越快,与之对应的,则是低渗透层的进酸速度越来越慢,直至酸蚀蚓孔在高渗透层突破。

　　追踪注入 VES 转向孔酸时高低渗透层的进液速度如图 12.17 所示。与普通盐酸相比,转向酸的高低渗透层进酸速度曲线可以分为三个阶段:(1)增黏转向阶段。注酸开始,酸液优先进入高渗透层,反应后残酸黏度逐渐升高,高渗透层阻力增大,迫使酸液转向低渗透层,因此在该阶段高渗透层进酸速度逐渐下降,低渗透层进酸速度逐渐上升。(2)蚓孔延伸阶段。随着低渗透带高黏残酸阻力不断增加,超过高渗透带残酸阻力后,酸液更多进入高渗透层,溶蚀反应形成酸蚀蚓孔不断延伸,在高渗透层的进酸速度呈现曲折上升趋势,对应的低渗透层进酸速度呈现曲折下降趋势。(3)蚓孔突破阶段。随着高渗透层酸蚀蚓孔获得突破,所有酸液均进入高渗透层,低渗透层不再进酸。

　　结合图 12.16 与图 12.17,表明转向酸能够有效增加低渗透层的进酸量,降低进酸非均匀性。

12.4.3　敏感因素分析

　　在不同的地层环境下,转向酸在各层的实际进液一直是工程师们关心的问题。理想的转

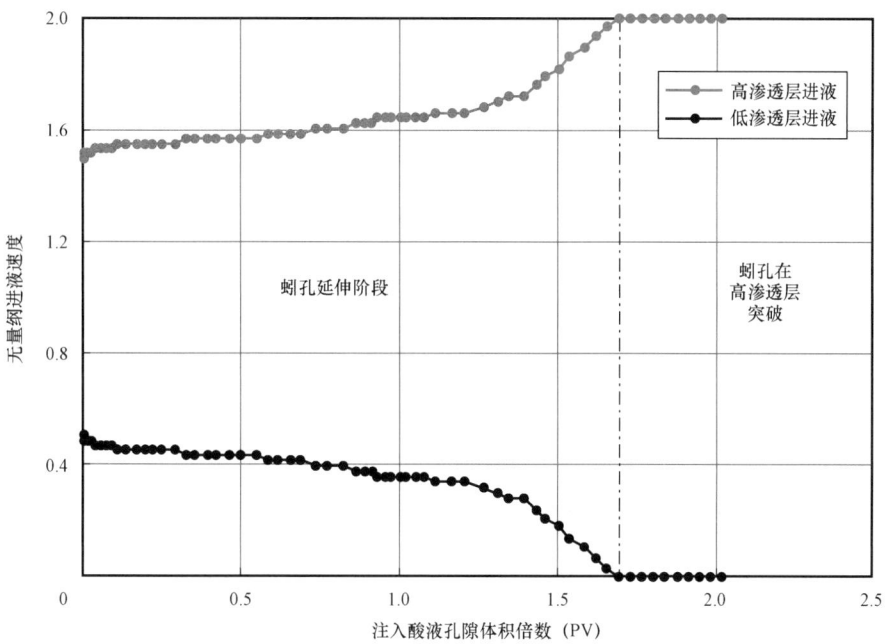

图 12.16　注入普通盐酸高低渗透层进液速度对比

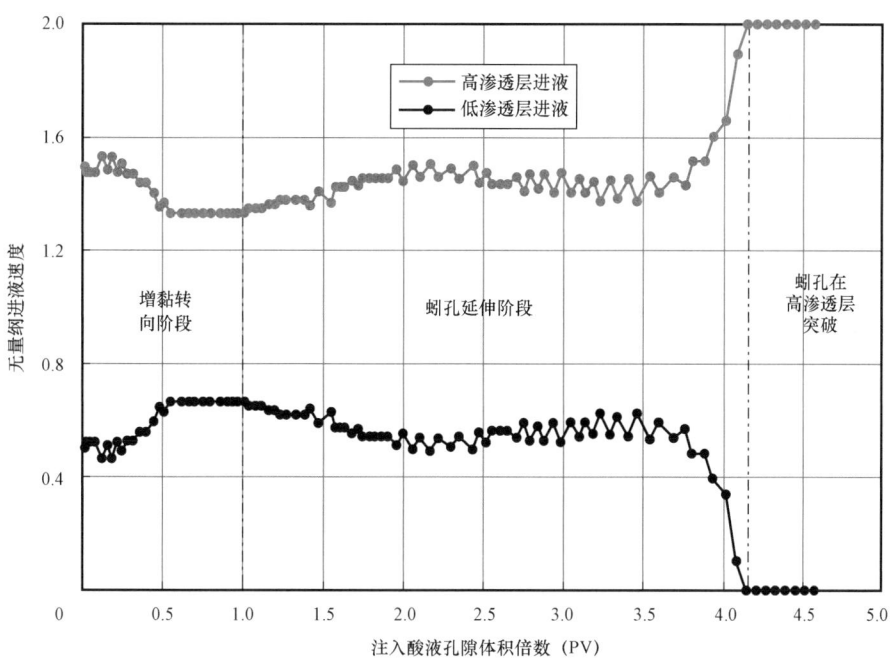

图 12.17　注入转向酸高低渗透层进液速度对比

向酸能够自动转向,进入物性不同的储层,同时推进高低渗透酸液溶蚀通道延伸。在本书中,为了定量地评价转向酸的转向分流效果,定义高低渗透层进酸强度比 R_{ahl}:

$$R_{ahl} = \frac{Q_h/H_h}{Q_l/H_l} \tag{12.58}$$

式中　R_{ahl}——高低渗透层进酸强度比；

　　　Q_h——高渗透层进酸量，m^3；

　　　H_h——高渗透层厚度，m；

　　　Q_l——低渗透层进酸量，m^3；

　　　H_l——低渗透层厚度，m。

该参数反映了不同层位单位厚度的进酸强度比值，能够排除各层层厚的影响。该参数越大，表示高渗透层进酸越多，低渗透层进酸越少，因此，转向酸转向分流效果越好，该参数值越小。

此外，同时采用低渗透层累计进酸强度来反映转向酸的转向性能，低渗透层进酸越多，表明转向性能越好。

在本节中，采用某油井的地层参数进行模拟计算。该油井储层基本参数见表12.3。

为了对比转向酸与普通盐酸注入效果，在模拟中，追踪了不同层位在不同时刻的进酸速度与进酸量，计算不同时刻的 R_{ahl}，以反映在不同时刻的分流转向效果。同时，追踪低渗透层的进酸强度，直观表现各因素对转向效果的影响。

表 12.3　油井层位基本参数

层段(m)	厚度(m)	孔隙度(%)	渗透率(mD)
4434 ~ 4443	19	12	0.729
4451 ~ 4472	11	8	0.34

（1）注酸排量。

当井底温度为340K，注酸量为2PV时，注酸排量对转向酸和普通盐酸的高低渗透层进酸强度之比影响如图12.18所示。由图12.18可以观察出以下几点：（1）注酸排量对普通酸和转向酸分别表现出相反的影响，对普通盐酸而言，排量越高，R_{ahl}越大，低渗透层进液越少；而对转向酸，排量越高，R_{ahl}越小，低渗透层进液越多，转向效果越好。究其原因，注入普通酸液时，排量越高，酸液对流强度越强，H^+更容易达到酸蚀蚓孔前缘反应溶蚀，蚓孔在高渗透层的延伸速度更快，高渗透层渗流阻力进一步降低，导致更多的酸液进入高渗透层，而低排量时，低对流速度导致更少的 H^+ 能够抵达蚓孔前缘，酸蚀蚓孔在高渗透层发育变慢，低渗透层能够进入更多酸液。注入转向酸时，高排量导致更多鲜酸达到蚓孔前缘，形成更多的高黏残酸阻塞蚓孔前缘发育，促使酸液转向低渗透层。基于图12.19，在不同排量下注入转向酸，低渗透层的进酸强度也显示注酸排量越大，低渗透层进酸越多，转向效果越好。（2）在图12.19中，R_{ahl}始终大于1，表明即使使用转向酸，由于储层本身物性差异，高渗透层进酸强度也超过低渗透层，转向酸只是提升低渗透层进酸强度，而无法使地层完全均匀布液。（3）注入转向酸时，不同注酸排量的 R_{ahl} 均先迅速下降，后平缓，最后出现缓步上升的趋势。这是因为高渗透层进酸多，它的酸蚀蚓孔延伸速度高于低渗透层，这会加大高低渗透层间的物性差异，导致转向效果减弱。

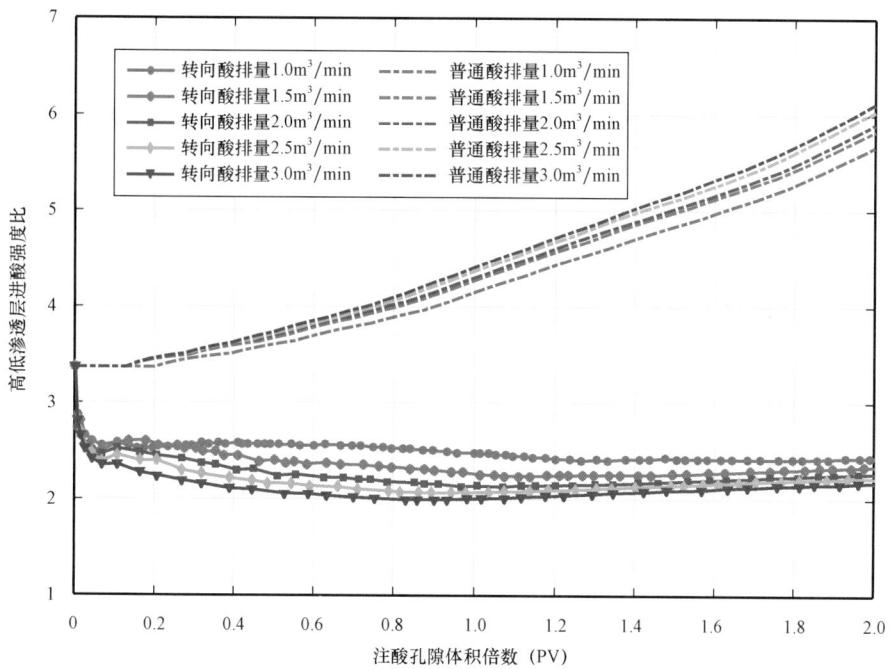

图 12.18 排量对高低渗透层进酸强度比值影响

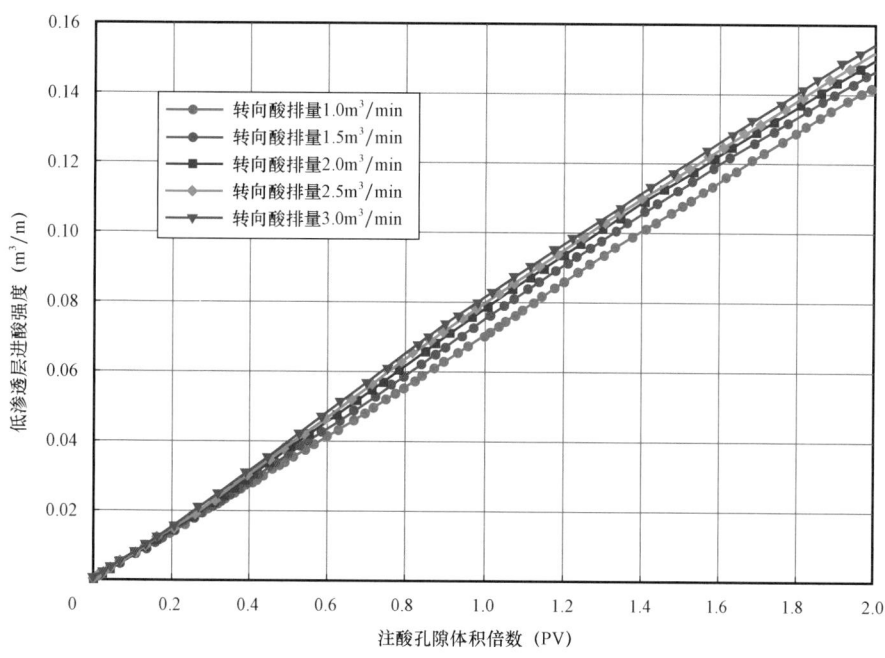

图 12.19 注液排量对低渗透层进酸强度的影响

（2）井底温度。

当注酸排量为 2m³/min，注酸量为 2PV 时，井底温度对高低渗透层进酸强度比影响如图

12.20 所示。井底温度主要影响转向酸残酸黏度、酸岩反应速度与酸液扩散系数。如图 12.20 所示,对普通酸液而言,井底温度越高,R_{ahl}越低,低渗透层进液越多,由于普通盐酸黏度随温度变化不大,因此造成其差异的原因主要是反应速度和扩散系数的变化,随着温度升高,反应速度常数与扩散系数均增大,酸液更容易扩散到蚓孔根部与中部的壁面反应,更少的鲜酸能够到达蚓孔前缘反应,高渗透层蚓孔的发育速度变慢,导致更多的酸液进入低渗透层,就其变化幅度而言,温度对普通盐酸进酸分布影响不大。对转向酸而言,井底温度越高,R_{ahl}越高,低渗透层进液越少,转向分流能力越差,温度会使残酸黏度变化显著。残酸黏度在温度为 337K 时最高,其后随着温度升高或降低而黏度降低,所以图 12.20 中温度为 330K 与 350K 时转向性能差距不大,因为其黏度相差不大,而当温度升高到 370K 时,黏度急剧降低,R_{ahl}升高,转向分流性能降低,就其变化幅度而言,温度对转向酸进酸分布影响显著。图 12.20 同样显示这样的规律,330K 更加接近黏度峰值对应的温度,此时低渗透层进酸最多,当温度上升到 370K 时,低渗透层进酸量急剧下降。

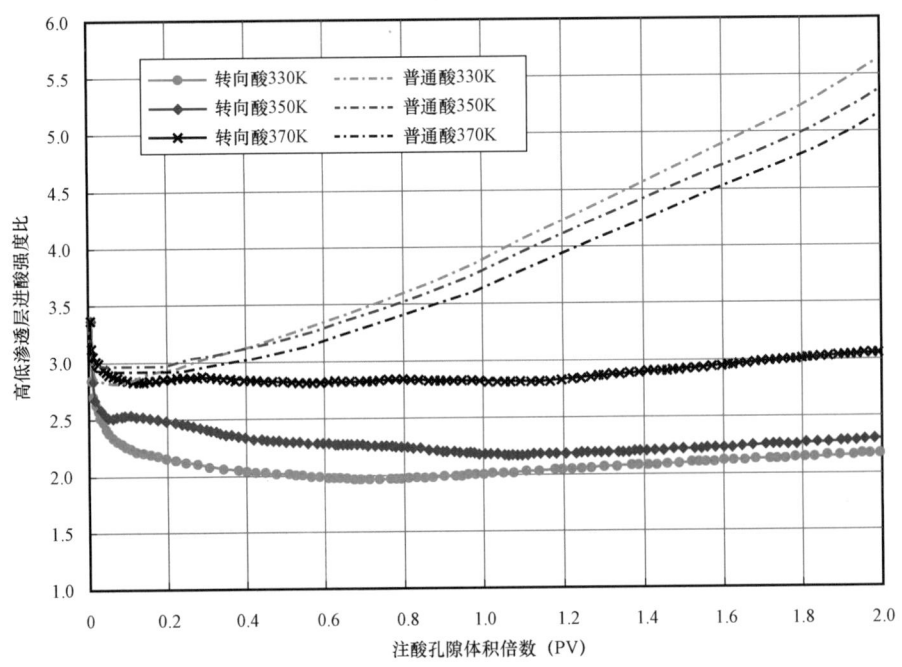

图 12.20 井底温度对高低渗透层进酸强度比影响

因此,在实际施工过程中,应尽量降低井底温度,以保证残酸具备相应黏度,促使酸液进入低渗透层反应溶蚀。通常加大排量与注一定前置液都能有效降低井底温度。

图 12.21 所示为井底温度对低渗透层进酸强度的影响。

(3)层间非均质性。

当注酸排量为 $2m^3/min$,井底温度为 340K,注酸量为 2PV 时,层间非均质性对高低渗层进酸强度比影响如图 12.22 所示。层间非均质性通过高低渗层渗透率比值表示,如图所示,层间非均质性对转向酸与普通盐酸表现出相似的影响,随着层间非均质性的增强,R_{ahl}上升,低渗层进酸量减少,转向性能降低。图 12.23 显示了不同层间非均质性的低渗透层转向酸累计进酸强度。层间非均质性越弱,低渗透层进酸越快,进酸越多,随着非均质性增强,低渗透层进酸速

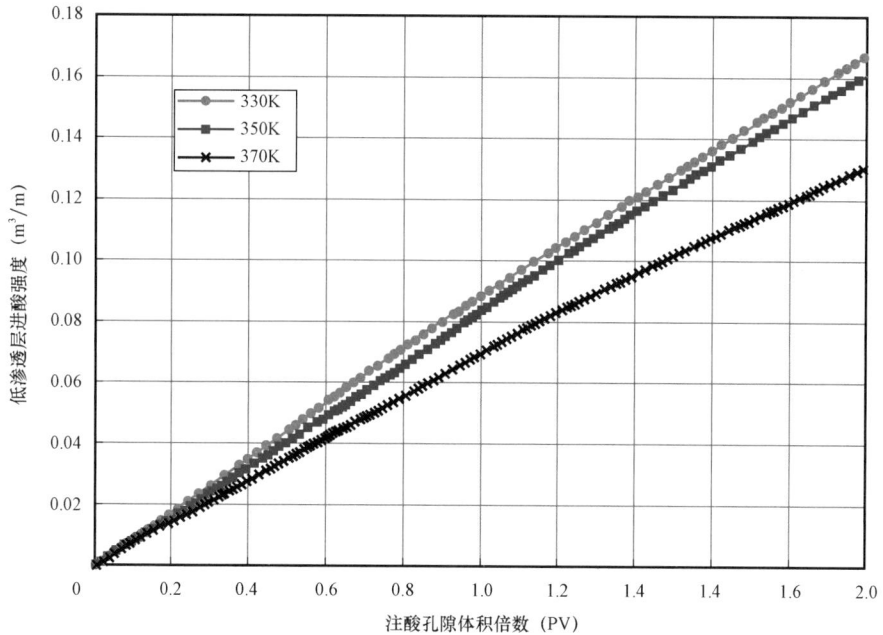

图 12.21　井底温度对低渗透层进酸强度的影响

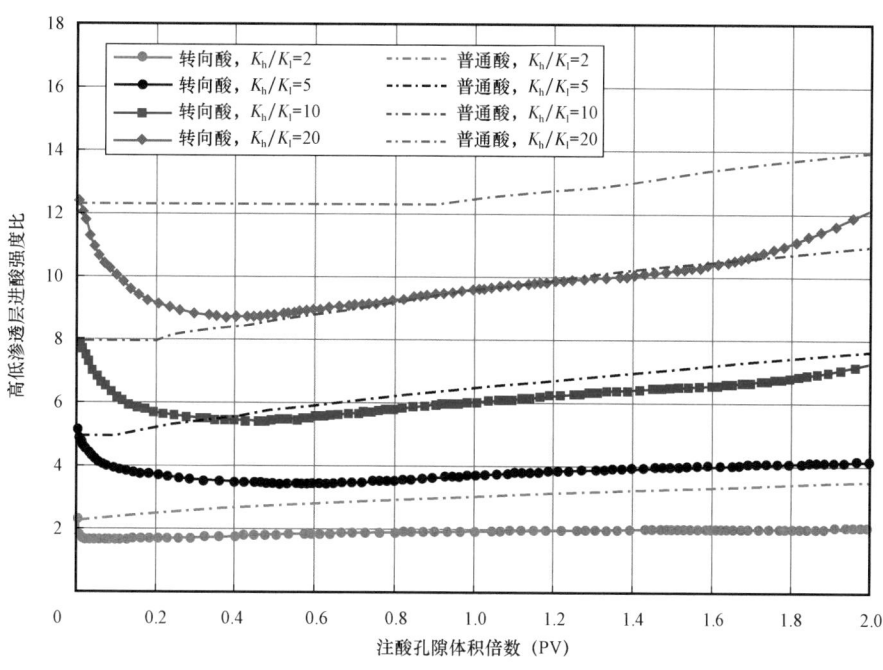

图 12.22　层间非均质性对高低渗透层进酸强度比值影响
K_h/K_l—高渗透层与低渗透层的渗透率之比

度越慢,而且随着注酸增加,进酸速度越来越慢,直到不再进酸。对层间非均质性过强的储层,应提高转向剂浓度以提高残酸黏度,或者加入可降解纤维,增强对高渗透层的封堵性能。

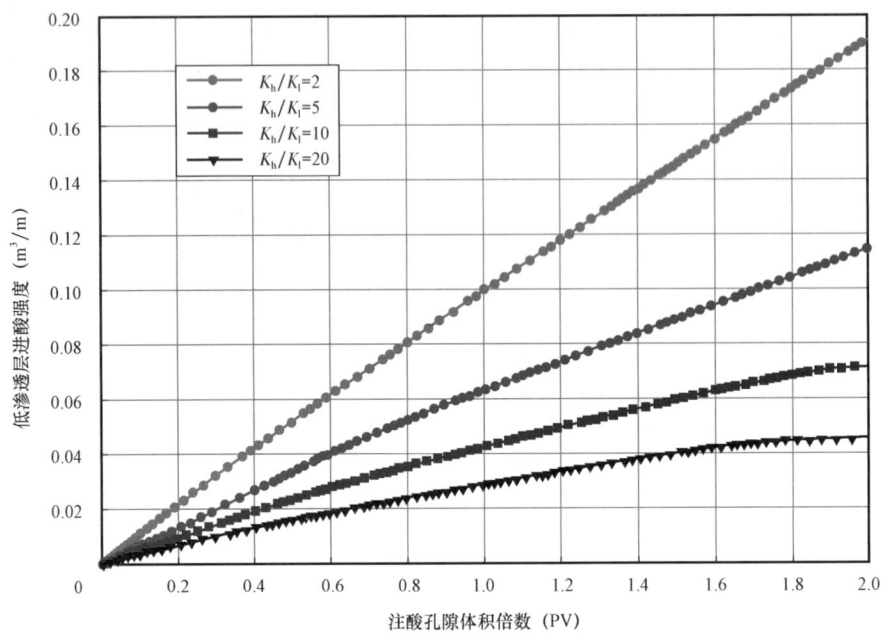

图 12.23　层间非均质性对低渗透层进酸强度的影响

第13章 碳酸盐岩水平井暂堵酸化模拟

水平井进行增产措施的目的是解除钻井液伤害,水平井的伤害一般在井筒附近,引起深度地层伤害的可能性小,除非固体颗粒侵入天然裂缝中。因此,对碳酸盐岩储层水平井选择基质酸化进行解除近井地带伤害,恢复产能。对碳酸盐岩水平井基质酸化,酸岩溶蚀情况受储层物性及施工参数的影响较大,且由于沿水平段非均质强,酸液优先进入高渗透层,而低渗透层进酸少,酸液分布不均,其酸化复杂度和难度都比直井大。

本章建立了碳酸盐岩水平井酸液流动反应模型,该模型考虑了酸岩溶蚀反应及流体在地层中的不稳定渗流,将该模型与水平井非均匀伤害模型相结合,能够较真实地模拟不同储层物性和施工参数下沿水平段的酸岩溶蚀及酸液分布情况。建立了考虑酸液流动反应、暂堵剂溶解、多种工作液交替注入的水平井暂堵酸化模拟模型,模拟了水平井暂堵酸化后的地层吸酸剖面,为水平井多级暂堵交替注入酸化工艺参数的选择提供了依据。

13.1 碳酸盐岩酸岩反应模型

碳酸盐岩储层基质酸化的主要目的是均匀解除近井地带伤害。本节采用双重尺度模型模拟基质酸化时地层参数的变化。双重尺度模型包括达西尺度模型和孔隙尺度模型。其中,达西尺度模型(介于微米级与厘米级之间)描述了酸岩反应和溶蚀过程;孔隙尺度模型(微米级)描述了溶蚀引起的储层物性参数改变,包括结构—孔隙度关系及传质系数的求取,两种模型相互影响,将两种尺度模型耦合求解。

13.1.1 达西尺度模型

达西尺度模型包括流动方程和酸液相平衡方程。酸液在孔隙中流动方程:

$$\left[(\rho_l \phi r) \mid_{t+\Delta t} - (\rho_l \phi r) \mid_t \right] \Delta r = \left[(\rho_l v_r r) \mid_r - (\rho_l v_{r+\Delta r} r) \mid_r \right] \Delta t \tag{13.1}$$

假设酸液密度不变,等式两边同时除以 $\Delta r \Delta t$,式(13.1)变为:

$$-\frac{1}{r} \frac{\partial (v_r r)}{\partial r} = \frac{\partial \phi}{\partial t} \tag{13.2}$$

达西定律得:

$$v_r = -\frac{K}{\mu} \frac{\partial p}{\partial r} \tag{13.3}$$

式中 ρ_l——酸液密度，kg/m^3；

ϕ——岩石孔隙度；

r——孔隙半径；

t——时间；

v_r——径向上达西流速，m/s；

K——渗透率，m^2；

μ——酸液黏度，$Pa·s$；

p——压力，Pa。

H^+ 的液相平衡方程可表示为：

$$\frac{\partial}{\partial t}(r\Delta r\phi C_l) = (rv_r C_l\mid_r - rv_r C_l\mid_{r+\Delta r}) - \left(\phi D_e r \frac{\partial C_l}{\partial r}\Big|_r - \phi D_e r \frac{\partial C_l}{\partial r}\Big|_{r+\Delta r}\right) - r\Delta r k_c a_v(C_l - C_s)$$

$$(13.4)$$

式中 C_l——酸液的质量浓度，kg/m^3；

C_s——液固表面相中的 H^+ 的质量浓度，kg/m^3；

D_e——扩散系数，m^2/s；

k_c——传质系数，m/s；

a_v——比表面积，m^2/m^3。

式(13.4)左端为浓度累加值，右端第一项为对流作用，第二项为扩散作用，第三项为 H^+ 从液相向液固表面的传质作用。

式(13.4)两端同时除以 $r\Delta r$，得：

$$\phi \frac{\partial C_l}{\partial t} = -\frac{1}{r}\frac{\partial}{\partial r}(rv_r C_l) + \frac{1}{r}\frac{\partial}{\partial r}\left(\phi D_e r \frac{\partial C_l}{\partial r}\right) - k_c a_v(C_l - C_s)$$

$$(13.5)$$

引入反应动力 $R(C_s)$ 便于运算，设：

$$R(C_s) = k_c(C_l - C_s)$$

$$(13.6)$$

对碳酸岩盐而言，酸岩反应速度很快，传送到固液表面的酸量等价于酸岩反应的酸量。可以考虑为不可逆一阶反应。对于不可逆一阶反应有：

$$R(C_s) = k_s C_s$$

$$(13.7)$$

式中 k_s——反应速度常数，m/s。

由式(13.6)和式(13.7)得：

$$C_s = \frac{C_l}{(1 + k_s/k_c)}$$

$$(13.8)$$

由式(13.8)可看成，k_s/k_c 的值决定反应时受反应动力学控制还是受传质控制。若 k_s/k_c 非常小，固液表面的 H^+ 浓度 C_s 接近于液体中 H^+ 的浓度 C_l，反应受反应动力学控制；若 k_s/k_c 很大，固液表面 H^+ 浓度 C_s 非常小，反应受传质控制。对特定酸液，反应速度常数 k_s 为定值，因

此由 k_c 决定酸岩反应受反应动力学控制还是传质控制。

岩石孔隙度改变是由酸岩反应引起的,得:

$$-\frac{\partial}{\partial t}\big[r\Delta r(1-\phi)\rho_s\big]=r\Delta rk_c a_v(C_l-C_s)\alpha \tag{13.9}$$

式中　ρ_s——岩石密度,kg/m^3;

　　　α——单位质量酸液溶解的岩石质量,kg/kg。

简化为:

$$\frac{\partial\phi}{\partial t}=\frac{R(C_s)a_v\alpha}{\rho_s}=\frac{a_v\alpha}{\rho_s}\left(\frac{1}{k_s}-\frac{1}{k_c}\right)^{-1}C_l=\frac{k_s k_c a_v\alpha}{(k_s+k_c)\rho_s}C_l \tag{13.10}$$

根据式(13.8)可得:

$$\frac{\partial\phi}{\partial t}=\frac{k_s k_c a_v\alpha}{(k_s+k_c)\rho_s}C_l \tag{13.11}$$

由式(13.2)、式(13.3)、式(13.5)、式(13.6)和式(13.11)组成了碳酸盐岩基质酸化达西尺度模型:

$$\begin{cases} -\dfrac{1}{r}\dfrac{\partial(v_r r)}{\partial r}=\dfrac{\partial\phi}{\partial t}\\[2mm] v_r=-\dfrac{K}{\mu}\dfrac{\partial p}{\partial r}\\[2mm] \phi\dfrac{\partial C_l}{\partial t}=-\dfrac{1}{r}\dfrac{\partial}{\partial r}(rv_r C_l)+\dfrac{1}{r}\dfrac{\partial}{\partial r}\Big(\phi D_e r\dfrac{\partial C_l}{\partial r}\Big)-k_c a_v(C_l-C_s)\\[2mm] \dfrac{\partial\phi}{\partial t}=\dfrac{k_s k_c a_v\alpha}{(k_s+k_c)\rho_s}C_l \end{cases} \tag{13.12}$$

入口处注入速度为常数 v_0,酸液浓度为 C_0(Dirichlet 边界条件),出口处压力为常数,酸流速为 0。初始时刻酸液浓度为 0,孔渗分布为非均匀伤害模型中求得的孔渗值。

边界条件:

$$\begin{cases} v=-\dfrac{K}{\mu}\dfrac{\partial p}{\partial r}=v_0,\quad C_l=C_0 & (r=r_0\ 时)\\[2mm] \dfrac{\partial C_l}{\partial r}=0,\quad p=p_e & (r=r_e\ 时) \end{cases} \tag{13.13}$$

初始条件:

$$C_l=0,\quad \phi=\phi_0 \quad (t=0\ 时) \tag{13.14}$$

式中　v_0——注入速度,m^3/s;

　　　p_e——原始地层压力,Pa;

$\phi_0(r)$——地层伤害后孔隙度分布。

13.1.2 孔隙尺度模型

在酸化过程中,孔隙度、渗透率、孔喉半径、比表面等孔喉结构参数随时间不断变化,目前并没有准确描述酸化过程中孔隙度和渗透率变化的关系式,根据半经验公式来确定孔隙介质结构和各介质性质(孔隙度 ϕ,渗透率 K,孔喉半径 r_p 及比表面 a_v)的关系。

各介质性质参数与其初始值关系:

$$\frac{K}{K_0} = \delta^2 \frac{\phi}{\phi_0} \left[\frac{\phi(1-\phi_0)}{\phi_0(1-\phi)} \right]^{2\beta} \tag{13.15}$$

$$\frac{r_p}{r_{p0}} = \sqrt{\frac{K\phi_0}{K_0\phi}} \delta \left[\frac{\phi(1-\phi_0)}{\phi_0(1-\phi)} \right]^{\beta} \tag{13.16}$$

$$\frac{a_v}{a_{v0}} = \frac{\phi r_{p0}}{\phi_0 r_p} = \delta^{-1} \left[\frac{\phi(1-\phi_0)}{\phi_0(1-\phi)} \right]^{-\beta} \tag{13.17}$$

式中 K_0——原始地层渗透率,m^2;

ϕ_0——原始地层孔隙度;

r_{p0}——原始孔喉直径,m;

a_{v0}——原始比表面,m^2/m^3;

β——经验常数,取值 1.2;

δ——经验常数,取值 1。

传质系数 k_c 决定于局部孔隙结构,局部液体流速及酸岩反应速度。根据 Balakotaiah 等人研究,得到如下关系式:

$$Sh = \frac{2k_c r_p}{D_m} = Sh_\infty + \frac{0.7}{m^{1/2}} Re_p^{1/2} Sc^{1/3} \tag{13.18}$$

$$D_e = \alpha_{os} D_m + \frac{2\lambda v_r r_p}{\phi} \tag{13.19}$$

式中 D_m——有效分子扩散系数,m^2/s;

Sh_∞——渐近舍伍德数,对矩形、三角形和圆形孔隙横截面分别取值 2.98,2.5 和 3.66;

m——孔隙度长度和直径比值;

Re_p——雷诺数,典型的取值为 0.2;

Sc——施密特数,其值等于液体运动黏度与有效扩散系数的比值;

D_e——扩散系数,m^2/s;

α_{os}——与孔喉结构有关的常数;

λ——与孔喉结构有关的常数。

其中,式(13.19)等号右端第一项为分子扩散作用,第二项为对流传质作用。当雷诺数较小时,小孔道或孔隙分子扩散占主导作用;当雷诺数较大时,大孔道或对流扩散占主导。

13.1.3　模型离散化处理

（1）压力场模型离散。

由式（13.2）和式（13.3）联立得：

$$\frac{1}{r}\frac{\partial}{\partial r}\left(r\frac{K}{\mu}\frac{\partial p}{\partial r}\right) = \frac{\partial \phi}{\partial t} \tag{13.20}$$

对式（13.17）采取隐式差分格式进行离散：

$$\frac{1}{r}\frac{\partial}{\partial r}\left(r\frac{K}{\mu}\frac{\partial p}{\partial r}\right) = \frac{r_{i+1/2}k_{i+1/2}}{r_i\mu_{i+1/2}}\frac{p_{i+1}-p_i}{\Delta r_i\Delta r_{i+1/2}} - \frac{r_{i-1/2}k_{i-1/2}}{r_i\mu_{i-1/2}}\frac{p_i-p_{i-1}}{\Delta r_i\Delta r_{i-1/2}}$$

$$\frac{\partial \phi}{\partial t} = \frac{k_s k_c a_v \alpha}{(k_s + k_c)\rho_s}C_l = \frac{k_{s,i}k_{c,i}a_{v,i}\alpha}{(k_{s,i} + k_{c,i})\rho_s}C_{l,i} \tag{13.21}$$

采用调和平均求得相邻网格接触面处渗透率、黏度，算数平均求得相邻网格中心点间距离：

$$\Delta r_{i+1/2} = \frac{\Delta r_i + \Delta r_{i+1}}{2}, \quad \Delta r_{i-1/2} = \frac{\Delta r_i + \Delta r_{i-1}}{2}$$

$$k_{i+1/2} = \frac{k_i k_{i+1}}{k_i + k_{i+1}}, \quad k_{i-1/2} = \frac{k_i k_{i-1}}{k_i + k_{i-1}}$$

$$\mu_{i+1/2} = \frac{\mu_i \mu_{i+1}}{\mu_i + \mu_{i+1}}, \quad \mu_{i-1/2} = \frac{\mu_i \mu_{i-1}}{\mu_i + \mu_{i-1}}$$

式中：$k_{i+1/2}$ 和 $k_{i-1/2}$ 分别表示 i 与 $i+1$ 网格、i 与 $i-1$ 网格接触面处渗透率；$\mu_{i+1/2}$ 和 $\mu_{i-1/2}$ 分别表示 i 与 $i+1$ 网格、i 与 $i-1$ 网格接触面处黏度；$\Delta r_{i+1/2}$ 和 $\Delta r_{i-1/2}$ 分别表示 i 与 $i+1$ 网格、i 与 $i-1$ 网格中心点间距离。

得到求解压力场的三对角方程：

$$a_i p_{i-1}^{n+1} + c_i p_i^{n+1} + b_i p_{i+1}^{n+1} = d_i \tag{13.22}$$

其中

$$a_i = \frac{r_{i-1/2}\dfrac{k_{i-1/2}}{\mu_{i-1/2}}}{r_i\Delta r_i\Delta r_{i-1/2}}, \quad b_i = \frac{r_{i+1/2}\dfrac{k_{i+1/2}}{\mu_{i+1/2}}}{r_i\Delta r_i\Delta r_{i+1/2}}$$

$$c_i = \frac{r_{i-1/2}\dfrac{k_{i-1/2}}{\mu_{i-1/2}}}{r_i\Delta r_i\Delta r_{i-1/2}} + \frac{r_{i+1/2}\dfrac{k_{i+1/2}}{\mu_{i+1/2}}}{r_i\Delta r_i\Delta r_{i+1/2}}$$

$$d_i = \frac{k_{s,i}k_{c,i}a_{v,i}\alpha}{(k_{s,i} + k_{c,i})\rho_s}C_{l,i}$$

（2）酸浓度场模型离散。

对式（13.5）采用隐式差分格式进行离散：

$$- \frac{1}{r} \frac{\partial}{\partial r}(r v_r C_l) = \frac{K}{\mu} \frac{\partial p}{\partial r} \frac{\partial C_l}{\partial r} = \frac{k_i (p_{i+1} - p_i)}{\mu_i \Delta r_{i+1/2}^2} (C_{i+1}^{n+1} - C_i^{n+1}) \qquad (13.23)$$

$$\frac{1}{r} \frac{\partial}{\partial r}\left(\phi D_{er} r \frac{\partial C_l}{\partial r}\right) = \frac{r_{i+1/2} \phi_{i+1/2}}{r_i \Delta r_i \Delta r_{i+1/2}} \left(\alpha_{os} D_{m,i+1/2} + \frac{2\lambda_r v_{r,i+1/2,j} r_{p,i+1/2}}{\phi_{i+1/2}^n}\right)(C_{i+1}^{n+1} - C_i^{n+1}) - $$
$$\frac{r_{i-1/2} \phi_{i-1/2}}{r_i \Delta r_i \Delta r_{i-1/2}} \left(\alpha_{os} D_{m,i-1/2} + \frac{2\lambda_r v_{r,i-1/2} r_{p,i-1/2}}{\phi_{i-1/2}}\right)(C_i^{n+1} - C_{i-1}^{n+1}) \qquad (13.24)$$

$$- k_c a_v (C_l - C_s) = - k_c a_v \left[1 - \frac{1}{(1 + k_s / k_c)}\right] C_l = - \frac{k_{c,i} k_{s,i}}{k_{c,i} + k_{s,i}} a_{v,i} C_i^{n+1} \qquad (13.25)$$

$$\frac{\partial (\phi C_l)}{\partial t} = \frac{\phi_i}{\Delta t} (C_i^{n+1} - C_i^n) \qquad (13.26)$$

得到浓度场三对角方程组：

$$aa_i C_{l,i-1}^{n+1} + cc_i C_{l,i}^{n+1} + bb_i C_{l,i+1}^{n+1} = dd_i \qquad (13.27)$$

其中

$$aa_i = \frac{r_{i-1/2} \phi_{i-1/2}^n}{r_i \Delta r_i \Delta r_{i-1/2}} \left(\alpha_{os} D_{m,i-1/2}^n + \frac{2\lambda v_{r,i-1/2}^n r_{p,i-1/2}^n}{\phi_{i-1/2}^n}\right)$$

$$bb_i = \frac{k_i (p_{i+1} - p_i)}{\mu_i \Delta r_{i+1/2}^2} + \frac{r_{i+1/2} \phi_{i+1/2}^n}{r_i \Delta r_i \Delta r_{i+1/2}} \left(\alpha_{os} D_{m,i+1/2}^n + \frac{2\lambda v_{r,i+1/2}^n r_{p,i+1/2}^n}{\phi_{i+1/2}^n}\right)$$

$$cc_i = - \frac{k_i (p_{i+1} - p_i)}{\mu_i \Delta r_{i+1/2}^2} - \frac{r_{i-1/2} \phi_{i-1/2}^n}{r_i \Delta r_i \Delta r_{i-1/2}} \left(\alpha_{os} D_{m,i-1/2}^n + \frac{2\lambda v_{r,i-1/2}^n r_{p,i-1/2}^n}{\phi_{i-1/2}^n}\right) - $$
$$\frac{r_{i+1/2} \phi_{i+1/2}^n}{r_i \Delta r_i \Delta r_{i+1/2}} \left(\alpha_{os} D_{m,i+1/2}^n + \frac{2\lambda v_{r,i+1/2}^n r_{p,i+1/2}^n}{\phi_{i+1/2}^n}\right) - \frac{k_{c,i} k_{s,i}}{k_{c,i} + k_{s,i}} \alpha_{v,i} - \frac{\phi_i}{\Delta t}$$

$$dd_i = - \frac{\phi_i}{\Delta t} C_i^n$$

由式（13.11）离散得到孔隙度离散模型：

$$\phi_i^{n+1} = \frac{k_{c,i} k_{s,i} a_{v,i} \alpha}{(k_{c,i} + k_{s,i}) \rho_s} C_{l,i} \Delta t + \phi_i^n \qquad (13.28)$$

将两组三对角方程组联立求解，得到各网格流体压力和酸液浓度分布，根据酸液浓度分布通过式（13.28）得到下一时刻的孔隙度，继而根据式（13.15）、式（13.16）和式（13.17）更新地层渗透率等地层物性参数。在模型求解过程中，对每个时间节点，模拟酸液在地层各网格中的压力分布，由压力梯度确定酸液的流速；根据酸液反应方程确定酸液浓度分布及酸蚀蚓孔长度;然后根据孔隙度模型得到下一时刻孔隙度;最后根据孔隙尺度模型计算得到下一时刻地层渗透率、比表面、孔喉比等地层参数,再将更新的参数代入重复计算,直至注液时间结束。

13.2　水平井酸液流动模型

水平井酸化施工成功的关键是酸液在整个酸化井段的合理分布,以使整个水平井段与足够量酸液接触。由流动最小阻力原理可知,酸液优先进入渗透率高的井段,而对需要解堵的低渗透井段,可能进酸量很少甚至没进酸。各水平段的进酸量是水平井储层物性、水平段长度、沿程摩阻、酸岩反应溶蚀情况综合决定的。

对水平井酸液注入问题,沿水平段非均质性造成的影响不容忽视,且在任意位置的井筒流量和地层流量都随时间而不断变化,瞬时影响在整个地层中的影响也不容忽视,整个流动是一个不稳定渗流过程,需要在酸岩反应研究基础上建立酸液不稳定渗流置放模型,模拟酸液在水平井各段中的分布情况。

水平井酸化物理模型将水平段从跟端到趾端分为 N 段(图 13.1),酸液流动包括两个过程,沿井筒流动和沿井筒径向流入地层,受到水平井筒效应的影响,流量越来越小,这是一个变质量管流过程。

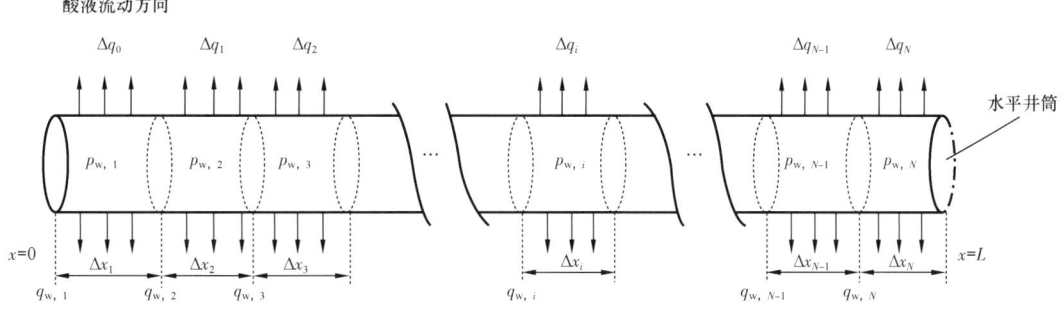

图 13.1　水平井分段示意图

13.2.1　井筒中流动模型

为便于计算,假设水平井筒中压降仅考虑摩阻;注酸前工作液填满整个井筒,酸液活塞式驱替工作液,且不存在局部井筒空间无液体充填情况。

如图 13.1 所示注酸过程中水平井井筒示意图,流入地层的流量为井筒方向上流量的改变量,根据井筒中质量守恒得:

$$\frac{\partial q_w(x,t)}{\partial x} = -q_r(x,t) \tag{13.29}$$

式中　q_w——井筒任意位置流量,m^3/s;

　　　　q_r——单位井筒段地层流量,$m^3/(s \cdot m)$。

水平井筒压降主要来自井筒摩阻,由井筒压降得到井筒中流动方程为:

$$\frac{\partial p_{\mathrm{w}}(x,t)}{\partial x} = -\frac{\lambda \rho \left[q_{\mathrm{w}}(x,t) \right]^2}{4\pi^2 r_{\mathrm{w}}^5} \qquad (13.30)$$

式中　p_{w}——井筒任意位置压力,Pa;

　　　　ρ——酸液密度,$\mathrm{kg/m^3}$;

　　　　λ——摩擦阻力系数;

　　　　r_{w}——井筒半径,m。

其中摩擦阻力系数 λ 由雷诺数(Re)决定:

$$\begin{cases} \lambda = \dfrac{64}{Re} & (Re \leqslant 2300) \\[3mm] \lambda = \dfrac{0.3164}{\sqrt[4]{Re}} & (2300 < Re < 10^5) \\[3mm] \lambda = 0.0032 + 0.221 Re^{-0.237} & (Re \geqslant 10^5) \end{cases} \qquad (13.31)$$

13.2.2　地层流动模型

在注酸过程中,任意位置的井筒流量和地层流量都随时间而不断变化,瞬时影响在整个地层中的影响不容忽视,整个流动是一个不稳定渗流过程,设时间为 n 段。

由变流量的压降叠加原理得到:

$$p_{\mathrm{w}} = p_{\mathrm{i}} + \frac{\mu}{4\pi Kh} \sum_{j=1}^{n} \left\{ (q_j - q_{j-1}) \left[\mathrm{Ei}\left(-\frac{r_{\mathrm{w}}^2}{4\eta(t - t_{j-1})} \right) + S_{\mathrm{e}} \right] \right\} \qquad (13.32)$$

将式(13.32)变换得到单位井段瞬时流量公式,即单位井段地层流动方程为:

$$q_{\mathrm{r}}^n = \frac{4\pi K}{\mu \{ \ln[2.25\eta(t - t_{n-1})/r_{\mathrm{w}}^2] + S_{\mathrm{e}} \}} (p_{\mathrm{w}} - p_{\mathrm{i}}) -$$

$$\frac{\sum\limits_{j=1}^{n-1} \left[(q_{\mathrm{r},j} - q_{\mathrm{r},j-1}) \{ \ln[2.25\eta(t - t_{n-1})/r_{\mathrm{w}}^2] + S_{\mathrm{e}} \} \right] - q_{\mathrm{r},n-1} \{ \ln[2.25\eta(t - t_{n-1})/r_{\mathrm{w}}^2] + S_{\mathrm{e}} \}}{\ln[2.25\eta(t - t_{n-1})/r_{\mathrm{w}}^2] + S_{\mathrm{e}}}$$

$$(13.33)$$

令

$$a_{J_x} = \frac{4\pi K}{\mu \{ \ln[2.25\eta(t - t_{n-1})/r_{\mathrm{w}}^2] + S_{\mathrm{e}} \}}$$

$$b_{J_x} = -\frac{\sum\limits_{j=1}^{n-1} \left[(q_{\mathrm{r},j} - q_{\mathrm{r},j-1}) \{ \ln[2.25\eta(t - t_{n-1})/r_{\mathrm{w}}^2] + S_{\mathrm{e}} \} \right] - q_{\mathrm{r},n-1} \{ \ln[2.25\eta(t - t_{n-1})/r_{\mathrm{w}}^2] + S_{\mathrm{e}} \}}{\ln[2.25\eta(t - t_{n-1})/r_{\mathrm{w}}^2] + S_{\mathrm{e}}}$$

式(13.33)简化为:

$$q_{\mathrm{r}}^n = a_{J_x}(p_{\mathrm{w}} - p_{\mathrm{i}}) - b_{J_x} \qquad (13.34)$$

式中　η——导压系数,MPa^{-1};

　　　S_e——钻井液伤害造成的表皮系数。

初始条件:初始时刻,井筒压力与地层压力相同,井筒内流速为零:

$$\left.\begin{array}{l} p_{\mathrm{w}}(x,0) = p_{\mathrm{i}} \\ q_{\mathrm{w}}(x,0) = 0 \end{array}\right\} \tag{13.35}$$

边界条件:水平段跟部注入情况为模型的边界条件,并假设水平段趾部液体不流动。

$$\left.\begin{array}{ll} q_{\mathrm{w}}(0,t) = q_0 \\ q_{\mathrm{w}}(x,t) = 0 & (x \geqslant L) \end{array}\right\} \tag{13.36}$$

13.2.3　流动界面模型

采用 Eckerfield 等人建立的追踪不同流体界面移动模型(图 13.2),不同流体界面随时间不断移动,各界面向前移动的距离是界面前各段流体流入地层的单位面积流量。Δt 时间后,流体界面变为 $x(t + \Delta t)$。

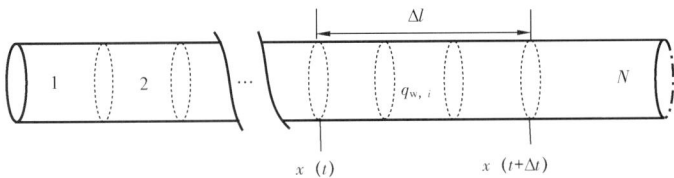

图 13.2　井筒内界面移动示意图

$$x(t + \Delta t) = x(t) + \frac{\sum_{i=x(i)}^{N} q_{\mathrm{w}(i)}}{A}\Delta t \tag{13.37}$$

式中　$x(t)$——t 时刻不同流体之间界面的位置,m;

　　　$x(t + \Delta t)$——$t + \Delta t$ 时刻不同流体之间界面的位置,m。

13.2.4　表皮系数模型

设完井方式为裸眼完井,r_{wh} 为酸蚀蚓孔长度,r_{d} 为伤害半径,沿水平井筒方向,这两个参数非均匀分布。根据 Hawkins 公式得:

当 $r_{\mathrm{d}} > r_{\mathrm{wh}}$

$$S_{\mathrm{a}}(x) = \frac{K}{K_{\mathrm{d}}(x)}\ln\left[\frac{r_{\mathrm{d}}(x)}{r_{\mathrm{wh}}(x)}\right] - \ln\left[\frac{r_{\mathrm{d}}(x)}{r_{\mathrm{w}}}\right] \tag{13.38}$$

当 $r_{\mathrm{d}} < r_{\mathrm{wh}}$

$$S_{\mathrm{a}}(x) = \ln\left[\frac{r_{\mathrm{wh}}(x)}{r_{\mathrm{w}}}\right] \tag{13.39}$$

式中 $S_a(x)$——任意位置的解堵后表皮系数;

K——储层渗透率;

$K_d(x)$——沿水平井筒任意 x 位置处储层伤害后渗透率;

$K/K_d(x)$——储层伤害程度。

由表皮系数公式可知,随着蚓孔长度增加表皮系数不断下降。表皮系数是时间和空间的函数。

13.2.5 模型离散化处理

根据井筒分段示意如图 13.1 所示,水平段分为 N 小段,将这些方程进行离散并联立求解。对压降方程式(13.30)做线性处理,将 q_w 分离出来:

$$\frac{\partial p_w(i,t)}{\partial x} = -\frac{\lambda \rho[q_w(i,t)]}{4\pi^2 r_w^5} q_w(i,t) = -\delta(q_w) q_w(i,t) \tag{13.40}$$

其中

$$\delta(q_w) = -\frac{\lambda \rho[q_w(i,t)]}{4\pi^2 r_w^5}$$

设式(13.40)中 $\delta(q_w)$ 值用上一个时间步长计算得到,将式(13.40)变为线性方程:

$$\frac{\partial p_w(i,t+1)}{\partial x} = -\frac{\lambda \rho[q_w(i,t)]}{4\pi^2 r_w^5} q_w(i,t+1) = -\delta(q_w) q_w(i,t+1) \tag{13.41}$$

式(13.41)离散形式为:

$$p_{w,i+1} - p_{w,i} = -\frac{\Delta x_{i+1} + \Delta x_i}{2} \delta_i q_{w,i+1} \tag{13.42}$$

式(13.34)离散形式为:

$$q_{w,i+1} - q_{w,i} = -\Delta x_i [a_{J_x,i}(p_{w,i} - p_R) - b_{J_x,i}] \tag{13.43}$$

其中 $i = 1,2,3,\cdots,N$

联立式(13.42)和式(13.43)及边界条件和初始条件,可以得到:

$$
\begin{pmatrix}
A_1 & 1 & 0 & 0 & \cdots & 0 & 0 & 0 \\
-1 & C_1(q) & 1 & 0 & \cdots & 0 & 0 & 0 \\
0 & -1 & A_1 & 1 & \cdots & 0 & 0 & 0 \\
0 & 0 & -1 & C_2(q) & \cdots & 0 & 0 & 0 \\
\vdots & \vdots & \vdots & \vdots & \cdots & \vdots & \vdots & \vdots \\
\vdots & \vdots & \vdots & \vdots & \cdots & \vdots & \vdots & \vdots \\
0 & 0 & 0 & 0 & \cdots & A_{N-1} & 1 & 0 \\
0 & 0 & 0 & 0 & \cdots & -1 & C_{N-1}(q) & 1 \\
0 & 0 & 0 & 0 & \cdots & & -1 & A_N
\end{pmatrix}
\begin{pmatrix}
p_{w,1} \\
q_{w,2} \\
p_{w,2} \\
q_{w,3} \\
\vdots \\
\vdots \\
p_{w,N-1} \\
q_{w,N-1} \\
p_{w,N}
\end{pmatrix}
=
\begin{pmatrix}
A_1 p_e + B_1 + q_0 \\
0 \\
A_2 p_e + B_2 \\
0 \\
\vdots \\
\vdots \\
A_{n-1} p_e + B_{N-1} \\
0 \\
A_n p_e + B_N
\end{pmatrix}
$$

其中

$$A_i = \Delta x_i a_{J_x,i}$$

$$B_i = \Delta x_i b_{J_x,i}$$

$$C_i = (\Delta x_{i+1} + \Delta x_i)\delta_i/2$$

求解三对角方程组,得到 $q_w(i,t)$ 和 $p_w(i,t)$,检查 $q_w(i,t)$ 和 $p_w(i,t)$ 的收敛性,若收敛,则 $q_w(i,t)$ 为 q_w^{n+1} , $p_w(i,t)$ 为 p_w^{n+1} ;若不收敛,则需进行循环迭代至收敛。

13.3　水平井酸液流动模型求解

在酸化过程中,地层参数不断发生变化,而酸液分布也在不断地改变,在某个时刻的岩石参数决定了下一时刻的酸液在地层中的流动情况。考虑到在酸化处理过程中,不同位置处进酸量、酸液流速、酸浓度、孔隙度和渗透率等都是时间和位置的函数,因而在不同位置、不同的时刻需要几个模型循环迭代计算,直到整个酸化模拟过程的结束。

水平井酸液流动模型求解步骤如图 13.3 所示。

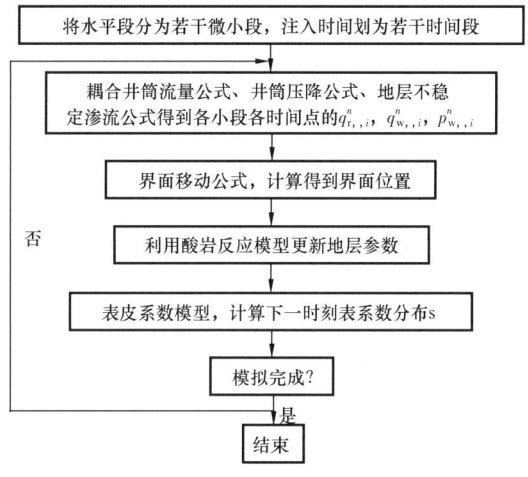

图 13.3　水平井酸液流动模型求解步骤图

13.4　水平井酸液流动反应计算分析

碳酸盐岩水平井酸化时酸液更容易进入阻力较小区域反应溶蚀,水平段酸液分布必然受到影响。储层参数和施工参数是影响酸岩溶蚀及酸液分布的主要因素,为达到均匀进酸解堵的目的,应根据不同储层物性,合理调整施工参数,使其符合储层条件。本小节通过对比分析,探讨各因素对酸岩溶蚀和酸液分布的影响,以指导施工参数的调整。

（1）排量敏感性分析。

注酸排量是影响水平井酸化效果的关键参数之一，分别模拟排量为 $1m^3/min$，$2m^3/min$ 和 $3m^3/min$ 时水平井酸化溶蚀情况。图 13.4 是以不同排量注入相同液量时酸岩溶蚀情况，从图中可以看出，不同排量注入酸岩溶蚀情况差别较大。当以排量为 $1m^3/min$ 注入时，在水平段跟部除个别蚓孔发育，酸岩溶蚀较均匀，随着排量增加，蚓孔增长。增大排量，酸蚀蚓孔发育，酸液更多地进入蚓孔发育处。

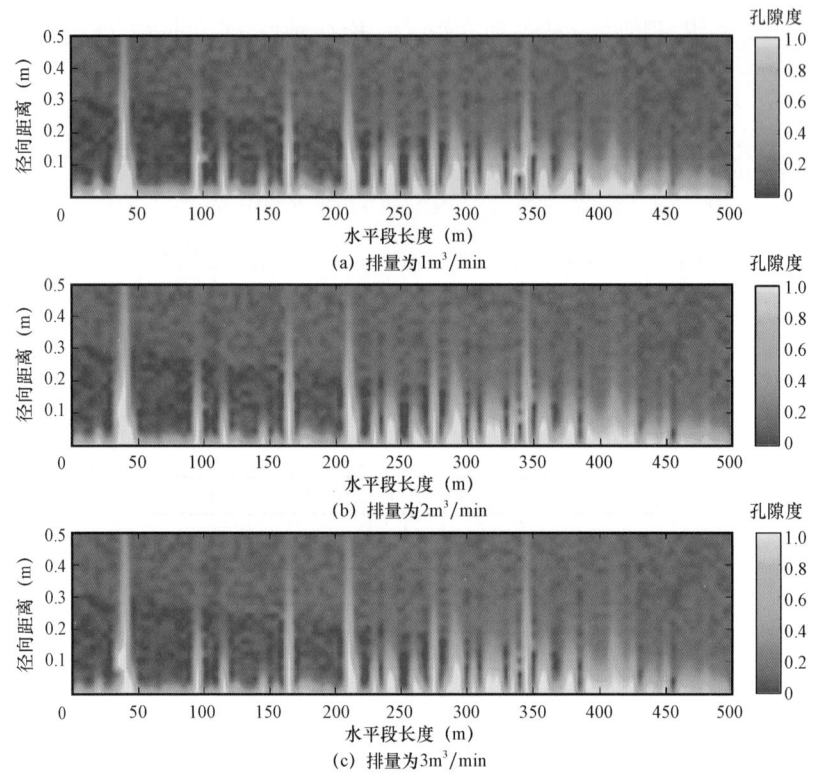

图 13.4　不同排量时酸岩溶蚀情况

图 13.5 是同一时刻不同排量注入时酸液在井筒中的推进图。从图中可以看出，随着排量增加酸液推进更快。对层内非均质性较弱储层，可采用小排量推进酸液到达底部，迫使更多酸液进入伤害严重的跟部，以均匀解除伤害。

（2）注酸时间敏感性分析。

分别模拟 10min，30min，40min 和 50min 时水平井酸化溶蚀情况。从图 13.6 看出 10min 时酸液未推进到井底，跟部伤害严重，井筒壁面发生一定溶蚀。随着时间增加，酸液推进到水平段趾部，全井段共同竞争吸酸，由于趾部伤害小，渗流阻力小，溶蚀快，过多酸液进入趾部，不均匀解堵趋势越明显。

图 13.7 是不同注酸时间水平井酸液分布图，注酸初期，累计进酸量沿井筒从跟部到趾部逐渐降低，而注酸 60min 时，呈现出相反的趋势，表明趾部区域整体进酸效果好于跟部区域。刚注酸时，酸液进入跟部地层，跟部地层得到一定改善，增强了跟部进酸的竞争力且在井筒摩

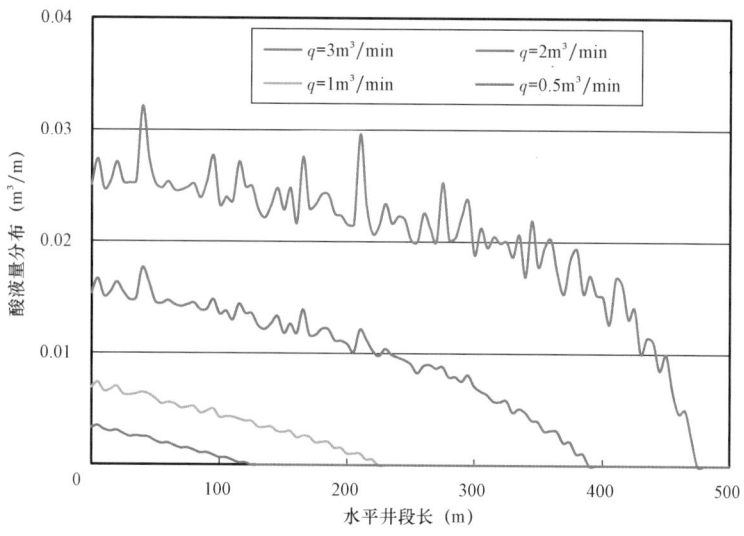

图 13.5　排量对酸液推进影响

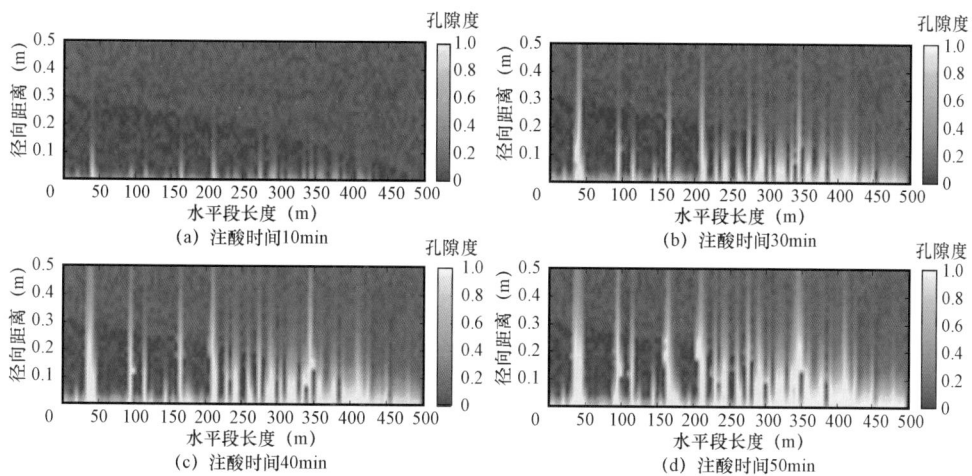

图 13.6　不同注酸时间时酸岩溶蚀情况

阻作用下,沿水平井筒进酸量依次减少。当酸液推进到井底后,由于趾部伤害小,趾部解堵快,进入趾部的酸液量明显增多。

(3)层间非均质性敏感性分析。

储层层间非均质性是酸岩溶蚀的客观因素,分别模拟均质储层、100~200m 及 300~400m 处为低渗透层时水平井酸化溶蚀情况。从图 13.8 中可以看出,存在低渗透层时酸岩反应溶蚀效果明显比均质储层差。从图 13.8(b)可以看出靠近跟部的低渗透层由于伤害严重,伤害半径大,流动阻力大,低渗透层不形成蚓孔,呈面溶蚀状态,而靠近趾部的低渗透层,由于伤害相对轻,能形成较短蚓孔。对于储层层间非均质性较强的水平井酸化,应采取合理均匀布酸工艺措施。

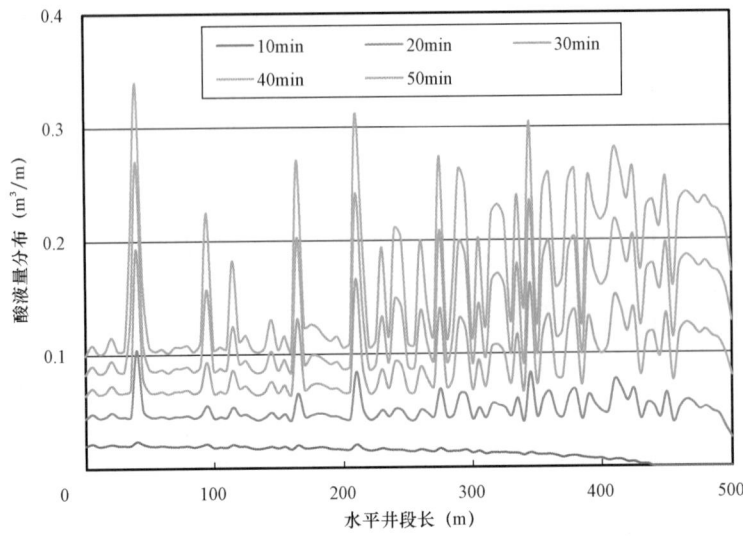

图 13.7　不同注酸时间水平井酸液分布图

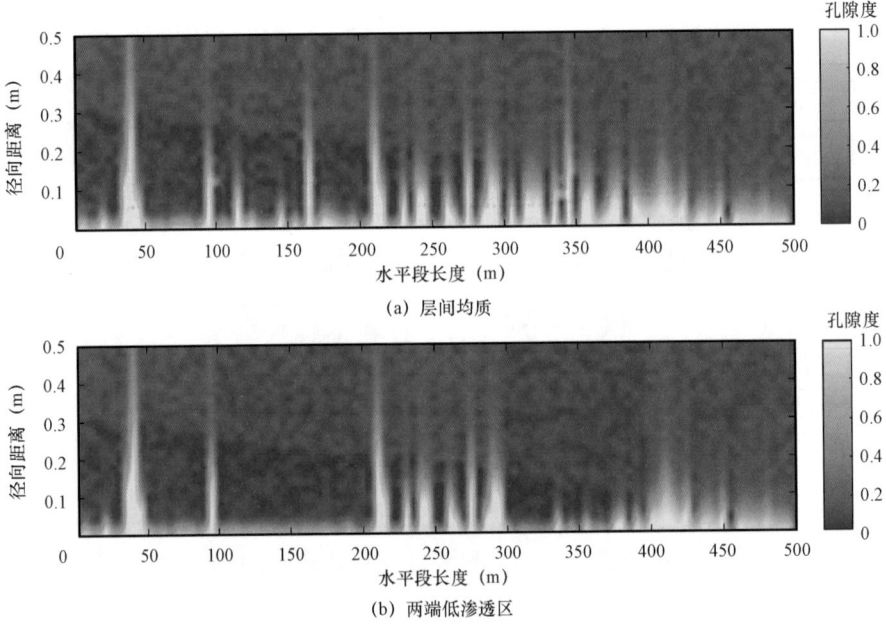

图 13.8　不同层间非均质性时酸岩溶蚀情况

图 13.9 是不同储层层间非均质性酸液分布图,从图中明显可以看出,存在层间非均质情况下,进入低渗透带的累计进酸量减少,其进酸波动小,表明低渗透带蚓孔发育较难,非低渗透带进酸量略有增加,其溶蚀效果更好。

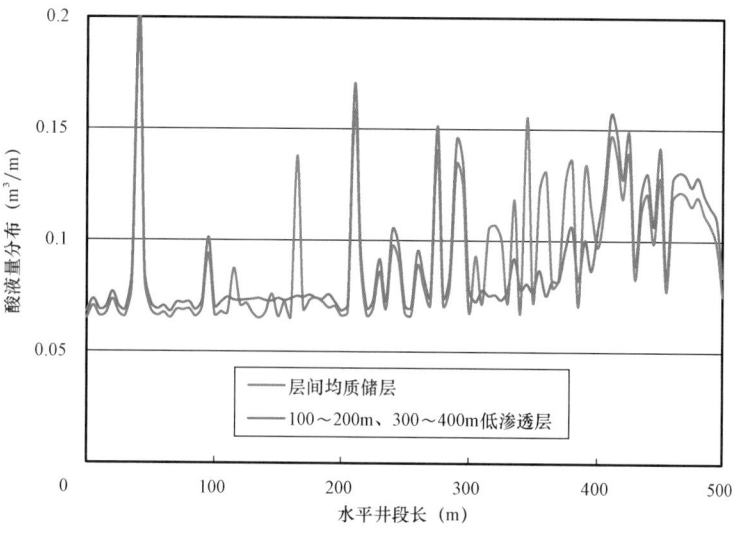

图 13.9　不同储层层间非均质性酸液分布图

13.5　暂堵酸化数学模型

13.5.1　界面移动模型

将井筒离散为 N 个单元，$i=1,2,3,\cdots,N$。设第一段酸液注入时间为 T_1，从 T_1 时间点开始注入第一段压裂液到 T_m 时间点，第一段压裂液与第一段酸液之间 T_{mm} 时刻的界面位置 $x_{\mathrm{fl},T_{mm}}$ 表示为：

$$x_{\mathrm{fl},T_{mm}} = \frac{\displaystyle\sum_{i=0}^{N} q_{\mathrm{ra1},i}}{A}(T_{mm} - T_1) \qquad (mm = 1,2,3,\cdots,m) \tag{13.44}$$

式中　$q_{\mathrm{ra1},i}$——T_{mm} 时刻 i 单元第一段酸液流入地层流量，$\mathrm{m^3/s}$。

从 T_m 时间点开始注入第一段暂堵液到 T_n 时间点，第一段压裂液与第一段酸液之间 T_{nn} 时刻的界面位置 $x_{\mathrm{fl},T_{nn}}$ 表示为：

$$x_{\mathrm{fl},T_{nn}} = x_{\mathrm{fl},T_m} + \frac{\displaystyle\sum_{i=x_{\mathrm{fl},T_m}}^{N} q_{\mathrm{ra1},i}}{A}(T_{nn} - T_m) \tag{13.45}$$

第一段暂堵液与第一段压裂液之间 T_{nn} 时刻界面位置 $x_{\mathrm{p1},T_{nn}}$ 表示为：

$$x_{\mathrm{p1},T_{nn}} = \frac{\displaystyle\sum_{i=0}^{x_{\mathrm{fl},T_m}} q_{\mathrm{rf1},i}}{A}(T_{nn} - T_m) + \frac{\displaystyle\sum_{i=x_{\mathrm{fl},T_m}}^{N} q_{\mathrm{ra1},i}}{A}(T_{nn} - T_m) \qquad (nn = m+1, m+2, \cdots, n)$$

$$\tag{13.46}$$

式中　$q_{\mathrm{rf1},i}$——T_{nn}时刻 i 单元第一段压裂液流入地层流量，$\mathrm{m^3/s}$。

从 T_n 时间点开始注入第二段压裂液到 T_k 时间点，第二段压裂液与第一段暂堵液之间 T_{kk} 时刻的界面位置 $x_{\mathrm{f2},T_{kk}}$ 表示为：

$$x_{\mathrm{f2},T_{kk}} = \frac{\sum_{i=0}^{x_{\mathrm{p1},T_n}} q_{\mathrm{rp1},i}}{A}(T_{kk}-T_n) + \frac{\sum_{i=x_{\mathrm{p1},T_n}}^{x_{\mathrm{f1},T_n}} q_{\mathrm{rf1},i}}{A}(T_{kk}-T_n) + \frac{\sum_{i=x_{\mathrm{f1},T_n}}^{N} q_{\mathrm{ra1},i}}{A}(T_{kk}-T_n)$$

$$(kk = n+1, n+2, \cdots, k) \tag{13.47}$$

式中　$q_{\mathrm{rp1},i}$——T_{kk}时刻 i 单元第一段暂堵液流入地层流量，$\mathrm{m^3/s}$。

依此类推，记录每个可能存在的界面的位置，直到界面推到井底 $x_{l,T}=L$ 时，该界面消失。界面与界面之间流体性质不一样，x_{f1,T_m} 之前是酸液，x_{f1,T_m} 与 x_{p1,T_n} 之间是压裂液，x_{p1,T_n} 与 x_{f2,T_k} 之间是暂堵液，计算时每段的流体性质不一样。

13.5.2　表皮系数模型

暂堵酸化的原理是通过纤维暂堵剂在井筒内形成滤饼，通过滤饼等效的表皮系数来调整酸液分布，暂堵酸化过程模拟主要是考虑纤维滤饼表皮系数模拟。假设井筒周围为径向流且纤维均匀堆积，如图 13.10 所示。

由图 13.11 所示，根据复合地层径向流，得：

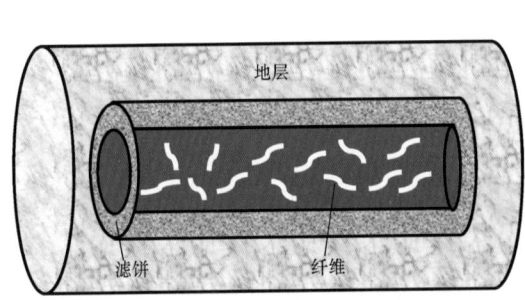

图 13.10　纤维滤饼示意图

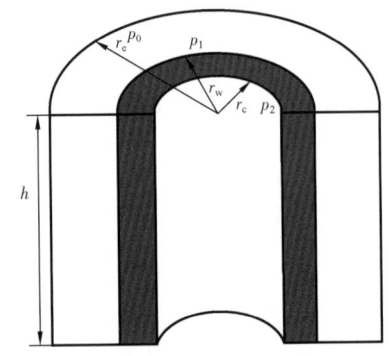

图 13.11　暂堵后井筒示意图

滤饼带（$r_{\mathrm{c}} \rightarrow r_{\mathrm{w}}$）压降

$$p_2 - p_1 = \frac{Q\mu\ln(r_{\mathrm{w}}/r_{\mathrm{f}})}{2\pi K_{\mathrm{f}}h} \tag{13.48}$$

地层（$r_{\mathrm{w}} \rightarrow r_{\mathrm{e}}$）压降

$$p_1 - p_0 = \frac{Q\mu\ln(r_{\mathrm{e}}/r_{\mathrm{w}})}{2\pi \overline{K}h} \tag{13.49}$$

总压差

$$p_2 - p_0 = \frac{Q\mu\big[\ln(r_e/r_w) + S_c\big]}{2\pi \overline{K} h} \tag{13.50}$$

由于式(13.48)至式(13.50)可得:

$$\frac{Q\mu\big[\ln(r_e/r_w) + S_c\big]}{2\pi \overline{K} h} = \frac{Q\mu\ln(r_w/r_f)}{2\pi K_f h} + \frac{Q\mu\ln(r_e/r_w)}{2\pi \overline{K} h} \tag{13.51}$$

化简得到纤维表皮系数:

$$S_c = \frac{\overline{K}}{K_f}\ln\frac{r_w}{r_f} \tag{13.52}$$

已知纤维滤饼厚度 r_f 可表示为:

$$r_f = \sqrt{r_w^2 - \frac{V_c}{\pi h}} \tag{13.53}$$

其中

$$V_c = \frac{V_f}{1 - \phi_c}$$

式中　V_c——滤饼体积,m^3;

　　　V_f——纤维体积,m^3;

　　　ϕ_c——纤维滤饼孔隙度;

　　　$\overline{K}$——地层平均渗透率,mD;

　　　K_f——纤维滤饼渗透率,mD。

因此纤维表皮系数可表示为:

$$S_c = \frac{\overline{K}}{K_f}\ln\frac{r_w}{r_c} = \frac{\overline{K}}{K_f}\ln\frac{r_w}{\sqrt{r_w^2 - \dfrac{V_c}{\pi h}}} = -\frac{1}{2}\frac{\overline{K}}{K_f}\ln\Big[1 - \frac{V_f}{r_w^2\pi h(1 - \phi_c)}\Big] \tag{13.54}$$

随着暂堵液注入时间的增加,纤维堆积得越来越多,表皮系数逐渐增加。

注暂堵液阶段,在 T_m 时刻之前 i 单元井壁未形成纤维滤饼,T_{m+1} 时间内,暂堵液开始在该单元向地层流动。$T_m \sim T_{m+1}$ 时间段内,进入井筒 i 单元对应的流量为:

$$q_{r(i,1)} = \frac{4\pi k_i}{\mu\{\ln[2.25\eta(t - t_m)/r_w^2] + S_{i,0}\}}(p_w - p_i)$$

$$-\frac{\sum_{j=1}^{m}\big[(q_{r,i,j} - q_{r,i,j-1})\{\ln[2.25\eta(t - t_m)/r_w^2] + S_{i,0}\}\big] - q_{r,i,m}\{\ln[2.25\eta(t - t_m)/r_w^2] + S_{i,0}\}}{\ln[2.25\eta(t - t_m)/r_w^2] + S_{i,0}}$$

$$\tag{13.55}$$

式中　$q_{r(i,1)}$——在 $T_m \sim T_{m+1}$ 时间段内第 i 段井筒单元进入地层的流量值,m^2/s;

$S_{i,0}$——T_m 时刻第 i 段井筒单元的表皮系数。

$T_m \sim T_m + 1$ 时间单元内,纤维堆积形成滤饼表皮系数表示如下:

$$S_{c,i}(1) = -\frac{1}{2}\frac{\overline{K_i}}{K_f}\ln\left[1 - \frac{c_f q_{r(i,1)}\Delta t}{r_w^2 \pi h(1-\phi_c)}\right] \tag{13.56}$$

式中 $S_{c,i}(1)$ ——纤维在 i 单元形成的第 1 个表皮系数;

   c_f ——暂堵液浓度,m^3/m^3。

在 $T_{m+1} \sim T_{m+2}$ 时间段内井筒第 i 单元处流量为:

$$q_{r(i,2)} = \frac{4\pi k_i}{\mu\{\ln[2.25\eta(t-t_{m+1})/r_w^2] + S_{i,0} + S_{c,i}(1)\}}(p_w - p_i) -$$

$$\frac{\sum_{j=1}^{m+1}\left[(q_{r,i,j} - q_{r,i,j-1})\{\ln[2.25\eta(t-t_{m+1})/r_w^2] + S_{i,0} + S_{c,i}(1)\}\right] - q_{r,i,m+1}\{\ln[2.25\eta(t-t_{m+1})/r_w^2] + S_{i,0} + S_{c,i}(1)\}}{\ln[2.25\eta(t-t_{m+1})/r_w^2] + S_{i,0} + S_{c,i}(1)}$$

$$\tag{13.57}$$

此时,纤维堆积形成第 2 个表皮系数为:

$$S_{c,i}(2) = -\frac{1}{2}\frac{\overline{K_i}}{K_f}\ln\left[1 - \frac{c_f q_{r(i,2)}\Delta t}{r_w^2 \pi h(1-\phi_c)}\right] \tag{13.58}$$

依此类推,可得 $T_{n-1} \sim T_n$ 时间段内第 i 单元的流量为:

$$q_{r(i,n)} = \frac{4\pi K_i}{\mu\{\ln[2.25\eta(t-t_{n-1})/r_w^2] + S_{i,0} + \sum_{nn=1}^{n-1} S_{c,i}(nn)\}}(p_w - p_i) -$$

$$\frac{\sum_{j=1}^{n-1}\left[(q_{r,i,j} - q_{r,i,j-1})\{\ln[2.25\eta(t-t_{n-1})/r_w^2] + S_{i,0} + S_{c,i}(1)\}\right] - q_{r,i,n-1}\{\ln[2.25\eta(t-t_{n-1})/r_w^2] + S_{i,0}\sum_{nn=1}^{n-1} S_{c,i}(nn)\}}{(\ln[2.25\eta(t-t_{m+1})/r_w^2] + S_{i,0} + \sum_{nn=1}^{n-1} S_{c,i}(nn))}$$

$$\tag{13.59}$$

第 $T_{n-1} \sim T_n$ 时间段内纤维堆积形成第 nn 个滤饼表皮系数为:

$$S_{c,i}(nn) = = -\frac{1}{2}\frac{\overline{K_i}}{K_f}\ln\left[1 - \frac{c_f q_{r(i,nn)}\Delta t}{r_w^2 \pi h(1-\phi_c)}\right] \tag{13.60}$$

因此,i 单元注暂堵液时间 $n-m$ 段内形成的总滤饼表皮系数为:

$$S_{c,i} = \sum_{nn=1}^{n-m} S_{c,i}(nn) \tag{13.61}$$

13.6 暂堵酸化模型求解

如图 13.12 所示碳酸盐岩水平井暂堵酸化模拟求解步骤图,首先是输入基本的井筒参数、地层参数、流体参数以及施工参数,将水平井划分为 N 小段,依靠水平井非均匀伤害模型计算得到各小段的伤害半径与表皮系数;依靠酸液置放模型,求解各小段流量的分配;依靠界面移动模型判断并记录各段流体的界面位置;若为暂堵液,暂堵液界面后的各小段依靠暂堵模型表皮系数不断增加;若不是暂堵液,依靠酸岩反应模型求解更新地层参数;下一时刻回到流体置放模型,流体向前推进,重新分配,依次重复,直到注液阶段结束。

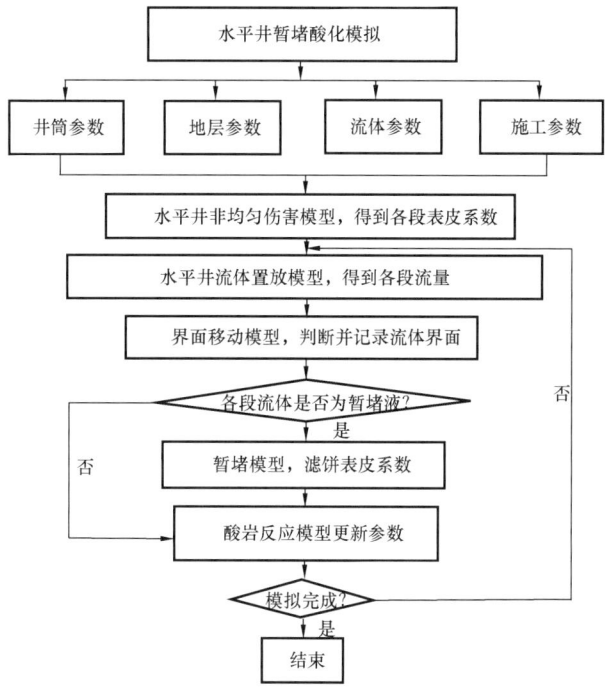

图 13.12 碳酸盐岩水平井暂堵酸化模型求解步骤图

13.7 暂堵酸化模拟分析

本节通过实例计算和敏感性分析探讨各因素对暂堵酸化酸液分布的影响,以指导现场暂堵酸化参数选择。设水平井水平段长 600m,井眼 0.1m,原始地层渗透率沿水平段增加(3 ~ 12mD),平均用酸强度 $0.8m^3/m$,酸液黏度 20mPa·s,密度 $1100kg/m^3$,纤维强度 1.6kg/m,纤维密度 $1300kg/m^3$,暂堵液黏度 30mPa·s,地层压力 65.9MPa,注入排量 $1 ~ 3m^3/min$。根据上述数据通过编制程序进行运算分析。

图 13.13 是暂堵与未暂堵地层累积进酸量对比图,从图中可以看出,在未进行暂堵酸化

时,沿水平段地层累积进酸量明显呈上升趋势,这一趋势说明,在不进行暂堵酸化情况下,酸液进入水平井趾部的总量将远远大于跟部进入量,伤害严重的水平井跟部得不到充分解堵,这意味着趾部过分解堵,造成酸液浪费,水平段渗流能力极差越来越大,整个水平段酸化解堵效果不理想。经暂堵酸化处理后,整个水平井筒进酸更均匀,水平段趾部的进酸量明显下降,而跟部明显上升,更多的酸液进入跟部,使跟端也得到充分改善,提高了整个水平段的改善效果。酸液沿井筒分布的改变受到纤维滤饼堆积所造成的表皮影响,从纤维滤饼表皮系数分布曲线看出,由于趾部渗流阻力小,纤维在趾部大量堆积,造成趾部纤维滤饼表皮系数远远高于跟部,从而调整个水平段的进酸量,使整体都得到充分改善,达到了暂堵酸化的目的。

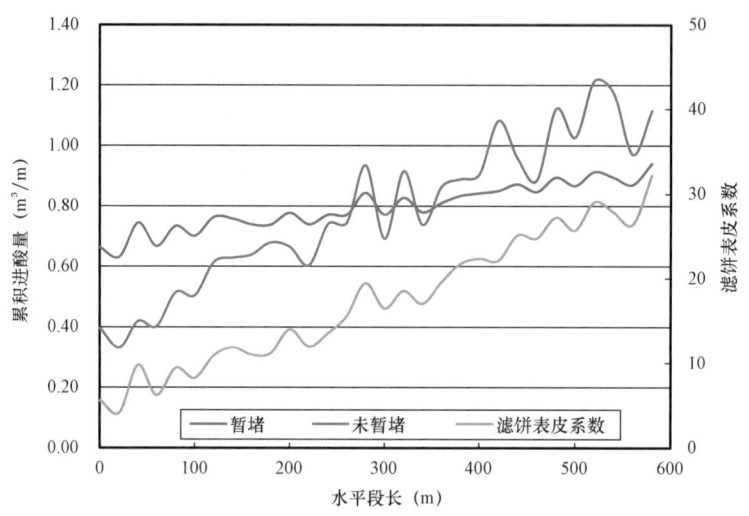

图 13.13   暂堵与未暂堵地层累积进酸量对比图

在注暂堵液阶段,纤维随着暂堵液进入地层,在高渗透层纤维堆积多,而低渗透层纤维堆积少,导致高渗透层表皮系数大,低渗透层层表皮系数小,在渗透率和暂堵表皮系数综合影响下,整个水平段进酸量较均匀。随着第二段酸液注入,酸液与纤维接触,纤维开始逐渐溶解,水平井各段的暂堵表皮系数与渗透率不断改变,酸液再次重新分布。由于低渗透层纤维堆积少甚至没堆积,酸液进入低渗透层时纤维最先溶解完全,经过一段时间后,高渗透层纤维才逐渐溶解完全,在表皮系数和渗透率综合影响下,瞬时进酸量最多的点不断向高渗透层移动。当全井段纤维全部溶解时,地层恢复高渗透层进酸多,低渗透层进酸少的状态(图 13.14),但是由于经过一次暂堵,低渗透层得到一定的改善,在后续注酸过程中,低渗透层进酸量增加。图13.15 是平均渗透率对比图,相比未暂堵,暂堵酸化后地层平均渗透率相对更均匀。

暂堵级数是酸液非均匀分布改善效果的关键参数之一,在相同纤维用量下,图 13.16 中随着暂堵级数增加,暂堵后地层累积吸酸更均匀,但是改善效果增长程度下降。这是由于暂堵级数增加,每级所加入的纤维量变少,纤维有效封堵地层能力下降。鉴于随着暂堵级数的增加,改善效果增长程度下降,在实际施工过程中,应综合考虑多方面因素选择暂堵级数,建议选用两级或三级暂堵。

改变纤维注入总量,讨论不同纤维用量对水平井酸液分布的影响。如图 13.17 所示,增加

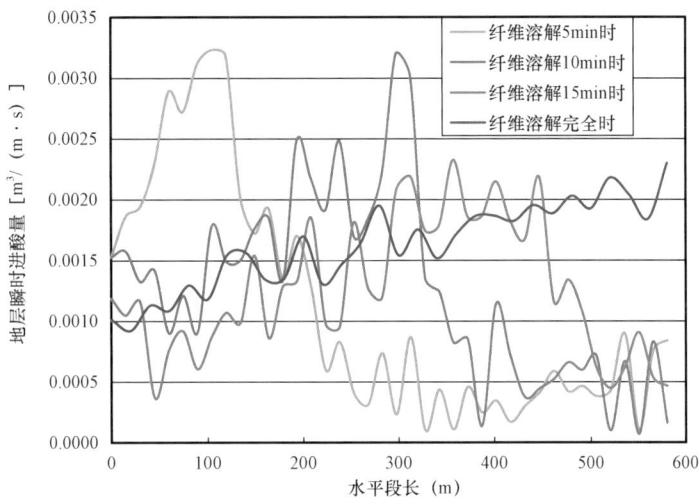

图 13.14　暂堵后地层瞬时吸酸量变化曲线

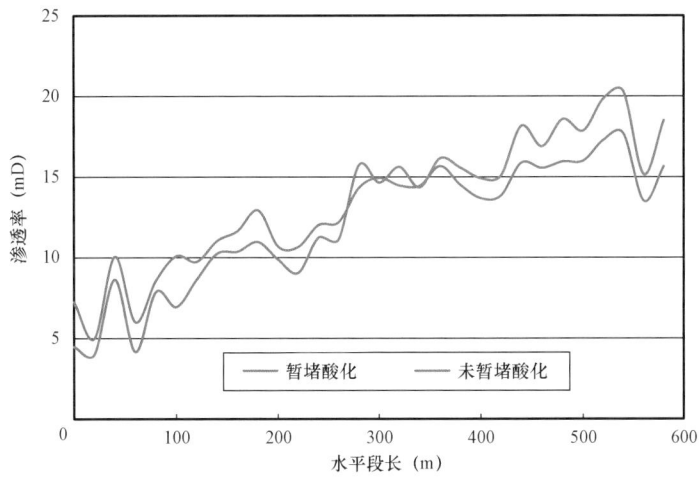

图 13.15　平均渗透率对比图

纤维用量能有效改善地层非均匀进酸的趋势。但是当纤维量从 1000kg 增加到 1500kg 时改善效果增长不明显,这是因为随着注入地层的纤维暂堵剂增多,可能会造成低渗透层也堆积过多纤维,酸液进入低渗透层溶蚀解堵缓慢。且一味增加纤维注入总量可能会导致注入压力升高,这对地面设备要求更高。因此,应结合水平段长度等多方面因素对纤维用量进行选择。

　　图 13.18 纤维总量一定的三级暂堵,各级所加纤维量组合不同,地层累积进酸量略有不同。纤维量依次增加比依次减少地层进酸略均匀,这可能因为是随着储层的逐渐改善,相同量的纤维封堵地层越来越困难,要实现地层有效封堵,应逐级加大纤维用量。

　　随着酸液的注入,纤维会不断溶解,不同注酸时间组合对酸液分布具有一定影响。图13.19 为不同注酸时间组合时地层累积进酸量曲线对比图,从图中可以看出,在初期注酸时间相同情况下,第二段注酸时间 40min,第三段注酸时间 40min 组合比第二段注酸时间 50min,第

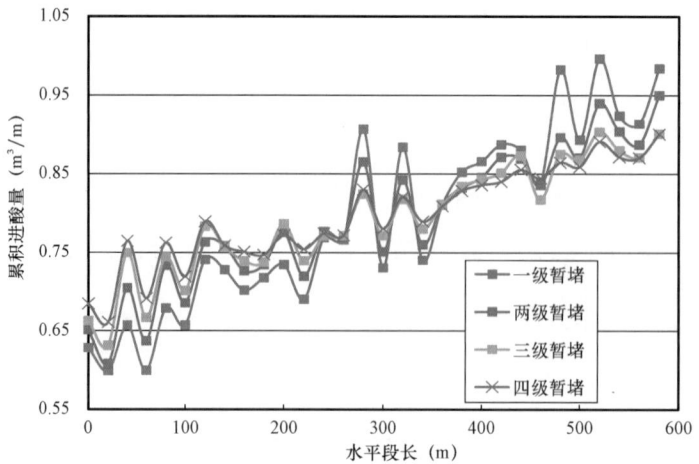

图 13.16   不同暂堵级数时地层累积进酸量对比图

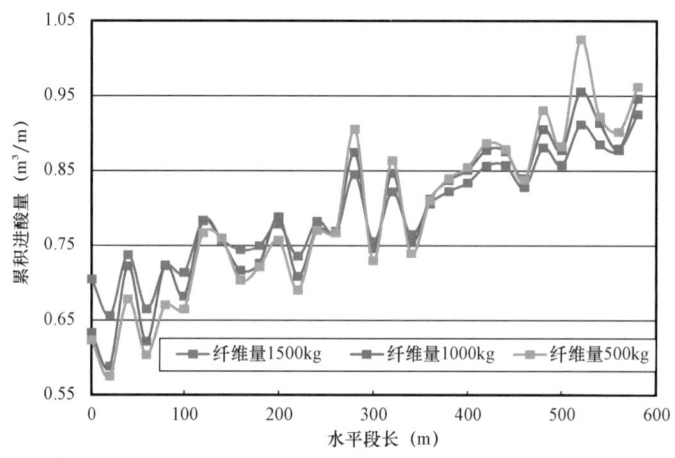

图 13.17   不同注入纤维量时储层累积进酸量对比图

三段注酸时间 30min 组合的累积进酸酸更均匀；第二段注酸时间 30min，第三段注酸时间 50min 组合比第二段注酸时间 40min，第三段注酸时间 40min 组合的累积进酸更均匀。即相同总注酸量，第二段酸液注酸时间相对短，第三段注酸时间相对长时整个地层进酸更均匀。由于纤维溶解完全，第二段注酸时间结束时，相对第二段注酸时间长的储层，第二段注酸时间短的储层渗透率级差更小，后续注入酸液分布更均匀。第二段注酸时间短，相当于减少第二次暂堵前注酸时间和注酸量，将酸液改在地层相对更均匀的第二次暂堵后使用，增大了酸液的有效利用率。所以建议每级暂堵后注酸时间与纤维溶解时间大致相当，即纤维溶解完全后宜尽快采取下级暂堵。在地层能进酸的情况下，甚至可以采取先暂堵再酸化的工艺措施来等效降低渗透率极差。

图 13.20 注酸总量一定时，暂堵后排量不同，地层累积进酸量不同。暂堵后排量增加，地层进酸更均匀。这是因为暂堵后增大排量，在纤维完全溶解时间段内，低渗透层瞬时进酸量明显增多，最终累积吸酸量增多，地层吸酸更均匀。

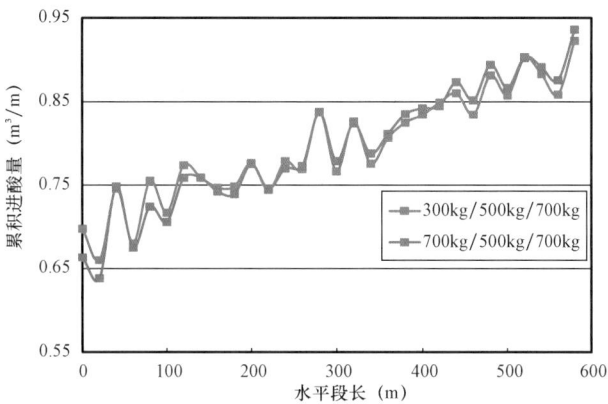

图 13.18 不同注入纤维量组合时储层累积进酸量对比图

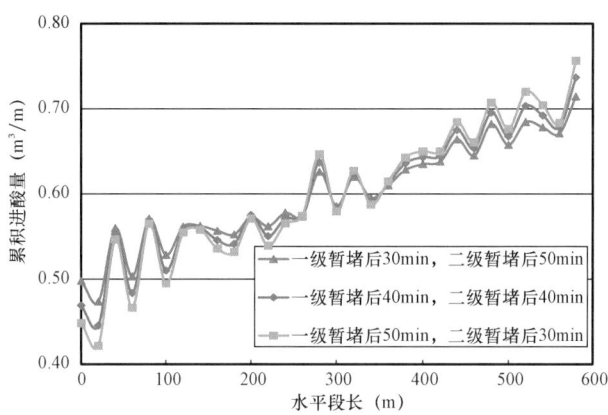

图 13.19 不同注酸时间组合时地层累积进酸量对比图

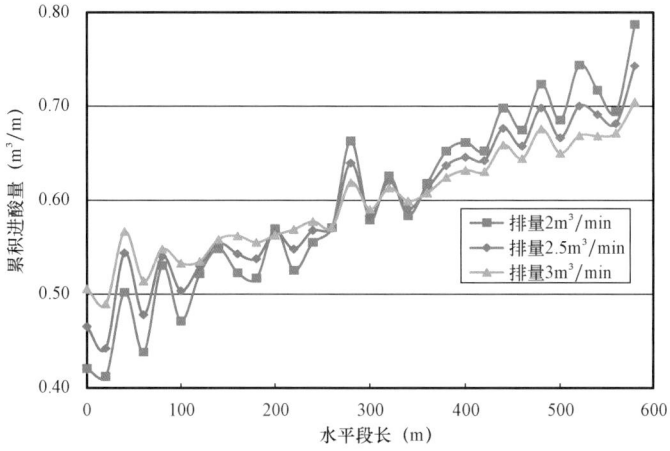

图 13.20 不同暂堵后排量地层累积进酸量对比图

参 考 文 献

[1] 黄荣樽. 水力压裂裂缝的起裂和扩展[J]. 石油勘探与开发,1981(05):62 – 74.

[2] 刘翔鹗,张景和,余建华等. 水力压裂裂缝形态和破裂压力的研究[J]. 石油勘探与开发,1983(04):37 – 44.

[3] 赵金洲,任岚,胡永全,等. 裂缝性地层射孔井破裂压力计算模型[J]. 石油学报,2012,33(05):841 – 845.

[4] 贺永年. 关于 Griffith 准则的 Murrell 三维推广[J]. 力学与实践,1990(05):22 – 24.

[5] 徐芝纶. 弹性力学简明教程[M]. 北京:高等教育出版社,2013.

[6] 李亚军,姚军,黄朝琴等. 考虑渗透率张量的非均质油藏有限元数值模拟方法[J]. 计算物理,2010,27(05):692 – 698.

[7] 王贵宾,杨春和,殷黎明. 岩体节理三维网络模拟技术及渗透率张量分析[J]. 岩石力学与工程学报,2004,23(21):3591 – 3594.

[8] 张鸣远,景思睿,李国君. 高等工程流体力学[M]. 西安:西安交通大学出版社,2006.

[9] 劳恩(美). 脆性固体断裂力学[M].2 版. 北京:高等教育出版社,2010.

[10] 潘家祯,曹桂馨,李培宁,等. 折线裂纹的当量应力强度因子及其工程简化计算方法[J]. 华东化工学院学报,1984,(03):349 – 358.

[11] Robert P C. Michel A. On then use of the kozeny carman equation to predict the hydraulic conductivity of soils [J]. Canadian Geotechnical Journal,2003,40(03):616 – 628.

[12] 张旭东. 页岩储层压裂裂缝中支撑剂输送规律数值模拟研究[D]. 成都:西南石油大学,2016.

[13] 李勇. 基于固液两相紊流理论的近岸悬移质泥沙运动数值研究[D]. 北京:清华大学,2007.

[14] 章文峰. 前混合磨料射流磨料加速动力学研究[D]. 重庆:重庆大学,2017.

[15] Yuan P T,Gidaspow D. Computation of flow patterns in circulating fluidized beds[J]. Aiche Journal,1990,36(06):885 – 896.

[16] Xu B H,Yu A B. Numerical simulation of the gas – solid flow in a fluidized bed by combining discrete particle method with computational fluid dynamics[J]. Chem. eng. sci,1997,52(16):2785 – 2809.

[17] Felice R D. The voidage function for fluid – particle interaction systems[J]. International Journal of Multiphase Flow,1994,20(01):153 – 159.

[18] 王红利. 固液两相流旋流累的数值模拟与性能预测[D]. 昆明:昆明理工大学,2009.

[19] Liu Yajun. Settling and hydrodynamic retardation of proppants in hydraulic fractures[D]. Texas:The University of Texas,2006.

[20] Van Everdingen A F,Hurst W. The application of the Laplace transformation to flow problems in reservoirs [J]. Journal of Petroleum Technology,1949,1(12):305 – 324.

[21] Azari M,et al. A complete set of Laplace transforms for finite conductivity vertical fractures under bilinear and trilinear flows [C]// 65th SPE Annual Technical Conference and Exhibition, New Orleans, 1990, SPE 20556:23 – 26.

[22] Wooden B,et al. Well test analysis benefits from new method of Laplace space inversion[J]. Oil & Gas Journal,1992,90(29):108 – 110.

[23] Abbasi M A,Ezulike D O,Dehghanpour H,et al. A comparative study of flowback rate and pressure transient behaviour in multifractured horizontal wells[J]. Journal of Natural Gas Science and Engineering,2014,17:82 – 93.

[24] 程林松. 高等渗流力学[M]. 北京:石油工业出版社,2011.

[25] 李晓平. 地下油气渗流力学[M]. 北京:石油工业出版社,2007.

[26] Pedrosa O A. Pressure Transient Response in Stress – Sensitive Formations[C]. SPE 15115 – MS,1986.

[27] Mukherjee H,Economides M J. A parametric comparison of horizontal and vertical well performance[J]. SPE Formation Evalualion,1991,6(02):209 – 216.

[28] 同登科,陈钦雷. 关于 Laplace 数值反演 Stehfest 方法的一点注记[J]. 石油学报,2001,22(06):91 – 92.

[29] Roumboutsos A;Stewart G. A Direct Deconvolution or Convolution Algorithm for Well Test Analysis[C]. SPE 18157,1988.

[30] Gale J F W,Reed R M,Holder J. Natural fractures in the Barnett Shale and their importance for hydraulic fracture treatments[J]. AAPG Bulletin. 2007,91(04):603 – 622.

[31] King G R,Ertekin T. State – of – the – art modeling for unconventional gas recovery[J]. SPE Formation Evaluation,1991,1(06):63 – 71.

[32] Kamphuis H,Davies D R,Roodhart L P. A New Simulator for the Calculation of the In Situ Temperature Profile During Well Stimulation Fracturing Treatments[J]. Journal of Canadian Petroleum Technology,1993,32(05).

[33] 熊宏杰,任书泉. 一种新的缝中温度场模型[J]. 西南石油大学学报(自然科学版),1986,8(02):14 – 19.

[34] Dong C,Hill A D,Zhu D. Acid etching patterns in naturally – fractured formations[C]//SPE Annual Technical Conference and Exhibition. Society of Petroleum Engineers,1999.

[35] Dong C,Zhu D,Hill A D. Modeling of the acidizing process in naturally fractured carbonates[J]. SPE Journal,2002,7(04):400 – 408.

[36] Roberts L D,Guin J A. A new method for predicting acid penetration distance[J]. Society of Petroleum Engineers Journal,1975,15(04):277 – 286.

[37] Kamphuis H,Davies D R,Roodhart L P. A New Simulator for the Calculation of the In Situ Temperature Profile During Well Stimulation Fracturing Treatments[J]. Journal of Canadian Petroleum Technology,1993,32(05).

[38] Panga M K R,Ziauddin M,Balakotaiah V. Two - scale continuum model for simulation of wormholes in carbonate acidization[J]. AIChE Journal. 2005,51(12):3231 – 3248.

[39] Kalia N,Balakotaiah V. Modeling and analysis of wormhole formation in reactive dissolution of carbonate rocks[J]. Chemical Engineering Science. 2007,62(04):919 – 928.

[40] 李勇明,廖毅,赵金洲,等. 基于双尺度等效渗流模型的复杂碳酸盐岩蚓孔扩展形态研究[J]. 天然气地球科学,2016,27(01):121 – 127.

[41] Civan F. Scale Effect on Porosity and Permeability:Kinetics,Model,and Correlation[J]. AIChE Journal. 2001,2(47):271 – 287.

[42] Gupta N,Balakotaiah V. Heat and mass transfer coefficients in catalytic monoliths[J]. Chemical Engineering Science. 2001,56(16):4771 – 4786.

[43] Gundlapally S R,Balakotaiah V. Heat and mass transfer correlations and bifurcation analysis of catalytic monoliths with developing flows[J]. Chemical Engineering Science. 2011,66(09):1879 – 1892.

[44] Liu M,Zhang S,Mou J. Effect of normally distributed porosities on dissolution pattern in carbonate acidizing[J]. Journal of Petroleum Science and Engineering. 2012,94:28 – 39.

[45] Panga M K R,Ziauddin M,Balakotaiah V. Two - scale continuum model for simulation of wormholes in carbonate acidization[J]. AIChE Journal,2005,51(12):3231 – 3248.

[46] Kalia N,Balakotaiah V. Modeling and analysis of wormhole formation in reactive dissolution of carbonate rocks[J]. Chemical Engineering Science,2007,62(04):919 – 928.

［47］ Balakotaiah V,West D H,Balakotaiah V,et al. Shape normalization and analysis of the mass transfer controlled regime in catalytic monoliths［J］. Chemical Engineering Science,2002,57(8):1269 – 1286.

［48］ Eckerfield L D,Zhu D,Hill A D,et al. Fluid Placement Model for Horizontal – Well Stimulation［J］. SPE 48861,2000.